비행기

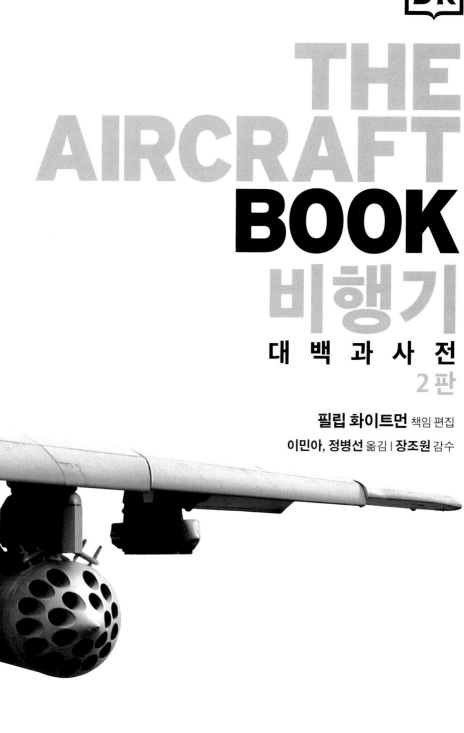

THE
AIRCRAFT
BOOK
비행기
대백과사전
2판

필립 화이트먼 책임 편집

이민아, 정병선 옮김 | **장조원** 감수

사이언스북스
SCIENCE BOOKS

책임 편집

필립 화이트먼(Philip Whiteman) 항공 분야 저널리스트이자 연료와 엔진 기술 전문 자문 엔지니어다. 영국에서 가장 유서 깊은 대중 항공 잡지 《파일럿》을 비롯한 다수의 매체에 글을 써 왔다. 『비행기』에 등장하는 비행기 여러 기종에 실제로 탑승 경험이 있으며 버킹엄셔의 농장에서 경비행기(Piper L-4H Cub)를 몰고 있다.

참여 필자

맬컴 매케이(Malcolm McKay), 데이브 언윈(Dave Unwin), 필립 화이트먼(Philip Whiteman), 스티브 브리지워터(Steve Bridgewater), 조 콜스(Joe Coles), 패트릭 맬런(Patrick Malone), 피터 마치(Peter R March), 믹 오키(Mick Oakey), 엘편 앱 리스(Elfan ap Rhys), 닉 스트러드(Nick Stroud), 그래험 화이트(Graham White), 리처드 비티(Richard Beatty)

옮긴이

이민아 이화여자대학교에서 중문학을 공부했고, 영문책과 중문책을 번역한다. 옮긴 책으로 올리버 색스의 『온더무브』, 『색맹의 섬』 등을 비롯해 『해석에 반대한다』, 『즉흥연기』, 『맹신자들』, 『수집』, 『어젠든』 등 다수가 있다.

정병선 수학, 사회물리학, 진화 생물학, 언어학, 신경 문화 번역학, 나아가 인지와 계산, 정보 처리, 지능의 본질을 연구한다. 『여자가 섹스를 하는 237가지 이유』, 『한 혁명가의 회고록』, 『수소 폭탄 만들기』, 『타고난 반항아』, 『건 셀러』, 『렘브란트와 혁명』, 『주석과 함께 읽는 이상한 나라의 앨리스-앨리스의 놀라운 세상 모험』 등 수십 권의 책을 한국어로 옮기거나 썼다. 영어 읽기와 쓰기를 가르치고 있다.

감수

장조원 공군사관학교 항공우주공학과를 졸업하고 서울대학교 대학원에서 석사 학위를, 한국과학기술원에서 항공우주공학 박사 학위를 받았다. 현재 한국항공대학교 항공운항학과 교수, 공군사관학교 명예교수로 있으며, 생체 모방 비행체, 경계층 제어, 흐름 가시화를 비롯 비정상 공기역학 분야 연구를 하고 있다. 한국항공우주학회 학술상, 현대자동차그룹 우수논문상 등 다수의 상을 수상했다. 『비행의 시대』와 『하늘에 도전하다』를 썼다.

비행기 대백과사전 2판

1판 1쇄 펴냄 2017년 3월 30일
1판 2쇄 펴냄 2018년 5월 30일

2판 1쇄 찍음 2021년 4월 1일
2판 1쇄 펴냄 2021년 4월 30일

책임 편집 필립 화이트먼   옮긴이 이민아, 정병선   감수 장조원

펴낸이 박상준   펴낸곳 (주)사이언스북스

출판등록 1997. 3. 24.(제16-1444호)

(06027) 서울시 강남구 도산대로1길 62

대표전화 515-2000, 팩시밀리 515-2007, 편집부 517-4263, 팩시밀리 514-2329

www.sciencebooks.co.kr

한국어판 ⓒ (주)사이언스북스, 2017, 2021. Printed in China.

ISBN 979-11-91187-10-6 04400
ISBN 978-89-8371-410-7(세트)

Penguin
Random
House

THE AIRCRAFT BOOK

For the Curious

www.dk.com

한국어판 책 디자인 김낙훈

차례

1920년 이전

나무토막과 범포가 거의 전부인 글라이더로 시작한 이 시기 선구자들은 비행에 대한 지식을 쌓아나가는 데 목숨을 걸어야 했으며, 제1차 세계 대전을 거치면서 그 기술이 급속도로 발전했다.

1920년대

화려한 공중쇼에 구름떼 같은 군중이 모여들었고 단좌 비행기는 전례 없는 속도를 자랑했으며 항공기가 전 세계 관객의 이목을 사로잡았다.

1930년대

항공술의 '황금기'로 불리는 이 시기는 더욱 안전하고 더욱 신뢰할 수 있는 항공기를 만들어 냈다. 그러나 항공 여행의 매혹은 여전히 고가의 비행기표를 구매할 여유를 지닌 부유층만의 영역이었다.

1940년대

제2차 세계 대전 발발이 당대 기술 혁신을 이끌었는데, 현대전의 양상을 바꿔 놓은 고속 장거리 폭격기도 이 시기의 산물이다. 전쟁이 끝난 뒤 피스톤 엔진 항공기는 상당수가 상용 여객기로 운용되다가 제트 엔진 항공기의 등장으로 그 지위를 내주었다.

1950년대

제트 엔진의 시대가 열렸다. 새로운 속도 기록이 수립되었고, 제트 여객기가 처음 등장했다. 레이다와 새로운 항공 교통 관제 시스템으로 안전성이 구준히 향상되었다.

1960년대

냉전 시기, 쾌속 제트기, 날렵한 정찰기, 첨단 헬리콥터가 등장했다. 보잉 707 같은 여객기가 장거리 노선에 투입되었다.

1970년대

보잉 747로 상업 항공 운송 분야가 급변했다. 이제 전투기는 음속보다 빨리 나는 것이 보통이었고 콩코드가 민항 시장에서 동일한 성능을 과시하기도 했다. 수직 이륙 장치가 개발되어, 강력한 제트 전투기가 항공 모함에서 출진할 수 있게 되었다.

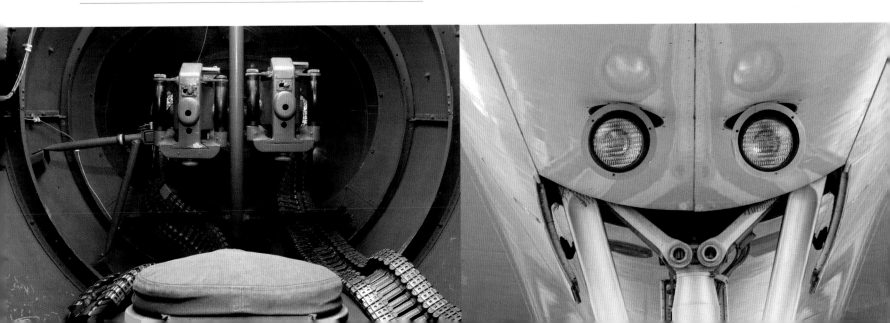

1980년대

비행이 일반적인 여행 수단이 되면서 시장 경쟁이 과열되었다.
제트기가 더욱 정교해지고 군대가 스텔스 항공기를 공개했다.

1990년대

여객기들이 과거 어느 때보다 더 커졌으며, 비즈니스 제트기
시장도 확장되었다. 군용기는 B-2 스피릿 전익 폭격기와 함께
대약진했다.

2000년 이후

100년 여가 지난 지금도 여전히 탐구해야 할 새로운 한계들이
존재한다. 민간 사업가들은 우주의 가장자리까지 여행하기
위하여 비행의 한계를 극복하고 있다.

하늘을 나는 마법

하늘을 날아다니는 생각, 그리고 이 생각만으로도 우리가 느끼는 엄청난 해방감은 인류의 상상력만큼이나 오래되었을 것이다. 하늘로 날아오르고자 하는 욕구는 태초부터 있었다. 높은 산을 오르는 사람들은 누구라도 그 앞에 펼쳐질 광경, 정상에서 목도할 경이로운 장면을 마음속으로 그렸다. 저 새들처럼 하늘을 날 수만 있다면 얼마나 좋을까를. 1783년 몽골피에 형제가 화려한 양식의 우아한 기구를 처음으로 띄웠고, 1853년에는 조지 케일리가 세계 최초로 유인 글라이더를 (내키지 않았지만) 날려 1회 강하로 요크셔 계곡을 횡단했다. 하지만 산업 혁명으로 이루어 낸 그 모든 기술적 진보에도 불구하고, 원하는 대로 제어하면서 안정적으로 비행하고자 하는 꿈은 19세기 말 무렵까지도 실현되지 못하고 있었다.

가솔린 기관의 등장은 이 목표가 지근거리에 임박했음을 의미했지만, 아직껏 해결되지 않은 제어(혹은 제어의 결여) 문제가 여전히 인명을 앗아가고 있었다. 용감한 독일 항공의 선구자 오토 릴리엔탈이 글라이더가 강풍 속에 실속하여 추락하는 사고로 목숨을 잃었다. 조종사 자신의 체중을 이동시켜 기체를 조종한다는 발상에 어떤 제약이 있는지를 입증한 불운한 사례다. 릴리엔탈은 죽어 가면서 동생에게 "희생을 치러야만 되는 일이 있다"라는 말을 남겼다. 마침내 그 문을 열어젖힌 것은 미국 오하이오 주 데이튼 출신 천재적인 자전거 제조공 오빌과 윌버 라이트 형제였다. 제어를 할 수 있느냐 아니냐가 본질임을 간파한 라이트 형제는 항공기의 롤 회전을 제어할 수 있도록 날개를 뒤틀어야 한다는 발상에 그들 자신의 발명품, 즉 항공기가 빙글빙글 도는 것을 방지하도록 설계한 방향타(rudder)를 결합시켰다.

라이트 형제는 3년 동안 여가 시간을 이용해 세계 최초의 풍동을 제작하고 수백 종의 날개꼴 단면을 시험했을 뿐만 아니라 최초의 동력 항공기 설계를 위한 신뢰할 만한 양항력 데이터를 축적했다. 프로펠러 설계를 위한 과학이 사실상 존재하지 않는다는 것을 알게 된 두 형제는 직접 가설을 세워 오늘날의 경비행기에 쓰이는 수준의 효율적인 프로펠러를 제작했다. 이렇게 하여 라이트 형제는 1903년 12월 17일에 세계 최초로 안정적으로 제어가 가능한 중항공기를 내놓았다. 이 항공기는 미국을 항공 기술 분야의 선두 주자로 만들어 주었다.

이 소식이 처음부터 빠르게 퍼져 나간 것은 아니었다. 하지만 라이트 형제가 이루어 낸 기술적 성취의 상세한 원리와 중대한 해법이 지구 전역으로 전파되면서 항공 기술이 한층 진보할 수 있었다. 1908년 윌버 라이트가 프랑스 르망에서 능숙한 시범 비행을 선보인 이후로는 프랑스가 항공 기술에서 두각을 나타냈다. 1912년에 이르면서 대담무쌍한 쥘 베드린(1881~1919년)이 대기속도 기록을 시속 160킬로미터(시속 100마일) 이상으로 올려놓았는데, 베드린이 조종한 로터리 엔진 장착 드페르듀생 단엽기는 당시 미국에서 제조된 그 어떤 항공기보다도 크게 앞선 기술을 보여 주었다.

지니가 한번 호리병에서 풀려나자 기술은 (이어지는 장에서 보여 주듯이) 눈부신 속도로 진보했다. 제1차 세계 대전이 끝나갈 무렵, 포커가 독일에서 용접 강관 동체와 외팔보(캔틸레버) 날개를 결합한 항공기를 개발했는데, 이 기술은 오늘날까지도 사용되고 있다. 1920년대와 1930년대에는 여객기가 등장했다. 이 분야의 후발 주자였던 미국은 정부의 육성 정책에 힘입어 기체 전체를 금속으로 제작하고 접개들이 착륙 장치를 장착한 단엽기로 유럽을 추월했을 뿐만 아니라 1990년대까지 항공 산업에서 우위를 지키게 된다. 같은 시기, 항공기 경주 기록이 거듭 갱신되면서 시속 644킬로미터(시속 400마일)의 대기속도로 대서양 횡단이 이루어졌으며 고도

세계 신기록은 1만 8288미터(6만 피트)에 육박했다. 영국에서는 드 하빌랜드 사가 집시 엔진을 탑재한 모스 기체를 설계하여 저렴한 민간 항공기를 내놓았으며, 미국에서는 윌리엄 파이퍼가 역사에 길이 남을 컵(Cub) 모델을 민간인이 구매할 수 있는 가격으로 내놓았다. 1940년대에는 최초의 제트 엔진과 더불어 헬리콥터가 등장했고 10년 뒤에는 정기 제트 여객기가 실생활의 요소로 자리 잡았다. 현대적 형태의 경비행기인 전면 금속제 고익기 세스나 170/172가 등장했으며, 1960년에는 파이퍼 사에서 같은 형태의 저익기 PA-28 체로키를 내놓았는데, 탁월한 설계 덕분에 오늘날까지도 계속해서 생산되고 있다.

진보라고 해서 다 이롭기만 한 것은 아니었다. 흔들리는 프로펠러를 달고 털털거리며 등에처럼 전장을 누비던 군용 항공기는 제2차 세계 대전 동안 더욱 더 효과적인 살인 기계로 변모하면서 일본에 원자폭탄을 투하한 B-29 폭격기로 정점을 찍었다. 군사적 우위를 점하고자 하는 치열한 각축은 광속보다 훨씬 빠른 항공기 제작으로 이어졌으며, 또한 수천 킬로미터 떨어져 있는 본국 기지에서 제어하여 적으로 추정되는 상대방의 동정을 파악하고 공격할 수 있는 스텔스 폭격기와 무인 항공기를 만들어 내기도 했다.

오늘날에는 하늘을 날 수 있는 방법이 과거 어느 때보다 다양하다. 다양해진 여행 수단과 더불어 훨씬 더 다양한 경로로 상상의 나래를 펼칠 수 있게 된 것이다. 우리를 지구상에서 가장 멀고 외진 지역까지도 실어다 주는 개인용 제트 항공기나 정규 여객기가 정규적으로 운항하고 있으며, 항공기로는 접근하지 못하던 지역으로는 헬리콥터가 들어간다. 모험을 사랑하는 사람들, 개인 항공기 조종사들은 초경량 비행기에서 쌍발기, 초경량 제트기까지 어떤 것이든 이용하여 하늘을 날 수 있으며 그 범주 또한 자가 제작

에서 클래식 항공기, 경량 항공기 등 다양하다. 엔진의 동력 없이 눈에 보이지 않는 기류를 타고 높이 떠 있는 것을 즐기는 사람이라면 하루 만에 수백 킬로미터를 날아가는 세일플레인이 있다. 세계 탐험을 즐길 여력이 있는 사람이라면 고공 비행이 가능한 터보 프롭 단발기로 북유럽에서 북아프리카까지 날아갈 수 있으며 도중에 연료를 보충하느라 기착하는 일 없이 북아메리카 대륙 절반을 횡단할 수 있다.

이 모든 항공기는 동력이 있어야 움직이는데, 전 세계에 매장된 석유 자원이 날이 갈수록 줄어들고 있다. 우리에게 항공기를 안겨 주었던 인류의 위대한 발명 능력이 이제 대안 에너지로 비행할 수 있는 초경량 동체 제작에 투입되고 있다. 그러한 노력이 우리의 후손들에게도 하늘을 나는 마법과 모험의 꿈을 계속 키워 나가게 해 주리라고 믿는다.

필립 화이트먼(항공 저널리스트)

1920 년 이전

공기 역학 연구가 왕성하게 이루어지기 시작한 것은 1880년대였다. 대담무쌍한 선구자들이 나무토막과 범포가 거의 전부인 글라이더를 설계했으며 목숨을 걸고 비행에 대한 지식을 쌓아 나갔다. 루이 블레리오가 1909년 영국 해협을 횡단할 때 탄 것은 3기통 엔진에 오늘날에도 사용되는 유형의 조종간과 방향타(러더)로 제어하는 단엽기였다. 제1차 세계 대전이 기술 발전에 박차를 가하면서 더욱 튼튼하고 안정적으로 제어되는 항공기들이 만들어졌다.

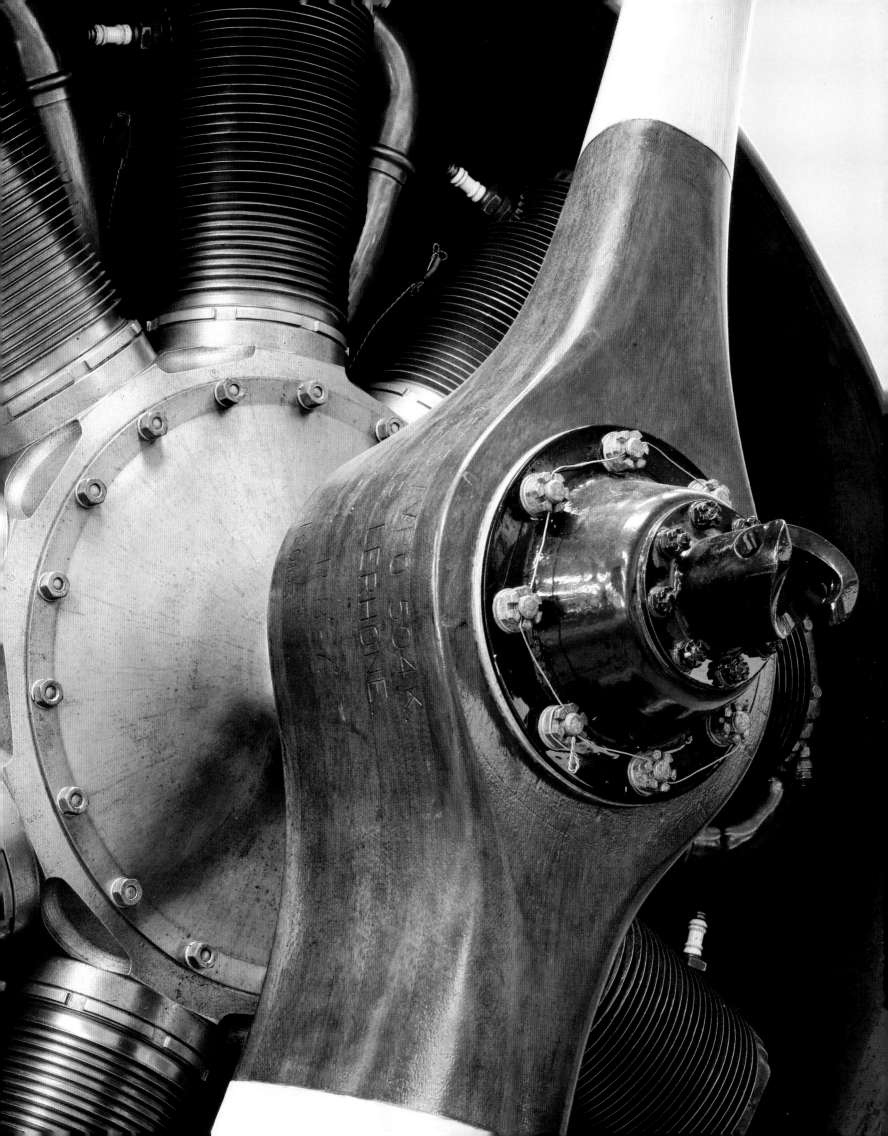

공기보다 가벼운

인류 최초로 상공으로 진출한 것은 항공기가 아니라 공기보다 가벼운 운행체였는데, (열기나 수소 등의) 가벼운 기체에 의해 공중에 뜨는 무동력 기구나 그보다 더 크면서 유선형인 동력 비행선(dirigible, 프랑스 어 'diriger(조종하다)'에서 온 용어로, 기구처럼 공중에 떠다니는 무동력 비행체와 반대되는 개념의 비행 기계―옮긴이)을 이용한 비행이었다. 아래의 항목들이 보여 주듯이 초기 항공을 선도한 것은 프랑스였지만, 제1차 세계 대전이 가까워오면서 독일이 신속하게 비행선을 무기로 변신시킬 방도를 알아냈다.

◁ J. A. C. 샤를과 로베르 형제의 '라 샤를리에' 1783년
J. A. C. Charles & The Robert Brothers "la Charlière" 1783

제조국	프랑스
엔진	없음
최고 속도	미상

1783년 12월 1일, 자크 샤를 (1746~1823년)과 니콜라-루이 로베르(1761~1828년)가 파리에서 인류 역사상 두 번째로 유인 기구 비행에 성공했다. 수소를 넣은 이 기구는 2시간 5분 동안 36킬로미터 (22마일)를 날았으며 550미터(1,800 피트) 고도로 날아올랐다.

▷ 몽골피에 열기구 1783년
Montgolfier Hot-air Balloon 1783

제조국	프랑스
엔진	없음
최고 속도	미상

파리에서 몽골피에 형제가 제작한 이 열기구는 1783년 11월 21일 인류 최초의 유인 비행에 성공했다. 장 프랑수아 필라트르 드 로지에(1754~1785년)와 아를랑드 후작(1742~1809년)의 조종으로 25분 동안 비행했다.

◁ 자벨 '조종 가능한' 기구 1785년
Javel "Steerable" Balloon 1785

제조국	프랑스
엔진	무동력
최고 속도	미상

파리 서부 자벨에서 레오나르 알방 (1740~1803년)과 마티유 발레(1734년 ~?)가 제작한 이 기구에는 손으로 돌리는 풍차 모양 프로펠러가 달려 있었는데, 원하는 방향으로 기구를 돌리기 위한 설계였다(하지만 작동하지 않았다).

▷ 고다르 기구, 1870~1871년 파리 포위 시기
Godard Balloon, Siege of Paris 1870~1871

제조국	프랑스
엔진	없음
최고 속도	미상

1870~1871년에 벌어진 보불전쟁 도중 프로이센이 파리를 포위했을 당시 기구 제작자 외젠 고다르(1827~1890년)가 수소 기구를 띄워 포위된 파리에서 외부로 우편물을 날려 보냈다.

◁ 장 피에르 블랑샤르의 '조종 가능한' 기구 1784년
Jean-Pierre Blanchard's "Steerable" Balloon 1784

제조국	프랑스
엔진	무동력
최고 속도	미상

노와 방향타(추진과 조항을 위한 장치였으나 쓸모 없었다)를 장착하고 낙하산까지 탑재한 블랑샤르의 기구는 1784년 3월 2일 파리 상공을 비행하여 센 강을 왕복했다.

L 49

▽ **산토스-뒤몽 1호기 1898년**
Santos Dumont No.1 1898

제조국 프랑스

엔진 드 디옹 부통

최고 속도 미상

브라질의 부유한 집안 출신 항공가 아우베르투
상투스 두몽(1873~1932년)은 1897년에 파리로 와서
기구와 비행선 실험을 시작했다. 그의 비행선 1호기의
첫 비행은 나무에 걸려 좌절되는 것으로 끝났다.

△ **르보디 1호기 '노랑이' 1902년**
Lebaudy No.1 "le Jaune" 1902

제작 프랑스

엔진 40마력 메르세데스-벤츠

최고 속도 미상

'노랑이'라는 별명으로 불린 르보디
(Lebaudy) 1호기는 동체의 색상만이
아니라 노출된 용골 프레임 양끝에
뾰족한 기낭을 부착한 구조까지
독특함을 뽐냈으며, 세계 최초의
성공적인 비행선으로 기록된다.

▷ **세베로 비행선 팍스 1902년**
Severo Airship Pax 1902

제조국 프랑스

엔진 24마력 부세 견인식 프로펠러
16마력 추진식 프로펠러

최고 속도 미상

팍스 호에는 추진식 프로펠러는 물론 균형을
제어하는 승강식 프로펠러도 있었다.
슬프게도 팍스(Pax, 평화)는 파리 상공에서
비행 도중 불이 붙어 기체가 폭발하면서
제작자이자 조종사와 정비사가 사망하는
사고를 당했다.

△ **대영제국 비행선(HMA) 1호기
1909년**
HMA No.1 1909

제조국 영국

엔진 2×160마력 울즐리

최고 속도 미상

영국 왕립 해군을 위해 제작된
대영제국 비행선 1호기의 명칭은
'메이플라이' 호였다. 안타깝게도
그 이름에 부응하지 못하고 첫 시험
비행을 하기도 전에 지상에서 돌풍에
용골이 박살나 버렸다.

△ **클레망-바야르 비행선 아쥐당
뱅스노 1911년**
Clément-Bayard Airship Adjudant
Vincenot 1911

제조국 프랑스

엔진 2×120마력 클레망-바야르

최고 속도 미상

아쥐당 뱅스노(Adjudant Vincenot)의
설계는 전장 88미터(289피트)에 상자연
형태의 꼬리를 채택했다. 제1차 세계
대전이 발발하기 한 달 전인 1914년
6월 28일, 35시간 19분으로 체공 비행
신기록을 세웠다.

△ **칼레-뫼동 T형 비행선 1916년**
Chalais-Meudon Type T 1916

제조국 프랑스

엔진 2×150마력 삼손

최고 속도 80km/h(50mph)

파리 남서부의 칼레-뫼동 군수 공장
연구소 및 군 기구 훈련소에서 제작된
칼레-뫼동 비경식 비행선 시리즈는
제1차 세계 대전 시기에 대잠수함
초계기로 운용되었다.

△ **잠수함 정찰 스카웃 제로 비행선
1916년**
Submarine Scout Zero Airship
1916

제조국 영국

엔진 75마력 롤스로이스

최고 속도 미상

영국 왕립 해상 비행대에서 독일
잠수함의 긴박한 위협에 대항할 저렴한
무기로 고안한 연식(비경식) 비행선
스카웃 제로(Scout Zero)는 매우
성공적인 결과를 가져왔으며, 158대가
생산되었다.

◁ **체펠린 LZ 96 1917년**
Zeppelin LZ 96 1917

제조국 독일

엔진 240마력 마이바흐 5기

최고 속도 106km/h(66mph)

등록번호 L49를 달고 있는 체펠린
LZ 96—전형적인 독일의 대형 경식
비행선—은 두 차례 북해 정찰 비행을
수행하고 한 차례 영국 폭격전을 수행한 뒤
프랑스에서 프랑스 공군에게 나포되었다.

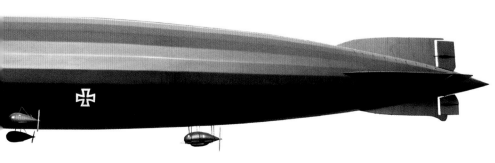

항공 개척기의 항공기들

인류는 1799년에 이르러서야 영국의 공학자 조지 케일리 덕분에 비행의 원리와 중항공기(공기보다 무거운 비행 기계) 설계를 위한 응용과학을 이해하게 되었다. 초창기 선구자들은 항공기 설계에서 제어력보다는 안정성에 중점을 두면서 숱한 궁지에 몰리다 1903년 라이트 형제 때 이르러 마침내 하늘을 정복할 수 있었다.

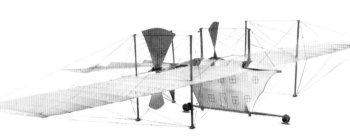

◁ **헨슨&스트링펠로 에어리얼 캐리지 1843년**
Henson & Stringfellow Aerial Carriage model 1843

제조국	영국
엔진	증기기관
최고 속도	미상

1842년 특허를 받은 에어리얼 캐리지(항공 운송기)는 단엽기로 설계되었으며 45미터(148피트)라는 인상적인 날개 스팬을 지녔다. 이 모델은 미약한 출력 중량비로 인해 실패로 돌아갔다.

날개를 잡아 주는 구조물

◁ **케일리 글라이더 1849년**
Cayley Glider 1849

제조국	영국
엔진	무동력
최고 속도	미상

조지 케일리가 1853년 조종사의 힘을 동력으로 삼는 글라이더 모델을 설계하고 제작하여 비행을 시도했다. 이것은 케일리의 설계를 재현한 복원 모델로 1973년 유명한 글라이더 조종사 데릭 피곳과 2003년 리처드 브랜슨이 비행에 성공하여 설계 자체는 감항성을 갖추었음이 입증되었다.

△ **아데르 에올레 1890년**
Ader Éole 1890

제조국	프랑스
엔진	20마력 아데르 알코올 버너 증기기관
최고 속도	미상

이 초창기 비행체는 증기 기관으로 움직였다. 1890년에 짧은 거리를 날아올랐다고 알려져 있으나 성공적인 항공기로는 평가할 수 없다. 조종사에게 방향을 제어할 장치가 없다는 점과 출력에 비해 중량이 무거운 출력 중량비 문제를 볼 때 이 항공기는 기술적으로 아직 갈 길이 먼 상태였다.

▽ **비오-마시아 글라이더 (플라뇌르) 1879년**
Biot-Massia Planeur 1879

제조국	프랑스
엔진	무동력
최고 속도	미상

초창기 항공의 선구자들은 항공기 설계에 항해술의 원리를 응용하거나 또는 조류학에 의존했다. 비오-마시아 글라이더는 새의 특성과 선박의 특성을 결합한다는 발상으로 설계되었지만, 실제에서는 통하지 않았다.

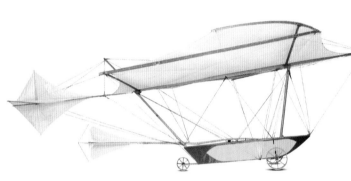

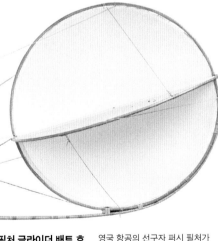

△ **필처 글라이더 배트 호 1895년**
Pilcher Bat 1895

제조국	영국
엔진	무동력
최고 속도	미상

영국 항공의 선구자 퍼시 필처가 1895년 제작한 배트 호는 기본적으로는 아주 조잡한 수준의 행글라이더였다. 조종사의 체중을 이동하여 조종하는 방식으로 비행을 하기는 했지만, 상당히 서툴렀다.

◁ **필처 글라이더 호크 호 1897년**
Pilcher Hawk 1897

제조국	영국
엔진	무동력
최고 속도	미상

호크 호의 설계는 독일의 선구자 오토 릴리엔탈의 가르침에 상당 부분 의존했다. 필처는 1899년 9월 30일 투자자들에게 호크 호 비행 시범을 보이던 중 수평 꼬리 날개가 부러지는 사고로 사망했다.

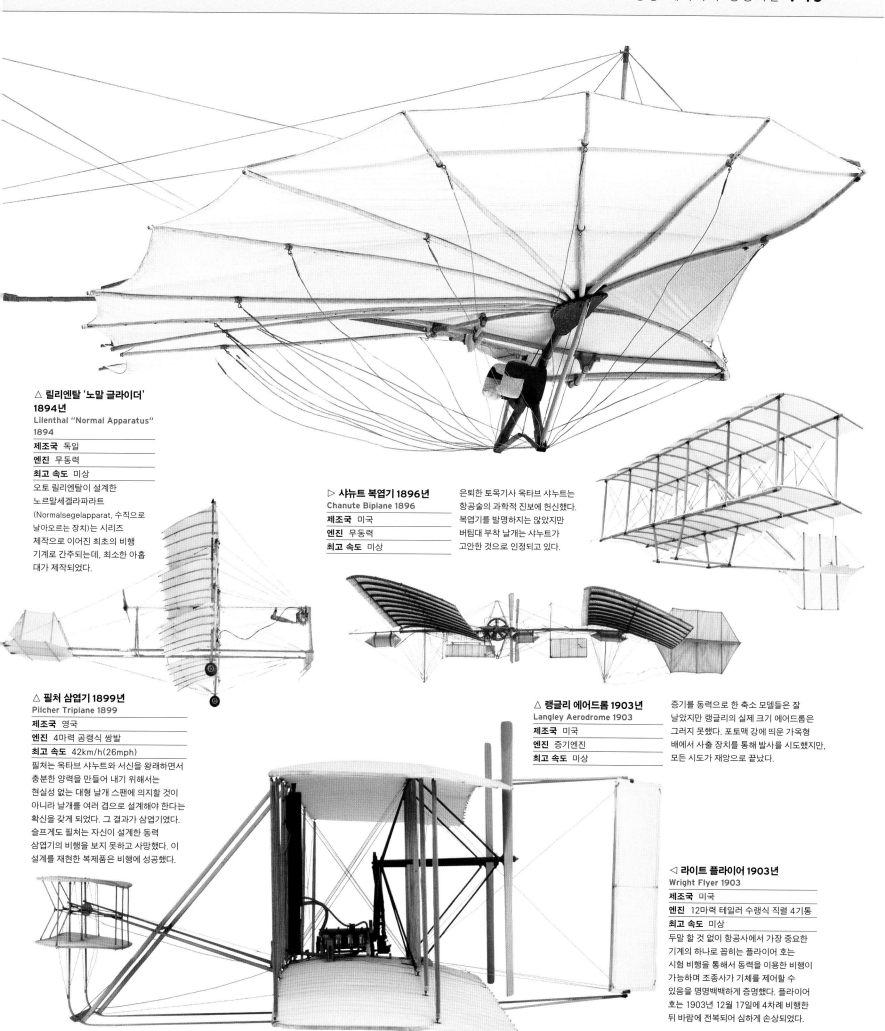

△ **릴리엔탈 '노말 글라이더'**
1894년
Lilienthal "Normal Apparatus"
1894

제조국 독일

엔진 무동력

최고 속도 미상

오토 릴리엔탈이 설계한
노르말세겔라파라트
(Normalsegelapparat, 수직으로
날아오르는 장치)는 시리즈
제작으로 이어진 최초의 비행
기계로 간주되는데, 최소한 아홉
대가 제작되었다.

▷ **샤뉴트 복엽기 1896년**
Chanute Biplane 1896

제조국 미국

엔진 무동력

최고 속도 미상

은퇴한 토목기사 옥타브 샤누트는
항공술의 과학적 진보에 헌신했다.
복엽기를 발명하지는 않았지만
버팀대 부착 날개는 샤누트가
고안한 것으로 인정되고 있다.

△ **필처 삼엽기 1899년**
Pilcher Triplane 1899

제조국 영국

엔진 4마력 공랭식 쌍발

최고 속도 42km/h(26mph)

필처는 옥타브 샤누트와 서신을 왕래하면서
충분한 양력을 만들어 내기 위해서는
현실성 없는 대형 날개 스팬에 의지할 것이
아니라 날개를 여러 겹으로 설계해야 한다는
확신을 갖게 되었다. 그 결과가 삼엽기였다.
슬프게도 필처는 자신이 설계한 동력
삼엽기의 비행을 보지 못하고 사망했다. 이
설계를 재현한 복제품은 비행에 성공했다.

△ **랭글리 에어드롬 1903년**
Langley Aerodrome 1903

제조국 미국

엔진 증기엔진

최고 속도 미상

증기를 동력으로 한 축소 모델들은 잘
날았지만 랭글리의 실제 크기 에어드롬은
그러지 못했다. 포토맥 강에 띄운 가옥형
배에서 사출 장치를 통해 발사를 시도했지만,
모든 시도가 재앙으로 끝났다.

◁ **라이트 플라이어 1903년**
Wright Flyer 1903

제조국 미국

엔진 12마력 테일러 수랭식 직렬 4기통

최고 속도 미상

두말 할 것 없이 항공사에서 가장 중요한
기계의 하나로 꼽히는 플라이어 호는
시험 비행을 통해서 동력을 이용한 비행이
가능하며 조종사가 기체를 제어할 수
있음을 명명백백하게 증명했다. 플라이어
호는 1903년 12월 17일에 4차례 비행한
뒤 바람에 전복되어 심하게 손상되었다.

오토 릴리엔탈

독일의 오토 릴리엔탈(1848~1896년)은 초기 항공술의 가장 중요한 선구자였다. 그는 어린 시절부터 (평생의 협력자인) 아우 구스타프와 함께 새의 비행을 관찰했다. 부착식 날개로 시도한 유인 비행이 실패로 돌아간 뒤 릴리엔탈은 글라이더 설계에 착수했다. 그는 정식으로 기술 교육을 받았으며, 소형 엔진 설계로 얻은 수익으로 비행에 대한 열정을 본격적으로 추구할 수 있었다. 1884년 베를린 외곽에서 원뿔형으로 흙더미를 높이 쌓아 올려 그 위에서 글라이더를 날렸다. 그는 18종의 행글라이더 모델을 제작했는데, 들어간 재료는 껍질 벗긴 버드나무 가지와 팽팽하게 당긴 질긴 광목이 거의 전부였다. 비행사의 몸을 움직여 무게 중심을 이동하는 방식으로 조종했는데, 그러기 위해서는 강인한 체력이 필수조건이었다.

제어 비행

조지 케일리를 위시한 항공기의 선구자들이 글라이더 실험에 몰두할 때, 릴리엔탈은 체계적인 접근법으로 비행 기술을 새로운 지평으로 끌어올렸다. 그의 설계로 인해 최초로 안정적인 활공 비행을 반복하는 것이 가능해졌으며, 그는 230미터(750피트)에 육박하는 거리를 활공할 수 있었다. 릴리엔탈은 글라이더를 능숙하게 조작할 수 있는데도 피치각이 떨어지는 경향이 있었는데, 부분적으로는 글라이더를 어깨에 부착한 것이 원인으로 작용했다. 1896년 릴리엔탈은 글라이더가 실속하여 수직강하하는 사고로 척추가 골절되었다. 아우에게 남긴 마지막 말은 "희생을 치러야만 되는 일이 있다"였다.

1891년의 글라이더 시험비행을 재현한 이 이미지는 릴리엔탈이 세운 15미터 (45피트) 높이의 인공 언덕에서 글라이더를 제어하며 하강하는 장면이다.

개척기의 성공적인 항공기들

1910년에 이르면 유럽의 항공 개척자들이 미국과 강력한 경쟁에 나선다. 반면에 미국에서는 라이트 형제와 경쟁자들의 소송전으로 인해 진보가 지연되고 있었다. 삼엽기, 복엽기가 나왔으며, 특히 조작 가능한 경량의 단엽기가 나왔다. 1909년 루이 블레리오가 영국 해협 횡단 비행에 성공하자 대중의 인식에 일대 변화가 일어나 항공의 현실적 가능성을 생각하게 되었다. 그전까지 대중들에게 항공이란 돈 많은 괴짜들의 위험천만한 모험에 지나지 않았던 것이다.

△ 부아쟁 복엽기 1907년
Voisin Biplane 1907

제조국 프랑스

엔진 50마력 앙투아네트 수랭식 V8

최고 속도 56km/h(35mph)

가브리엘 부아쟁은 1904년부터 항공기를 제작했다. 앙리 자르망이 1908년 1월 13일에 부아쟁 복엽기로 1킬로미터 (0.62마일) 폐회로 비행 대회에서 우승을 차지했다. 약 60대가 제작되었으며, 이것은 복제 모델이다.

▷ 산토스-뒤몽 드무아젤 20호 1908년
Santos-Dumont Demoiselle Type 20 1908

제조국 프랑스

엔진 35마력 다라크 수랭식 플랫 트윈

최고 속도 90km/h(56mph)

브라질 출신 비행사 상투스-두몽은 아주 가벼운 대나무 동체 항공기 '드모아젤(실잠자리)'을 개발하여 설계도를 무료로 공개했는데, 500 프랑 이하로 제작이 가능하다고 했다.

△ 블레리오 11호 1909년
Blériot Type XI 1909

제조국 프랑스

엔진 24마력 안차니 수랭식 3기통 팬 엔진

최고 속도 76km/h(47mph)

1909년 7월 25일, 루이 블레리오가 이 단엽기로 36.5분을 비행하여 영국 해협을 횡단했다. 영국 해협을 횡단한 최초의 중항공기 11호는 2달 이내로 103대를 주문 받았다.

△ 애브로 삼엽기 4호 1910년
Avro Triplane IV 1910

제조국 영국

엔진 35마력 그린 수랭식 직렬 4기통

최고 속도 72km/h(45mph)

앨리엇 버든 로는 1907년부터 삼엽기를 제작하기 시작하여 영국 브룩랜즈의 애브로 비행 학교에 납품한 단순한 형태의 하나짜리 수평 꼬리 날개에 날개 휘기(wingwarping) 기술을 적용한 연습기로 결실을 보았다. 이것은 1960년도에 재현한 복제 모델이다.

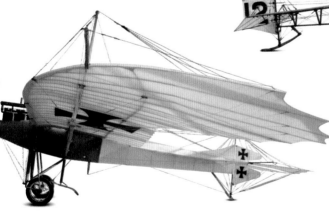

△ 럼플러 타우베 1910년
Rumpler Taube 1910

제조국 오스트리아/독일

엔진 100마력 메르세데스 D1 수랭식 직렬 6기통

최고 속도 97km/h(60mph)

오스트리아의 항공 개척자 이고 에트리히 (1879~1967년)가 1907년에 제작한 글라이더를 개량한 모델로, 새의 날개를 본딴 날개끝은 비행 제어를 위해 비틀었다. 전 세계의 많은 회사에서 제작한 '타우베(비둘기)'는 제1차 세계 대전 때 정찰과 훈련에 운용되었다.

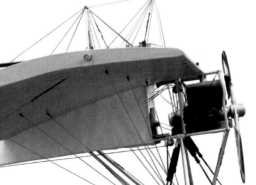

△ 월브로 단엽기 1910년
Wallbro Monoplane 1910

제조국 영국

엔진 25마력 JAP 공랭식 V4

최고 속도 미상

모터사이클 경주를 즐기던 월리스 형제는 최초로 순수 영국산 항공기를 제작했다. 강관 동체를 사용한 이 단엽기는 이렇다 할 거리를 날아 보기도 전에 수리가 불가능할 정도로 훼손되었으나, 1970년대에 재현한 이 복제 모델은 비행이 가능하다.

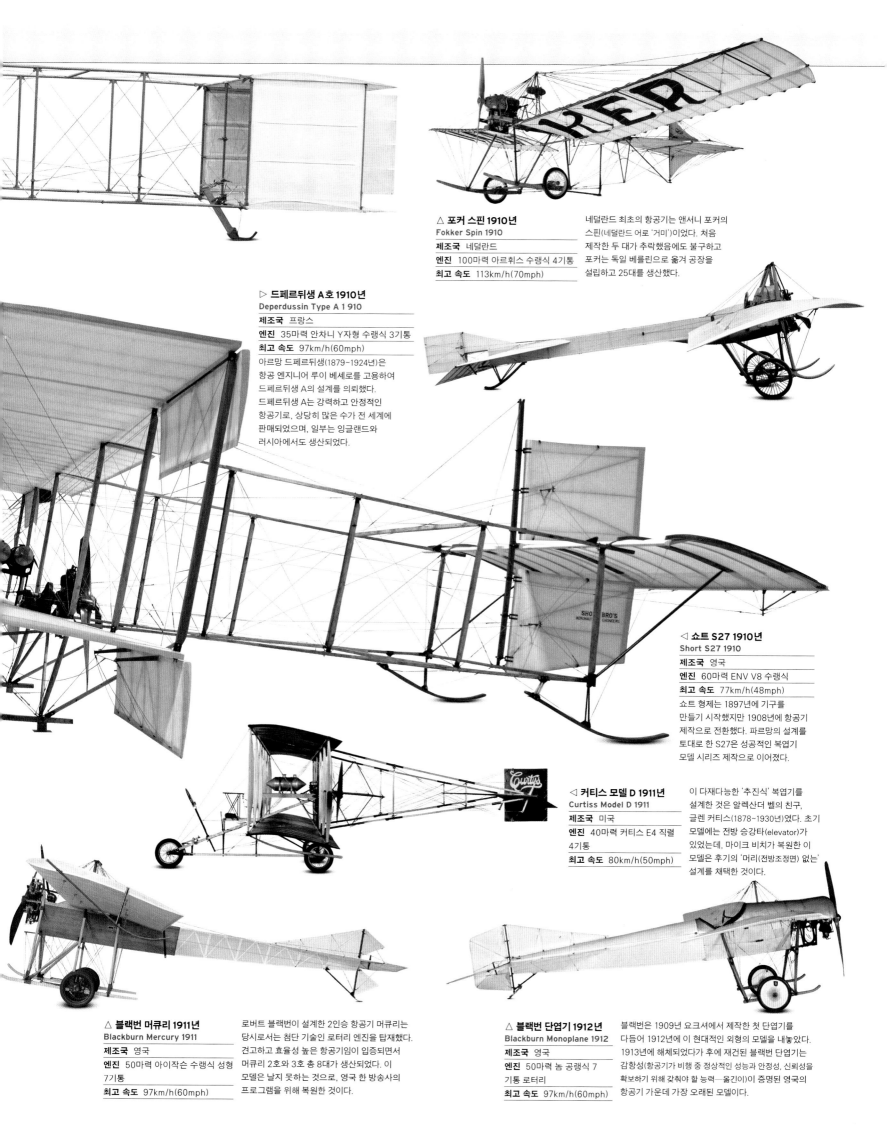

△ **포커 스핀 1910년**
Fokker Spin 1910
제조국 네덜란드
엔진 100마력 아르휘스 수랭식 4기통
최고 속도 113km/h(70mph)

네덜란드 최초의 항공기는 앤서니 포커의 스핀(네덜란드 어로 '거미')이었다. 처음 제작한 두 대가 추락했음에도 불구하고 포커는 독일 베를린으로 옮겨 공장을 설립하고 25대를 생산했다.

▷ **드페르뒤생 A호 1910년**
Deperdussin Type A 1 910
제조국 프랑스
엔진 35마력 안차니 Y자형 수랭식 3기통
최고 속도 97km/h(60mph)

아르망 드페르뒤생(1879~1924년)은 항공 엔지니어 루이 베셰로를 고용하여 드페르뒤생 A의 설계를 의뢰했다. 드페르뒤생 A는 강력하고 안정적인 항공기로, 상당히 많은 수가 전 세계에 판매되었으며, 일부는 잉글랜드와 러시아에서도 생산되었다.

◁ **쇼트 S27 1910년**
Short S27 1910
제조국 영국
엔진 60마력 ENV V8 수랭식
최고 속도 77km/h(48mph)

쇼트 형제는 1897년에 기구를 만들기 시작했지만 1908년에 항공기 제작으로 전환했다. 파르망의 설계를 토대로 한 S27은 성공적인 복엽기 모델 시리즈 제작으로 이어졌다.

◁ **커티스 모델 D 1911년**
Curtiss Model D 1911
제조국 미국
엔진 40마력 커티스 E4 직렬 4기통
최고 속도 80km/h(50mph)

이 다재다능한 '추진식' 복엽기를 설계한 것은 알렉산더 벨의 친구, 글렌 커티스(1878~1930년)였다. 초기 모델에는 전방 승강타(elevator)가 있었는데, 마이크 비치가 복원한 이 모델은 후기의 '머리(전방조정면) 없는' 설계를 채택한 것이다.

△ **블랙번 머큐리 1911년**
Blackburn Mercury 1911
제조국 영국
엔진 50마력 아이작슨 수랭식 성형 7기통
최고 속도 97km/h(60mph)

로버트 블랙번이 설계한 2인승 항공기 머큐리는 당시로서는 첨단 기술인 로터리 엔진을 탑재했다. 견고하고 효율성 높은 항공기임이 입증되면서 머큐리 2호와 3호 총 8대가 생산되었다. 이 모델은 날지 못하는 것으로, 영국 한 방송사의 프로그램을 위해 복원한 것이다.

△ **블랙번 단엽기 1912년**
Blackburn Monoplane 1912
제조국 영국
엔진 50마력 놈 공랭식 7기통 로터리
최고 속도 97km/h(60mph)

블랙번은 1909년 요크셔에서 제작한 첫 단엽기를 다듬어 1912년에 이 현대적인 외형의 모델을 내놓았다. 1913년에 해체되었다가 후에 재건된 블랙번 단엽기는 감항성(항공기가 비행 중 정상적인 성능과 안정성, 신뢰성을 확보하기 위해 갖추어 할 능력—옮긴이)이 증명된 영국의 항공기 가운데 가장 오래된 모델이다.

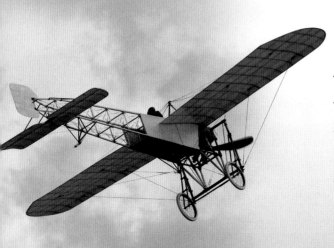

블레리오 11

루이 블레리오(1871~1936년)는 정식 교육을 받고 엔지니어로 종사하면서 항공에 관심을 갖기 전에 이미 세계 최초로 실용적인 자동차 헤드라이트를 설계하고 제작하여 막대한 재산을 모았다. 가브리엘 부아쟁 같은 항공 개척자들과 함께 일하면서 블레리오는 다양한 항공기 시리즈를 제작하고 숱한 추락 사고를 겪은 뒤 블레리오 11호를 내놓게 되었다. 엄청난 성공을 거둔 이 모델은 1909년 7월 영국 해협을 횡단함으로써 현대 비행기의 모범이 되었다.

블레리오의 첫 실험은 플래핑 날개 항공기로 시작되었지만, 어느 것도 비행에 성공하지 못했다. 1905년 6월 가브리엘 부아쟁의 예인식 수상 글라이더 비행 실험을 본 뒤 그와 유사한 항공기 제작을 의뢰했는데, 그 결과가 블레리오 2호다. 그다음으로 커나드(꼬리부를 주날개 앞에 배치하는 유형)를 장착한 블레리오 5호를 제작했지만 이 기종은 추락했고, 뒤이어 '견인식 단엽기' 유형의 블레리오 7호에 이르러 성공을 거두었다. 1909년 영국 해협을 횡단

한 블레리오 11호는 7호의 배열에 알레산드로 안차니가 설계한 신형 엔진을 탑재하고 루시엥 쇼비에르가 제작한 프로펠러를 장착했다. 이 엔진은 마력이 낮아 걸핏하면 과열되었지만 중량이 가볍고 안정적이었으며, 쇼피에르의 프로펠러는 당시 유럽에서는 가장 효율적인 성능을 자랑했다. 역사적 횡단 비행을 기점으로 주문이 쏟아졌는데, 1914년에 이르면 세계 대부분의 군용기가 블레리오일 정도로 큰 성공을 거두었다.

제원	
모델	블레리오 11, 1909년
제조국	프랑스
생산	약 900대(1909~1914년)
구조	버팀 와이어로 고정한 목재 프레임
최대 중량	230킬로그램(507파운드)에 조종사와 연료 추가
엔진	25마력 안차니 수랭식 3기통 팬
날개 스팬	7.79미터(25피트 7인치)
전장	7.62미터(25피트)
항속 거리	약 120킬로미터(75마일)
최고 속도	시속 76킬로미터(시속 47마일)

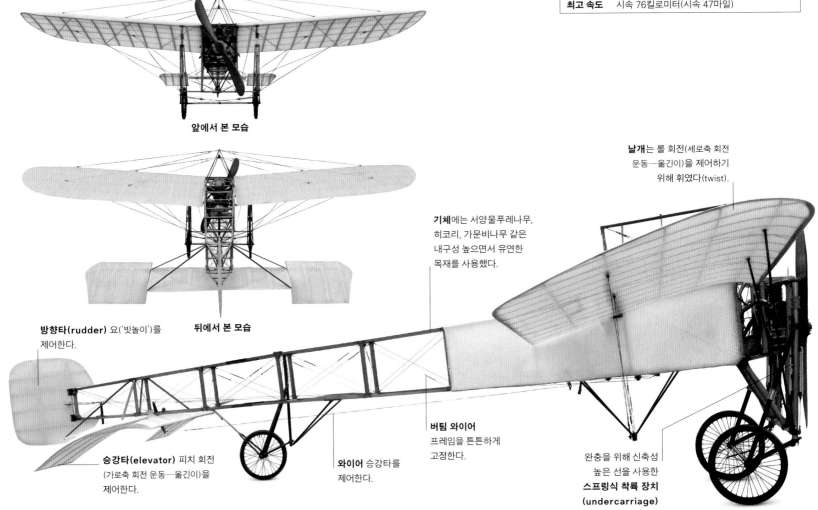

앞에서 본 모습

뒤에서 본 모습

방향타(rudder) 요('빗놀이')를 제어한다.

승강타(elevator) 피치 회전(가로축 회전 운동─옮긴이)을 제어한다.

와이어 승강타를 제어한다.

버팀 와이어 프레임을 튼튼하게 고정한다.

기체에는 서양물푸레나무, 히코리, 가문비나무 같은 내구성 높으면서 유연한 목재를 사용했다.

날개는 롤 회전(세로축 회전 운동─옮긴이)을 제어하기 위해 휘였다(twist).

완충을 위해 신축성 높은 선을 사용한 스프링식 착륙 장치 (undercarriage)

기록적인 기계
이 블레리오 11호는 블레리오가 1909년 7월 25일
영국 해협을 횡단할 때 탔던 항공기를 동일하게
재건한 복제물이다. 이 횡단 비행의 성공으로
블레리오는 일약 세계적인 유명 인사가 되었다.

외부

고강도 합금과 신뢰할 수 있는 용접 기술이 나오기 전까지 가볍고 견고한 기체를 만드는 가장 효율적인 방법은 목재로 틀을 짜고 철사로 묶는 것이었다. 그렇다고 손쉽게 만들 수 있는 것은 아니었으며, 그 결과물 또한 결코 허술하지 않았다. 그 안에는 복잡한 금속 피팅 수백 점과 까다롭게 고른 목재가 들어갔다. 블레리오 11호는 도로나 철도로 운송할 수 있도록 날개를 동체에서 탈부착할 수 있는 방식으로 설계했다.

1. 제조사 및 제조 일자 명판 **2.** 호두나무 프로펠러와 I형강 엔진 장착대 **3.** 번지고무줄 걸이용 버팀 장치 **4.** 단일 점화식 점화 플러그 **5.** 중량을 최소화하기 위한 형태로 제작된 착륙 장치 피팅 **6.** 분할 핀 버팀목 **7.** 날개 리브를 보강해 주는 천 **8.** 경량 너트와 볼트 밑에 끼운 넓은 와셔는 목재가 뭉개지는 것을 막아 준다. **9.** 날개의 휨 각도를 제어하는(롤 회전 제어) 벨크랭크 **10.** 승강타 컨트롤혼 **11.** 날개끝 승강타와 수평 꼬리 날개를 떠받치는 고정 막대 **12.** 방향타에 조립된 혼과 힌지

조종석

악천후는 물론 발 바로 앞에 장착된 엔진에서 뿜어나오는 열기와 연기에 그대로 노출되는 조종사들에게 블레리오의 조종석은 그다지 안락한 공간이 아니었다. 연료 탱크는 무릎에 달라붙다시피 놓여 있고, 화재 시 보호 장치도 없었다. 유일한 계기는 유압계였다. 대기속도와 '미끄러짐'은 뺨에 느껴지는 바람으로 판단했다. 발로 조작하는 방향타 바, 손으로 조작하는 조종간―피치를 제어할 때는 앞뒤로 움직이고 회전을 제어할 때는 옆으로 움직이는 방식―으로 이루어진 제어 시스템은 상당히 현대적인 외양을 보여 준다.

13. 방향타 바(아래)와 놋쇠 연료 탱크가 보이는 주조종석 14. 유압계
15. 연료 압력 펌프 16. 자석식 점화 장치 스위치 17. 돌아가지 않는 바퀴형
조종간 18. 통기 기능이 있는 '방석'을 놓은 고리버들 좌석

안 차 니
3기통 팬 엔진

모터사이클 엔진 제작자였던 알레산드로 안차니의 첫 항공기 엔진은 필요에 맞추어 졸속으로
만들었을지는 모르나(심지어 설계에 한두 가지 미심쩍은 요소도 있었다) 중량이 가볍고 적당한 마력을
냈으며 적기에 제작되었다. 안차니는 나아가 최초의 실용성 있는 성형 엔진까지 만들어 냈지만,
항공기 부문에서의 활약은 오래가지 못했다.

과열을 막기 위한 해법

안차니는 수년에 걸쳐 모터사이클 엔진을 개발해
왔던 터라 항공기 엔진 개발에 필요한 요소를 이미
갖추고 있는 셈이었다. 하지만 항공기 엔진은 더 높
은 마력으로 더 긴 시간을 돌아가야 했으며, 때문에
엔진 과열이 큰 숙제였다. 안차니는 엔진 실린더 바
닥 둘레에 구멍을 뚫는 특이한 해법을 찾았는데, 덮
개를 열었을 때 배기가스를 먼저 내보냄으로써 공
기 흡입 장치 행정(스트로크) 바닥 쪽으로 냉각 공기
를 더 많이 보낼 수 있게 한다는 원리였다. 이 희한
한 처방이 효험을 발휘한 덕분에 루이 블레리오는
1909년 영국 해협 횡단 비행에 성공할 수 있었다.

일체로 주조한 철제 실린더
실린더들의 각도가 60도가
되도록 배치했다.

**실린더 홀드다운
(죔쇠) 2개들이 너트**
잠금 너트 두 개를 써서
진동으로 느슨해지는
것을 방지했다.

구멍 두 개 딸린 1기통 엔진
이 안차니 팬 엔진 단면도는 현대적인 성형
엔진처럼 보이지만, 실제를 들여다보면 연결
막대 하나와 양쪽으로 하나씩 실린더를
접목한 1기통 엔진에 가깝다.

양쪽 블레이드, 고정피치 프로펠러
목재를 깎아 만든 이 블레이드는 크랭크축
속도(1,400~1,600rpm)로 회전한다.

크랭크케이스
전체 무게를
최소화하기 위해
알루미늄으로
주조했다.

엔진 제원	
생산 연한	1908~1913년
형식	공랭식 3기통 '팬' 엔진
연료	가솔린
동력 출력	1600rpm에서 24마력
중량	비급유 시 65킬로그램(143파운드)
배기량	3.375리터(206세제곱인치)
내경 행정비	100~105×120~150밀리미터(3.9~4.1인치 ×4.7~5.9인치)
압축비	4.5:1

▷ 302~303쪽 피스톤 엔진 참조

냉각 핀

배기가스 출구
냉각 핀의 낮은 효율을 보강하기 위해
실린더에 구멍을 뚫었는데, 이 구멍은 엔진
행정 초기 단계에 배기가스를 내보냄으로써
냉각 기능을 보조한다.

실린더 헤드
기계 조작 배기 밸브(실린더 뒤쪽에 있어서 안
보인다)와 흡입행정 때 공기를 빨아들이면서
자동으로 개방되는 흡기 밸브가 달려 있다.

프로펠러 허브
(바퀴통)

탁월한 프로펠러
출력이 낮은 안차니 엔진이 성공할 수 있었던 열쇠는
다름 아닌 쇼비에르 프로펠러였는데, 라이트 형제가
설계하고 제작한 프로펠러에 필적할 만한 유럽
최초의 프로펠러로 평가받는다.

2인승 군용기

2인승(복좌식) 군용기가 다량으로 제조되면서 조종사는 비행에만 집중할
수 있었으며 표적을 조준하여 사격하거나 폭탄을 투하하고 적의 동정을 정
찰하는 임무는 동승한 관측원이 수행했다. 처음에는 무장하지 않은 기본
적인 항공기를 사용했지만, 전투기와 고사포의 효율성이 높아지면서 엔진
의 마력도 점점 더 높아졌으며 개인용 장착 무기 대신 기관총을 탑재하게
되었다. 보온 비행복과 무선 교신 장비를 갖춘 전투기도 있었다.

▷ 로열 에어크래프트 팩토리(왕립항공 조병창)
B.E.2c 1912년
Royal Aircraft Factory B.E.2c 1912

제조국 영국

엔진 90마력 로열 에어크래프트 팩토리 1a 공랭식 V8

최고 속도 120km/h(75mph)

속도는 느리지만 안정적인 이 정찰기 겸 폭격기는 약 3,500
대가 생산되었다. 1914년 관측원용 기관총이 탑재되지만,
1916년에 이르면서 위험할 정도로 시대에 뒤진 항공기가
되고 말았다.

◁ 로열 에어크래프트 팩토리
F.E.2 1915년
Royal Aircraft Factory F.E.2
1915

제조국 영국

엔진 120-160마력 hp
비어드모어 수랭식 직렬 6기통

최고 속도 147km/h(92mph)

전투기로 설계된 이 '추진식 항공기'
F.E.2는 애초부터 기술적으로
낙후된 기계였다. 하지만 관측원의
기관총에 광역 사계를 채택해
경폭격기로는 효과적이었다. 2,000
대 이상이 생산되었다.

△ **애브로 504 1913년**
Avro 504 1913

제조국 영국

엔진 80마력 놈-에-론 람다 공랭식
로터리 7기통

최고 속도 145km/h(90mph)

제1차 세계 대전 때 가장 많이
생산된 항공기인 목재 프레임의
504호는 경폭격기, 전투기,
훈련기로 운용되었다. 전후에는
민항기로 인기 있었으며 러시아와
중국에서는 군용기로 운용되었다.

◁ **쿠드롱 G.3 1914년**
Caudron G.3 1914

제조국 프랑스

엔진 80마력 르론 9C 수랭식
로터리 9기통

최고 속도 106km/h(68mph)

날개 휘기 기술을 채용한 쿠드롱
항공기의 설계는 초보적이었지만,
상승률이 좋아 정찰기로 유용했다.
나중에는 훈련기로 전환되었다.

◁ **아나트라 아나살 DS 1916년**
Anatra Anasal DS 1916

제조국 러시아

엔진 150마력 삼손 9U 수랭식 성형 9기통

최고 속도 145km/h(90mph)

프랑스 삼손 사 엔진을 탑재하여 오뎃사에서
라이선스 생산한 아나살 DS는 우크라이나,
러시아, 오스트리아-헝가리 제국,
체코슬로바키아에서 주로 정찰기로 운용되었다.

▷ **브리스틀 F.2B 전투기 1916년**
Bristol F.2B Fighter 1916

제조국 영국

엔진 275마력 롤스로이스 팰콘 3
수랭식 V12

최고 속도 198km/h(123mph)

이 F.2B 모델에서 강력하게 개선된
힘 좋은 브리스틀 전투기는 단좌기들
못지 않은 성능으로 1930년대까지
현역으로 뛰었지만, 롤스로이스 사
엔진의 공급 부족으로 제1차 세계 대전
시기에는 생산이 주춤했다.

▷ **소프위드 1 ¹/₂ 스트러터 1916년**
Sopwith 1 ¹/₂ Strutter 1916

제조국 영국

엔진 130마력 클레르제 공랭식 로터리 9기통

최고 속도 161km/h(100mph)

엔진 중앙부의 기묘하게 생긴 스트러트('버팀대')
에서 이름을 딴 이 군용기는 기동성 좋은 전투기
겸 폭격기였다. 싱크로나이즈(프로펠러 회전날이
총구 앞을 지날 때는 총알이 발사되지 않도록
조종되는 장치) 기관총이 탑재된 영국 최초의
항공기로, 프랑스에서도 생산되었다.

◁ **융커스 J4(JI) 1917년**
Junkers J4 (JI) 1917
제조국 독일
엔진 200마력 벤츠 Bz.IV
수랭식 직렬 6기통
최고 속도 155km/h(97mph)
최초의 전금속제 항공기 융커스
J4의 개발을 이끈 것은 후고
융커스 박사였다. 이 지상 공격용
항공기에 쓰인 두께 5밀리미터
(0.2인치)짜리 육조 형상 강판은
기체의 구조인 동시에 방탄 기능을
수행했다. 227대가 생산되었으며,
대부분이 서부 전선에 투입되었다.

△ **로열 에어크래프트 팩토리
R.E.8 1916년**
Royal Aircraft Factory R.E.8
1916
제조국 영국
엔진 140마력 로열 에어크래프트
팩토리 4a 공랭식 V12
최고 속도 166km/h(103mph)

느리고 조작이 어려워 비행이
까다로웠던 R.E.8호는 전 세대 군용기
B.E.2c보다 화력이 강력해졌으며
페이로드(유료 하중)도 대폭 증가했다.
4,000대 이상이 생산되었으며,
기량 있는 조종사를 만날 경우에는
훌륭하게 임무를 수행했다.

◁ **LVG C.4 1917년**
LVG C.VI 1917
제조국 독일
엔진 200마력 벤츠 Bz.4 수랭식
직렬 6기통
최고 속도 166km/h(103mph)
윌리 사베어스키-뮈시크브로트가
설계한 C.4에는 반(半) 모노코크
구조의 목조 동체가 쓰였다. 주로
정찰기로 쓰인 이 2인승 전투기는
전후에도 계속 사용되었으며,
리투아니아에서는 1940년까지
쓰였다.

▷ **비커스 F.B.5 건버스 1914년**
Vickers F.B.5 Gunbus 1914
제조국 영국
엔진 100마력 놈 모노소파페('싱글
밸브') 로터리 9기통
최고 속도 113km/h(70mph)

F.B.5는 공대공 전투용으로
설계된 최초의 항공기였다.
중량과 날개 휘기 제어 방식을
채택한 추진식 설계는 효율성이
떨어졌으며 얼마 가지 못하고
단종되었다.

◁ **에어코 DH 9A '니나크'
1918년**
Airco DH 9A "Ninak" 1918
제조국 영국
엔진 400마력 패커드 리버티
12A V12 수랭식
최고 속도 198km/h(123mph)
에어코 사는 DH 9에 맞는 출력을
갖춘 엔진을 찾는 데 어려움을
겪었지만, 미국에서 제작한 리버티
엔진으로 큰 성공을 거두어 1931
년까지 현역이었다. 러시아에서도
많은 복원 모델이 제작되었다.

이륙하는 포커 스핀 3호,
1911년

위대한 항공기 제조사

포커

'포커'라는 이름은 종종 독일 전투기와 연관되지만, 앤서니 포커는 사실 네덜란드 국적자였다가 나중에 미국 시민권자가 되었다. 포커가 세운 회사는 획기적인 민간기와 군용기를 제작하면서 1920년대에는 세계에서 가장 큰 항공기 제조사가 되었다.

네덜란드령 동인도(현재의 인도네시아)에서 1890년에 태어난 앤서니 포커는 자녀들에게 네덜란드식 교육을 시키고 싶어 했던 아버지의 뜻에 따라 네 살 때 네덜란드로 귀국했다. 다른 많은 초창기 항공 분야의 개척자들과 마찬가지로 포커도 학구파는 아니어서 대학 공부를 마치지 않았으며, 학업보다는 기술이나 공학 기술을 선호했다.

포커의 아버지는 1910년에 자동차 기술 교육을 위해 아들을 독일로 보냈지만, 1908년 윌버 라이트가 프랑스에서 보인 시범 비행에 감명 받은 포커는 그의 첫 항공기인 스핀('거미'라는 뜻의

앤서니 포커
(1890~1933년)

네덜란드 어) 호 제작에 착수했다. 포커는 오래 걸리지 않아서 항공 설계와 조종, 양쪽 방면에서 소질을 인정받았고, 1912년에 자신의 첫 회사, 포커 항공사(Fokker Aeroplanbau)를 설립했다.

그는 항공기 여러 대를 제작한 뒤 공장을 슈베린으로 이전하고 포커항공기제조사(Fokker Flugzeugwerke) GmbH로 변경했다. 제1차 세계 대전이 발발하자 독일 정부가 공장을 장악했지만 포커에게는 공장 관리자와 설계자의 역할을 계속 맡겼다.

1915년 포커는 혁명적인 병기를 탑재한 아인데커('단엽기') 전투기를 선보였다. 프로펠러 회전날 사이로 기관총을 발사한다는 개념은 포커의 발상이 아니었지만, 그 개념을 현실화시킨 싱크로나이즈(동조) 장치를 설계한 것이 그의 회사였다. 이 '차단 기어(interrupter gear)' 장치는 '포커의 징벌'이라 불린 1915년 전투에서 영국과 프랑스의 육군 항공대원들을 대량 살상하며 공중전에 일대 혁명을 가져왔다. 제1차 세계 대전 도중 포커는 포커 삼엽기 Dr.1과 첨단 전투기 포커 D-7을 제작했는데, 포커 D-7은 1918년에 초도 비행했다. 제1차 세계 대전 최고의 에이스, 만프레트 폰 리히트호펜 대위('붉은 남작')는 Dr.1 안에서 죽음을 맞이했다. D-7은 휴전 협정에서 구체적으로 언급된 유일한 항공기라는 독특한 기록을 보유하고 있다. 승전한 연합군 측이 베르사유 조약 때 D-7 전투기 전수 인도를 요구한 것이다.

제1차 세계 대전이 끝난 뒤 독일 재무부에 거액의 세금을 내야 했던 포커는 열

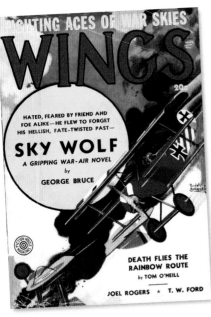

항공 소설
1938년 미국의 저속 잡지 《윙스(Wings)》에 세계적으로 유명한 포커 삼엽기가 제1차 세계 대전 때 최초의 공중전에서 활약하는 이야기를 다룬 단편 소설이 실렸다.

> "포커 전투기는 **수수께끼 같은 존재가 되어 갔다.** 이 전투기의 공격을 받고 살아 돌아와서 실상을 전해 준 이가 … 거의 없었으니까."

세실 아서 루이스(1898~1997년), 영국 전투기 조종사

차 6대 분량의 부품과 항공기 약 180대와 함께 네덜란드로 돌아왔다. 이 덕분에 아주 신속하게 생산을 재개할 수 있었고 머잖아 여러 국가의 공군에 항공기를 공급하기 시작했다. 1923년에는 미국으로 이주하여 미국 지사인 애틀란틱 에어크래프트(Atlantic Aircraft Corporation)를 세웠는데, 명칭은 곧 포커 항공사로 변경했다. 이 회사는 순식간에 민간 항공기 시장을 지배하기 시작했다. 특히 삼발기 F-7a/3m이 큰 성공을 거두었는데, 1936년 무렵에 미국 시장의 40퍼센트를 점유했고, 최종적으로는 54개 항공사가 포커 여객기를 운항했다. F-7a/3m와 실질적인 경쟁이 될 만한 첫 항공기는 포드 트라이모터였는데, 포커 삼발기의 많은 특징을 그대로 베낀 모델이었다. 포커 트라이모터 한 기종이 1925년 포드 사가 개최한 신뢰성 대회(Ford Reliability Tour)에서 우승하면서 리처드 E. 버드와 찰스 킹스퍼드 스미스를 위시한 유명한 비행사들이 이 기종으로 많은 비행 기록을 갱신하기에 이르렀다.

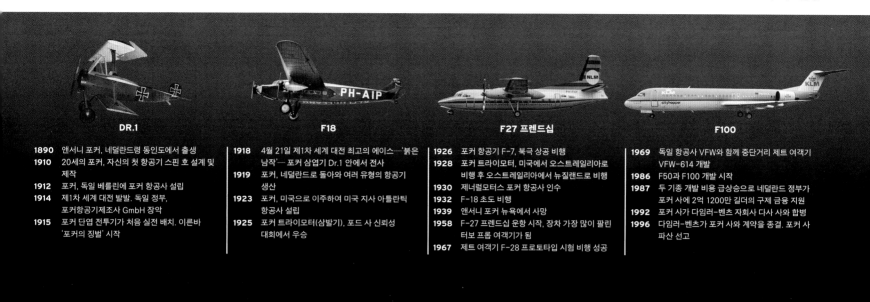

DR.1	F18	F27 프렌드십	F100
1890 앤서니 포커, 네덜란드령 동인도에서 출생	1918 4월 21일 제1차 세계 대전 최고의 에이스—'붉은 남작'—포커 삼엽기 Dr.1 안에서 전사	1926 포커 항공기 F-7, 북극 상공 비행	1969 독일 항공사 VFW와 함께 중단거리 제트 여객기 VFW-614 개발
1910 20세의 포커, 자신의 첫 항공기 스핀 호 설계 및 제작	1919 포커, 네덜란드로 돌아와 여러 유형의 항공기 생산	1928 포커 트라이모터, 미국에서 오스트레일리아로 비행 후 오스트레일리아에서 뉴질랜드로 비행	1986 F50과 F100 개발 시작
1912 포커, 독일 베를린에 포커 항공사 설립	1923 포커, 미국으로 이주하여 미국 지사 아틀란틱 항공사 설립	1930 제너럴모터스 포커 항공사 인수	1987 두 기종 개발 비용 급상승으로 네덜란드 정부가 포커 사에 2억 1200만 길더의 구제 금융 지원
1914 제1차 세계 대전 발발. 독일 정부, 포커항공기제조사 GmbH 장악	1925 포커 트라이모터(삼발기), 포드 사 신뢰성 대회에서 우승	1932 F-18 초도 비행	1992 포커 사가 다임러-벤츠 자회사 다사와 합병
1915 포커 단엽 전투기가 처음 실전 배치. 이른바 '포커의 징벌' 시작		1939 앤서니 포커 뉴욕에서 사망	1996 다임러-벤츠가 포커 사와 계약을 종결. 포커 사 파산 선고
		1958 F-27 프렌드십 운항 시작, 장차 가장 많이 팔린 터보 프롭 여객기가 됨	
		1967 제트 여객기 F-28 프로토타입 시험 비행 성공	

하지만 포커 사는 1931년에 TWA 소속 599편 트라이모터가 추락하는 사고로 기업 가치에 심각한 손상을 입었다. 기체의 소재로 쓰인 목재가 부패한 것이 참사의 원인으로 밝혀졌을 뿐만 아니라 전설적인 미식축구 감독 누트 로크니가 이 사고로 사망하면서 사고 소식이 언론에 대서특필된 것이다. 추락 사고 이후 포커 사 삼발기가 일정 기간 운항이 금지되자 보잉 사와 더글러스 사의 전금속제

항공기가 우위를 점해갔다. 1930년에 제너럴 모터스 사에 공장을 매각한 포커는 갈수록 GM의 경영 일선에서 밀려나다가 이듬해 자리에서 물러났다. 그는 1939년 12월 23일 뉴욕 시에서 폐렴구균성 수막염으로 세상을 떠났다. 향년 49세였다.

네덜란드의 포커 공장은 1940년 독일 침공 때 몰수당해 뷔커 Bü 181 연습기와 일부 Ju-52 수송기 제조에 사용되었다. 제2차 세계 대전이 끝나고 포커 사는 처음에는 불용 군수물자가 된 더글러스 다코타 군용기를 민간 용도로 전환했지만,

포커 팩토리
1987년 처음 서비스를 시작한 여객기 F-50 (공장에서 조립되는 모습)은 현재까지 여러 항공사에서 사용하고 있으나, 1996년 단종됐다.

나중에는 S-11 연습기와 초기 여객기 모델의 하나인 S-14를 포함하여 여러 신형 기종을 설계하고 생산했다. 아울러 글로스터 미티어와 록히드 F-104 스타파이터 같은 제트 전투기도 라이선스 생산했다.

1957년 포커 사는 F-27 프렌드십 개발에 착수했다. 롤스로이스 다트 터보 프롭 엔진 2기를 탑재한 F-27은 유럽에서 가장 인기 있는 터보 프롭 여객기가 되었으며, 1987년까지 계속해서 생산되었다. 1967년에는 단거리용 제트 여객기 F-28 펠로우십이 초도 비행을 했고, 역시 잘 팔렸다. 포커 사는 인공위성을 개발하는 동시에 벨기에, 덴마크, 네덜란드, 노르웨이의 공군이 발주한 F-16을 라이선스 계약 하에 개발하는 컨소시엄에 참여했다. 하지만 두 종의 신형 항공기를 동시에 개

발한다는 야심찬 계획은 포커 사를 파산으로 몰아넣고 말았다. F-50(F-27 제트기를 개량한 기종)과 F-100(F-28 제트기를 현대화한 기종) 개발 비용이 급상승하는 가운데, 포커 사는 지불 능력을 유지하기 위해서 네덜란드 정부에 거액의 구제 금융을 신청해야 했다. 게다가 초반에는 두 기종 다 준수하게 판매되었지만, 모체로 삼은 기종들의 성공을 재현하지는 못했다. 결국 포커 사는 1992년 독일의 다사(DASA) 사와 합병했지만, 다사의 모회사인 다임러-벤츠도 자사의 문제를 겪다가 1996년에 포커를 분할했다. 그로부터 두 달 뒤, 포커 사는 파산을 선언했다. 하지만 포커 사는 5개 사가 모인 합작 기업 포커 테크놀로지를 통해 항공 우주 산업 분야에서 그 명맥을 이어가고 있다.

포커 Dr.1
독일의 에이스 조종사 하인리히 곤터만이 제1차 세계 대전 전 자신의 포커 Dr.1 앞에서 자세를 취하고 있다. '붉은 남작'도 이 전투기를 몰았으며 두 조종사 모두 공중전에서 목숨을 잃었다.

1인승 전투기

제1차 세계 대전을 지나면서 기체와 엔진 기술, 항공기 설계의 모든 면면에 그야말로 비약적인 발전이 이루어졌다. 연합국 진영과 동맹국 진영의 공중전 우위 쟁탈전이 치열하여 쌍방이 서로 상대 전투기의 주요 기능을 베끼거나 압도하면서 앞선 기종의 활약은 오래가지 못하고 사라져 버리곤 했다. 1인승(단좌식) 전투기 설계의 성공을 좌우한 핵심 요인은 속도와 기동성, 화력, 내구력이었다.

△ **포커 E-2 단엽기 1915년**
Fokker E.II Eindecker 1915

제조국 독일

엔진 100마력 오버우어젤 U19 공랭식 로터리 9기통

최고 속도 140km/h(87mph)

네덜란드 인 안소니 포커의 단엽기는 모란-소니에 사 단엽기의 개량판이었다. 모란-소니에 싱크로나이즈드 차단 기어 기관총을 탑재한 E-2로 독일군은 1915년 말 공중전에서 우위를 점할 수 있었다.

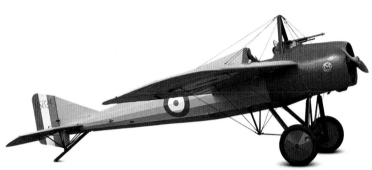

◁ **모란-소니에 N 1915년**
Morane-Saulnier Type N 1915

제조국 프랑스

엔진 80마하 놈-에-론 공랭식 로터리 9기통

최고 속도 144km/h(89mph)

N타입 단엽기는 롤랑 갸로스 사의 선구적인 기관총을 탑재했는데, 프로펠러의 파손을 방지하기 위해 프로펠러 날에 강철 전향판을 장착한 무기였다. 처음 제작했을 때는 실전에서 효과를 발휘했지만, 날개 휘기 조종 방식을 채택한 이 전투기는 얼마 안 가서 신기종에 자리를 내주었다.

▷ **뉴포르 17 1916년**
Nieuport 17 1916

제조국 프랑스

엔진 110-130마력 놈-에-론 9Ja 공랭식 로터리 9기통

최고 속도 177km/h(110mph)

뉴포르 11을 개선하여 우월한 성능과 기동성에 싱크로나이즈 기관총까지 탑재한 뉴포르 17은 연합국 진영에서 널리 운용된 1916년 당시 최고의 전투기였다.

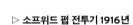

◁ **소프위드 삼엽기 1916년**
Sopwith Triplane 1916

제조국 영국

엔진 130마력 클레르제 9B 공랭식 로터리 9기통

최고 속도 188km/h(117mph)

소프위드 펍 전투기를 개선한 이 삼엽기는 대단히 우수한 기동성으로 1916-17년에 많은 전투를 승리로 이끌면서 독일군이 포커 Dr.1 전투기를 개발하게 되는 자극제가 되었다. 147대밖에 생산되지 않고 카멜 전투기로 대체되었다.

▷ **소프위드 펍 전투기 1916년**
Sopwith Pup 1916

제조국 영국

엔진 80마력 놈-에-론 9c 공랭식 로터리 9기통

최고 속도 180km/h(112mph)

넓은 주익 면적을 갖춘 소프위드 펍 전투기는 공식 명칭이 소프위드 스카웃(1인승 전투기)으로, "테니스장에 착륙할 수 있을 정도"의 소형 전투기였다. 성공적인 기종이었으나 얼마 가지 않아 신형으로 대체되었다. 1,770대가 생산되었다.

▽ **소프위드 F-1 카멜 전투기 1917년**
Sopwith F.1 Camel 1917

제조국 영국

엔진 130마력 클레르제 9B/150마력 벤틀리 BR1 공랭식 로터리 9기통

최고 속도 185km/h(115mph)

비행 특성은 까다롭지만 높은 기동성에 쌍발 기관총을 탑재한 카멜 전투기는 제1차 세계 대전 당시 어떤 전투기보다도 많은 적기를 격추시켰다. 약 5,490대가 생산되어 공중전에서 연합국 진형에 우위를 부여했다.

△ **소프위드 5F-1 돌핀 전투기 1917년**
Sopwith 5F.1 Dolphin 1917

제조국 영국

엔진 200마력 이스파노-수이자 8B V8 수랭식

최고 속도 211km/h(131mph)

허버트 스미스가 1917년에 설계한 신형 기종 돌핀 전투기는 빠르고 조작이 용이하고 비행이 편안하여 높은 고도에서 우수한 성능을 자랑했지만, 기체 전방을 낮춘 설계로 외형이 기존 항공기와 달라져서 종종 독일군 전투기로 오인받는 문제를 겪었다.

▷ 포커 Dr.1 1917년
Fokker Dr.1 1917

제조국 독일

엔진 110마력 오버우어젤 Ur.2
공랭식 로터리 9기통

최고 속도 185km/h(115mph)

붉은 남작 만프레트 폰 리히트호펜의
전투기로 유명한 이 삼엽기는 기동성
탁월한 소프위드 삼엽기에 대응하기
위해 개발한 기종이었다. 320대가
생산되었다.

△ 포커 D-7 1918년
Fokker D.VII 1918

제조국 독일

엔진 180마력 메르세데스-벤츠
D3aü 수랭식 직렬 6기통

최고 속도 190km/h(118mph)

제1차 세계 대전의 마지막 포커 전투기.
라인홀트 플라츠(1886~1966년)가
설계한 D-7 전투기는 1918년 초 당시
최고의 독일 전투기로 평가 받는다.
강관 동체와 외팔보 날개는 시대를 크게
앞서간 설계였다.

◁ 알바트로스 D-5a 1916년
Albatros DVa 1916

제조국 독일

엔진 180마력 메르세데스-벤츠
D.3a 수랭식 직렬 7기통

최고 속도 186km/h(116mph)

알바트로스 D 시리즈(왼쪽의 모델은
후기 5a) 전투기로 독일군은 1917년에
공중전 우위를 탈환했다. 가볍고 강한
반(半) 모노코크구조의 합판 동체를
채택한 D-5a는 속도가 빠르고 화력이
강했지만, 기동성은 썩 높지 않았다.

△ 로열 에어크래프트 팩토리 S.E.5a 1916년
Royal Aircraft Factory S.E.5a 1916

제조국 영국

엔진 200마력 이스파노-수이자/울즐리 바이퍼
수랭식 V8

최고 속도 222km/h(138mph)

프랑스에서 생산하는 엔진의 물량이
달리자 울즐리 사에 생산을 의뢰하여
수급 문제를 해결했다. 안정적이고 빠르고
강한 S.E.5a 전투기는 1917년 중반
연합군이 공중전 주도권을 되찾는 데
일조했으며 활약은 종전까지 이어졌다.

△ 스파드 S-7 1916년
SPAD SVII 1916

제조국 프랑스

엔진 220마력 이스파노-수이자 V8 수랭식

최고 속도 218km/h(135mph)

루이 베세로
(1880~1970년)가
설계하고 기관총 한 정을 탑재한 S-7은
제1차 세계 대전 최고의 전투기 가운데
하나로 꼽힌다. 튼튼한 내구성과 강력한
V8 엔진에서 나오는 빠른 속도가 떨어지는
기동성을 보완했다.

▽ 융커스 D.1 1918년
Junkers D.1 1918

제조국 독일

엔진 185마력 BMW 3a 수랭식 6기통 직렬

최고 속도 176km/h(109mph)

너무 늦게 나와 전쟁에 영향을 미치기
어려웠던 D.1은 전 동체 금속재 저익기로
장차 전투기와 상업기가 나아갈 길을 보여
주었다.

RAF S.E.5a

특히나 견고했던 1인승 전투기 로열 에어크래프트 팩토리(RAF, 영국 왕립항공 조병창) S.E.5a는 총포 거치대로도 탁월했다. 그런 까닭에 이 전투기는 제2차 세계 대전 시기 영국 본토 항공전에 투입되었던 호커 허리케인에 맞먹는 제1차 세계 대전의 병기로 평가되곤 했다. 한편 중량이 더 가볍고 기동성이 더 뛰어났던 소프위드 카멜 전투기는 슈퍼마린 스피트파이어와 동급으로 칭해졌다. S.E.5a와 카멜 전투기는 1917년 중반부터 종전에 이르기까지 서부 전선에서 연합국 진영이 제공권을 탈환하는 데 중대한 역할을 수행했다.

1916년 11월에 초도 비행한 S.E.5(Scout Experimental, 1인승 시험 전투기) 전투기를 개량한 S.E.5a에는 150마력 엔진보다 더 강력한 200마력 엔진이 탑재되었다. 영국 팬 버러의 왕립 항공 조병창에서 헨리 P. 폴런드의 선도 하에 설계된 S.E.5a는 '추진식(pusher)' 항공기(엔진과 프로펠러가 조종사 뒤쪽에 장착된 복엽기)인 DH 2와 FE8 같은 영국 왕립 육군 항공대(Royal Flying Corps, RFC)의 전투기들하고 비교하기 어려울 정도로 개선되었다. S.E.5a는 프로펠러를 조종사 앞에 장착한 '견인식(tractor)' 구조를 채택한 덕분에 상대적으로 간결하고 신속한 동체 설계가 가능했으며, 뭉툭하고 네모진 기수는 호전적인 느낌을 주었다. 알버트 볼, 빌리 비숍, '믹' 매녹, 제임스 매커든 등 빅토리아 십자 훈장을 수여한 제1차 세계 대전의 에이스 조종사들의 손에서 이 전투기는 높은 내구성과 안정성, 전면적인 조종석 시야, 우월한 속도, 그리고 높은 고도에서도 훌륭한 작전 수행 능력을 갖춘 가공할 병기임이 입증되었다.

제원	
모델	로열 에어크래프트 팩토리(RAF) S.E.5a 1916년
제조국	영국
생산	5,205대(SE5 포함)
구조	목재 프레임에 천을 씌움
최대 중량	898킬로그램(1,980파운드)
엔진	200마력 이스파노-수이자/울즐리 바이퍼 V8 수랭식
날개 스팬	8.1미터(26피트 7인치)
전장	6.38미터(20피트 11인치)
항속 거리	483킬로미터(300mph)
최고 속도	시속 222킬로미터(시속 138마일)

앞에서 본 모습

뒤에서 본 모습

수평 꼬리 날개에 와이어로 고정한 **안정판**

천을 씌운 날개는 RAF-15 날개꼴을 채택했다.

빠른 롤 회전 제어를 위한 윗날개와 아랫날개 양쪽의 **에일러론(보조날개)**

캠(롤 회전 운동을 왕복운동으로 전환하는 장치─옮긴이) 커버를 노출시킨 S.E.5a의 설계

속도를 높이기 위해 유선형으로 설계한 조종사 **머리 받침대**

목재 보강재에 천을 씌운 **후방 데크**

알루미늄 합금판으로 만든 **엔진 카울링(덮개)**

목재/강관 프레임에 천을 씌운 **꼬리**

정비나 점검 때 열 수 있도록 설계한 천 동체의 **측면 패널**

파란색 외륜과 빨간색 내륜의 영국 국적기 **식별 표시**

컨트롤혼이 지렛대로 기능하여 에일러론을 가동한다.

사각턱의 전사
내구성과 실용성을 무엇보다 중요한 목표로 삼은 SE5a
는 강력한 엔진에 간결하고 길쭉한 동체와 단칸 격실,
철사로 버팀대를 고정한 복엽 날개를 결합했다. 그 결과,
정비가 용이하며 조종사들이 높이 신뢰하는 전투기가
탄생했다.

외부

면밀하고 효율적인 세부 설계를 보여 주는 S.E.5a는 곳곳에서 간결함, 내구성, 제작 용이성, 실전의 사용성이 드러나는데, 이 모든 것이 언제라도 전투에 임할 수 있도록 준비된 상태를 유지함으로써 긴급하게 전선으로 출동하는 데 절대적으로 중요한 요소들이다. S.E.5의 가는 날개와 꼬리 구조에 기인했던 문제점들은 바로 해결했으며, 강관 착륙 장치 버팀대의 취약점 또한 탄력이 더 좋은 목재 버팀대로 대체해 보완했다.

1. 라디에이터 셔터 2. 라디에이터 배수 장치 3. 주유구 4. 버팀줄에 부착한 탄환 간격 조정자 5. 버팀줄 끝에 씌운 가죽 '부츠' 6. 다공(多孔) 배기구 7. 날개 버팀대 말단 8. 제어 도르래 검사 패널 9. 컨트롤혼 10. 천을 씌운 패널 결합부 11. 번지고무줄 걸이용 버팀 장치 12. 사격 조준기 13. 조종 와이어 그로밋 14. 루이스 기관총

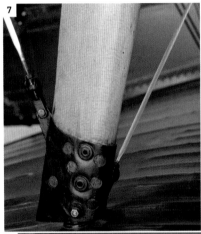

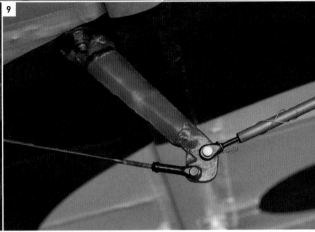

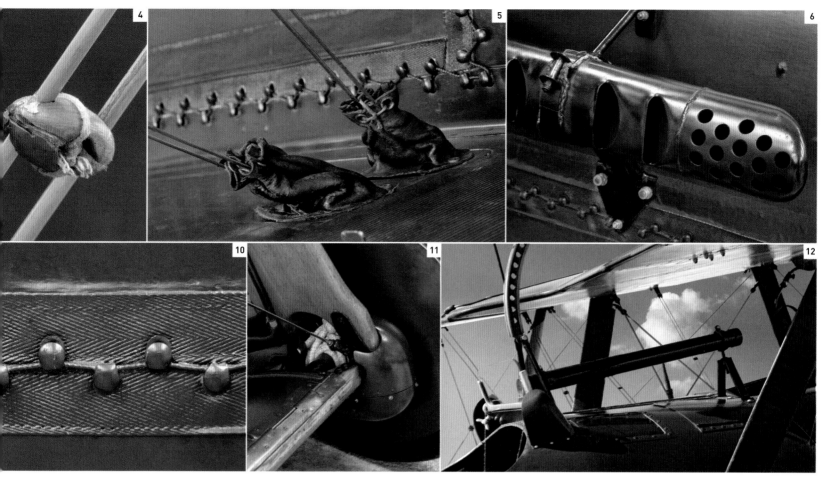

조종석

S.E.5a의 설계는 오늘날 기준으로 보면 스파르타적이라 할 만큼 군더더기가 없다. 전체를 바니시로 칠한 목재관과 구리관, 놋쇠 소재 피팅에 필요한 계기와 각종 장비만 적재적소에 배치한 '집무실'은 조종사의 편의나 편이성은 거의 고려하지 않은, 기능적 접근법의 전형을 보여 준다. 탑재된 두 종의 기관총(기내 고정형 비커스 기관총과 주익 상단의 레일 마운트에 장착한 이동형 루이스 기관총)은 조종사가 비행 도중 고장 수리나 총탄 걸린 것을 직접 제거할 수 있었으며, 루이스 기관총의 경우에는 드럼 탄창을 교체할 수 있었다.

15. 조종석 전경 **16.** 연료 펌프 제어기 **17.** 연료 탱크 마개 **18.** 나침반
19. 대기속도 표시판 **20.** 삽 모양 조종간과 함께 설치된 발사 단추
21. 방향타 바 **22.** 라디에이터 셔터 레버

경주용 비행기와 기록을 깨뜨린 비행사들

초창기 항공기의 발전 속도는 그야말로 눈부셨다. 20세기 초에는 비행선 한 대만이 동력 비행 기록을 세웠지만, 첫 10년 동안 중항공기는 비틀거리면서 겨우 땅 위에서 뛰어오르던 수준에서 42킬로미터(26마일) 거리의 영국 해협을 시속 80킬로미터(시속 50마일)로 비행하는 수준으로 도약했다. 그로부터 10년 뒤 그 속도는 세 배 이상 빨라 졌으며 최초로 무착륙 대서양 횡단 비행에 성공했다.

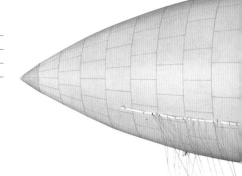

▷ **산토스-뒤몽 6호 1901년**
Santos-Dumont No.6 1901
제조국 프랑스
엔진 20마력 부세 수랭식 직렬 4기통
최고 속도 37km/h(23mph)
아우베르투 상투스-두몽은 1901년 10월 19일에 이 수소 비행선으로 파리 생클루 공원에서 에펠탑까지 30분 이내에 비행하여 상금 10만 프랑이 걸린 도이치 드 라 뫼르트 상을 받았다.

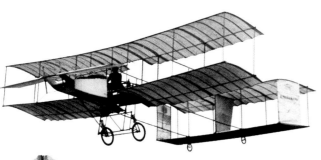

◁ **부아쟁-파르망 1호 복엽기 1907년**
Voisin-Farman Biplane No.1 1907
제조국 프랑스
엔진 50마력 앙투아네트 V8 수랭식
최고 속도 90km/h(56mph)

가브리엘 부아쟁(1880~1973년)이 개발한 최초의 성공적 항공기를 탄 비행사는 앙리 파르망(1874~1958년)이었는데, 초도 비행에 1킬로미터 (0.6마일)의 폐회로 비행을 시작으로 다음으로는 2킬로미터(1.2마일) 를 비행했고, 그다음으로 20분 만에 27킬로미터(17마일)를 이동하는 전국 횡단 비행에 성공했다. 전부가 1908년 한 해에 세운 기록이다.

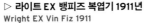

△ **앙투아네트-7 1909년**
Antoinette VII 1909
제조국 프랑스
엔진 50마력 앙투아네트 V8
최고 속도 70km/h(44mph)

뛰어난 엔지니어 레옹 르바바쇠르는 1903년 경항공기용 엔진으로 V8 엔진의 특허를 받았다. 르바바쇠르가 이어서 제작한 이 항공기로 조종사 위베르 라탐은 비행대회에서 우승했다. 이 항공기는 모의 비행에도 사용되었다.

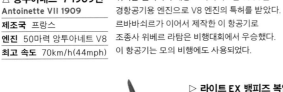

△ **모란-소니에 H 1913년**
Morane-Saulnier H 1913
제조국 프랑스
엔진 80마력 르론 9C 공랭식 성형 9기통
최고 속도 120km/h(75mph)

이 1인승 경량 항공기는 롤랑 갸로스의 조종으로 1913년 정확한 착륙 대회에서 우승했다. 제1차 세계 대전이 시작되자 프랑스와 영국이 전투 용도로 이 기종을 주문했다.

▷ **라이트 EX 뱅피즈 복엽기 1911년**
Wright EX Vin Fiz 1911
제조국 미국
엔진 35마력 라이트 에어로 직렬 4기통
최고 속도 81km/h(51mph)
1911년 칼브레이스 페리 로저스가 이 항공기를 타고 최초로 미국 횡단 비행에 성공했는데, 이 비행 도중 16회 추락과 수많은 부상으로 인해 도합 75회 기착했으며, 많은 부속을 교체해야 했다.

△ **모란-소니에 타입 A1-30 1917년**
Morane-Saulnier A1 Type XXX 1917
제조국 프랑스
엔진 150마력 놈 모노수파프 9N 공랭식 성형 9기통
최고 속도 225km/h(140mph)

제1차 세계 대전에 투입되었던 이 1인승 전투기는 잘 짜인 작은 동체와 파라솔형 후퇴익 덕분에 곡예비행이 가능했다. 전쟁이 끝난 뒤에는 연습기로 전환했으며, 51대가 미국 원정군에 보내졌다.

▷ **아스트라 라이트 BB 1912년**
Astra Wright BB 1912
제조국 미국/프랑스
엔진 35마력 바리캉-에-마르 직렬 4기통
최고 속도 60km/h(37mph)
1912년 프랑스에서 제작된 이 항공기는 당시 각종 신기록을 세운 라이트 형제의 복엽기 베이비 호의 상당 부분을 설계의 기본 토대로 삼았다. 베이비 호는 1910년 스프링필드에서 세인트루이스까지 153 킬로미터(95마일) 거리를 비행했고, 1911 년에는 비행 83시간 만에 미국을 횡단했다.

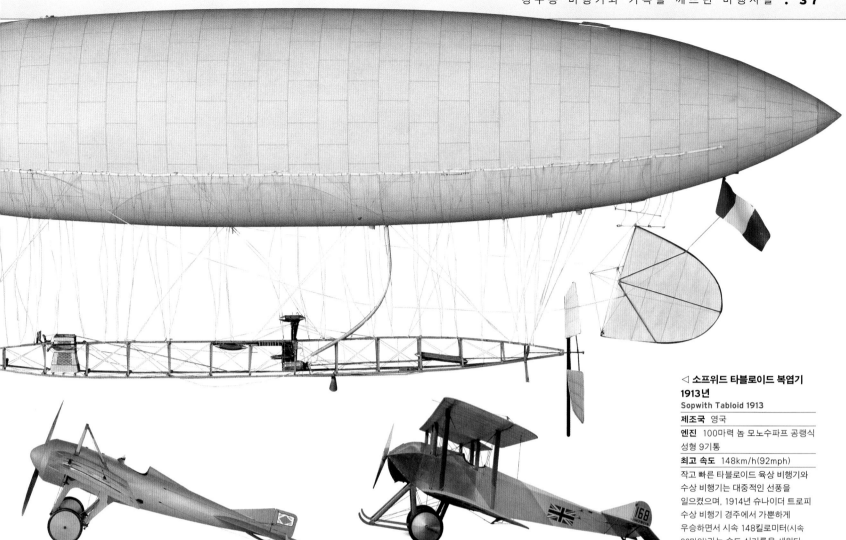

△ 스파드 드페르뒤생 모노코크 1913년
SPAD Deperdussin Monocoque 1913
제조국 프랑스
엔진 160마력 놈 15 람다-람다 공랭식
성형 14기통
최고 속도 209km/h(130mph)

히코리 목재 프레임 위에 두 부분으로
이루어진 튤립 목재 동체 외판을
부착하여 제작한 이 저(低)항력 경주용
항공기는 1913년 고든 베네트 트로피
대회에서 우승했으며 비행 속도 세계
신기록을 수립했다.

**◁ 소프위드 타블로이드 복엽기
1913년**
Sopwith Tabloid 1913
제조국 영국
엔진 100마력 놈 모노수파프 공랭식
성형 9기통
최고 속도 148km/h(92mph)
작고 빠른 타블로이드 육상 비행기와
수상 비행기는 대중적인 선풍을
일으켰으며, 1914년 슈나이더 트로피
수상 비행기 경주에서 가뿐하게
우승하면서 시속 148킬로미터(시속
92마일)라는 속도 신기록을 세웠다.
육상기와 수상기 둘 다 제1차 세계
대전에 전투기로 운용되었다.

◁ 비커스 비미 복엽기 1918년
Vickers Vimy 1918
제조국 영국
엔진 360마력 롤스로이스 이글 8
V12 수랭식 2기
최고 속도 161km/h(100mph)
제1차 세계 대전을 간발의 차로 놓쳤던
비미 복엽기는 1925년까지 영국군의
주력 폭격기로 활약했다. 존 알코크와
아서 위튼 브라운이 1919년 비미로
최초의 무착륙 대서양 횡단 비행에
성공했다.

△ 소프위드 슈나이더 수상기 1919년
Sopwith Schneider 1919
제조국 영국
엔진 450마력 코스모스 주피터 공랭식
성형 9기통
최고 속도 274km/h(170mph)

1919년 슈나이더 트로피 대회를
목표로 제작되었지만 짙은 안개로
대회가 취소되자 지상 경주용
항공기로 개조하여 1923년
에어리얼 더비(Aerial Derby)에
참가했다. 2등으로 들어왔지만,
한 달 뒤 사고로 파괴되었다.

△ 뉴포르 2N 단엽기 1910년
Nieuport II N 1910
제조국 프랑스
엔진 28마력 뉴포르 공랭식 플랜
트윈
최고 속도 115km/h(71mph)

에두아르 뉴포르는 자동차용 점화 장치를
제작했는데, 이것을 나중에 항공기에
장착하여 실험했다. 1910년 뉴포르는
수평대항형 엔진을 장착한 이 효율성 높은
경량 단엽기로 비행속도 세계 기록을 시속
100킬로미터(시속 62마일)까지 끌어올렸다.

링컨 비치

미국에서 가장 위대한 초기 항공가—당대 가장 과감하고 화려한 비행 사—로 평가받는 링컨 비치(1887~1915년)는 자가 제작한 동력 비행선 (dirigible)으로 첫 비행에 도전했다. 항공기 제작의 선구자 글렌 커티스 와 합류한 비치는 비행 교습도 마다할 정도로 고집스러웠기에 조종 기술을 습득할 때까지 여러 차례 추락했다. 하지만 이 겁 없는 신참은 얼마 지나지 않아서 불완전하기 짝이 없는 당시 항공기를 다루는 데 탁월한 감을 지닌, '타고난' 비행사임을 입증했다. 비치는 1911년 커티스 사소속 시험비행단에 합류하여 항공기 전진 날개(커나드)가 부서지는 지상 사고 이후 커티스가 "머리 없는" 모델 D를 개발하는 데 기여했다. 그는 사고 항공기를 비행하고 나서 전진면 없는 것이 조종하기에 더 낫다는 의견을 내놓았다.

하늘에 쓴 시

토머스 에디슨과 오빌 라이트를 위시하여 많은 이가 비치를 칭송했는데, 특히 라이트는 그를 "지금껏 보지 못한 경이로운 비행사"라고 일컬었다. 비치는 자신의 묘기 비행을 무모하다고 여기지 않았으며, 그가 타는 "스페셜 루퍼(공중제비에 특화된 기종)"는 곡예비행을 견뎌낼 수 있도록 출력을 키워 제작된 복엽기였다. 마지막이 된 1915년 비행에서 그는 처음 단엽기로 수직 S자 비행을 선보일 예정이었다. 그러나 배면비행 상태에서 뒤집으려다가 날개보가 부서지면서 기체가 샌프란시스코 만으로 추락했고, 비치는 사망했다.

1914년 항공기 대 자동차 경주. '머리 없는' 커티스 모델 D의 '겁대가리 없는 하늘의 모험가' 링컨 비치와 전륜구동 크리스티를 모는 '지상의 악바리' 바니 올드필드의 대결이다.

제1차 세계 대전이 끝날 무렵 전선에서
활약한 소프위드 스나이프 전투기

위 대 한 항 공 기 제 조 사
소프위드

소프위드 항공 회사(Sopwith Aviation Company)는 1912년부터 1920년까지
40여 기종의 항공기를 설계하고 생산했다. 동력 비행이 시작된 첫 10년
동안 생산된 1만 6000대 이상의 소프위드 항공기는 민간 및 군용 항공기
설계의 발전에 크게 기여했다.

1888년 런던 서부 켄싱턴에서 태어난
토머스 옥테이브 머독 소프위드가 열다
섯 살 되던 1903년에 라이트 형제가 최
초의 유인 동력 비행기를 제작했
다. 독학으로 비행 기술을 익힌
소프위드는 1910년에 처음으로
하워드 라이트 단엽기를 구입하
여 비행했다. 몇 달 뒤 잉글랜드에
서 유럽까지 무착륙 최장거
리 비행으로 상금 4,000파
운드를 받았다. 그는 이 돈으
로 1910년 10월 항공기를 더
구입했고, 1912년 3월에 서리

토머스 소프위드
(1888~1989년)

주 브루클랜즈에 소프위드 비행 학교를
세웠다. 석 달 뒤에는 소프위드 항공 회사
(Sopwith Aviation Company)를 설립했다.
이 회사의 첫 항공기 소프위드 3인승 견
인식 복엽기, '하이브리드'에는 각종 부품
이 장착되었으며 70마력 놈 사 엔진을 탑
재했다. 이 모델에 주목한 영국 왕립 해상

비행대(Royal Naval Air Service · RNAS)가
구입했다. 그 결과, 소프위드 항공 회사는
RNAS 지정 군용기 도급업체가 되었
다. 계약을 체결하면서 받은 현금
으로 소프위드는 서리에서 방치
된 스케이트장 부지를 매입해 항
공기 제조 공장으로 개조했다.
1913년, 소프위드의 한 3인승
항공기가 수석 조종사 해리
호커의 비행으로 고도 신기록
을 두 차례 갱신했다. 1913년
올림피아 에어쇼에서 영국 최
초의 비행정이자 세계 최초의
성공적인 수륙양용 항공기인 배트 보트
(Bat Boat) 1과 나란히 전시되었다. 기발한
발상에 깊은 인상을 받은 RNAS는 개량
기종 배트 보트 1A를 1,500파운드에 구
입했다.
소프위드 사는 공중 뇌격기로 기획된
애드머럴티(Admiralty) C형 수상기 등 다

비커스 쌍발 기관총
조종석 앞쪽에 탑재된
비커스 기관총은
소프위드 카멜기에 처음
사용되었다. 총신 위로
혹처럼 튀어나온 형태에서
카멜(낙타)이라는 이름이
붙게 되었다.

수의 기종을 개발했지만, 진정한 의미의
성공을 거둔 첫 항공기는 타블로이드 1인
승 복엽 전투기였다. 주로 해리 호커가 설
계를 맡은 타블로이드 복엽기는 빠른 속
도와 높은 상승률, 손쉬운 조작성으로 어
떤 군용 단엽기보다도 뛰어난 성능을 자
랑했다. 플로트를 장착한 수상 기종 타블
로이드(소프위드 슈나이더)는 수상 비행기
의 속도를 겨루는 1914년 4월 모나코 슈
나이더 트로피 대회에서 우승을 차지했
다. 슈나이더 수상 비행기는 RNAS의 주
문을 받아 생산에 들어갔다. 이 기종을 개
량한 변형이 1915년에 정찰기 겸 폭격기
로 널리 운용된 소프위드 베이비다.
소프위드 사의 수석 엔지니어 허버트
스미스(1889~1977년)가 설계한 1916년
의 1½ 스트러터는 특이한 날개 스트러트
(버팀대) 배치에서 이런 이름이 붙었는데,
이 기종에는 최초로 프로펠러의 회전 날
사이로 탄환이 발사되는 첨단 기관총 설

항공의 개척자
소프위드 사의 시험 조종사이자 항공기 설계자,
해리 호커의 1914년 모습. 소프위드 사의 성공의
주춧돌이었던 그는 나중에 호커 에어크래프트
사를 설립했다.

계가 채택되었다. 1,500대 이상이 잉글랜
드에서 조립되었으며, 그보다 더 많은 수
가 프랑스에서 조립되어 프랑스 육군에
공급되었다. 첨단 무기를 갖춘 속도 빠른
복좌기 1½ 스트러터는 처음에는 최전선
전투기로 운용되다가 1917년 말까지 폭
격기로 활약했다.
스트러터보다 작아진 단좌기 소프위드
퍼프도 1916년 말부터 1917년 가을까지
영국 왕립 육군 항공대와 영국 왕립 해상
비행대에서 널리 운용했다. 퍼프를 대체
한 모델은 퍼프의 설계 대부분을 살리고
날개만 시위를 좁혀 3층으로 설계한 삼엽
기였다. 소프위드 삼엽기는 도입 초기 공
대공 전투에서 뛰어난 역량을 보였지만
점차 다수의 구조상 결함이 나타났다.
그 다음으로 생산에 들어간 것이 영국
최초로 비커스 쌍발 기관총을 탑재한 전
투기, F1 카멜이었다. 놀라운 기동력을 보
인 카멜은 제1차 세계 대전 연합국 진영
에서 가장 효율적인 전투기였다. 1917년
중반 처음 전장에 투입된 뒤로 1,294대
의 적군 전투기를 격추시켰는데, 연합군
의 어떤 전투기보다도 높은 기록이다. 더
성공을 거둔 전투기가 소프위드 스나이

| 베이비 | 삼엽기 | 카멜 | 스나이프 |

1888 토머스 옥테이브 머독 소프위드, 런던 켄싱턴 출생	**1913** 소프위드 사, 영국 최초의 성공적 비행정 소프위드 배트 보트와 소프위드 3인승 복엽기 전시	**1917** RNAS의 소프위드 삼엽기 제1차 세계 대전의 공중전에서 맹활약. F1 카멜이 전투에 데뷔	**1920** 대량 주문은 없어지고 정부로부터 과도한 이익에 대한 막대한 세금을 요구 받으면서 소프위드 항공 회사가 자발적 청산 절차를 밟음
1910 소프위드, 첫 비행기 하워드 라이트 단엽기 구입 후 비행	**1914** 첫 소프위드 타블로이드 단좌식 정찰/폭격용 복엽기가 영국 왕립 육군 항공대와 영국 왕립 해상 비행대로 인도됨. 플로트가 장착된 타블로이드가 슈나이더 트로피 대회에서 우승	**1918** 스나이프와 돌핀이 제1차 세계 대전에 투입. 소프위드 쿠쿠(Cuckoo)가 영국 최초의 지상 뇌격기가 됨	**1920** 소프위드와 해리 호커 등 H. G. 호커 엔지니어링 설립. 후에 호커 에어크래프트로 바뀜
1911 왕실 항공클럽 조종사 면허 31번 증서를 받은 소프위드가 자신의 하워드 라이트 복엽기를 국왕 조지 5세에게 선물함. 같은해 설계를 개량해 경주용 항공기 개발	**1915** 단좌기 소프위드 베이비가 영국 왕립 해상 비행대 (RNAS)에 배치	**1919** 소프위드 사가 도브(Dove), 누(Gnu), 아틀란틱 (Atlantic), 월러비(Wallaby) 등 민항기를 생산하며 모터사이클 제작으로 사업을 다각화	**1935** 호커 사가 암스트롱 시들리를 영입하면서 호커 시들리 사가 됨. 소프위드는 1980년까지 이 회사의 고문으로 활동
1912 서리 브루클랜즈에 소프위드 비행 학교 개교, 소프위드 항공 회사 설립	**1916** 소프위드의 신예 기종, 1½ 스트러터 폭격기와 퍼프 단좌 전투기가 전장에 배치		**1989** 토머스 소프위드, 101세를 일기로 사망

챔피언
1914년 템스 강에서 플로트를 장착하고 테스트 받는 소프위드 타블로이드 복엽기. 이 기종이 같은해 슈나이더 트로피 대회에서 우승을 차지했다.

소프위드 카멜
제1차 세계 대전 영국 전투기의 상징, 소프위드 카멜기와 포커 삼엽기의 공중전 모습을 담은 1939년 잡지 표지.

> **"우리 회사의 모든 항공기를 눈으로만 만들었다. 기술적인 부분은 신경쓰지 않았다."** 토머스 소프위드 경

프였다. 2,000대가량 생산된 스나이프는 1926년까지 영국 왕립 공군을 대표하는 최전선 전투기로 활약했다.

제1차 세계 대전이 끝난 뒤 소프위드 사는 군용기 설계를 민간기로 변경하여 생산하는 한편 모터사이클 제작으로 사업을 다각화했다. 그러나 1920년 여름 무렵 주문이 끊긴데다 영국 정부가 "전쟁 중 남긴 과도한 이익"에 대해 거액의 세금을 요구하자 소프위드 항공 회사는 경영을 지속할 수 없다고 판단하여 자발적 청산 절차에 들어갔다. 토머스 소프위드, 빌 에어, 프레드 시그리스트, 그리고 많은 소프위드 사 항공기 설계에 영감을 주었던 해

리 호커는 이미 소프위드 사를 계승할 새 회사를 설립하고 있었다. 호커 에어크래프트(Hawker Aircraft Ltd.)와 자회사 호커 시들리(Hawker Siddeley Aviation)는 퓨리 (Furi), 허리케인(Hurricane), 헌터(Hunter), 호크(Hawk)를 포함하여 전설적 항공기 다수를 설계·제작했다.

1953년 최하위 훈작사를 받은 토머스 소프위드는 92세가 되어서야 호커 시들리에서 하던 일을 정리했다. 이렇듯 항공 산업의 최선두에서 거의 일평생을 몸 바쳐 일했던 개척자 소프위드는 1989년 1월, 101세를 일기로 세상을 떠났다.

THE TRUTH ABOUT THE 'ACE' SYSTEM
FLYING 3D
THE NEW AIR WEEKLY
SOPWITH 'CAMEL'

다발 거인기와 수상 항공기

견고하고 매끈한 활주로가 없는 환경 탓에 수상기가 인기를 누렸는데, 바다가 잔잔한 날이면 거의 아무 데나 가리지 않고 착륙이 가능했기 때문이다. 항공기 설계자들, 특히 러시아의 시코르스키는 일찍이 객실이 조종실과 분리되고 난방 시설까지 있는 호화 여객기를 설계했다. 제1차 세계 대전 시기에 중(重)폭격기의 필요성이 떠오르면서 엔진을 6대까지 탑재한 대형 항공기가 개발되는데, 이런 기종은 해발 수천 미터의 고도로 비행하면서 적국의 도시에 수천 킬로그램에 달하는 폭탄을 투하할 수 있었다.

△ **베노이스트 14 1913년**
Benoist XIV 1913
제조국 미국
엔진 75마력 로버스 수랭식 직렬 6기통
최고 속도 103km/h(64mph)

비행선 다음으로 세계 최초의 정기 여객 수송에는 베노이스트 14 수상기 두 대가 운용되었는데, 처음에는 미국 미네소타 주 덜루스에서, 다음으로는 플로리다 탬파 만에서 운항했다. 상용화에는 성공하지 못했다.

▷ **시코르스키 S22 일리야 무로메츠 1913년**
Sikorsky S22 Ilya Murometz 1913
제조국 소련
엔진 4×148마력 선빔 크루세이더 수랭식 V8
최고 속도 109km/h(68mph)

이고르 시코르스키는 최초로 엔진 4기를 탑재한 항공기를 설계했다. 처음에는 난방기와 변기가 설치된 호화 여객기로 설계했다가 곧바로 최초의 중폭격기로 재설계했다. 생산된 73대 가운데 단 한 대만 격추되었다.

△ **카프로니 Ca36 1916년**
Caproni Ca36 1916
제조국 이탈리아
엔진 3×150마력 이소타-프라키니 V4B 수랭식 직렬 6기통
최고 속도 137km/h(85mph)
기관총 2정으로 무장했으며 800 킬로그램(1,764파운드)의 폭탄을 적재할 수 있었던 Ca36기는 제1차 세계 대전 말에 등장한 강력한 중폭격기로, 이탈리아 육군과 공군이 운용했다. 153대가 생산되었다.

△ **쿠드롱 G.4 1915년**
Caudron G.4 1915
제조국 프랑스
엔진 2×80마력 르론 9C 공랭식 성형 9기통
최고 속도 124km/h(77mph)

쿠드롱은 G.3을 확대해서 엔진 2기를 달고 실전용 폭격기로 개조했다. 제1차 세계 대전 때 100킬로그램의 폭탄을 싣고 독일의 심장부로 들어갔는데, 종종 야간 임무도 수행했지만 얼마 가지 않아서 너무 큰 손실을 입었다.

△ **쇼트 184 1915년**
Short 184 1915
제조국 영국
엔진 260마력 선빔 마오리 수랭식 V12
최고 속도 143km/h(89mph)
적군에게 수송되는 군수 물자 수송선에 어뢰를 투하할 목적으로 설계된 184기는 공중에서 발사한 어뢰로 선박을 침몰시킨 (1915년 8월 12일) 최초의 항공기였으며 유틀란트 전투에 출격한 유일한 영국 항공기였다.

△ **소프위드 베이비 1915년**
Sopwith Baby 1915
제조국 영국
엔진 110마력 클레르제 공랭식 성형 9기통
최고 속도 161km/h(100mph)
1914년 슈나이더 트로피 대회에서 우승한 소프위드 슈나이더를 모체로 개량된 베이비 수상기는 체펠린 요격용으로 개발되어 폭발용 다트나 30킬로그램급 폭탄 2발을 탑재했다. 286대가 생산되어 전 세계에서 운용되었다.

△ **B & W 수상기 1916년**
B & W Seaplane 1916

제조국 미국

엔진 125마력 홀-스코트 A5 수랭식 직렬 6기통

최고 속도 121km/h(75mph)

윌리엄 보잉과 콘래드 웨스트벨트가 보잉이 소유한 마틴 연습기를 개량하여 목재와 리넨, 철사를 소재로 한 첫 보잉 항공기를 제작했다. 두 대가 뉴질랜드로 판매되어 우편물 수송으로 운용되었다.

▷ **핸들리 페이지 O/400 1917년**
Handley Page O/400 1917

제조국 영국

엔진 360마력 롤스로이스 이글8 수랭식 V12

최고 속도 158km/h(98mph)

당대 영국 최대 규모의 항공기인 중폭격기는 생산의 어려움으로 인해 공급이 지연되었다. 그 두 번째 기종인 O/400은 907킬로그램(2,000파운드)의 폭탄을 적재할 수 있었다. 종전 후에는 O/400기 10여 대가 민간 수송기로 운용되었다.

▷ **AEG G.4 1916년**
AEG G.IV 1916

제조국 독일

엔진 2×260마력 다임러-벤츠 D.4a 수랭식 직렬 6기통

최고 속도 165km/h(193mph)

AEG는 강관을 용접한 프레임에 기내 무전기, 조종사용 방한복을 갖춘 첨단 폭격기였으나 출력과 항속거리가 부족하여 주로 전투지의 목표물이나 인근 도시를 공격하는 전술폭격기로 운용되었다.

△ **핸들리 페이지 V/1500 1918년**
Handley Page V/1500 1918

제조국 영국

엔진 4×375마력 롤스로이스 이글8 수랭식 V12

최고 속도 159km/h(99mph)

제1차 세계 대전에는 너무 늦었던 이 장거리 중폭격기는 1,400킬로그램(3,086파운드)의 폭탄을 탑재했다. 1918~1919년에 잉글랜드에서 인도까지 첫 비행을 수행했고, 1919년에 아프가니스탄의 왕궁을 폭격하여 영국-아프가니스탄 전쟁을 종결시켰다.

△ **고타 G5 1917년**
Gotha GV 1917

제조국 독일

엔진 2×260마력 메르세데스 D.4a 수랭식 직렬 6기통

최고 속도 140km/h(87mph)

독일의 고타 중폭격기는 1회 공습당 50 킬로그램(110파운드)급 폭탄 단 6발밖에 적재하지 못하는 폭장량으로도 1917~1918년 잉글랜드에 약 85톤의 폭탄을 투하하는 총력전을 펼쳤다. 이 기간 동안 고타 G5기는 24대가 격추되었으며, 비행 고도는 4,572미터(1만 5000피트)였다.

△ **체펠린-슈타켄 R.4 1915년**
Zeppelin Staaken R.IV 1915

제조국 독일

엔진 6×160마력 메르세데스 D.3/220 마력 벤츠 Bz.4 수랭식 직렬 6기통

최고 속도 135km/h(84mph)

원래는 《데일리메일》이 후원하는 경주 대회에 참여할 목적으로 설계된 민항기였지만, 얄궂게도 이를 모체로 개발한 폭격기 체펠린-슈타켄 리센플루크초이거('거대 항공기')는 잉글랜드 상공에서 완전무결에 가까운 임무 수행 능력을 보여 주었다.

◁ **브리스틀 24형 브레이마 I 1918년**
Bristol Type 24 Braemar I 1918

제조국 영국

엔진 2×230마력 시들리 푸마 수랭식 직렬 6기통

최고 속도 171km/h(106mph)

이 중폭격기 프로토타입은 잉글랜드에서 출발하여 베를린을 폭격할 성능을 갖추었다. 단 두 대의 프로토타입만 제조되었으며, 3차 프로토타입은 14인승 민간 수송기로 제작되었다.

놈

100마력 엔진

초창기의 항공 엔진들은 20세기 초에 생산되던 질 낮은 연료로 훌륭한 성능을 내기 위해서 낮은 압축비에서
작동해야 했으며, 그러자면 과열된 상태에서 돌아갔다. 이런 까닭에 공랭식 엔진은 사실상 고려의 대상이 되지
못하다가 1908년 세갱 삼형제의 기발한 놈(Gnome) '로터리' 엔진이 등장한다. 로터리 엔진은 제1차 세계 대전이
끝날 때까지 출력 중량비에서 필적할 상대가 없었다.

로터리 엔진 설계

100마력 놈 엔진은 외관상으로는 전통적인 성형 엔진처럼
보일지 몰라도 작동 원리는 근본적으로 다르다. 엔진을 기
체 프레임에 장착하여 크랭크축이 프로펠러를 돌리는 성형
엔진과는 달리, 로터리 엔진은 크랭크축이 항공기에 나사로
단단히 고정돼 엔진 전체가 프로펠러와 한몸으로 회전한다.
이 설계의 성공 요인은, 실린더가 당시 항공기의 낮은 비행
속도에도 빠른 속도로 냉각 기류를 순환시킬 수 있었다는
점과, 크랭크케이스와 실린더가 일체가 되어 큰 덩치로 회전
하는 것이 '플라이휠' 효과를 발생시켜 엔진이 순탄하게 작
동할 수 있었다는 점이다. 개선된 모노수파프(단식 밸브) 엔
진이 놈 엔진의 안정성을 한층 더 끌어올림으로써 로터리
엔진은 160마력을 뿜어내기에 이르렀다.

엔진 제원	
생산 연한	1914~1918년
형식	공랭식 로터리 9기통
연료	오일
동력 출력	1,100rpm에서 110마력
중량	135킬로그램(297파운드)
배기량	16.3리터(993세제곱인치)
내경 행정비	124밀리미터(4.9인치)×150밀리미터(5.9인치)
압축비	5.5:1

▷ 302~303쪽 피스톤 엔진 참조

앞모습
4행정 방식을 쓰는 다른 모든 로터리
엔진과 성형 엔진과 마찬가지로 놈
엔진도 홀수 실린더로 일정한 점화
간격을 유지했다. 냉각 핀은 정교하게
가공했으며 더 강한 냉각이 필요한
부위는 더 깊게 설계되었다.

점화 플러그(실린더마다 하나씩 장착)
나중에 나온 항공기 엔진과 달리 이 초창기의 놈
엔진은 단일 점화 장치에 의존했다.

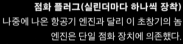

냉각 핀
심미적으로도 아름다운 이
핀들은 최적의 냉각 기능을 위해
촘촘한 간격으로 설계되었다.

배기밸브

프로펠러 마운트
프로펠러는 엔진과
함께 회전한다.

**점화 장치 와이어 앵커
고리**
격벽에 설치된
자석발전기에서 전류가
나오면 비절연 와이어를
통해서 각 실린더의 점화
플러그로 전달된다.

옆모습
각 실린더 상단의 로커 기어와 배기밸브가 이
각도에서 명확하게 보인다. 배기될 때 분사되는
피마자유 윤활제는 기체와 조종사의 몸에
해로웠다.

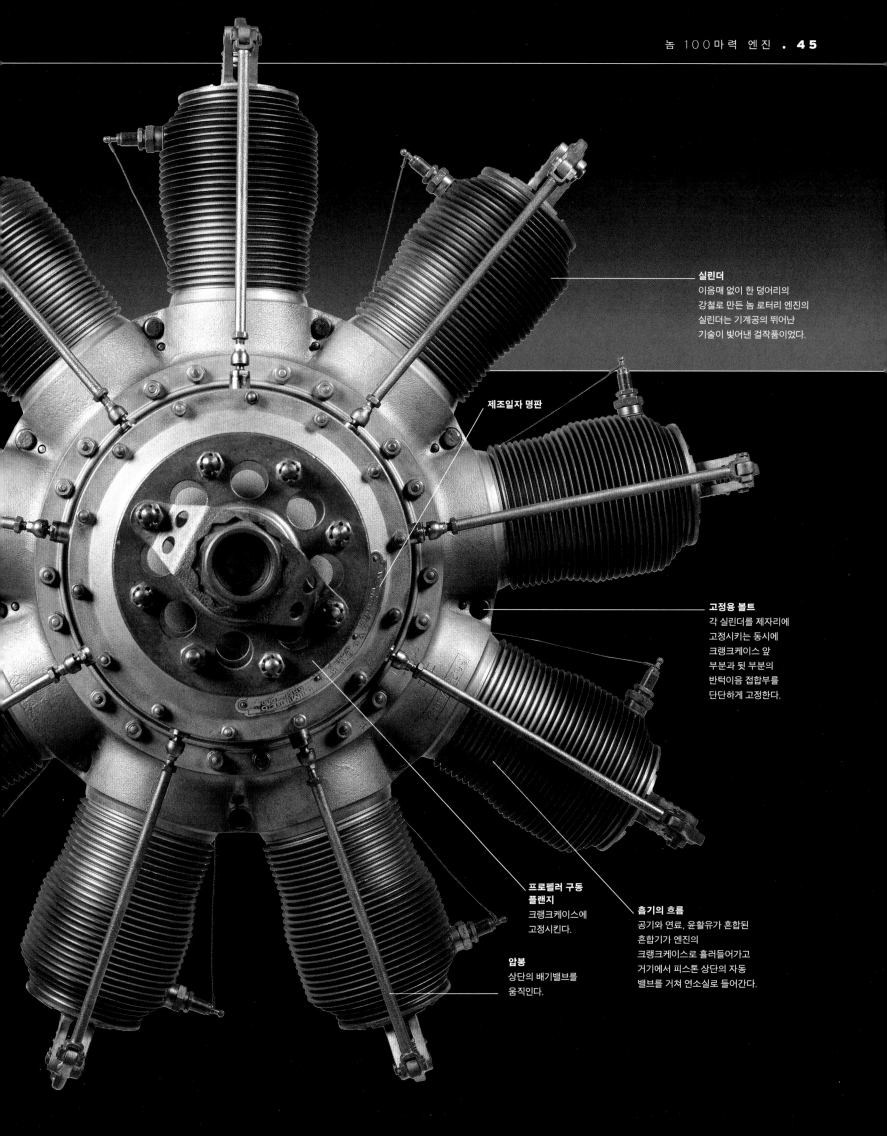

실린더
이음매 없이 한 덩어리의
강철로 만든 놈 로터리 엔진의
실린더는 기계공의 뛰어난
기술이 빚어낸 걸작품이었다.

제조일자 명판

고정용 볼트
각 실린더를 제자리에
고정시키는 동시에
크랭크케이스 앞
부분과 뒷 부분의
반턱이음 접합부를
단단하게 고정한다.

**프로펠러 구동
플랜지**
크랭크케이스에
고정시킨다.

흡기의 흐름
공기와 연료, 윤활유가 혼합된
혼합기가 엔진의
크랭크케이스로 흘러들어가고
거기에서 피스톤 상단의 자동
밸브를 거쳐 연소실로 들어간다.

압봉
상단의 배기밸브를
움직인다.

1920 년대

1920년대에는 항공기 날개 위를 걸어다니는 과감한 묘기를 비롯하여 다양한 아슬아슬한 곡예를
선보이는 화려한 에어쇼와 순회 곡예비행사들이 수많은 군중을 끌어모았다. 1920년대 말에
이르면 기체 전체를 금속으로 제작한 유선형의 최신 1인승 단엽기들의 속도가 한층 더
빨라졌으며, 거액의 상금을 내건 각종 항공 기록 경신 대회가 생겨났다. 1927년에는 사상 최초로
단독 대서양 횡단 비행에 나서는 찰스 린드버그의 도전이 전 세계의 이목을 사로잡았다. 이때
린드버그는 이 비행을 위해 특별히 제작된 세인트루이스의 정신(Spirit of St. Louis) 호를 탔다.

우편 항공기와 곡예비행 항공기

제1차 세계 대전 때 수천 명의 훈련받은 조종사들과 종전 후 불용 군수품으로 민간에 방출된 항공기로 항공 산업은 1920년대에 본격적인 상승 가도에 오르기 시작했다. 곡예 조종사들이 선사하는 신나는 비행에 일반 대중의 관심이 쏠렸고, 할리우드에서는 입수 가능한 구식 항공기로 항공 관련 영화를 제작했다. 우편을 항공으로 수송하는 정부가 증가하면서 우편 전용 비행기 생산으로 이어졌다.

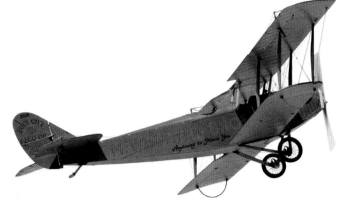

◁ **커티스 JN-4 제니 1920년**
Curtiss JN-4 Jenny 1920
제조국 미국
엔진 90마력 커티스 OX-5 액랭식 V8
최고 속도 121km/h(75mph)
1915년 미 육군에 처음 도입된 제니 호는 제1차 세계 대전에서 가장 유명한 미국 항공기일 것이다. 수천 대가 종전 후 불용 군수품으로 민간에 판매되었는데, 일부는 포장도 뜯지 않은 상태였으며 단돈 50달러에 판매되는 경우도 있었다. 제니 호는 미국에서 민간 항공 분야의 부상에 중대한 역할을 수행한 항공기로 간주된다.

◁ **드 하빌랜드 DH 4B 우편기 1918년**
de Havilland DH 4B mailplane 1918
제조국 영국/미국
엔진 400마력 리버티 L-2 액랭식 V8
최고 속도 230km/h(143mph)
제1차 세계 대전 시기 영국 최고의 단발 폭격기로 평가받는 DH 4는 1918년 미국 육군 소속으로 운용되었다. 전쟁이 끝난 뒤 다수가 유럽과 오스트레일리아, 미국에서 우편기로 전환되어 운용되었다.

◁ **뉴포르 28 C1 1926년**
Nieuport 28 C1 1926
제조국 프랑스
엔진 160마력 놈 9-N 모노수파프 공랭식 로터리 9기통
최고 속도 196km/h(122mph)
뉴포르 28은 전투기로는 대단한 성공작이라고 할 수 없지만, 미 육군 비행대대 소속으로 참전한 최초의 전투기로 역사의 한 자리를 차지하고 있다. 1926년 민간에 판매된 뉴포르 28은 「새벽의 출격(The Dawn Patrol)」(1938년 개봉 전쟁 영화)을 포함하여 초기 할리우드 영화에 소규모 비행대로 등장했다.

◁ **토머스-모스 MB-3 1920년**
Thomas-Morse MB-3 1920
제조국 미국
엔진 시속 300마력 라이트-이소(이스파노-수이자) 액랭식 V8
최고 속도 228km/h(141mph)
토머스-모스 사와 보잉 사, 두 회사에서 제작한 MB-3기는 취역 시기가 너무 늦어져 제1차 세계 대전 실전에 투입되지 못했으며, 복무 기간 또한 상대적으로 짧았다. 최소한 한 대가 고전 항공 영화 「날개(Wings)」(1927년 개봉 무성 영화)에 사용되었다.

▷ **더글러스 M-2 1926년**
Douglas M-2 1926
제조국 미국
엔진 400마력 리버티 L-2 액랭식 V8
최고 속도 225km/h(140mph)

미국 우정청은 더 이상 우편기로 전환한 불용 군수품 DH 4기에만 의존할 수 없다고 판단하고 더글러스 사와 전용 우편기 공급 계약을 맺었다.

△ **핏케언 메일윙 1927년**
Pitcairn Mailwing 1927
제조국 미국
엔진 220마력 라이트 J-5 월윈드 공랭식 성형 9기통
최고 속도 211km/h(131mph)

미국 우편 제도를 확대하기 위해서 특별히 설계된 또 하나의 기종이다. 핏케언은 100대 이상의 메일윙기를 생산했으며, 일부는 3인승 스턴트 비행기로 제작했다. 하워드 휴즈가 한 대 소유한 바 있다고 전해진다.

△ **보잉 B-40 1927년**
Boeing B-40 1927
제조국 미국
엔진 420마력 프랫앤휘트니 와스프 공랭식 성형 9기통
최고 속도 206km/h(128mph)

미국 항공 우편 서비스를 위해서 제작된 B-40에는 작은 객실이 배치되어 우편물과 함께 승객 2명을 태울 수 있었다. 이 기종에 처음 탑재한 엔진은 액랭식 리버티였다.

▽ 트래블 에어 4000 1929년
Travel Air 4000 1929

제조국 미국

엔진 300마력 라이트 J-6 윌윈드 공랭식 성형 9기통

최고 속도 250km/h(155mph)

클라이드 세스나와 월터 비치, 로이드 스티어맨이 미국 캔자스 위치토에 설립한 항공기 제조사 트래블 에어(Travel Air Manufacturing Company)는 1920년대 가장 유명한 복엽기 여러 기종을 생산했다. 트래블 에어 4000은 할리우드 영화에서 위치토 포커로 출연하여 인기를 누렸다.

△ 스티어맨 4DM 주니어 1929년
Stearman 4DM Junior 1929

제조국 미국

엔진 300마력 프랫앤휘트니 와스프 주니어 공랭식 성형 9기통

최고 속도 256킬로미터(158mph)

설계자 로이드 스티어맨이 "내가 설계한 비행기 가운데 최고"라고 불렀다고 알려진 스티어맨 모델 4는 대단히 튼튼한 비행기였으며, 다양한 엔진을 탑재한 여러 파생 기종이 제작되었다.

◁ 뉴스탠더드 D-25 1929년
New Standard D-25 1929

제조국 미국

엔진 220마력 라이트 J-5 윌윈드 공랭식 성형 9기통

최고 속도 176km/h(110mph)

D-25는 윗날개가 아랫날개보다 훨씬 크게 설계된 일엽반기(sesquiplan)식 날개를 채택했다. 공중에서 깡총깡총 뛰는 묘기를 연출할 수 있어 곡예비행사들에게 인기가 높았다.

△ 페어차일드 FC-2 1929년
Fairchild FC-2 1929

제조국 미국

엔진 220마력 라이트 J-5 윌윈드 공랭식 성형 9기통

최고 속도 196km/h(122mph)

원래 모회사 페어차일드 항공 조사 회사(Fairchild Aerial Surverys)에서 공중 촬영용 항공기로 설계했던 FC-2기는 신뢰성 높은 튼튼한 삼림용 항공기로, 캐나다 삼림 지역에서 널리 운용되었으며, 캐나다 왕립 공군에서도 운용했다.

▷ 웨이코 ASO 1929년
Waco ASO 1929

제조국 미국

엔진 220마력 라이트 J-5 윌윈드 공랭식 성형 9기통

최고 속도 156km/h(97mph)

웨이코 ASO 또는 웨이코 10은 곡예비행사들에게 사랑받은 멋진 외관의 3인승 복엽기다. 웨이코 복엽기 가운데 가장 많이 생산된 기종으로, 1,600대 이상이 만들어졌다. 약 17종의 변형 기종이 있는데, V8 엔진을 포함하여 다양한 엔진을 채택했으며 심지어 디젤 엔진을 탑재한 기종까지 있었다.

개인용 항공기의 서막

1920년대에는 항공기 제조사들이 개인 소유용 비행기를 생산하기 시작했다. 불용 군수품 항목에 전투기들이 여전히 남아 있었지만, 어느 하나 실속 있는 구매가 될 만한 기종이 없었다. 제조사들에게는 더욱 가볍고 더욱 저렴한 기종 개발을 장려하고 대중에게는 항공에 대한 관심을 고취시키기 위하여 각종 항공 대회가 개최되었다.

◁ **파르망 FF65 스포트 1920년**
Farman FF65 Sport 1920

제조국 프랑스

엔진 80마력 안차니 공랭식 2열 성형 6기통

최고 속도 140km/h(87mph)

파르망은 군용기와 여객기로 유명한 항공기 제조사였다. FF65 스포트는 2열 성형 엔진을 탑재한 최초의 항공기 가운데 하나이다.

△ **잉글리시 일렉트릭 렌 1921년**
English Electric Wren 1921

제조국 영국

엔진 8마력 ABC 공랭식 플랫-트윈

최고 속도 80km/h(50mph)

매우 가벼운 이 기종은 모터사이클 엔진을 동력으로 움직이며 림 경비행기 시범대회(Lympne Light Aircraft Trial)에서 휘발유 4.5리터(1갤런)로 140 킬로미터(87마일)을 비행하여 공동 우승을 차지했다.

△ **아네크 2 1923년**
ANEC II 1923

제조국 영국

엔진 30마력 ABC 스콜피온 공랭식 플랫-트윈

최고 속도 119km/h(74mph)

초기 초경량 항공기의 하나인 아네크 2기는 원래의 아네크 1기를 조금 키운 2인승 기종이다. 1924년 림 시범대회 참가를 목적으로 단 1대만 제작되었다. 영국 중부 올드워든의 셔틀워스 콜렉션(고전 항공기 및 자동차 소장선으로 유명한 영국의 박물관—옮긴이)에 보존되어 있다.

△ **드 하빌랜드 DH 53 허밍버드 1923년**
de Havilland DH 53 Humming Bird 1923

제조국 영국

엔진 26마력 블랙번 톰티트(박새) 공랭식 역V형 2기통(트윈)

최고 속도 118km/h(73mph)

림 시범대회를 위해 설계된 또 하나의 경비행기다. 프로토타입 허밍버드는 750cc 더글러스 항공기 엔진을 동력으로 움직였지만 생산형에는 26 마력 블랙번 톰티트 역V형 2기통 엔진을 탑재했다.

◁ **모란-소니에 DH 60M 집시 모스 1929년**
Morane Saulnier DH 60M Gipsy Moth 1929

제조국 영국 설계/프랑스 제조

엔진 100마력 드 하빌랜드 집시 1 공랭식 직렬 4기통

최고 속도 169km/h(105mph)

집시 모스는 저렴한 가격과 접이식 날개로 영국에서 개인 비행을 가능하게 만든 기종이며, 세계에서도 두루 인기를 누렸다. DH 60M은 악천후에 견딜 수 있도록 금속을 프레임 소재로 채택했다.

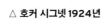

△ **호커 시그넷 1924년**
Hawker Cygnet 1924

제조국 영국

엔진 34마력 브리스틀 체럽3 공랭식 플랫-트윈

최고 속도 132km/h(82mph)

영국의 위대한 설계자 시드니 캄이 설계한 시그넷은 유명한 림 시범대회에 참가했다. 단 2대만 제작되었으며, 두 대 다 잘 보존되어 현재까지 전시되고 있다.

△ 웨스틀랜드 위즌 Mk2 1924년
Westland Widgeon MkII 1924

제조국 영국
엔진 60마력 암스트롱 제넷 공랭식 성형 5기통
최고 속도 167km/h(104mph)

파라솔형 날개를 지닌 위즌(홍머리오리)기는 DH 60 집시 모스 복엽기에 맞서기 위해 웨스틀랜드에서 개발한 기종이다. 경쟁 기종보다 비용이 많이 들어 (프로토타입까지 포함하여) 총 26대밖에 제작되지 않았다.

▷ 라이언 M-1 1926년
Ryan M-1 1926

제조국 미국
엔진 200마력 라이트 J-4 월윈드 공랭식 성형 9기통
최고 속도 200km/h(125mph)

샌디에이고에 본부를 둔 라이언 항공 회사(Ryan Aeronautical Company)에서 생산한 첫 기종 M-1은 파라솔형 날개를 채택했다. 프로토타입에는 150마력의 이스파노-수이자 액랭식 V8 엔진을 탑재했지만, 생산형의 동력으로는 공랭식 성형 엔진이 들어갔다.

▽ 최글링 1926년
Zögling 1926

제조국 독일
엔진 무동력
최고 속도 129km/h(80mph)

저명한 공기역학자 알렉산더 리피쉬(1894~1976년)가 설계한 최글링(Zögling, 학생) 글라이더는 번지 밧줄을 묶고 비탈에서 뛰어내리는 형태로, (아주) 기본적인 글라이더 연습에 사용되었다.

△ 페어차일드 71 1926년
Fairchild 71 1926

제조국 미국
엔진 420마력 프랫앤휘트니 와스프 공랭식 성형 9기통
최고 속도 206km/h(128mph)

페어차일드 71기는 성공적인 전작 페어차일드 FC-2를 약간 더 키우고 출력을 200마력 높인 개량 기종이다. 페어차일드 사는 캐나다 제조장을 설립하여 항공 사진 전용 기종을 생산했다.

◁ 브루너-윙클 버드 모델 A-T 1929년
Brunner-Winkle Bird Model A-T 1929

제조국 미국
엔진 115마력 밀워키 탱크 V-502 액랭식 V8
최고 속도 169km/h(105mph)

처음에는 커티스 OX-5 엔진을 탑재했다가 다양한 엔진을 사용했는데 그 가운데 키너 사의 B-5 성형 엔진이 가장 성공적이었다. 이 항공기에 탑재된 밀워키 사 엔진은 OX-5 엔진의 변종이었다.

▷ 그레이트 레이크스 스포츠 트레이너 1929년
Great Lakes Sports Trainer 1929

제조국 미국
엔진 85마력 씨러스 공랭식 직렬 4기통
최고 속도 246km/h(153mph)

그레이트 레이크스 곡예비행 훈련기는 수십년 동안 수많은 곡예비행 대회에서 우승했다. 기본기에 충실한 이 기종의 설계는 1973년에 생산을 재개할 정도로 좋은 평가를 받았다.

◁ 트래블 에어 4D 1929년
Travel Air 4D 1929

제조국 미국
엔진 220마력 라이트 J-5 월윈드 공랭식 성형 9기통
최고 속도 220km/h(125mph)

1920년대 미국 중서부를 누비던 곡예비행사들에게 인기 높았던 트래블 에어 4D기는 견고하고 신뢰성 높은 복엽기였다. 전쟁영화에 포커 D-7 전투기의 대역으로 자주 등장했다.

베시 콜먼

1921년 6월 15일, 베시 콜먼(1892~1926)은 최초로 비행 자격증을 받은 아메리카 원주민이자 흑인 여성이 되었다. 흑인은 열차를 이용할 수 없었던 당시 미국의 인종 차별 풍토 속에서 콜먼은 비행 수업을 받기 위해 프랑스로 건너가야 했다. 콜먼은《시카고 디펜더》를 설립한 흑인 발행인으로부터 지지를 받았으며, 흑인 은행가 제시 빙가가 학자금을 지원했다. 흑인 사회에서 새로운 길을 개척하는 사람으로서 자신의 역할에 대한 인식이 투철해 "우리에게는 항공사가 없다는 것을 알았기에 인생을 걸고 이를 해내는 것이 나의 임무라고 생각했다."라고 말한 것으로 전해진다.

항공술의 여왕 베스

콜먼은 유럽에서 비행술만 배운 것이 아니라 '곡예 비행(1920년대 미국에서 유행했던 아슬아슬하고 위험천만한 묘기를 보여 주는 비행)'을 위한 고등 훈련까지 받았다. 미국으로 돌아오자마자 과감하고 노련한 기술을 구사하는 비행사로 명성을 얻어 '퀸 베스'라는 애칭으로 불린 콜먼은 애용한 커티스 사의 '제니스(JN-4 복엽기)'를 비롯해 제1차 세계 대전 후 불용 군수품이 된 항공기를 비행했다. 콜먼의 비행쇼에는 한 가지 목적이 있었는데, 콜먼이 진정으로 하고 싶은 일은 자신의 비행 학교를 세우는 것이었다.

1926년 4월 30일 비극적인 운명이 끼어들었다. 한 정비공이 부주의하게 조종석 밑에 놔 둔 스패너가 엔진 제어기 작동을 방해해 갓 구입한 제니 호가 추락한 것이다. 콜먼과 동승했던 24세의 홍보 대리인 윌리엄 윌스도 이 사고로 사망했다. 콜먼의 장례식에는 1만 인파가 참석해 콜먼의 죽음을 애도했다. 1929년 흑인 사회에 항공에 대해 알리고 적극적인 진출을 촉구하기 위한 베시 콜먼 항공 클럽이 창설되었다.

콜멘이 직접 주문 제작한 비행복을 입고 커티스 JN-4 '제니' 호 바퀴 위에 서 있다. 콜먼의 모습을 볼 수 있는 희귀한 현존 자료인 이 사진은 1924년 무렵 촬영되었다.

속도 신기록 세우기

1920년대는 각종 경주와 신기록이 꽃 피운 시대로, 수상기들이 경쟁하는 슈나이더 트로피 같은 대회가 뜨거운 인기를 누렸다. 국제 대회인 슈나이더 트로피 대회에서 1920년대에는 이탈리아, 영국, 미국의 항공기가 우승을 차지했으며, 이러한 경쟁은 항공기의 발전에 크게 기여했다. 레지널드 미첼의 슈퍼마린 사에서 설계한 경주 비행기들은 영국 전투기 스피트파이어의 근간이 되었으며, 미국에서는 알프레드 버빌이 접개들이 착륙 장치를 장착한 최초의 단엽 전투기를 개발했다.

△ **글로스터 베이멀/마스 1 경주기 1921년**
Gloster Bamel/Mars I 1921

제조국 영국

엔진 450마력 네이피어 라이언2 수랭식 W형 3기통

최고 속도 341km/h(212mph)

헨리 폴란드가 자신이 설계한 뉴포르 나이트호크 전투기를 모체로 항력을 감소시킨 개량 기종 마스 1(또는 베이멀) 경주기는 시속 341.42킬로미터(212.15mph)를 돌파하여 영국 속도 신기록을 세웠는데, 당시 세계 기록보다 살짝 빠른 속도였다.

▷ **버빌-스페리 R-3 경주기 1922년**
Verville-Sperry R-3 1922

제조국 미국

엔진 443마력 커티스 D12 수랭식 V12(초기 기종에는 300마력 라이트 H3 엔진 탑재)

최고 속도 375km/h(233mph)

알프레드 버빌의 경주용 단엽기는 유선형 동체에 외팔보 날개를 채택했으며, 완전한 접개들이 랜딩기어까지 장착했다. 세 대가 제작되었으며 1922년부터 1924년까지 퓰리처배 대회에 참가하여 1924년에 우승했다.

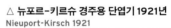

△ **뉴포르-키르슈 경주용 단엽기 1921년**
Nieuport-Kirsch 1921

제조국 프랑스

엔진 300마력 이스파노-수이자 8Fb 수랭식 V8

최고 속도 278km/h(173mph)

1921년 10월 두슈 드 라 뫼르트배 대회에서 시속 278.36킬로미터(시속 172.96마일)의 기록으로 우승한 조르주 키르슈는 400마력의 라이트 H3 엔진을 탑재하고 1923년 10월 시속 375.132킬로미터(시속 233.096마일)로 세계 신기록을 세웠다.

△ **슈퍼마린 시라이언 2 경주용 비행정 1922년**
Supermarine Sea Lion II 1922

제조국 영국

엔진 450마력 네이피어 라이언 2 수랭식 W형 3기통

최고 속도 258km/h(160mph)

슈퍼마린 사는 1922년 슈나이더 트로피 대회에 참가하기 위해 시 킹(Sea King) 전투기를 개량했는데, 경주용으로 네이피어 라이언 엔진을 탑재했다. 우람한 덩치에도 앙리 비야르(1892~1966년)의 조종으로 시속 234.48킬로미터(시속 145.7마일)의 속도로 우승했다.

▷ **슈퍼마린 S5 경주용 수상기 1927년**
Supermarine S5 1927

제조국 영국

엔진 900마력 네이피어 라이언 7A 수랭식 W형 3기통

최고 속도 515km/h(320mph)

탁월한 설계자 R. J. 미첼은 1927년 슈나이더 트로피 대회를 목표로 전 기체 금속제 반(半) 모노코크 구조를 채택했다. 네이피어 라이언 엔진은 옳은 선택으로 보였으며, 실제로도 옳았던 것으로 판명되었다. S. N. 웹스터 대위가 조종을 맡아 시속 453.28킬로미터(시속 281.66마일)의 기록으로 우승했다.

△ **슈퍼마린 S6A 경주용 수상기 1928년**
Supermarine S6A 1928

제조국 영국

엔진 1,900마력 롤스로이스 R 슈퍼차저 수랭식 V12

최고 속도 529km/h(329mph)

1928년 슈나이더 트로피 대회를 위해서 레지널드 미첼은 자신의 우수한 경주기 S5를 개량하여 900마력 네이피어 라이언 엔진을 1,900마력 롤스로이스 엔진으로 바꾸었고 플로트에 별도의 라디에이터를 추가 장착했다. 영국 왕립 공군 소속 H. R. D. 와그혼 대위가 시속 528.88킬로미터(시속 328.63마일) 기록으로 우승했다.

△ **커티스 CR-1/CR-2/R-6 경주기**
1921년
Curtiss CR1/CR2/R6 1921

제조국 이탈리아
엔진 619마력 커티스 V-1400 수랭식 V12
최고 속도 222km/h(138mph)

커티스 사가 미국 해군에 공급하기 위해 개발했다. 풀리처배를 놓고 미 해군의 CR-1, CR-2기와 미 육군(항공근무대)의 R-6기가 겨뤘는데, 1921년에는 해군이, 1922년에는 육군이 승리했다. R-6기는 1922년과 1923년에 속도 세계 신기록을 수립했다.

△ **커티스 R3C-2 경주용 수상기 1925년**
Curtiss R3C-2 1925

제조국 미국
엔진 619마력 커티스 V-1400 수랭식 V12
최고 속도 396km/h(246mph)

지미 둘리틀이 R3C-2 수상기로 1925년 슈나이더 트로피 대회에서 우승했다. 다음날 둘리틀은 시속 395.4 킬로미터(시속 245.7마일)로 속도 세계 신기록을 세웠다. 육상 비행기인 R3C-1기는 1925년 시속 400.6킬로미터(시속 248.9마일)의 속도로 풀리처 대회에서 우승했다.

△ **마키 M-39 경주용 수상기 1926년**
Macchi M39 1926

제조국 이탈리아
엔진 800마력 피아트 AS-2 수랭식 V12
최고 속도 417km/h(259mph)

마리오 카스톨디는 저익단엽기 설계를 채택하여 1926년 슈나이더 트로피 대회에서 우승했다. 마리오 데 베르나르디 소령이 조종하여 시속 397킬로미터(시속 247마일)의 속도로 세계 신기록을 갱신했으며, 나흘 뒤 다시 시속 416 킬로미터(시속 258마일)로 속도를 올렸다.

◁ **트래블 에어 타입 R '미스터리 쉽'**
경주기 1929년
Travel Air Type R "Mystery Ship" 1929

제조국 미국
엔진 300~425마력 라이트 J-6-9 슈퍼차저 공랭식 성형 9기통
최고 속도 278km/h(235mph)

허브 로든과 월터 번햄은 온갖 경주 대회를 휩쓸던 군용기들에 맞서 민간기의 본때를 보여주고자 비밀리에 경주기를 개발했다. 1929년 더그 데이비스가 모든 군용기 경쟁자들을 누르고 톰슨 컵을 차지한 데 이어 많은 경주 대회를 석권했다.

▷ **슈퍼마린 S6B 경주용 수상기 1930년**
Supermarine S6B 1930

제조국 영국
엔진 2,350마력 롤스로이스 R 수랭식 V12
최고 속도 657km/h(408mph)

R. J. 미첼의 마지막 경주용 수상기로, 1931년 왕립 공군 J. N. 부트만 대위가 조종하여 1931년 슈나이더 트로피를 차지했고, 이어서 G. 스테인포스 대위가 시속 655.67킬로미터(시속 407.41마일)로 대기속도 세계 신기록을 수립했다. S6B의 성공이 스피트파이어 개발의 자극제가 되었다.

DH 60 집시 모스

1924년 영국 공군성은 비행 클럽을 제도적으로 양성하는 문제에 관심을 보였다. '항공에 관심 있는' 구성원 집단이 어떤 이점을 가져올 것인지를 인식한 공군성은 자격을 갖춘 클럽을 대상으로 승인된 경비행기 구매에 보조금을 지급하는 안을 내놓았다. 제조비가 저렴하고 조종이 쉽고 견고하고 신뢰할 수 있으며 정비가 까다롭지 않은 항공기여야 했다. 이 안에 딱 맞는 기종이 바로 드 하빌랜드 사가 내놓은 불멸의 항공기, DH 60 집시 모스였다.

DH 60 집시 모스에서는 기체만큼이나 중요한 것이 엔진이다. 초기 DH 60에는 시러스 1 엔진이 들어갔지만, 이 항공기에 역사적 가치를 부여한 것은 집시 엔진이었다. 집시 모스는 1928년 킹스컵 경주에서 우승했는데, 하나는 97킬로미터(60마일) 폐쇄 순환로 기록을 깼고 또 하나는 6,909미터(1만 9980피트) 상공 비행으로 고도 신기록을 수립했다. 생산 라인에서 나온 집시 1 엔진 한 대를 무작위로 선택해 모스 기에 장착했고, 항공기 검사 위원회에서 파견된 검사관이 여기에 날인했다. 그런 뒤 1928년 12월부터 1929년 9월까지 600시간(1920년대산 항공 엔진으로는 굉장히 긴 시간)을 비행하면서 정기 점검은 단 1회밖에 받지 않았다. 드 하빌랜드 사는 이렇게 단번에 이 신기종이 견고하며 그 엔진도 신뢰할 만하다는 사실을 입증했다.

앞에서 본 모습

뒤에서 본 모습

날개가 뒤로 접힌 상태의 옆모습

천을 씌워 마감한 **작은 안정판과 큰 방향타**

동체 외부의 **제어 케이블**

후방 조종석 뒤에 배치한 **수하물실**

천을 씌운 **동체**

아랫날개에만 장착한 **에일러론**

양날 프로펠러는 고정 피치로 목재로 제작했다.

제원	
모델	드 하빌랜드 DH 60 집시 모스, 1928년
제조국	영국
생산	약 1,000대
기체 구조	목재, 천, 금속
최대 중량	748킬로그램(1,629파운드)
엔진	100마력 드 하빌랜드 집시 1 공랭식 직렬 4기통
날개 스팬	9.14미터(30피트)
전장	7.04미터(23피트 11인치)
항속 거리	515킬로미터(320마일)
최고 속도	시속 165킬로미터(시속 102마일)

일반명사가 된 모스 항공기
집시 모스는 견실하게 설계된 튼튼한 기체와 놀라울
정도로 안정적인 엔진의 합작품이다. 1930년대에 이
기종이 얼마나 폭발적인 성공을 누렸는지 (미국에서
경항공기를 "컵(Cub)"으로 통칭하는 것과 마찬가지로)
많은 영국인들이 지금까지도 "모스"를 소형 복엽기를
일컫는 일반명사처럼 사용한다.

외부

동체는 정사각형으로 구획된 가문비나무 목재 네 조각 위에 합판을 붙여 제작했다. 날개의 대부분은 천을 씌운 가문비나무 판으로 이루어졌으며(날개 끝은 알루미늄 튜브를 댔다), 위아래 날개 사이에는 버팀대로 넓적한 익현을 세우고 유선형 비행 와이어로 보강했다.

1. 드 하빌랜드 사 로고 **2.** 목재 프로펠러 **3.** 회전 날개(rotor) 깃 위의 "클래식 에어스크루" 로고 **4.** 엔진 배기 장치 **5.** 엔진 카울링 걸쇠 **6.** 공랭식 직렬 4기통 엔진 **7.** 그리스 니플 **8.** 유선형 비행 와이어 **9.** 대기속도를 측정하기 위한 피토관 **10.** 연료 탱크 밸브 **11.** 외부에 장착한 AS-1형 스프링식 베인(풍속계) **12.** 연료 탭 **13.** 플로트식 연료계 **14.** 발 디딤대 **15.** 방향타 케이블(조종실 끝쪽) **16.** 승강타 제어 케이블 **17.** 수하물실 해치 **18.** 수하물실 튜브 **19.** 방향타 케이블 (방향타 끝쪽의 고정된 부분)

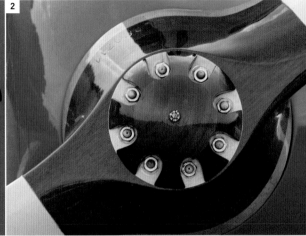

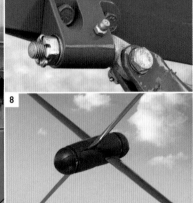

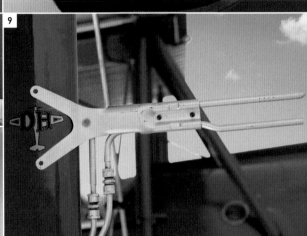

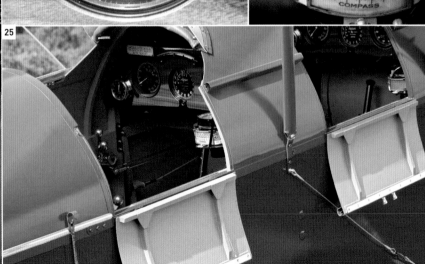

조종석

이 기종의 조종석은 오른쪽에 작은 문이 있어서 드나들기가
수월했다. 전방 조종석에는 장비가 거의 없었으며, 이 후방
조종석의 계기판(조종사는 후방석에 앉았다)은 바늘이 하나뿐
인 '높이계(height meter)'(기압 설정판(Kollsman window)이 없
으므로 고도계라고 할 수 없다)와 P형 나침반 등 1920년대 항
공기의 전형적인 계측 장치를 보여 준다. 외부에 탑재한 자석
식 점화 장치의 스위치는 대형 에드워드 7세 시대풍 놋쇠 전
등 스위치처럼 보인다.

20. 후방 조종석 **21.** 대기속도계 **22.** P형 나침반 **23.** 연료 차단 밸브
24. 스로틀 쿼드런트 **25.** 아래로 내려 여는 조종실 양쪽 문 **26.** 조종석의
4점식 안전벨트

드 하빌랜드
집시 1 엔진

드 하빌랜드 사가 개발한 신형 엔진 시리즈의 첫 모델, 집시 1은 습식 고이개를
갖춘 윤활 방식의 직립형 4기통 공랭식 엔진이었다. 1920년대 표준으로 보더라도
단순한 디자인이었지만 85마력이라는 상당한 수준의 출력과 우수한 신뢰도,
경제적 연비를 자랑했으며, 정비 또한 용이했다.

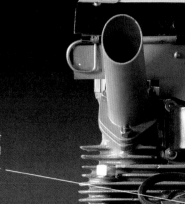

비절연 점화 플러그가
실린더 하나당 두 개씩
장착되었다.

집시 시리즈

저명한 엔진 설계자 프랭크 홀포드 소령이 1920년대 중반
부터 드 하빌랜드 사에서 집시 엔진 시리즈 개발을 맡았다.
집시 1과 집시 2, 두 모델 다 드 하빌랜드의 집시 모스 항
공기에 들어갔는데, 아마도 가장 큰 유명세를 얻은 집시 1
은 잉글랜드에서 오스트레일리아로 단독 비행에 성공한 에
이미 존슨의 드 하빌랜드 모스 항공기에 탑재된 그 엔진이
었을 것이다. 집시 시리즈는 거듭된 개발을 거쳐 조종사에
게 더 나은 시계를 선사하기 위한 도립형 실린더를 비롯하
여 많은 점을 개선한 집시 메이저 엔진을 낳았다. 집시 메이
저는 제2차 세계 대전이 끝난 뒤로도 다년간 생산되었다.

실린더 헤드
알루미늄을 주조한 실린더 헤드는 실린더
배럴에 부착하며 흡기 및 배기 장치로
이루어진다. 이 실린더 헤드는 냉각 핀이
깊게 설계되었다.

엔진오일 주유캡
매번 비행하기 전에 엔진오일을
보충해 주어야 한다.

크랭크케이스
중(重)하중형 알루미늄으로 주조한
크랭크케이스에는 실린더 4개와
크랭크축 베어링이 들어간다.

프로펠러 자리
이 이미지에는 없지만
프로펠러는 보통 이
자리에 들어간다.

엔진 제원	
생산 연한	1927년부터 1930년대 중반까지
형식	공랭식 직렬 4기통
연료	70옥탄가 연료
동력 출력	1,900rpm에서 85마력
중량	비급유 시 129킬로그램(285파운드)
배기량	5.21리터(318.1세제곱인치)
내경 행정비	11.43센티미터×12.7센티미터(4.5인치×5인치)
압축비	5:1

▷ **302~303쪽 피스톤 엔진 참조**

윤활유 고이개
엔진오일이 이 알루미늄
고이개에 저장돼 있다.

엔진대(전시용)

직렬 배치
집시 1 엔진은 공랭식 직렬 4기통 배치였지만, 후기 모델인
집시 메이저는 도립형 실린더 4개를 탑재했다. 후속 드
하빌랜드 항공기의 피스톤 엔진도 모두 도립형 4기통이었다.

냉각 조절 장치
냉각 공기가 실린더 주위로 돌아가도록
금속판을 효과적으로 배치하여 엔진이
최적 온도를 유지하도록 한다.

흡기 다지관
기화기를 통해 원유에 공기가 혼합된다. 이 연료와
공기의 혼합물이 흡기 다지관으로 공급되면 이
기관이 혼합물을 실린더로 공급한다.

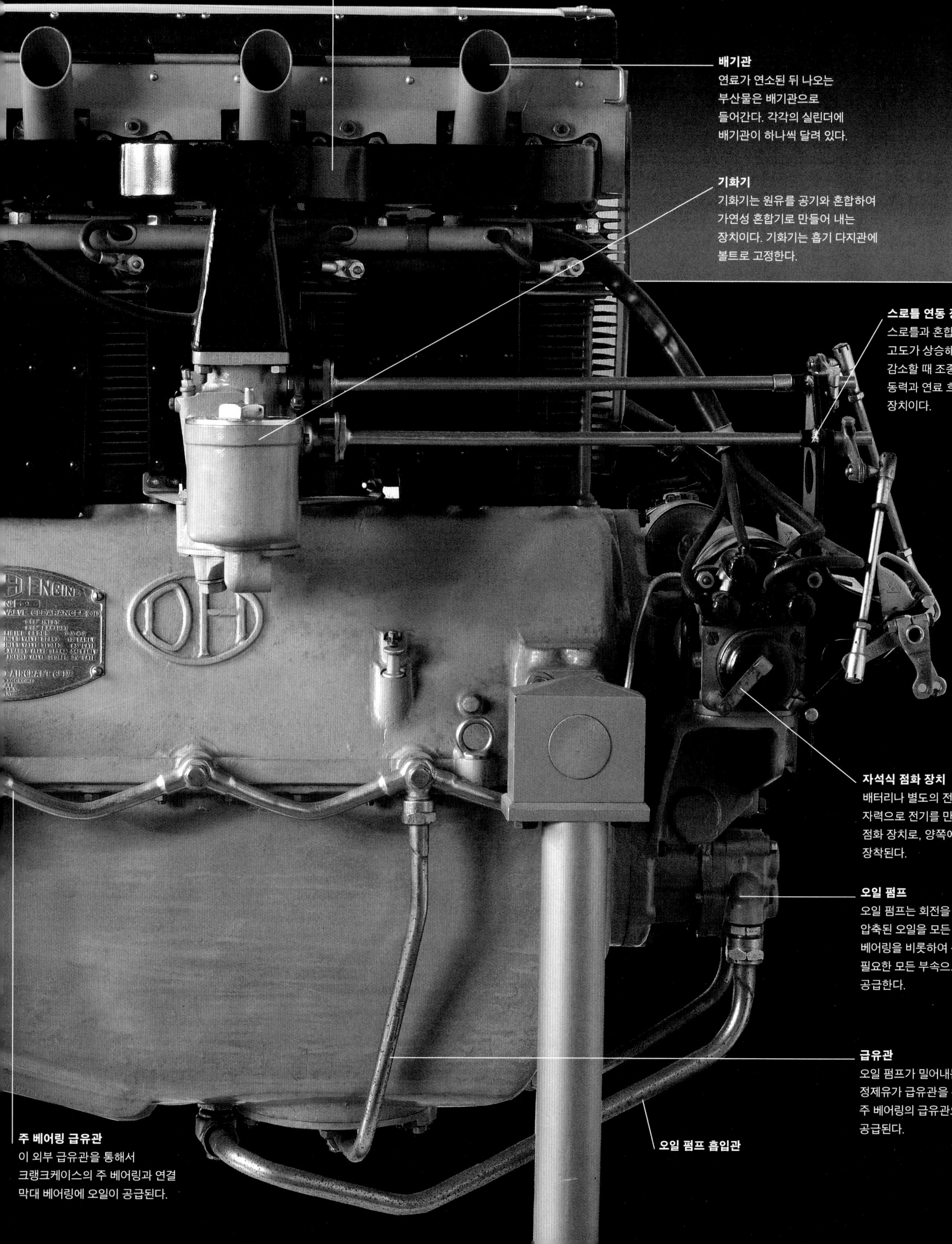

배기관
연료가 연소된 뒤 나오는
부산물은 배기관으로
들어간다. 각각의 실린더에
배기관이 하나씩 달려 있다.

기화기
기화기는 원유를 공기와 혼합하여
가연성 혼합기로 만들어 내는
장치이다. 기화기는 흡기 다지관에
볼트로 고정한다.

스로틀 연동 장치
스로틀과 혼합 제어기는
고도가 상승해 기압이
감소할 때 조종사가 엔진
동력과 연료 흐름을 조절하는
장치이다.

자석식 점화 장치
배터리나 별도의 전기 공급 없이
자력으로 전기를 만들어 내는
점화 장치로, 양쪽에 하나씩
장착된다.

오일 펌프
오일 펌프는 회전을 통해
압축된 오일을 모든 주요
베어링을 비롯하여 윤활이
필요한 모든 부속으로
공급한다.

급유관
오일 펌프가 밀어내는
정제유가 급유관을 통해
주 베어링의 급유관으로
공급된다.

주 베어링 급유관
이 외부 급유관을 통해서
크랭크케이스의 주 베어링과 연결
막대 베어링에 오일이 공급된다.

오일 펌프 흡입관

뛰어난 성취

알코크와 브라운의 1919년 대서양 횡단 비행 이후로 세계는 더 작은 곳이
되었다. 1920년대에는 장거리 비행이 대중으로부터 뜨거운 관심을 받으면
서 많은 국가의 정부와 신문사들이 더욱 큰 규모의 비행을 후원하기 시작
했다. 두려움을 모르는 많은 조종사가 사고로 죽었지만, 살아남은 이들은
놀라운 체공 비행 기록을 갱신해 나갔다. 항공기들이 피스톤 엔진을 탑재
하면서 출력과 신뢰도가 크게 상승했지만, 인상적인 비행 기록의 대부분은
거대한 호화 비행선들이 차지했다.

△ **더글러스 월드 크루저 1923년**
Douglas World Cruiser 1923

제조국 미국

엔진 423마력 리버티 L-12 수랭식 V12

최고 속도 166km/h(103mph)

미 육군 항공근무대 공급용으로 뇌격기를 모체로
한 5대의 월드 크루저가 제작되었다. '시카고'
호와 '뉴올리언스' 호가 1924년 4월부터 9월까지
361시간 11분 비행 시간 동안 평균 시속 113
킬로미터(시속 70마일)의 속도로 전 세계에 걸쳐
4만 4310킬로미터(2만 7533마일)를 비행했다.

▽ **애브로 에이비안 1926년**
Avro Avian 1926

제조국 영국

엔진 90마력 ADC 시러스 공랭식 직렬
4기통

최고 속도 169km/h(105mph)

에이비안은 1920년대 말에 나온 투어러(tourer)
로, 기록 비행으로 인기가 높았다. 1927년
버트 힝클러가 단독으로 영국 크로이든에서
오스트레일리아 다윈까지 15.5일 동안
단독으로 비행했으며, 1928년에는 아멜리아
에어하트가 미국 일주 왕복 비행에 성공했다.

▷ **융커스 W33 브레멘 1926년**
Junkers W.33 Bremen 1926

제조국 독일

엔진 310마력 융커스 L.5 수랭식 직렬
6기통

최고 속도 193km/h(120mph)

전 기체를 첨단 금속 소재로 제작한
모노코크 구조의 외팔보 날개 수송기
'브레멘' 호는 1928년에 최초로 대서양
동서 무기착 횡단 비행에 성공한
중항공기다. W.33의 또 다른 기종은
1927년에 52시간 22분의 체공 비행
기록을 수립했다.

△ **라이언 NYP 세인트루이스의 정신 1927년**
Ryan NYP Spirit of St Louis 1927

제조국 미국

엔진 223마력 라이트 R-790 월윈드 J-5C
공랭식 성형 9기통

최고 속도 214km/h(133mph)

라이언 사의 M-2 우편기를 모체로
개량한 NYP는 도널드 A. 홀이 60일에
걸쳐 설계하고 제작했다. 찰스
린드버그가 이 기종으로 1927년에
최초의 무기착 단독 대서양 횡단 비행과
최초의 뉴욕-파리 간 비행에 성공했다.

△ **베르나르 191GR 우아조 카나리 1928년**
Bernard 191GR Oiseau Canari 1928

제조국 프랑스

엔진 600마력 이스파노-수이자 12Lb 수랭식 V12

최고 속도 216km/h(134mph)

완전 밀폐형 조종실의 베르나르 190기를
모체로 개량된 세 기종이 신기록을 수립했다.
191GR은 조종사 장 아솔랑, 르네 르페브르,
아르망 로티와 밀항자 한 명까지 태우고 프랑스
최초로 북대서양 횡단 비행에 성공했다.

△ **페어리 장거리 단엽기 1928년**
Fairey Long-range Monoplane 1928

제조국 영국

엔진 570마력 네이피어 라이언-11a 수랭식 V12

최고 속도 177km/h(110mph)

영국 왕립 공군(RAF)의 무기착 장거리 비행 기록 수립을
위해 제작된 이 단엽기는 부조종사를 위한 침대를
비치했으며, 1929년에 최초의 영국-인도 간 무기착
비행에 성공했다. 또 한 대는 1933년 영국에서 아프리카
남서부까지 8,707킬로미터(5,410마일)를 비행하여
장거리 기록을 수립했다.

△ **그라프 체펠린 D-LZ 127 1928년**
Graf Zeppelin D-LZ 127 1928

제조국 독일

엔진 550마력 마이바흐 VL-2 수랭식
V12 5발

최고 속도 129km/h(80mph)

수소 기낭에 가스/휘발유 연료를
쓴 이 성공적인 비행선은 160만
킬로미터(100만 마일)를 비행한
최초의 항공기이며 1929년 세계
일주 비행 때 최초로 무기착 태평양
횡단에 성공했다.

△ **록히드 모델 8 시리우스 1929년**
Lockheed Model 8 Sirius 1929

제조국 미국

엔진 710마력 라이트 SR-1820 사이클론
슈퍼차저 공랭식 성형

최고 속도 298km/h(185mph)

찰스와 앤 린드버그가 1930년 4월 20일에 모델 8
시리우스로 미대륙 횡단 속도 기록을 수립했다. 가장
중요한 성취로는 1931년 동아시아로 비행한 것이며,
1933년에는 전 세계의 항공로를 정찰하면서 4만
8280킬로미터(3만 마일)의 비행 거리를 기록했다.

△ **브레게 19 TF 쉬페르 비동 푸앵
댕테로가시옹 1929년**
Breguet XIX TF Super Bidon Point
d'Interrogation 1929

제조국 프랑스

엔진 600마력 이스파노-수이자 12 Lb
수랭식 V12

최고 속도 214km/h(133mph)

경폭격기를 모체로 개발한 '푸앵
댕테로가시옹'(Point d'Interrogation,
물음표)에는 5370리터(1,419갤런)
용량의 연료 탱크가 탑재되었다.
디외돈 코스트(1892~1973년)와
모리스 벨롱트(1896~1984년)가
1930년 9월에 파리에서 뉴욕까지
무기착 비행에 성공했다.

△ **스틴슨 SM-8A
디트로이터 1926년**
Stinson SM-8A Detroiter
1926

제조국 미국

엔진 215마력 라이커밍 R-680

최고 속도 217km/h(135mph)

시대를 앞서간 밀폐형 난방 객실을
갖추었던 디트로이터는 북극과
대서양 비행으로 기록에 도전했다.
1928년 패커드 사와 공동 개발한
모델은 비행에 나선 최초의 디젤
엔진 항공기가 되었다.

◁ **드 하빌랜드 DH 60 집시 모스 1928년**
de Havilland DH 60 Gipsy Moth 1928

제조국 영국

엔진 100마력 드 하빌랜드 집시 1 공랭식 직렬 4기통

최고 속도 164km/h(102mph)

집시 모스는 신기록 수립을 목표로 삼은 이들 사이에서
높은 인기를 누렸다. 에이미 존슨은 이 기종을 조종하여
영국에서 오스트레일리아까지 단독 비행한 최초의
여성 조종사가 되었다. 존슨은 1930년에 크로이든에서
다윈까지 1만 7703킬로미터(1만 1000마일)의 거리를
비행했다.

복엽기 전성시대

제1차 세계 대전에서 얻은 교훈은 더 강하고 더 빠르고 더 효율적인 군용기로 결실을 맺었다. 영국과 미국은 여전히 복엽기를 선호했지만 강철 프레임과 슈퍼차저 엔진, 유압 휠 브레이크, 착륙용 플랩 등의 요소가 개선되었다. 프랑스는 단엽기를 선호했고, 여전히 목재 프레임의 효율적인 항공기를 제작했다. 항공기는 미래의 전쟁이나 분쟁에서 전투기와 폭격기로서만이 아니라 군수품과 병력 수송을 담당하면서 갈수록 중요한 역할을 맡게 된다.

△ **소프위드 7F.1 스나이프 1919년**
Sopwith 7F.1 Snipe 1919

제조국 영국

엔진 230마력 벤틀리 BR2 공랭식 성형 9기통

최고 속도 195km/h(121mph)

제1차 세계 대전 종전 몇 주 전에 도입된 스나이프는 영국 왕립 공군의 주력 전후 단좌 전투기로 운용되다가 1926년에 퇴역했다. 높은 기동성과 상승률이 낮은 최고 속도를 상쇄했다.

▽ **페어리 플라이캐처 1923년**
Fairey Flycatcher 1923

제조국 영국

엔진 400마력 암스트롱 시들리 재규어4 공랭식 성형 14기통

최고 속도 214km/h(133mph)

함상 전투기로 설계되어 양 날개 전 길이를 따라 장착된 플랩과 유압 휠 브레이크를 갖춘 선구적인 기종 플라이캐처(딱새)는 길이가 46미터(151 피트)밖에 안 되는 갑판에서 이착륙할 수 있었다. 192대가 생산되었다.

△ **버빌-스페리 M-1 메신저 1920년**
Verville-Sperry M-1 Messenger 1920

제조국 미국

엔진 60마력 로렌스 L-3 공랭식 성형 3기통

최고 속도 156km/h(97mph)

미 육군 항공근무대의 우편 송달 업무를 담당하던 모터사이클을 대체하는 항공기로 알프레드 버빌이 설계하여 납품한 작고 단순하고 저렴한 기종 M-1은 공중에서 비행선과 연결할 때 발생하는 문제를 포함하여 연구 개발용으로도 운용되었다.

△ **비커스 56형 빅토리아 1922년**
Vickers Type 56 Victoria 1922

제조국 영국

엔진 2×450마력 네이피어 라이언 액랭식 W형 12기통

최고 속도 미상

제1차 세계 대전을 통해서 미래의 전쟁 또는 전투에서는 적군보다 먼저 병력을 투입하는 것이 절대적으로 중요하다는 사실이 확인되면서 영국 왕립 공군은 이러한 병력 수송기를 주문했다. 이 기종은 1930년대에 신형 엔진을 탑재하면서 1944년까지 현역으로 운용되었다.

△ **보잉 모델 15 FB-5 호크 1923년**
Boeing Model 15 FB-5 Hawk 1923

제조국 미국

엔진 520마력 패커드 2A-1500 액랭식 V12

최고 속도 256km/h(159mph)

보잉 사는 제1차 세계 대전의 독일군 전투기 포커 D-7기를 분석하여 전투 목적 기종인 모델 15를 개발했다. 이 기종은 미 육군 항공대(US Army Air Forces)와 미 해군에서 운용되었다. FB-5는 함재기로 개발한 파생 기종이었다.

△ **보잉 F4B-4 1928년**
Boeing F4B-4 1928

제조국 미국

엔진 550마력 프랫앤휘트니 성형 9기통

최고 속도 304km/h(189mph)

미 해군의 기동력 높은 소형 경량 전투기 F4B(또는 P-12)는 1929년부터 1930년대 중반까지 미 해군 항공모함 USS 렉싱턴의 함재기로 운용되다가 연습기로 전환되어 1941년까지 운용되었다.

△ **암스트롱 휘트워스 시스킨 3 1923년**
Armstrong Whitworth Siskin III 1923
제조국 영국
엔진 400마력 암스트롱 시들리 재규어 4 슈퍼차저 성형 14기통
최고 속도 251km/h(156mph)

제1차 세계 대전이 준 교훈으로부터 곡예비행에 능한 시스킨 복엽 전투기가 탄생했다. 시스킨 3A 는 영국 왕립 공군 최초로 전 기체를 금속으로 제작한 전투기로, 슈퍼차저 엔진을 탑재하자 굉장한 속도를 내기 시작했다.

◁ **모란-소니에 MS138 1927년**
Morane-Saulnier MS138 1927
제조국 프랑스
엔진 80마력 르 론 9AC 공랭식 성형 9기통
최고 속도 142km/h(88mph)

프랑스는 항상 단엽기를 선호하는 경향이 있었다. 따라서 프랑스의 복좌식 초등 훈련기는 날개가 약간 뒤로 젖혀진 파라솔형 후퇴익과 목재 프레임에 천을 씌운 동체로 설계된 이 경량 단엽기였다.

△ **페어리 3F 1926년**
Fairey IIIF 1926
제조국 영국
엔진 570마력 네이피어 라이언11 액랭식 W형 12기통
최고 속도 192km/h(120mph)

페어리 3기의 여러 변형 기종이 정찰기로 양차 대전에 운용되었다. 함상 수상기로 개발된 페어리 3은 영국 해군 함대 항공대(Fleet Air Arm)에는 3인승으로, 영국 왕립 공군에는 2인승으로 제작되었다.

△ **호커 톰티트 1928년**
Hawker Tomtit 1928
제조국 영국
엔진 150마력 암스트롱 시들리 몽구스 3c 공랭식 성형 5기통
최고 속도 200km/h(124mph)

영국 왕립 공군이 목재 기체 항공기를 대체할 것을 요구하자 시드니 캠이 설계한 것이 강철/두랄루민 소재 프레임에 전장을 천으로 씌운 톰티트 연습기였다. 계약을 따내지 못해 35대만 생산되었다.

△ **호커 하트 1928년**
Hawker Hart 1928
제조국 영국
엔진 525마력 롤스로이스 케스트렐 1B 액랭식 V12
최고 속도 298km/h(185mph)

공기역학적으로 매끈하게 설계한 하트는 전간(戰間)기에 가장 양산된 영국 군용기로, 총 992대가 제조되었다. 경폭기인 하트는 당대 전투기들보다 빨랐으며, 240 킬로그램의 폭탄을 적재할 수 있었다.

◁ **모란-소니에 MS230 1929년**
Morane-Saulnier MS230 1929
제조국 프랑스
엔진 230마력 삼손 9AB 공랭식 성형 9기통
최고 속도 204km/h(127mph)

MS138보다 훨씬 빨랐던 MS230은 1930년대 내내 프랑스 공군의 주요 연습기로 운용되면서 1,000대 이상이 생산되었다. 조종이 매우 쉬웠으며, 전 세계에 판매되었다.

여객기의 부상

1920년대에는 여객기가 여실한 운송 수단으로 부상하기 시작했다. 초창기의 설계는 어느 정도 파르망 F4X 같은 제1차 세계 대전 시기의 전략 폭격기를 기본으로 삼았지만, 1920년대 중반부터 전 세계의 항공로를 운항하기 위한 여객기 용도로 다수의 기종이 개발되었다. 또한 이 시기에는 거대한 융커스 G38이나 엔진 12기를 탑재한 도르니에 Do-10 비행정 같은 기상천외한 항공기도 등장했다.

△ **드 하빌랜드 DH 18 1920년**
de Havilland DH 18 1920

제조국 영국
엔진 450마력 네이피어 라이언 액랭식 W형 12기통
최고 속도 200km/h(125mph)

이 대형 단발 복엽기는 주로 크로이든-파리 노선을 운항했다. DH 18은 프랑스 북부 상공에서 파르망 골리앗 기와 충돌하는 사고로 최초의 여객기 대 여객기 공중 충돌 사고 기종이라는 불명예스러운 이력을 얻었다.

▽ **포커 F-7a 1925년**
Fokker FVIIa 1925

제조국 네덜란드
엔진 400마력 리버티 L-12 액랭식 V12
최고 속도 185km/h(115mph)

큰 성공을 거두었던 포커 트라이모터 모델의 전신인 F-7a는 40대가 생산되었다. 처음에 제작한 항공기의 동력으로는 리버티 엔진을 탑재했지만, 그뒤로는 모두 브리스틀 사의 주피터나 프랫앤휘트니 사의 와스프 성형 엔진을 탑재했다.

◁ **포커 F-2 1920년**
Fokker FII 1920

제조국 독일/네덜란드
엔진 250마력 암스트롱 시들리 퓨마 액랭식 직렬 6기통
최고 속도 150km/h(93mph)

포커 F2는 상당 부분 포커 사가 D8 단엽 전투기를 개발하는 과정에서 얻은 경험을 토대로 만들어졌다. 대다수 항공기가 복엽기이던 당시, F2의 외양은 매우 현대적으로 보였다. 한 가지 이례적인 특징으로 수직 안정판, 즉 핀(fin)이 없는 점을 꼽을 수 있는데, 방향안정성(항공기가 비행 중 기후 등의 요인으로 교란되었을 때 항공기 자체 힘으로 정상 상태로 돌아오려는 성질—옮긴이)은 측면 폭이 깊은 동체만으로 충분히 확보되었다.

▷ **포커 F-7b/3M/FX 1925년**
Fokker FVIIb/3M/FX 1925

제조국 네덜란드 설계/미국 제조
엔진 2×220마력 라이트 J-5 월윈드 공랭식 성형 9기통
최고 속도 185km/h(115mph)

포커 트라이모터라는 이름으로 통하는 F-7b/3M/FX는 매우 인기 있었던 여객기다. 네덜란드에서 설계됐지만 미국의 엔진을 탑재한 것은 미국에서 제작된 확대판 FX 모델이었다. 오스트레일리아 항공가 찰스 킹스포드-스미스가 최초의 태평양 횡단 비행과 태즈메이니아해 횡단 비행 때 탄 것이 F-7b였다.

◁ **핸들리 페이지 W8 1921년**
Handley Page Type W8 1921

제조국 영국
엔진 2×450마력 네이피어 라이언 액랭식 W형 12기통
최고 속도 166km/h(103mph)

핸들리 페이지 사가 민간 수송용으로 특별히 제작한 첫 항공기로, 설계에 기내 화장실을 포함한 최초의 여객기로 유명하다. 1920년대에 제작된 많은 항공기가 그랬듯이, 엔진 단 2기에 의존하는 저출력이었으며 후기 모델에는 360마력의 롤스로이스 사 이글 V12 엔진을 기수에 추가로 탑재했다.

△ 드 하빌랜드 DH 34 1922년
de Havilland DH 34 1922

제조국 영국

엔진 450마력 네이피어 라이언 액랭식
W형 12기통

최고 속도 206km/h(128mph)

사실상 DH 18의 확대판인 DH 34의
특이점은 선실에 여분의 엔진을 탑재할
수 있게 한 것으로 출입문과 동체 양쪽
다 이 특징에 맞추어 설계되었다.
하지만 여분의 엔진을 탑재할 경우에는
유효 탑재량이 크게 감소했다.

△ 드 하빌랜드 DH 50J 1923년
de Havilland DH 50J 1923

제조국 영국

엔진 450마력 브리스틀 주피터 4 공랭식 성형

최고 속도 180km/h(112mph)

전쟁 후 불용 군수품이 된 DH 9를 대체하기
위해 개발된 DH 50은 항공 개척자 앨런 코범
(훗날 기사 작위를 받았다)이 프로토타입을
초도 비행한 지 단 나흘 만에 신뢰성 테스트를
통과하면서 처음부터 승승장구했다.

△ 보잉 80 1928년
Boeing 80 1928

제조국 미국

엔진 3×450마력 프랫앤휘트니 와스프
공랭식 성형 9기통

최고 속도 222km/h(138mph)

이 3발 복엽기는 보잉 사가 설립한
보잉항공수송회사(Boeing Air Transport,
유나이티드 항공사의 전신)에서 운용했다.
다른 삼발 여객기들은 단엽기였다. 보잉
사가 복엽기 구조를 채택한 것은 이착륙
성능을 개선하기 위해서였다.

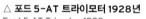

△ 포드 5-AT 트라이모터 1928년
Ford 5-AT Trimotor 1928

제조국 미국

엔진 3×420마력 프랫앤휘트니 와스프
공랭식 성형 9기통

최고 속도 241km/h(150mph)

포트 트라이모터는 동시대 포커 사의
트라이모터와 크게 닮았지만 전 기체를
금속으로 제작했으며 더 강력한 엔진을
탑재했다. '양철 거위(Tin Goose)'라는
별명으로 불렸던 포드 트라이모터는 199대가
생산되었으며, 몇 대는 오늘날까지도 감항성을
인정받고 있다.

△ 융커스 G38 1929년
Junkers G38 1929

제조국 독일

엔진 2×690마력 융커스 L55 액랭식 V12 기내 탑재,
413마력 융커스 L8a 액랭식 직렬 6기통 기외 탑재

최고 속도 225km/h(140mph)

융커스 사가 제작한 G38은 두 대뿐이지만 당시에는
세계에서 가장 큰 항공기였다. G38는 날개 앞전에
승객을 위한 공간이 있을 정도로 큰 부피로 설계되었다.

◁ 시코르스키 S38 1928년
Sikorsky S38 1928

제조국 미국

엔진 2×400마력 프랫앤휘트니 와스프
공랭식 성형 9기통

최고 속도 192km/h(120mph)

높은 판매량을 기록한 시코르스키 사의 첫
수륙양용 항공기인 S38은 탐험가와 모험가 들
사이에 특히 인기를 누렸지만, 많은 항공사와
여러 국가의 군대에서도 운용되었다.

◁ 도르니에 Do-10 1929년
Dornier Do-X 1929

제조국 독일

엔진 12×610마력 커티스 컨커러
(Conqueror) 액랭식 V12

최고 속도 211km/h(131mph)

진정으로 놀라운 기계 Do-10은 그 시대
최대 중량 항공기이자 최대 부피 항공기에
최다—169명이라는 놀라운 규모—승객 운송
항공기 등 많은 기록을 수립했다.

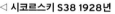

위대한 항공기 제조사

드 하빌랜드

1920년 9월 드 하빌랜드 사(de Havilland Aircraft Company)가 영국 북런던 스태그 레인에 있는 영국 왕립육군 항공대의 옛 부대 자리에 설립되었다. 드 하빌랜드 사는 설립 후 40년 동안 세계 항공기 역사에 가장 중대한 영향을 남긴 여러 기종을 생산했으며, 그 기종에 탑재할 엔진도 직접 설계하고 제조했다.

항공 역사에서 가장 중요한 이름의 하나인 드 하빌랜드 항공기 회사는 신기록을 수립한 경주기, 최초의 진정한 다목적 전투기, 최초의 제트 여객기를 위시한 인상적인 항공기를 다수 만들었다. 위대한 성취와 크나큰 개인적 비극(창업자 제프리 드 하빌랜드가 두 아들을 자사의 항공기로 잃었다)을 겪으면서 드 하빌랜드 사는 전체 항공사를 통틀어 가장 유명한 여러 종의 항공기를 만들게 된다.

제프리 드 하빌랜드

(1882~1965년)

제프리 드 하빌랜드는 1882년 7월 27일 런던 서부의 하이 위컴 인근에서 태어났다. 어려서부터 공학과 항공에 관심이 있었던 그는 1909년 12월에 첫 항공기를 설계하고 제작하여 비행까지 했다—비록 첫 비행 때 추락했지만. 이에 굴하지 않고 제작한 두 번째 항공기는 그 이듬해 9월에 성공적으로 비행을 마쳤고,

이를 계기로 영국 군 당국의 주목을 받으면서 자금을 추가로 지원받게 되었다. 원래는 드 하빌랜드 2호 항공기로 불렸던 이 두 번째 항공기는 FE1이 되었다. 1911년 1월 FE1이 인수 검사를 통과했고, 이 항공기를 조종하면서 드 하빌랜드는 왕립 항공클럽 면허 4번 증서를 받았다. 항공 산업이 급속도로 발전하면서 1912년 드 하빌랜드는 자신이 설계한 또 다른 모델 BE2로 3,000미터(1만 피트) 이상의 고도로 비행하여 영국 고도 신기록을 세웠다. 드 하빌랜드는 1914년에 항공 검사 관리국의 항공기 검사관으로 임명되지만 얼마 지나지 않아서 이 자리가 맞지 않다는 것을 깨닫고 설계자 겸 시험비행 조종사로 에어코로 불리는 항공기 제조 유한회사(Airco, The Aircraft Manufacturing Company Limited, 1912년 설립되어 1920년까지 운영—옮긴이)에 입사했다. 전쟁이 임박하자 (영국 왕립 육군 항공대에 잠시 예비 장교로 소속되었던 경험을 살려) 드 하빌랜드는 전투기 설계를 시작했다. DH 2 전투기 약 400대가 생산되었으며, DH 4 경폭격기(와 후속 모델 DH 9)는 엄청난 성공을 거두었다.

전쟁이 끝나고 주문이 끊기자 에어코는 버밍엄 소형화기 제조사(The Birmingham Small Arms, BSA)에 인수되었다. 하지만 BSA는 에어코의 본사가 있던 헨든의 땅

드 하빌랜드 사의 신규 노선 광고

제국항공(Imperial Airways)과 콴타스의 공동운항 노선 런던(크로이든)-브리즈번 취항을 광고하는 제국항공의 포스터

을 원했을 뿐, 항공은 관심 밖이었다. 이에 드 하빌랜드는 자신과 함께 계속해서 작업할 에어코 최고의 인재들로 팀을 꾸리고 자신의 회사를 세웠다. 먼저 드 하빌랜드 사는 켄트 주 림에서 개최되는 유명한 경비행기 시범대회에 참가할 목적으로 여러 종의 항공기 설계에 착수했다. 하지만 그 기종들의 제원으로는 너무나 한계가 크다는 판단이 들었고, 대신 훨씬 더 실용적인 항공기를 개발하기로 방향을 틀었다. 그 이유를 드 하빌랜드는 이렇게 설명했다고 전해진다. "내가 그런 것으로 한대 갖고 싶었기 때문이다." 그렇게 해서 나온 것이 바로 어마어마한 성공작, DH 60 집시 모스였다. 동력으로는 집시 모스 모델 자체 못지않게 중요한 시러스 엔진을 탑재했고, 이로써 하나의 경향공기 계보가 탄생하기에 이르렀다. 자연사에 열광했던 드 하빌랜드는 곤충학 지식을 살려 새로 개발한 항공기의 이름을 정했다. 자서전 『하늘을 앓다(Sky Fever)』에서 그는 이렇게 술회한다.

"불현듯 이름은 나방이 제격이겠다는

공중전

1944년 드 하빌랜드 사 직원들이 해트필드 본사 공장에서 모스키토 기를 만들고 있다. 이 전투기는 연합군의 총력전에서 중추적인 역할을 수행했다.

생각이 떠올랐다. … 타당하기도 하고 기억하기도 쉽고 잘하면 집시 모스(Gypsy Moth, 매미나방), 퍼스 모스(Puss Moth, 나무눈하늘나방), 타이거 모스(Tiger Moth, 불나방), 폭스 모스(Fox Moth, 솔나방), 레퍼드 모스(Leopard Moth, 꿀벌레나방), 호넷 모스(Hornet Moth, 장수유리나방) 등 영국의 곤충에서 이름을 따온 나방 시리즈로 갈 수도 있겠다 싶었다." 드 하빌랜드는 집시 모스로 대단한 성공을 누리면서 저 유명한 경주기 DH 88 코멧과 우아한 DH 91 알바트로스도 개발했다. 런던의 인구가 계속해서 성장하면서 스태그 레인의 부지가 주택가 한복판이 되어 버리자 엔진은 계속해서 스태그 레인에서 생산했지만 항공기 생산 공장은 1934년 무렵 허트포드셔 주의 해트필드로 이전했다.

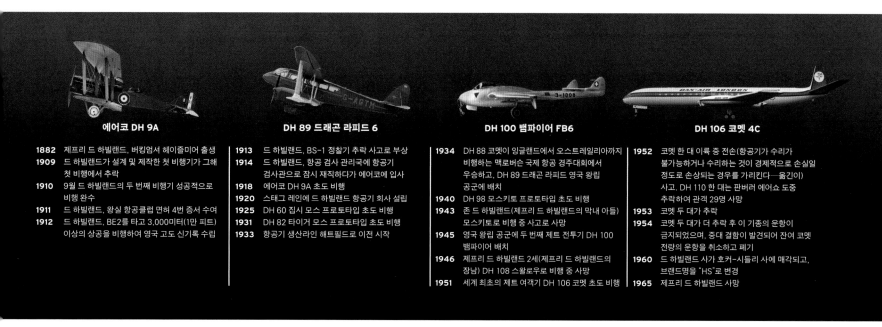

| 에어코 DH 9A | DH 89 드래곤 라피드 6 | DH 100 뱀파이어 FB6 | DH 106 코멧 4C |

1882 제프리 드 하빌랜드, 버킹엄셔 헤이즐미어 출생	**1913** 드 하빌랜드, BS-1 정찰기 추락 사고로 부상	**1934** DH 88 코멧이 잉글랜드에서 오스트레일리아까지	**1952** 코멧 한 대 이륙 중 전손(항공기가 수리가
1909 드 하빌랜드가 설계 및 제작한 첫 비행기가 그해	**1914** 드 하빌랜드, 항공 검사 관리국에 항공기	비승하는 맥로버슨 국제 항공 경주대회에서	불가능하거나 수리하는 것이 경제적으로 손실일
첫 비행에서 추락	검사관으로 잠시 재직하다가 에어코에 입사	우승하고, DH 89 드래곤 라피드 영국 왕립	정도로 손상되는 경우를 가리킨다—옮긴이)
1910 9월 드 하빌랜드의 두 번째 비행기 성공적으로	**1918** 에어코 DH 9A 초도 비행	공군에 배치	사고. DH 110 한 대는 판버러 에어쇼 도중
비행 완수	**1920** 스태그 레인에 드 하빌랜드 항공기 회사 설립	**1940** DH 98 모스키토 프로토타입 초도 비행	추락하여 관객 29명 사망
1911 드 하빌랜드, 왕실 항공클럽 면허 4번 증서 수여	**1925** DH 60 집시 모스 프로토타입 초도 비행	**1943** 존 드 하빌랜드(제프리 드 하빌랜드의 막내 아들)	**1953** 코멧 두 대가 추락
1912 드 하빌랜드, BE2를 타고 3,000미터(1만 피트)	**1931** DH 82 타이거 모스 프로토타입 초도 비행	모스키토로 비행 중 사고로 사망	**1954** 코멧 두 대가 더 추락 후 이 기종의 운항이
이상의 상공을 비행하여 영국 고도 신기록 수립	**1933** 항공기 생산라인 해트필드로 이전 시작	**1945** 영국 왕립 공군에 두 번째 제트 전투기 DH 100	금지되었으며, 중대 결함이 발견되어 잔여 코멧
		뱀파이어 배치	전량의 운항을 취소하고 폐기
		1946 제프리 드 하빌랜드 2세(제프리 드 하빌랜드의	**1960** 드 하빌랜드 사가 호커-시들리 사에 매각되고,
		장남) DH 108 스왈로우로 비행 중 사망	브랜드명을 "HS"로 변경
		1951 세계 최초의 제트 여객기 DH 106 코멧 초도 비행	**1965** 제프리 드 하빌랜드 사망

제2차 세계 대전 중 드 하빌랜드 사는 매우 상이한 두 기종의 항공기를 생산했고 둘 다 영국 왕립 공군의 작전에서 중요한 역할을 수행했다. 타이거 모스는 영국 왕립 공군의 주력 기본 연습기로 운용되었으며 모스키토는 전투기, 야간 전투기, 전투 폭격기, 폭격기, 정찰기 등 온갖 작전에 투입된 세계 최초의 진정한 다목적 항공기였을 것이다. 불우하게도 드 하빌랜드의 아들이 모스키토를 비행하던 중 공중 충돌로 사망했고 다른 아들은 DH 108 스왈로 시험 비행 중 기체가 음속에 가까운 속도로 추락하는 사고로 사망했다.

제2차 세계 대전이 끝난 뒤 드 하빌랜

"불현듯 이름은 나방이 제격이겠다는 생각이 떠올랐다." 제프리 드 하빌랜드

드 사는 민항기 시장과 군용기 시장, 양쪽에 공급하기 위한 두 종의 기체와 엔진을 계속해서 개발했으며, 또한 오스트레일리아와 캐나다에 자회사를 설립했다. 영국 왕립 공군의 두 번째 제트 전투기인 뱀파이어를 생산한 드 하빌랜드 사는 세계 최초의 제트 여객기가 될 코멧1 개발에 착수했다. 슬프게도 언론을 뒤덮은 연이은 항공 사고로 치명적 결함이 밝혀져 코멧 1 기종 전량이 운항 금지되었고, 결국 운

송 서비스를 시작한 지 2년이 되지 않아서 폐기되었다. 대대적인 재설계로 코멧4가 나왔지만, 그 무렵에는 이미 보잉 사와 더글러스 사가 훨씬 우수한 제트 여객기를 시장에 내놓은 뒤였다. 드 하빌랜드 사는 물러서지 않고 3발 제트기 개발에 착수하는데, 이것이 트라이던트로 결실을 맺는다. 이번에는 정치권의 개입으로 문제를 겪는데, 단 한 항공사, 영국유럽항공(BEA)의 요구에 맞추어 원래의 설계에서

항공기 크기를 축소해야 했다. 다른 항공사들은 그 기체가 너무 작다고 여겨 더 큰 보잉 727을 구매했다. 드 하빌랜드 사는 결국 트라이던트를 117대밖에 팔지 못했고, 보잉 사의 727 여객기는 그보다 10배 넘게 팔렸다.

1960년에 호커-시들리 사가 드 하빌랜드 사를 인수했지만 1963년까지는 "드 하빌랜드" 항공기로 생산되었다. 문자 그대로 드 하빌랜드 항공기 수백 대와 드 하빌랜드 캐나다 항공기(주로 타이거 모스와 칩멍크)가 여전히 감항성을 인정받고 있어 그 이름은 오늘날까지도 생명을 잃지 않고 있다.

드 하빌랜드 코멧3
1954년 영국항공협회가 개최한 판버러 에어쇼에 전시된 영국해외항공(British Overseas Airways Corporation, BOAC)의 프로토타입, 드 하빌랜드 코멧3 G-ANLO.

1930 년대

양차 대전 사이에 꽃 피운 항공의 '황금기'에 그 어느 때보다도 안전하고 신뢰도 높은 항공기가 등장했다. 1935년 어떤 경쟁 기종보다도 빠른 속도와 긴 항속거리로 무장하고 최대 21석의 침대석을 제공한 DC-3가 비행기 여행에 혁명을 가져왔다. 비행기 여행이라는 황홀한 매혹은 여전히 고가의 비행기표에 돈을 지불할 여력이 있는, 부유층의 전유물이었다.1939년 최초의 터보제트 엔진 항공기, 하인켈 He 178기의 등장은 비행의 미래가 어떻게 될 것인지를 미리 보여주었다.

개인용 항공기

1930년대에는 일반용 항공기의 현실화가 탄력을 받기 시작했다. 앨런 코범(1984~1973년, 영국의 항공 선구자·비행사)이 시작한 '전국 항공의 날(1932년부터 1935년까지 영국, 아일랜드, 남아프리카공화국 각지를 순회하며 300만 명이 넘는 관객을 끌어들인 에어쇼로, 일명 코범의 비행 서커스로 불렸다 — 옮긴이)'에서 「지옥의 천사들」, 「새벽의 출격」 같은 영화를 상영함으로써 취미 비행에 대한 관심이 기하급수적으로 증가했고, 유럽과 아메리카 항공기 제조사들은 이 신흥 시장에 적합한 기종을 개발하기 위해 불철주야 매달렸다.

▽ **테일러 E-2 컵 (개조 모델) 1930년**
Taylor E2 Cub (converted) 1930

제조국 미국

엔진 35마력 세이케이 공랭식 성형 3기통

최고 속도 113킬로미터

E-2는 컵(Cub) 이름을 붙인 최초의 테일러/파이퍼사 항공기다. 처음에는 37마력 컨티넨탈 A40 수평대항형 4기통 엔진을 탑재했다가 테일러 H-2 제원으로 개조하고 세이케이 엔진을 탑재했다. 약 350대 생산되었다.

△ **드 하빌랜드 DH 82A 타이거 모스 1931년**
de Havilland DH 82A Tiger Moth 1931

제조국 영국

엔진 130마력 드 하빌랜드 집시 메이저1 공랭식 도립형 직렬 4기통

최고 속도 175km/h(109mph)

DH 집시 모스를 모체로 한 DH 타이거 모스는 군용 연습기로 설계되었다. 이 모델은 큰 성공을 거두어 8,800대 이상이 제작되었다. 그 가운데 다수가 오늘날까지 유지되어 감항성을 인정받고 있다.

△ **드 하빌랜드 DH 87B 호넷 모스 1934년**
de Havilland DH 87B Hornet Moth 1934

제조국 영국

엔진 130마력 드 하빌랜드 집시 메이저1 공랭식 도립형 직렬 4기통

최고 속도 200km/h(124mph)

드 하빌랜드 모스 복엽기 시리즈의 또 다른 모델 호넷 모스는 완전 밀폐형 조종석과 횡렬 배치 좌석을 특징으로 한다. 개인 항공기 소유자들에게 인기가 높았으며, 생산된 164대 가운데 지금까지 남아 있는 몇 대는 수집가들 사이에 높은 가치를 평가받고 있다.

▷ **스탐프 SV4C(G) 1933년**
Stampe SV4C(G) 1933

제조국 벨기에/프랑스

엔진 145마력 드 하빌랜드 집시 메이저10 공랭식 직렬 4기통

최고 속도 186km/h(116mph)

DH 타이거 모스의 개량 기종으로 설계된 스탐프는 약간 더 현대적인 디자인과 훨씬 더 쉬워진 조작성, 우월한 곡예 능력을 보유했다. 최종적으로 1,000대가 생산되었는데, 다수가 프랑스에서 제조되었으며 주로 프랑스 공군에 납품했다.

△ **스틴슨 V.77 릴라이언트 1933년**
Stinson V.77 Reliant 1933

제조국 미국

엔진 300마력 라이커밍 R-680 공랭식 성형 9기통

최고 속도 285km/h(177mph)

스틴슨 릴라이언트는 10년 동안 생산되면서 갖가지 다양한 성형 엔진을 탑재하면서 그야말로 수십 가지 변형으로 개량되었다. 미 육군 항공대, 영국 왕립 공군, 영국 왕립 해군에서 운용되었으며, 후기 모델은 갈매기형 날개로 설계되어 쉽게 판별할 수 있다.

△ **드 하빌랜드 DH 94 모스 마이너 1939년**
de Havilland DH 94 Moth Minor 1939

제조국 영국

엔진 90마력 드 하빌랜드 집시 마이너 공랭식 도립형 직렬 4기통

최고 속도 190km/h(118mph)

드 하빌랜드 사의 모스 시리즈 중 마지막 모델인 DH 94 모스 마이너는 스왈로우 모스의 계보를 이은 우아한 단엽기였다. 비행 클럽 시장을 직접적으로 겨냥한 이 모델은 출시 초기에 잘 팔렸는데 제2차 세계 대전 발발로 생산이 중단되는 바람에 겨우 140대 정도 생산되고는 단종되었다.

△ 테일러/파이퍼 J2 1935년
Taylor/Piper J2 1935
제조국 미국
엔진 40마력 컨티넨탈 A-40-4 공랭식 플랫-4
최고 속도 129km/h(80mph)

E2를 모체로 개발된 J2는 밀폐형 객실과 둥글린 날개끝과 꼬리날개면으로 컵 기종의 특징적 구성요소를 확립했다. 테일러 사에서 약 1,158대의 J2를 생산했고, 1937년 11월부터는 파이퍼 에어크래프트에서 생산했다.

▷ 미녜 HM14 뿌-뒤-시엘 ('하늘을 나는 벼룩'), 1933년
Mignet HM14 Pou-du-Ciel(Flying Flea) 1933
제조국 프랑스
엔진 17마력 오비에-된 500cc 공랭식 3기통 2행정 모터사이클 엔진
최고 속도 138km/h(85mph)

뿌-뒤-시엘은 1930년대에 항공기 자가제작 열풍을 일으켰다. 탠덤(종렬 배치) 날개 설계에 공기역학적으로 치명적 결함이 있어서 많은 추락사고를 일으켰다. 다양한 엔진으로 교체하면서 많은 파생형이 개발되어 수백 대가 생산되었지만, 결국 이 1933년형 설계는 비행이 금지되었다.

△ 파이퍼 J3C-65 컵 1939년
Piper J3C-65 Cub 1939
제조국 미국
엔진 65마력 컨티넨탈 A-65 공랭식 플랫-4
최고 속도 140km/h(87mph)

역대 최고의 민간용 항공기의 하나로 꼽히는 파이퍼 J3 컵은 아마추어 항공인들에게는 아이콘과도 같은 기종이다. 파이퍼는 10년간의 생산 기간 동안 거의 2만 대(그중 다수가 미 육군 전투기 L-4 그래스호퍼로 생산되었다)를 제조했다.

▷ 마일스 M.3A 팰콘 메이저 1936년
Miles M.3A Falcon Major 1936
제조국 영국
엔진 130마력 드 하빌랜드 집시 메이저 1 공랭식 도립형 직렬 4기통
최고 속도 241km/h(150mph)
이 잘 빠진 단엽기는 기체를 목재와 천으로 제작했다. 전진식 앞유리와 '바지 입힌' 착륙 장치가 특징이다. 당시에는 인기 모델이었다.

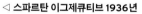

◁ 블랙번 B-2 1936년
Blackburn B2 1936
제조국 영국
엔진 120마력 드 하빌랜드 집시3 공랭식 직렬 4기통
최고 속도 180km/h(112mph)

블랙번 사의 연습용 경비행기 블루버드 4를 모체로 개발된 파생 기종으로, 가장 중대한 차이점은 B-2에는 반모노코크 구조의 금속 동체를 썼다는 점이다. 블루버드 4의 횡렬 배치 조종석은 그대로 유지했는데, 개방형 조종석 복엽기에는 잘 쓰지 않는 설계다.

◁ 스파르탄 이그제큐티브 1936년
Spartan Executive 1936
제조국 미국
엔진 450마력 프랫앤휘트니 와스프 공랭식 성형 9기통
최고 속도 414km/h(257mph)
당대의 리어젯(LearJet)이라 할 스파르탄 이그제큐티브는 굉장히 빨랐을 뿐만 아니라 극도로 사치스러운 항공기였다. 공군에서 운용하는 대부분의 군용기가 고정식 착륙 장치 달린 복엽기이던 시절, 이 매끄럽고 힘 좋은 접개들이 단엽기는 모두가 탐내는 장비였고 오늘날까지도 그렇다.

▷ 에어론카 100 1937년
Aeronca 100 1937
제조국 미국/영국
엔진 36마력 J-99 공랭식 플랫 트윈
최고 속도 152km/h(95mph)
외관이 아름다운 항공기라고 하기는 어려운 에어론카 100은 영국에서 라이선스 제조된 에어론카 C-3 의 변형 기종이다. 감항성 평가 기준이 갈수록 엄격해지면서(C-3는 이 기준에 부합하지 못했다) 1937 년에 단종되었다. 영국에서는 24대만 생산되었다.

파이퍼 J-3 컵 경비행기

J-3 컵은 파이퍼 사가 최초로 제작한 항공기이자 가장 유명한 경비행기이다. 대공황기의 항공기 테일러 E-2 컵을 모체로 개발된 J-3는 글라이더 날개를 채택한 초경량 비행기다. 1941년 무렵에는 미국 경비행기의 60퍼센트가 컵이었을 정도로 큰 성공을 거두었다. 제2차 세계 대전이 끝난 뒤 J-3의 생산은 2만 대를 돌파했다. 파이퍼 사는 이 기종의 계보를 1994년 PA-18 슈퍼 컵까지 이어갔으며, 복원된 J-3는 오늘날까지도 판매되고 있다.

설계자 C. 길버트 테일러와 동업자 윌리엄 파이퍼는 1930년에 E-2 컵 개발 작업에 착수하면서 최대한 저렴한 비용으로 최대한 경제적인 2인승 항공기를 만들겠다는 목표를 세웠다. 용접한 강관에 천을 씌운 첨단 동체에다가 테일러 모델 D 글라이더의 버팀대로 고정한 단순한 날개를 결합한 이 개방형 조종석과 파라솔형 날개의 단엽기는 단 40마력의 출력으로도 능히 하늘을 날아다녔다.

테일러의 동절기 비행용 조종석 '밀폐 장치'와 높아진 동체 후방과 비행면의 끝부분을 둥글게 처리한 E-2는 J-2보다 훨씬 더 세련되고 훨씬 더 예쁜 항공기가 되었다. 한층 더 보강되고 한층 더 현대화된 J-3는 더 높은 출력의 65마력 컨티넨탈 엔진을 탑재하면서 컵 라인의 결정판이 되었다.

J-3 라인은 1949년 말에 출시된 더 무겁고 더 강력한 PA-18 슈퍼 컵으로 교체되었지만, 많은 항공기 소유자들은 이전 모델의 부드러운 조작성과 경제성을 선호했다—J-3을 개선한 변형 기종들이 오늘날에도 경량 항공기로 인기를 누리고 있을 정도다.

앞에서 본 모습

뒤에서 본 모습

노출된 엔진 실린더 부분. 냉각에는 도움이 되었지만 항력을 키우는 부작용이 있었다.

목재 날개보(1945년까지)와 **알루미늄재 날개 리브**

와이어로 고정한 **꼬리 날개**

강관 프레임으로 제조된 동체에 천을 씌워 마감했다.

방향타에 연결된 스프링으로 방향이 조종되는 **꼬리 날개 바퀴**

오른쪽에만 설치된 **상하개폐식 문**. 비행 중에도 열 수 있다.

날개 버팀대가 하중의 상당 부분을 받쳐 주어 주익 구조를 단순하고 가볍게 설계할 수 있었다.

금속 프로펠러로 목재 프로펠러를 대체했다.

옵션 사양인 **스팻(보호 덮개)을 장착한 바퀴**. 험한 땅에서 이착륙할 경우를 대비해 벌룬 타이어(폭이 넓은 저압 타이어—옮긴이)를 탑재했다.

제원	
모델	파이퍼 J3C-65 컵, 1939년
제조국	미국
생산	2만 58대
구조	강관 프레임, 목재 날개보
최대 중량	499킬로그램(1,100파운드)
엔진	65마력 컨티넨탈 A-65 공랭식 수평대향형 4기통
날개 스팬	10.74미터(35피트 3인치)
전장	6.83미터(22피트 3인치)
항속 거리	402킬로미터(250마일)
최고 속도	시속 140킬로미터(시속 87마일)

J-3의 상징색
파이퍼 J-3 컵임을 한눈에 알아볼 수 있는 노랑
(정식 색 명칭은 'chrome yellow(짙은 노랑)'이지만,
'컵 노랑(Cub yellow)'이 관용적 명칭으로
쓰인다―옮긴이)과 검정 색상. 제2차 세계 대전 때
활약했던 모델에는 우중충한 색을 칠했다.

외부

엔진 카울링과 동체 전방부에 장화처럼 씌운 '부트' 카울을 뺀 기체 전체에 천을 씌웠다. 파이퍼는 헨리 포드가 그랬듯 생산비 최소화를 위해 온갖 노력을 동원했다—따라서 '컵 노랑'이 표준 마감재가 되었다. "어떤 색이든 맘껏 써도 됩니다. 노랑이기만 하면 말이죠!" 파이퍼는 이런 재담을 남기기도 했다. 엔진을 식혀 주는 '열린 귀', 승강대, 착륙 장치 버팀대가 전부 외부로 돌출된 J-3 컵은 공기역학적으로 빠른 항공기는 되지 못했다—그러나 이 모델의 근사한 (그리고 진흙을 막아 주는) 바퀴 스팻 덕분에 비행 속도가 시속 1,6킬로미터 정도는 빨라졌을지도 모르겠다.

1. 파이퍼 사의 유명한 아기곰 로고 **2.** 로커 커버 **3.** 냉각을 위해 노출된 실린더 **4.** 배기관 – 컵 항공기는 방음 처리가 잘 돼 있었다. **5.** 탱크에 띄운 코르크가 연료 양을 알려 준다. **6.** 바퀴 스팻—추가 비용을 지불하는 옵션 사양이었다. **7.** 여분용 날개 탱크—전투기 모델에 장착했다. **8.** 확장된 객실 창유리 **9.** 에일러론 제어 케이블과 제어 도르래 **10.** 조절 가능한 포크형 날개 버팀대 말단 **11.** 연료 탱크 주유캡 **12.** 에일러론 케이블 턴버클 **13.** 트림(항공기가 일정한 고도와 속도 하에 평형을 유지하는 상태—옮긴이) 조절 장치 연결부

조종석

이 컵 항공기에는 최소한의 계측 장치만 장착해 나침반조차 옵션 사양이었다. 나침반 비용을 내지 않은 고객에게 그대로 인도한 파이퍼 사의 조종사들은 벌금 12달러를 물었다. 엔진과 조종석 사이에는 강철 강화벽을 설치했고, 주 연료 탱크는 계기판 바로 뒤, 그러니까 전방 좌석에 앉은 승객이나 훈련생의 다리 위쪽에 탑재했다.

14. 계기판 **15.** 나침반. 철 구조물에 닿지 않게 뚝 띄워 세워놓았다.
16. 선회경사계의 볼(조종사가 항공기의 균형을 잡는 데 도움을 준다) **17.** 대기속도계
18. 고도계와 승강계 **19.** 시동용 연료 주입 장치 **20.** 조종간과 (바닥 쪽에서)
발꿈치로 조작하는 브레이크 페달

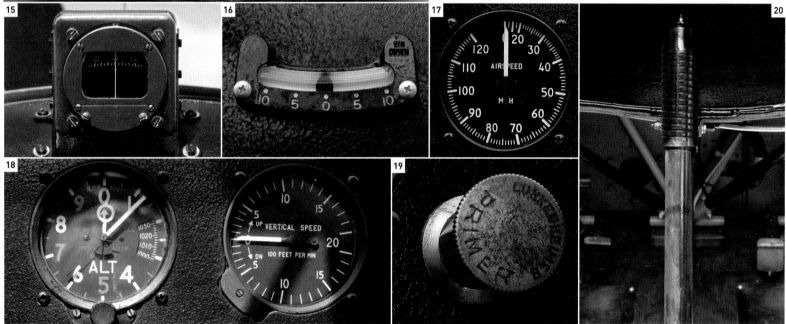

내부

대공황기가 추구한 실용주의의 산물인 파이퍼 J-3 컵의 내부는 이용자의 편의와 안락을 고려한 요소라고는 찾을 수 없었다. 선실 벽은 덧칠한 민짜 천을 발랐고, 쿠션이랄 것 없이 얄팍한 좌석은 한 사람이 상공에서 두 시간쯤—어차피 J-3의 지속 시간이 이 정도였다—쾌적하게 앉아 갈 공간이 되지 못했다. 무게중심 때문에 조종사가 후방 조종석에서 단독 비행해야 했는데, 따라서 전방에 앉은 승객이나 훈련생 너머로 더 나은 전방 시야를 제공하기 위해 후방 조종석을 약간 더 높게 설치했다.

21. 자석식 점화 장치 시동 열쇠 **22.** 기화기 열기 제어 장치(배기 장치에서 내뿜는 열기를 이용해서 착빙을 방지했다) **23.** 스로틀 레버(전후방 조종석에 각각 하나씩 배치) **24.** 트림 핸들 **25.** 상하개폐식 문과 종렬 배치 좌석

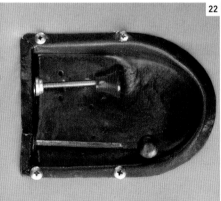

빠르게 더 빠르게

1930년대에는 비행사들 사이에 더 빠른 속도를 향한 갈증이 일어나면서 점점 더 극단적인 항공기가 만들어졌다. 미국에서는 어이 없을 정도로 비행이 어려운 뭉툭한 기체에다 거대한 엔진을 탑재하는 실험들이 이루어졌다. 유럽의 속도광들도 이에 못지않은 경쟁에 열을 올렸지만, 이들의 경량 항공기는 속도는 조금 더 느리더라도 좀더 실용적인 경향을 띠었는데, 잉글랜드-남아프리카공화국 왕복처럼 신뢰성이 절대적으로 중요한 장거리 경주 대회를 목적으로 개발했기 때문이다.

△ 콤퍼 CLA7 스위프트 1930년
Comper CLA7 Swift 1930

제조국 영국

엔진 처음 70마력 R/현재 90마력 나이애가라2 팝조이 공랭식 성형 7기통

최고 속도 225km/h(140mph)

가문비나무에 천을 씌워 제작한 작고 가벼운, 공군 대위 니콜러스 콤퍼의 스위프트는 갈수록 강력한 엔진을 탑재하여 경주기와 여가용 경량 항공기로 운용하기에 적합했다.

△ 노스럽 알파 1930년
Northrop Alpha 1930

제조국 미국

엔진 420마력 프랫앤휘트니 와스프 R-1340-SC1 공랭식 성형 9기통

최고 속도 285km/h(177mph)

잭 노스럽이 개발한 매우 빠르고 반짝거리는 알파 항공기는 전 기체를 금속으로 제작한 반모노코크 구조 동체에 여러 마디로 구획한 외팔보 날개와 날개 필렛을 결합했다. 이 기종은 기내에 6인승 좌석을 배치한 승객 수송용이나 화물 수송용, 둘 중 한 형태로 제조되었다.

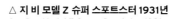

△ 지 비 모델 Z 슈퍼 스포트스터 1931년
Gee Bee Model Z Super Sportster 1931

제조국 미국

엔진 535마력 프랫앤휘트니 R-985 와스프 주니어 공랭식 성형 9기통

최고 속도 430km/h(267mph)

그랜빌 형제은 더 작을 수 없이 작은 항공기에다가 더 클 수 없이 큰 엔진을 우겨넣어 속도 신기록을 수립하며 1931년 톰슨 트로피 대회에서 우승했다. 나중에 750마력 엔진을 탑재하고 신기록에 도전하다가 추락했다.

△ 지 비 R-2 1932년
Gee Bee R-2 1932

제조국 미국

엔진 800마력 프랫앤휘트니 R-1340 와스프 공랭식 성형 9기통

최고 속도 476km/h(296mph)

지 비(Gee Bee)는 1930년대 미국의 항공 경주 황금기에 나온 것 가운데 가장 도발적인 항공기였다. 스포트스터 모델의 성공에 힘입어 이 모델처럼 신기록 수립을 목표로 하는 경주 전용 항공기가 등장하게 되었다. 이 항공기의 날개 스팬은 8미터(25피트)였다.

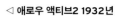

◁ 애로우 액티브2 1932년
Arrow Active 2 1932

제조국 영국

엔진 120마력 드 하빌랜드 집시3 공랭식 도립형 직렬 4기통

최고 속도 230km/h(144mph)

액티브는 단 두 대 생산되었는데, 이것은 두 번째 생산된 것이다. 군용 항공기로 발주 받지 못하여 경량 항공기로 운용되었다. 액티브2는 1932년, 1933년에 킹스컵 대회에 참가하여 시속 220킬로미터(137mph)의 기록을 세웠다.

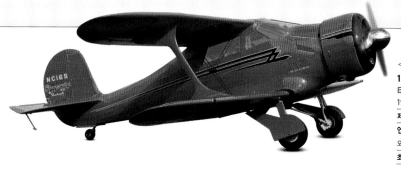

◁ **비치크래프트 모델 17 스태거윙**
1933년
Beechcraft Model 17 Staggerwing
1933
제조국 미국
엔진 450마력 프랫앤휘트니 R985 AN-1
와스프 주니어 공랭식 성형 9기통
최고 속도 341km/h(212mph)

월터 비치(1891~1950년)는
고속 호화 여객기로 스태거윙
(윗날개가 아랫날개보다 뒤쪽으로
배치되었다)을 개발했지만,
널찍한 기내 공간과 빠른
속도로 전시에 인기를 누렸다.
785대가 생산되었다.

▷ **휴즈 H-1 1935년**
Hughes H-1 1935
제조국 미국
엔진 1,000마력 프랫앤휘트니 R-1535
쌍열(twin-row)성형 14기통
최고 속도 566km/h(352mph)

하워드 휴즈는 유선형 동체와 완전
접이식 착륙 장치 설계를 채택하여
H-1에서 속도 기록을 뽑아냈다. 또한
대서양 횡단 비행 신기록도 수립했지만,
군용기 발주는 받아내지 못했다.

△ **퍼시벌 P-10 베가 걸 1935년**
Percival P10 Vega Gull 1935
제조국 영국
엔진 205마력 드 하빌랜드 집시6 시리즈
2 공랭식 도립형 직렬 6기통
최고 속도 280km/h(174mph)

베가 걸(Vega Gull, 재갈매기)은 걸
기종의 기존 시리즈 모델을 확장한 4
인승 변형 기종이었지만 여전히 효율성
높은 설계로, 1936년에 킹스컵 대회와
슐레징어 경주에서 우승했다. 90대가
생산되었다.

▽ **퍼시벌 뮤 걸 1936년**
Percival Mew Gull 1936
제조국 영국
엔진 200마력 드 하빌랜드 집시6
공랭식 도립형 6기통
최고 속도 394km/h(245mph)

에드거 퍼시벌(1897~1984년) 대위가
설계한 뮤 걸(Mew Gull, 갈매기)은 대단히
효율적인 경주기로, 여섯 대가 제작되어
킹스컵을 비롯하여 많은 경주 대회에서
우승했으며 시속 426킬로미터(시속 265
마일)의 기록을 남겼다.

▽ **칠튼 DW1A 1939년**
Chilton DW1A 1939
제조국 영국
엔진 44마력 트레인 공랭식 도립형
직렬 4기통
최고 속도 217km/h(135마력)

드 하빌랜드의 부유한 제자
앤드루 달림플과 알렉스 워드는
칠튼에어크래프트를 세웠다. 그들은
1936년에 1,172cc 포드 자동차
엔진을 탑재한 DW1을 개발했고,
얼마 뒤 개선 기종으로 내놓은 것이
DW1A이다. 아래의 이미지는 복원된
모델이다.

▽ **터너 RT-14 메테오 1937년**
Turner RT-14 Meteor 1937
제조국 미국
엔진 1,000마력 프랫앤휘트니 R-1830
트윈 와스프 공랭식 성형 14기통
최고 속도 563km/h(350mph)

명성 높은 항공기 레이서 로스코 터너의
주문으로 로렌스 브라운이 설계했고,
매티 레이드가 상당 부분을 개량한 이
강력한 경주기는 1937년 톰슨 트로피
대회에서 3위, 1938년과 1939년에
우승을 차지했다.

신기록들

항공 부문의 세계 신기록을 향한 대중과 정부의 뜨거운 관심은 1930년대 내내 식을 줄을 몰랐는데, 특히 미국과 소련, 유럽의 각국이 더 높은 고도 기록, 더 빠른 속도 기록, 더 긴 장거리 기록을 놓고 앞다투어 조종사들을 내보냈다. 수상 비행기의 속도 최고 신기록과 단발 항공기의 무기착 최장거리 신기록을 위시하여 이 10년 동안 수립된 일부 신기록은 70여 년이 지난 지금까지도 깨지지 않고 있다.

△ 드 하빌랜드 DH 80A 퍼스 모스 1930년
de Havilland DH 80A Puss Moth 1930

제조국 영국

엔진 120마력 드 하빌랜드 집시 3 공랭식 도립형 직렬 4기통

최고 속도 206km/h(128mph)

밀폐형 조종석을 채택한 이 빠르고 현대적인 3인승 항공기는 많은 기록에 도전했는데, 그중 특히 짐 몰리슨(최초의 단독 대서양 횡단 비행)과 에이미 존슨(영국에서 케이프타운까지, 영국에서 도쿄까지 장거리 비행) 부부의 기록이 유명하다.

△ 드 하빌랜드 DH 88 코멧 레이서 1934년
de Havilland DH 88 Comet Racer 1934

제조국 영국

엔진 223마력 드 하빌랜드 집시6 R 공랭식 도립형 직렬 6기통

최고 속도 410km/h(255mph)

빠르고 가벼운 코멧은 1934년 영국 런던에서 오스트레일리아 멜버른까지 비행하는 맥로버슨 국제 항공 경주대회에서 우승했다. C. W. A. 스콧과 톰 캠블 블랙이 71시간 만에 도착했는데, 다음으로 들어온 경쟁자보다 19시간 앞선 기록이었다.

◁ 블레리오 110 1930년
Bl.riot 110 1930

제조국 프랑스

엔진 600마력 이스파노-수이자 12L 수랭식 V12

최고 속도 220km/h(137mph)

정부의 주문으로 제작된 블레리오 110에는 이착륙용 반사경이 장착되었으며 6,000리터(1,320갤런) 용량의 연료를 적재했다. 1932년에는 9,106킬로미터(5,658마일) 폐회로 비행에 76시간 34분 기록을 세웠고, 1933년에는 뉴욕에서 시리아 라야크까지 1만 600킬로미터(6,587마일)의 장거리 비행 기록을 세웠다.

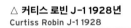

△ 커티스 로빈 J-1 1928년
Curtiss Robin J-1 1928

제조국 미국

엔진 165마력 라이트 월윈드 J-6-5 성형

최고 속도 177km/h(110mph)

비행중 기내 연료 보급 기능 덕분에 데일 잭슨과 포레스트 오브라인은 1929년 7월 13일부터 30일까지 17일 12시간 17분으로 체공 비행 세계 신기록을 수립했다. 1935년에 프레드와 알진 키가 같은 기종으로 체공 비행 기록을 27일로 갱신했다.

▷ 마키 카스톨디 MC72 1931년
Macchi Castoldi MC72 1931

제조국 이탈리아

엔진 2,850마력 피아트 AS.6 슈퍼차저 수랭식 V24

최고 속도 709km/h(441mph)

역대 가장 빠른 피스톤 엔진 수상 비행기로 종렬 엔진을 탑재한 MC72가 세운 대기속도 세계 신기록은 5년 동안 깨지지 않았다. 프란체스코 아젤로가 1934년 10월 23일에 같은 기종으로 평균 시속 710킬로미터(시속 441마일)를 기록했다.

▽ 프랭클린 PS-2 텍사코 이글릿 1931년
Franklin PS-2 Texaco Eaglet 1931

제조국 미국

엔진 무동력

최고 속도 201km/h(125mph)

프랭크 호크스가 1930년 로스앤젤레스에서 뉴욕까지 이글릿 글라이더로 미국 횡단 비행을 완수했다. 웨이코 10 복엽기가 견인을 맡았고, 텍사코 사가 후원했다. 연료를 채우기 위해 기착하는 지점마다 군중이 운집했다.

▷ 록히드 베가 5B 1927년
Lockheed Vega 5B 1927

제조국 미국

엔진 500마력 프랫앤휘트니 와스프 R1340C 슈퍼차저 공랭식 성형 9기통

최고 속도 298km/h(185mph)

록히드 사가 만든 이 장거리 승객 수송용 항공기는 기록 수립에 이상적인 기종이었다. 1932년 5월 20~21일, 아멜리아 에어하트가 이 항공기로 단독 무기착 대서양 횡단 비행에 성공한 최초의 여성이 되었다.

▷ 투폴레프 ANT-25 1933년
Tupolev ANT-25 1933

제조국 소련

엔진 750마력 미컬린 M-34 수랭식 V12

최고 속도 246km/h(153mph)

ANT-25는 놀라운 장거리 비행 기록을 다수 남겼는데, 1936년 7월 모스크바에서 동아시아까지 56시간 20분 동안 9,374킬로미터(5,825마일)를 비행하여 세계 신기록을 수립했고, 1937년 7월에는 모스크바에서 캘리포니아까지 1만 1500킬로미터(7,146마일) 비행으로 세계 신기록을 갱신했다.

◁ 하워드 DGA-6 '미스터 멀리건' 1934년
Howard DGA-6 "Mister Mulligan" 1934

제조국 미국

엔진 850마력 프랫앤휘트니 와스프 슈퍼차저 공랭식 성형 9기통

최고 속도 418km/h(260mph)

벤 하워드와 고든 이즈리얼이 설계했으며 그들은 1935년 산소 마스크를 착용하고 고공 비행하여 미국 횡단 벤딕스 트로피 경주에서 우승했다. DGA-6는 기세를 몰아 같은해에 톰슨 트로피 대회에서도 우승했다.

▽ 브리스틀 타입 138A 1936년
Bristol Type 138A 1936

제조국 영국

엔진 500마력 브리스틀 페가수스 P.E.6S 슈퍼차저 공랭식 성형 9기통

최고 속도 198km/h(123mph)

2단 슈퍼차저 페가수스 엔진을 탑재한 이 경량 목재 반 모노코크 구조 항공기는 영국 공군성의 후원으로 제작되었다. 조종사에게 산소 탱크와 여압복이 제공된 이 기종은 1936년에 1만 5230미터(4만 9967피트), 1937년에 1만 6440미터(4만 9967피트)의 비행 고도 신기록을 수립했다.

△ 비커스 웰즐리 타입 292 1937년
Vickers Wellesley Type 292 1937

제조국 영국

엔진 950마력 브리스틀 페가수스 22 슈퍼차저 공랭식 성형 9기통

최고 속도 367km/h(228mph)

1938년 11월 웰즐리 3대가 이집트에서 오스트레일리아까지 1만 1525킬로미터(7,161마일)를 비행하여 단발 항공기 최장거리 비행 세계 신기록을 수립하는데, 이 기록은 지금까지도 깨지지 않고 남아 있다. 놀랍게도 이 항공기는 기록을 위해서 제작된 것이 아니라 개량된 폭격기였다.

◁ 뷔커 뷔 133C 융마이스터 1936년
Bücker Bü 133C Jungmeister 1936

제조국 독일

엔진 160마력 지멘스-브라모 SH14A-4 공랭식 성형 7기통

최고 속도 220km/h(137mph)

1936년 베를린 올림픽에서는 곡예비행이 처음이자 마지막으로 정식 경기 종목으로 채택되었다. 융마이스터를 비행한 독일 조종사 그라프 폰 하펜부르크가 금메달을 받았다. 한 해 뒤 열린 국제 대회에서 참가 선수 13명 가운데 9명이 융마이스터를 비행했으며, 1위부터 3위까지 전부 융마이스터였다.

아멜리아 에어하트

미국의 비행사 아멜리아 에어하트(1897~1937년)는 1928년 여성 최초로 대서양을 항공기로 횡단했다. 이미 민간 항공기 조종사로 활동하던 에어하트는 다른 조종사와 정비사와 한 팀으로 포커 F-7 비행에 동승할 것을 요청받았다. 이 경우에는 승객 자격일 뿐이었지만, 같은 해 비행 중에 사망한 다른 세 여성 조종사의 유업을 계승하게 된 주인공으로 세계적인 명성을 얻었다. 1932년 5월 에어하트는 단독 대서양 횡단 비행에 도전하는데, 사상 두 번째 대서양 횡단 시도였다. 에어하트는 그 위업을 달성한 최초의 여성이 되었다. 언론은 유명한 비행사 찰스 린드버그와 견주며 그를 '여성 린디'라고 칭했다. 별명이 무색하지 않게 에어하트는 조종사로서 인상적인 업적을 쌓았으며, 1935년 1월에는 캘리포니아에서 하와이까지 단독 태평양 횡단 비행에 성공했다.

마지막 비행

계속해서 기록을 갱신해 나가던 에어하트는 마흔 살 생일을 얼마 앞둔 1937년의 어느 날, 비행으로 세계를 일주하는 최초의 여성이 된다는 최종 목표를 세운다. "내 몸 안에 아직 근사한 비행이 한 번 더 남아 있는 듯한 기분이 듭니다. 이번 비행이 그것이면 좋겠군요." 에어하트는 이렇게 말하고 6월 29일, 목표까지 단 1만 1265킬로미터(7,000마일)를 남겨두고 항법사 프레드 누넌과 함께 뉴기니의 라에에서 태평양의 작은 섬 하우랜드 섬을 향해 출발했다. 그뒤로 아무도 그들을 다시 보지 못했다.

1932년 뉴펀들랜드에서 출발한 대서양 횡단 비행을 마친 뒤
아일랜드 런던데리 군중의 환호에 손 인사로 화답하는 에어하트

파이퍼 사에서 만든 항공기 중에서
가장 유명한 파이퍼 J-3 컵의 비행 장면

위대한 항공기 제조사
파이퍼

윌리엄 파이퍼는 석유 사업가로 일하다가 부도 위기로 휘청거리는 한 항공
회사에 투자할 것을 권유 받았다. 그 회사는 단 몇 년 만에 그의 이름을 달고
파이퍼 항공기 회사로 변신했다. 파이퍼 한 사람의 추진력과 사업가적 본능이
컵 기종을 당대 가장 인기 있는 항공기로 만들면서 파이퍼 사는 세계 최대의
항공기 제조사가 되었다.

오늘날 J-3 컵은 윌리엄 T. 파이퍼를
"항공기의 헨리 포드"로 만들어 준 항공
기로 기억된다. 하지만 컵 항공기를 설
계한 것은 동생 고든과 함께 테일
러 브라더스 에어크래프트를 설립
한 C. 길버트 테일러었다. 파이퍼
는 길버트가 동생 고든이 비행
기 추락사를 당한 뒤 1928년
에 펜실베이니아 브래드포드
로 회사를 이전했을 때 투자자가
되었다.

윌리엄 T. 파이퍼
(1881~1970년)

E-2 컵은 A, B, C("Chummy")
모델로 시작된 테일러 항공기의 다섯 번
째 시리즈로 나왔는데, 이 고익 단엽기가
처음 나왔을 때는 상대적으로 고가여서
몇 대 팔리지 않았다. E-2('2'는 2인승을 뜻
한다)는 대공황기에 나온 항공기였다. 앞
모델 D-1은 단순한 오픈프레임 글라이

더였는데, 비용을 줄이기 위해서 그 날개
구조를 E-2에 그대로 갖다 썼다. 가장 큰
문제는 적합한 엔진을 찾는 일이었다.
테일러의 첫 선택은 2기통에 2행정
인 25마력 브라운백 타이거 키튼
엔진이었다. 이 엔진은 E-2를 지
상에서 띄워 올릴 힘조차 내
지 못했지만, 전해오는 바로는
E-2 '컵'의 이름이 이 엔진에
서 왔다고 하는데, 테일러 사
의 회계사 길버트 하델이 호랑
이의 새끼는 키튼(kitten)이 아
니라 컵(cub)이 맞다고 지적했다고 한다.
구원자가 되어 준 것은 컨티넨탈 A-40
엔진이었는데, 이 수평대향형(flat) 4기통
(cylinder) 엔진은 오늘날까지도 경항공기
엔진의 공식으로 통한다. 하지만 A-40 엔
진이 개발 초기 단계에 말썽을 일으켜 다
른 엔진 공급사를 모색하는 한편 테일러
사는 컵 시리즈의 새로운 모델 F-2, G-2,
H-2를 연달아 설계하고 제작했다.
다음 모델 J-2는 둥글게 처리한 날개끝
과 꼬리날개면, 완전 밀폐형 객실, 들어올
린 후방동체 라인을 도입했는데, 당시에
만 해도 새로운 설계였다. ('I' 모델은 없는
데, 이 글자가 숫자 '1'하고 헷갈리기 쉽기 때문
이었다) J-2의 등장은 격한 충돌로 이어졌
고 그 충돌은 뜻밖의 중대한 결과를 낳았
다. 파이퍼가 월터 자모노라고 하는 젊은
기술자에게 개발 작업을 계속하라고 지시
했는데, 테일러는 자리를 비운 상황이었
다. 이것이 이미 삐걱거리던 파이퍼와 테
일러의 관계를 더욱 악화시켰고, 결국 테
일러는 1935년에 회사를 떠났다. 월터 자
모노는 다음 모델을 개발하면서 새 모델
에 의당 써야 했을 'K'라는 이름 대신 숫

미국 항공기의 아이콘
1930년대의 2인승 파이퍼 컵 광고. 유명한 '컵
노랑' 도장이 선명하다. 1937년 초도 비행한 이래
가장 인기 있고 유명한 항공기의 하나로 꼽히며,
오늘날까지 여러 대가 운용되고 있다.

자만 바꿔 J-3으로 정했는데, 숫자는 3이
어도 전 모델과 같은 2인승이었다. J-3의
매출은 비약적으로 상승하여 1961년에
이르면 미국 민간 경항공기의 60퍼센트
를 파이퍼 컵이 차지했다.
1940년대에 컵 J-3은 일반 연락 임무
를 목적으로 조종석 창유리를 확장하고
포격 작전 지휘에 사용된 군용 무전 장치
를 탑재하는 등 약간의 요소를 개량하고
L-4라는 이름으로 전장에 투입되었다. 컵
은 일종의 비행 지프로 간주되어 무장을
하지 않았지만 대단히 효과적인 전쟁 무
기로 활약했다.
다른 경항공기 제조사들과 마찬가지로
파이퍼 사도 제2차 세계 대전이 끝난 뒤
민간인의 삶으로 복귀한 수많은 훈련받

파이퍼 PA-18 슈퍼 컵
PA-18 슈퍼 컵은 지형을 가리지 않을뿐더러
단거리 이륙이 가능하며 어마어마한 중량을
적재할 수 있어 경량 범용 항공기로 전 세계의
비행사들이 믿고 선택하는 모델이었다.

은 조종사들이 매출에 도움이 되기를 바
랐다. 아닌 게 아니라 1946년에는 매출이
기록적으로 상승해 7,782대의 항공기를
생산했다. 바로 이듬해 거품이 사그라들
면서 파이퍼 사는 여러 경쟁사들과 같은
길을 걷지만, PA-15 베가본드 단 한 기종
이 "파이퍼 사를 구한 항공기"라는 수식
어를 달았다. 컵 시리즈의 A-65 엔진을
고수한 베가본드는 날개 스팬을 줄이면서
약간의 속도를 얻었고(대신 단거리 이착륙
성능 저하를 감수해야 했지만), 생산비는 최
소화시킬 수 있었다―파이퍼 사는 심지
어 착륙 장치를 고정형으로 채택해 착륙
충격 흡수는 순전히 타이어에 의존했다.
"짧은 날개(short-wing)형" 파이퍼 라인
에서 파생형으로 4인승에 삼각 창륙 장치
를 채택한 인기 높은 PA-22 트라이페이
서가 나왔다. 1954년 파이퍼 사는 첫 쌍
발 엔진에 전 금속제를 채택한 PA-23 아
파치를 내놓았고, 이어서 접개들이 착륙
장치를 채택한 고성능 항공기 PA-24 코

J3C-65 컵

PA-12 슈퍼 크루저

PA-28 체로키

PA-46 말리부 메리디언

1928 윌리엄 T. 파이퍼가 테일러 브라더스 에어크래프트(Taylor Brothers Aircraft Company)에 투자자로 합류	**1946** 7,782대의 항공기가 제작되고 파이퍼 사가 오클라호마 폰카 시티에 제2공장을 연 기록적인 해. PA-12 슈퍼 크루저 초도 비행
1930 파이퍼, 테일러 사의 자산 매입. 길버트 테일러는 기관장 지위로 회사에 잔류	**1947** 파이퍼 에어크래프트, 판매가 떨어져 채무불이행 상태에 처하고 빌 파이퍼는 회사 경영권을 상실
1931 테일러 E-2 컵이 비행 허가 받음	**1950** 빌 파이퍼, 파이퍼 에어크래프트의 경영권 회복
1935 파이퍼, 테일러 사 인수	**1959** 항공기 생산 5만 대 돌파. 농업용 항공기 PA-25 생산에 돌입
1937 본사와 공장을 펜실베이니아 록헤이븐으로 이전하고, 회사 명의를 파이퍼 에어크래프트(Piper Aircraft Corporation)로 변경. 파이퍼 컵 초도 비행	
1941 파이퍼 YO-59의 모델명을 L-4로 변경하고 미 육군 전투기로 배치	

1960 PA-28 체로키 출시. 플로리다 베로 비치의 신설 공장 첫 가동	**1990** 회사 파산으로 생산 중단
1969 파이퍼 에어크래프트 매출 1억 달러 돌파. 빌 파이퍼 은퇴	**1995** 뉴 파이퍼 에어크래프트 출범
1970 빌 파이퍼 89세로 사망	**2000** PA-46 기종 터보드롭 엔진 탑재 모델인 말리부 메리디언 인도 시작
1984 리어 시글러 사(Lear Siegler Corporation)가 파이퍼 사를 사실상 인수. 책임보험 비용으로 인해 항공기 매출 폭락, 공장 두 곳 폐쇄	**2003** 아메리칸 캐피탈 스트래티지스(American Capital Strategies Ltd., ACAS) 뉴 파이퍼 사 지분의 94퍼센트 취득
1987 파이퍼 사 M. 스튜어트 밀러에 매각	**2004** 허리케인 피해로 베로비치 공장 생산이 몇 달간 중단
	2009 아메리칸 캐피탈 스트래티지스, 파이퍼 사를 투자 전략 회사 임프리미스에 매각
	2011 파이퍼스포트 라인 사업 중단

컵의 날개를 달고
PA-25 포니는 농약 살포용으로 전환한 연습기를 대체하기 위한 기종으로 개발되었다. 이 모델에는 동체에 낮게 장착된 슈퍼 컵의 날개가 채택되었고, 동체에는 조종사를 보호하기 위한 장치로 금속 튜브로 제작한 안전 케이지가 설치되었다.

> **"누가 이 녀석들 중 하나를 타다가 다쳤다? 그 사람, 머리에 이상이 있는지부터 검사해 봐야 할 게다."**

윌리엄 T. 파이퍼가 컵 시리즈에 대해서 한 말

만치와 PA-30, PA-39 트윈 코만치를 내놓았다(파이퍼 사는 이제 자사 항공기 기종에 북아메리가 원주민 부족 이름을 붙이고 있었다). 하지만 강관이나 알루미늄 관에 천을 씌운 트라이페서는 1950년대 말에 이르면서 전 기체를 금속으로 제작한 한층 현대적 외양의 세스나 172에 밀렸다. 파이퍼 사가 이에 대응하여 내놓은 것이 1960년 모델 PA-28 체로키였다. 이 모델은 전 금속제에 고정형 착륙 장치, 저익형 날개를 채택했는데, 제조 원가 절감을 중시한 설계였으며, 출시와 더불어 엄청난 성공을 거두면서 현재까지 생산되고 있다.

적대적 인수 제안, 이사진 갈등, 유명한 록히드 공장의 홍수 같은 중대 위기를 버텨 낸 파이퍼 사는 1960년대에서 1970년대 말까지 번창하면서 다양한 모델을 개발했다. 1978~1979년에 생산 대수가 5,250대로 정점을 찍었지만 1980년대 중반 제조물 책임보험 비용이 치솟는 바람에 미국의 경향공기 산업 자체가 고사 직전으로 몰렸다.

현재의 파이퍼 사가 찬란한 시절의 생산 규모를 재현할 날이 다시 올 것 같지는 않지만, 이 회사는 1990년대 초의 파산 사태와 2004년 베로비치 공장을 강타한 허리케인 피해를 이기고 살아남아 지금도 계속해서 훌륭한 항공기를 만들고 있다.

빌 파이퍼는 1969년에 회장직에서 내려왔다. 그는 1970년에 사망했지만, 그와 뗄래야 뗄 수 없는 그 작은 항공기는 파이퍼 사 제품을 통해서 면면히 이어지다가 1994년 마지막 PA-18 슈퍼 컵이 생산 라인에서 굴러나오면서 그 역사를 마감했다.

정기 여객기의 상승세

1930년대에 이르러 항공기가 산업화된 많은 국가들에서 운송 시스템의 한 부분을 차지했다. 항공기 제조사들은 항공 여행이 현실에서 가능함을 보여 주었지만, 그것이 안전하고 편안하다는 것도 증명해야 했다. 완전 밀폐형 설계에 난방이 되는 단열 처리된 객실이 표준으로 자리잡았고, 모터 하나로 안전하게 비행할 수 있는 쌍발 항공기가 여객기로 운용되기 시작했다.

△ **핸들리 페이지 HP-42 1931년**
Handley Page HP-42 1931
제조국 영국
엔진 4×500마력 브리스틀 주피터 11F
공랭식 성형 9기통
최고 속도 193km/h(120mph)

제국항공이 요구한 제원에 맞춘 설계로 8대(4대는 장거리 항공기 HP-42, 4대는 HP-45)가 제작되었으며, 전부 'H'자로 시작하는 이름을 붙였다. 속도는 느렸지만 민간 항공기로 운항하는 동안 단 한 번도 치명적인 사고와 관련된 적이 없는데, 동급 기종 중에서는 유일하다.

△ **암스트롱 휘트워스 AW15 애틀란타 1931년**
Armstrong Whitworth AW15 Atlanta 1931
제조국 영국
엔진 4×340마력 암스트롱 휘트워스
서벌 3 공랭식 쌍열 성형 10기통
최고 속도 280km/h(174mph)

1930년 암스트롱 휘트워스가 제국항공 아프리카 노선에 운용할 항공기를 설계했다. 당시 엔진들의 신뢰성이 형편 없었던 까닭에 제국항공은 엔진 4기를 탑재해야 한다고 못 박아 요구했다.

◁ **포커 F-18 1932년**
Fokker FXVIII 1932
제조국 네덜란드
엔진 3×420마력 프랫앤휘트니 와스프 C
공랭식 성형 9기통
최고 속도 241km/h(150mph)
포커 F-18은 실질적으로 포커 트라이모터를 더 키우고 개선한 파생 기종이었다. 하지만 구조적 완결성 문제와 고정형 착륙장치로 인한 항력상의 불이익 문제로 이 기종은 DC-2처럼 더 현대적 설계를 채택한 기종들과 경쟁이 되지 않았다.

△ **융커스 Ju52/3m 1932년**
Junkers Ju52/3m 1932
제조국 독일
엔진 3×715마력 BMW 132 공랭식
성형 9기통
최고 속도 270km/h(168mph)
'탄테(Tante, 이모) Ju', '철의 애니' 등의 별명으로 불린 Ju52는 민간 여객기와 군용 수송기, 양 부문에서 다년간 운용된 화려한 경력을 자랑한다. 물결처럼 골진 외판(동체와 날개를 더 견고하게 만들어 주는 기능)으로 유명한 이 기종은 약 4,800대 생산되었다. 대부분 BMW 엔진을 탑재했지만, 프로토타입에는 프랫앤휘트니 호넷 엔진이 들어갔다.

△ **쿨호번 포커 FK 48 1934년**
Koolhoven Fokker FK 48 1934
제조국 네덜란드
엔진 2×130마력 드 하빌랜드 집시
메이저 공랭식 도립형 직렬 4기통
최고 속도 207km/h(129mph)

FK 48은 운항을 시작하기도 전에 시대에 뒤떨어진 모델이 되어버렸다. 단 한 대만 생산되어 KLM(카엘엠, 왕립 네덜란드 항공) 항공사 소속으로 겨우 2년 운항한 것이 전부다.

△ 보잉 247 1933년
Boeing 247 1933

제조국 미국

엔진 2×550마력 프랫앤휘트니 와스프 공랭식 성형 9기통

최고 속도 322km/h(200mph)

보잉 247의 많은 요소가 당시로 치면 대단히 진보한 설계였는데, 전 기체 금속에 반 모노코크 구조 동체와 외팔보 날개, 접개들이 착륙 장치, 오토 파일럿(자동 조종 장치), 가변피치 프로펠러, 방빙 장치 등이 채택되었다. 또한 한쪽 엔진만으로도 지속적 비행이 가능한 최초의 쌍발 승객 수송 항공기였으며, 당시 대부분의 전투기보다도 빨랐다.

◁ 드 하빌랜드 DH 89 드래곤 라피드 6 1934년
de Havilland DH 89 Dragon Rapide 6 1934

제조국 영국

엔진 2×200마력 드 하빌랜드 집시 6 공랭식 도립형 직렬 6기통

최고 속도 254km/h(157mph)

아마도 1930년대 영국 최고의 단거리 항공기로 꼽힐 드래곤 라피드는 견고하며 신뢰성 높은 기종이었으며 이전 기종 DH 84 드래곤을 대체한 모델이다. 이 복엽기의 설계는 이착륙 속도를 낮추는 데 중점을 두어 작은 면적의 풀밭 활주로에서 작동하는 이상적인 항공기였다.

△ 드 하빌랜드 DH 91 알바트로스 1938년
de Havilland DH 91 Albatross 1938

제조국 영국

엔진 4×525마력 드 하빌랜드 집시 12 공랭식 도립형 V12

최고 속도 362km/h(225mph)

원래는 장거리 우편기로 설계되었지만, 생산된 일곱 대 가운데 다섯 대가 승객 수송기로 제작되었다. 두 가지 두드러지는 특징으로, 기체 소재는 합판과 발사 목재를 결합한 샌드위치 구조(드 하빌랜드 사가 유명한 모스키토 전투 폭격기에 사용해서 큰 효과를 본 소재다)를 썼으며 공랭식 엔진에는 역류형 카울링을 입혔다.

▷ 드 하빌랜드 DH 95 플라밍고 1939년
de Havilland DH 95 Flamingo 1939

제조국 영국

엔진 2×930마력 브리스틀 페르세우스 공랭식 성형 9기통

최고 속도 386km/h(239mph)

드 하빌랜드 사 최초의 전 금속제 항공기 플라밍고는 록히드 엘렉트라와 더글러스 DC-3 같은 동시대 미국 항공기의 경쟁 기종으로 개발되었다. 슬롯 플랩(양력은 높이고 항력은 줄이기 위해 날개와 플랩 사이에 공간을 둔 플랩—옮긴이), 가변피치 프로펠러, 접개들이 착륙 장치를 채택한 이 기종은 높은 성능을 보였지만 14대밖에 생산되지 않았다.

▷ 더글러스 DC-2 1934년
Douglas DC-2 1934

제조국 미국

엔진 2×730마력 라이트 사이클론 공랭식 성형 9기통

최고 속도 338km/h(210mph)

DC-2는 1934년 TWA 소속으로 운항을 시작했다. 네덜란드 항공사 KLM이 같은 해 런던에서 멜버른까지 비행하는 맥로버슨 항공 경주 대회에 이 기종으로 참가했다. 놀랍게도 경주 목적으로 제작된 DH 88 레이서를 바짝 따라붙으며 2위로 들어왔다.

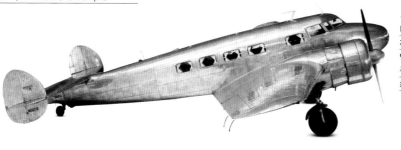

◁ 록히드 모델 10 엘렉트라 1934년
Lockheed Model 10 Electra 1934

제조국 미국

엔진 2×450마력 프랫앤휘트니 와스프 주니어 공랭식 성형 9기통

최고 속도 325km/h(202mph)

여성 비행사 아멜리아 에어하트가 실종 당시 탔던 항공기로 널리 알려진 엘렉트라는 록히드 사 최초의 전 금속제 모델이었다. 설계 작업의 상당 부분을 클래런스 존슨(1910~1990년, 일명 켈리 존슨)이라고 하는 젊은 공학도가 맡았는데, 존슨은 훗날 록히드 사가 부설한 유명한 항공기 고등 개발 프로젝트 '스컹크 웍스(Skunk Works)'를 이끌었다.

△ 비치크래프트 모델 18 1937년
Beechcraft Model 18 1937

제조국 미국

엔진 2×450마력 프랫앤휘트니 와스프 공랭식 성형 9기통

최고 속도 424km/h(264mph)

'쌍발 비치'로 널리 통하는 모델 18은 엄청난 성공을 거두어 아주 오랜 기간에 걸쳐 9,000대 이상이 생산되었다. 다양한 엔진을 탑재했으며 후기에는 삼각 착륙 장치 모델로 제작되었다. 현재까지 수백 대가 감항 인증 기준을 충족하고 있다.

더글러스 DC-2

유명한 DC-3 '다코타'의 전신인 DC-2는 TWA 항공사의 주문으로 개발되어
1933년에 초도 비행을 했다. 이 14인승 승객 수송용 항공기는 승객들에게
편안하고 안전한 신뢰성 높은 항공 여행을 제공한 최초의 여객기였다.
약 192대가 생산되었지만 팔방미인 DC-3에게 자리를 내주고 물러났다.
상용항공의 전환점이 되었던 기종의 하나인 더글러스 DC-2는 오늘날 항공
황금기를 대표하는 희귀한 유물로 남아 있다.

1933년 트랜스콘티넨탈 & 웨스턴 에어 항공사(TWA, 현재의 트랜스월드 항공)는 유나이티드 항공의 보잉 247 항공기에 대적할 기종으로 전 기체를 금속으로 제작한 삼발 여객기에 관련한 설계 사양을 발표했다. 도널드 더글러스는 쌍발 엔진만으로 TWA가 요구하는 성능을 충족시킬 수 있다고 믿었고, 그해 7월 1일 더글러스 사의 첫 상용 여객기(DC)가 초도 비행을 했다. 다수의 속도 기록을 수립했음에도 더글러스 사는 이 기종의 시장 가능성을 회의적으로 보았다. TWA는 개량형 DC-2(객석 2석 추가, 730마력 엔진 탑재)를 20대 발주했고, 이 기종

은 1934년 5월 18일 TWA 소속으로 운항을 시작했다. 1934년 KLM 왕립 네덜란드 항공이 DC-2로 잉글랜드에서 오스트레일리아까지 비행하는 맥로버슨 트로피 항공 경주 대회에 참가했다. 놀랍게도 이 승객 및 우편 수송 여객기가 경주를 목적으로 개발된 항공기를 제치고 2위로 들어왔다. 이 고속·고성능 여객기는 우수성이 입증되면서 군용기와 민간기, 양 부문에서 운용되었고, 나아가 1930년대 말 미 육군 항공대 소속으로 운용된 B-18 볼로(Bolo) 폭격기의 모체가 되었다.

앞에서 본 모습

뒤에서 본 모습

날개면에는 강력한 플랩이 설치돼 있어 단거리 이착륙을 효율적으로 수행한다.

라이트 R-1820 사이클론 성형 9기통 **엔진**(730마력)

작은 금속판을 이어붙인 외피는 동체를 강화하며 정비에 용이하다.

피토관은 대기 속도계 기능을 수행한다.

피치 회전을 제어하며 단거리 조작을 용이하게 하는 강력한 **승강타**

동체에는 7.92미터(26피트) × 1.9미터(6피트 3인치) 면적에 천정이 높으며 방음 처리가 잘 된 **객실**('살롱')을 설치했다.

작은 금속판을 이어붙인 외피는 동체에 맞추어 매끈하게 만들어 공기역학성을 높였다.

착륙 장치는 유압 장치로 접어 올리고 내릴 수 있다.

나셀(항공기의 엔진덮개)에는 엔진 부속 장비가 들어 있으며, 접어 올린 상태의 착륙 장치를 수납한다.

항공 레이서

아래 이미지의 DC-2에는 맥로버슨
트로피 대회 항공기 마크가 찍혀 있다.
모델명은 아위버르(Uiver, 네덜란드 어로
황새)이며, 수직 꼬리 날개에 참가 번호
44번을 달고 있다.

제원			
모델	더글러스 DC-2, 1934년	**엔진**	2×730마력 라이트 사이클론 공랭식 성형 9기통
제조국	미국	**날개 스팬**	7.85미터(25피트 9인치)
생산	192대	**전장**	19.1미터(62피트 6인치)
구조	알루미늄과 강철	**항속 거리**	1,750킬로미터(1,085마일)
최대 중량	8,420킬로그램(1만 8560파운드)	**최고 속도**	시속 338킬로미터(시속 210마일)

외부

1931년 3월 TWA 소속 여객기 포커 F-10A NC999E가 추락 사고를 당했을 때 사고 조사 위원회가 목재 날개보 항공기에 대한 정규적 점검(경비가 많이 드는) 방침을 통보했다. 이에 대응하여 보잉 사는 전금속제 모델 247을 개발했지만, 신형 항공기 60대를 자회사인 유나 이티드 항공에 먼저 공급한 뒤에 비로소 다른 경쟁사에 인도할 수 있다는 계약 조항에 묶여 있었다. 더글러스 사는 이 틈을 타서 DC-2를 만들어 TWA에 공급했다. 이 기종은 최초의 전금속제 여객기 모델의 하나가 되었다. DC-2의 기체를 모체로 DC-3(군용기로는 C-47로 명명했다)이 개발되었으며, 이 기종은 1만 대 이상 생산되었다.

1. 기수(機首)의 쌍착륙등 **2.** 구형을 개량한 무선 장치로 지상과의 교신을 통해 운항에 도움을 받으며 기상 정보를 확인할 수 있다. **3.** 특수 못으로 이어 박은 알루미늄 외피는 튼튼하고 수리가 용이했다. **4.** 연료 탱크 하부의 배수 장치 **5.** 공기역학적으로 설계된 핸들과 페어링(동체의 외부를 감싸는 덮개—옮긴이)은 순항 속도를 높여 주었다. **6.** 주 객실 출입문 **7.** 라이트 사의 사이클론 엔진은 3날 프로펠러를 추진했으며 유선형 카울링을 씌워 보호했다. **8.** 배기 포트 **9.** 엔진 오일 냉각 장치 **10.** 14인승 객실 창문 **11.** 에일러론 밸런스 혼 **12.** (맥로버슨 트로피 항공 경주 대회 참가 번호가 새겨진) 수직 안정판 **13.** 꼬리등

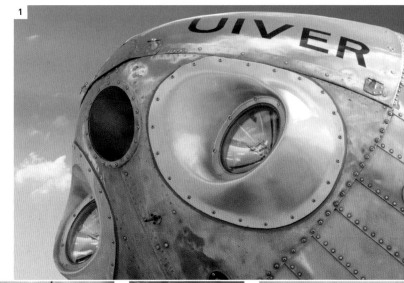

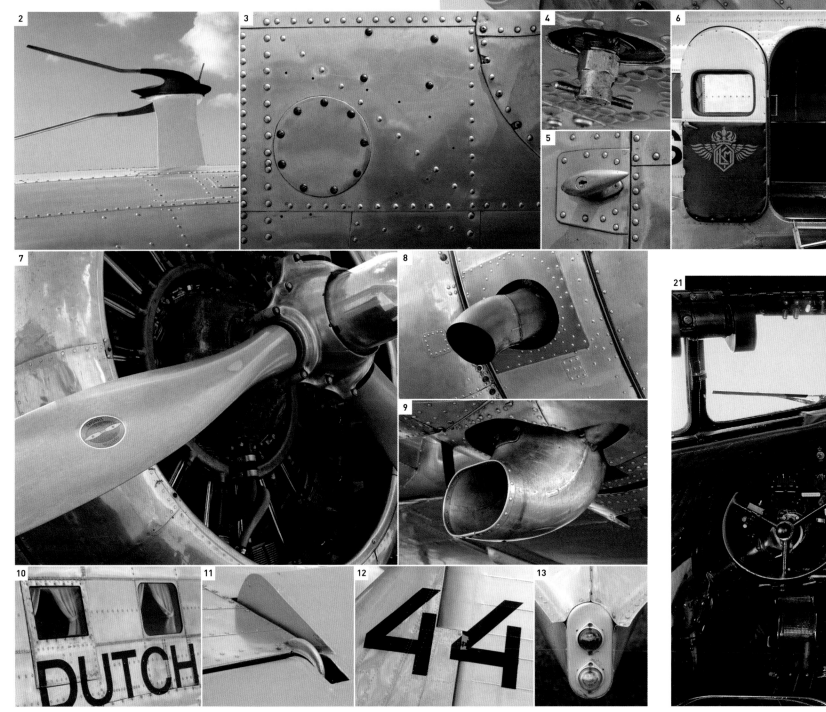

내부

DC-2는 포드 트라이모터 같은 초보적 수준의 여객기에 비해 크게 안락해졌다. 승객들의 좌석은 튼튼해졌고, 객실은 내벽에 천을 대어 방음 효과를 냈다. 뉴워크에서 로스앤젤레스까지 18시간을 앉아 가야 하던 시절, 승객들에게 최대한 쾌적한 비행 경험을 선사하기 위한 조치였다. 하지만 아메리칸 항공은 자사의 커티스 콘도르에서 안락함의 수준을 한 차원 더 높이기 위해 더글러스 사에 신형 여객기 개발을 의뢰했다. 그렇게 해서 나온 것이 의자가 뒤로 젖혀지는 침대석을 갖춘 14인승 여객기, 더글러스 슬리퍼 트랜스포트(Douglas Sleeper Transport, DST)로, 이것이 파생형 기종 DC-3의 모체가 되었다.

14. 1930년대 항공기에서 기내 화장실이란 일종의 사치였다. **15.** 승객의 건강과 안전을 배려한 경고문은 현대에 추가된 것이다. **16.** 좌석 상단의 모자 걸이 **17.** 현재 보존된 항공기는 원래의 시트 커버를 최신식으로 교체했다. **18.** 의자 등받이 각도를 조절하는 레버 **19.** 모든 좌석 하단에 구명조끼를 비치했다. **20.** 비상구 창문에 드리운 커튼이 한층 더 고급스러운 분위기를 연출한다.

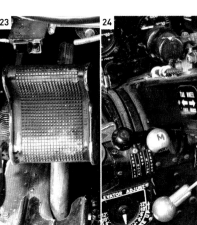

조종실

후속 모델 DC-3/C-47의 조종실과 크게 다르지 않았다. 넓은 승무원 공간에는 조종석과 부조종석이 있으며, 한 쌍의 조종 장치, 공동의 프로펠러와 엔진 제어 장치가 배치되었다. 피치 회전과 롤 회전을 제어하는 조종간도 조종석과 부조종석에 각각 배치되었다. 남아 있는 항공기들은 시간이 흐르면서 상당 부분 개량되었으며, 이 사진 속 항공기는 계기판 상단에서 보이듯 최신식 무선 장치와 항법 장치, GPS를 탑재했다. 그럼에도 DC-2는 제어에 힘이 많이 들고 다루기에 별난 구석이 있는 까다로운 항공기였다(지금도 그렇다).

21. 승무원 두 명을 수용하는 널찍한 조종실 **22.** 엔진 다지관·윤활류·연료 압력계 **23.** 방향타 페달 **24.** 강력한 스로틀 쿼드런트 **25.** 부조종석

비행정과 수륙양용 항공기

1930년대는 비행정의 '황금기'였다. 항공사들은 침대석을 배치하고 은식기에 정찬을 접대하는 거대한 호화 여객기를 운용했다. 일부는 수륙양용 항공기로 운용했다. 하지만 제2차 세계 대전의 효과로 전 세계에 많은 활주로가 건설되었고, 그 결과 더 빠르고 더 경제적인 육상 비행기가 부상하고 비행정은 쇠퇴하게 된다.

△ 사로 A.19 클라우드 1930년
Saro A.19 Cloud 1930

제조국 영국

엔진 3×340마력 암스트롱-휘트워스 서볼 3 공랭식 쌍열 성형 10기통

최고 속도 190km/h(118mph)

사로(Saunders-Roe, 손더스-로) A.17 커티사크 수륙양용기를 모체로 개발된 A.19 클라우드는 22대가 제작되어 대부분 영국 왕립 공군이 운용했지만, 몇 대는 민간 항공기로 운용되었다. 한 대는 체코슬로바키아 국책 항공사에 판매되었는데, 그 동체가 현재 크벨리 프라하 항공 박물관에 소장돼 있다.

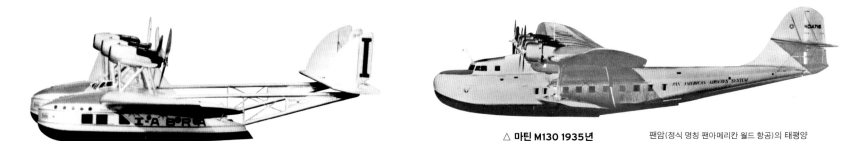

△ 사보이아-마르케티 S.66 1932년
Savoia-Marchetti S.66 1932

제조국 이탈리아

엔진 3×750마력 피아트 A.24R 액랭식 V-12

최고 속도 264km/h(164mph)

쌍둥이 동체로 유명한 대형 비행정 S.66은 여객기로 설계되었지만, 제2차 세계 대전 중에는 수색과 구조 작전에 운용되었다. 보통과는 달리 비행 데크를 날개 중앙면에 배치하고 객석을 동체에 배치했다.

△ 마틴 M130 1935년
Martin M130 1935

제조국 미국

엔진 4×950마력 프랫앤휘트니 트윈 와스프 공랭식 쌍열 성형 14기통

최고 속도 290km/h(180mph)

팬암(정식 명칭 팬아메리칸 월드 항공)의 태평양 지역 항로 운항을 위해 개발된 M130은 단 3대만 생산되었다. 나중에 나온 보잉 314와 마찬가지로 모든 기종에 쾌속 대형 비행정을 뜻하는 클리퍼(Clipper)라는 명칭을 사용했다(차이나 클리퍼, 하와이 클리퍼, 필리핀 클리퍼). 한 대는 최초의 태평양 횡단 우편 항공기로 운용되었고, 나머지 두 대는 치명적인 사고로 전손되었다.

▷ 그러먼 J2F-6 더크 1936년
Grumman J2F-6 Duck 1936

제조국 미국

엔진 1,050마력 라이트 사이클론 공랭식 성형 9기통

최고 속도 304km/h(190mph)

얼핏 보아서는 수륙양용 플로트를 장착한 복엽기 같지만, 사실 더크(Duck)는 하나짜리 플로트를 동체에 결합시킨 것으로, 비행정에 가깝다. 더크는 미 육군의 모든 부대와 해안경비대에서 운용했으며, 아르헨티나, 콜롬비아, 멕시코, 페루에서도 운용되었다.

▽ 그러먼 JRF-5 구스 1937년
Grumman JRF-5 Goose 1937

제조국 미국

엔진 2×450마력 프랫앤휘트니 와스프 주니어 공랭식 성형 9기통

최고 속도 424km/h(264mph)

수륙양용기 구스는 원래 롱아일랜드와 뉴욕을 왕복하는 '통근용' 항공기로 운용할 계획이었지만, 견고함과 높은 신뢰성이 증명되면서 군용기와 민항기(G-21)로 운용되었다. 약 340대가 생산되었다.

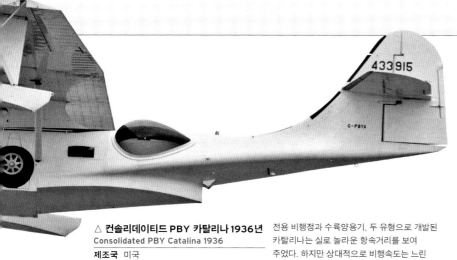

△ **컨솔리데이티드 PBY 카탈리나 1936년**
Consolidated PBY Catalina 1936

제조국 미국

엔진 2×1,200마력 프랫앤휘트니 트윈 와스프 공랭식 쌍열 성형 14기통

최고 속도 314km/h(196mph)

전용 비행정과 수륙양용기, 두 유형으로 개발된 카탈리나는 실로 놀라운 항속거리를 보여 주었다. 하지만 상대적으로 비행속도는 느린 편이었다. 카탈리나는 제2차 세계 대전 당시 물에 빠진 항공기 승무원 수천 명의 생명을 구한 것으로 유명하며, 여객기로도 운용되었다.

△ **시코르스키 JRS-1/S-43 1937년**
Sikorsky JRS-1/S-43 1937

제조국 미국

엔진 2×750마력 프랫앤휘트니 호넷 공랭식 성형 9기통

최고 속도 306km/h(190mph)

때로 '베이비 클리퍼'로 불린 이 항공기는 팬암의 대표 기종이었지만, 브라질과 노르웨이의 항공사에서도 이 기종을 운용했다. 두 대가 개인 소유자에게 판매되었는데, 위의 모델은 한때 하워드 휴즈가 소유했으며 현재까지 감항 인증 기준을 충족한다.

△ **쇼트 S25 선덜랜드 1938년**
Short S25 Sunderland 1938

제조국 영국

엔진 4×1,065마력 브리스틀 페가수스 공랭식 성형 9기통

최고 속도 343km/h(213mph)

쇼트 사의 S23 엠파이어 클래스 비행정을 약간 토대로 삼기는 했지만, 민간 승객 및 우편 수송 비행정이었던 전신과는 달리 선덜랜드는 군용 폭격 비행정이었다. 제2차 세계 대전 당시 많은 유보트를 격침시켰다.

항공 우편 비행정 S20 머큐리

수송용 비행정

◁ **쇼트 메이요 컴포지트 1938년**
Short Mayo Composite 1938

제조국 영국

엔진 S21 마이아: 4×919마력 브리스틀 페가수스 공랭식 성형
S20 머큐리: 4×365마력 네이피어 레이피어 공랭식 H-16

최고 속도 341km/h(212mph)

이 특이한 항공기는 우편물 수송용으로 개발되었다. 작은 것이 S20 머큐리 비행정으로, 수송 전용 항공기 S21 마이아의 지붕 위에서 이륙하는 특이한 설계였다. 기능은 수행했지만, 새로운 설계가 고안되면서 얼마 가지 않아서 낮은 접근법으로 버려졌다.

△ **보잉 314 클리퍼 1939년**
Boeing 314 clipper 1939

제조국 미국

엔진 4×1,600마력 라이트 트윈 사이클론 공랭식 쌍열 성형 14기통

최고 속도 340km/h(210mph)

팬암의 대서양 지역 항로와 태평양 지역 항로에 운용될 기종으로 개발된 314 클리퍼는 한때 세계에서 가장 큰 항공기였다. 이 웅장한 항공기는 12 대밖에 생산되지 않았으며, 그중 3대를 제2차 세계 대전 시기 영국해외항공에서 운용했다. 현재는 한 대도 남아 있지 않다.

◁ **슈퍼마린 월러스 1939년**

제조국 영국

엔진 750마력 브리스틀 페가수스 6 공랭식 성형 9기통

최고 속도 215km/h(135mph)

월러스(Walrus, 바다코끼리)는 전함의 사출기에서 발함하는 비행정으로 설계되었으며, 따라서 겉으로 보기보다는 훨씬 강했다. 견고하고 신뢰성 높은 월러스는 정찰 및 구조용 항공기로 셀 수 없이 많은 인명을 구했다. 전함 격납고에 보관할 수 있도록 날개는 접이식으로 설계되었다.

회전익기의 등장

1930년대에는 전 세계적으로 완전한 헬리콥터를 만들어 내기 위한 경쟁이 치열했지만, 제각각 흩어져 있던 천재들의 손길을 한데 결합함으로써 비로소 진정한 진보가 이루어질 수 있었다. 에스파냐의 후안 데 라 시에르바는 힌지 장치를 발명하여 회전 날개가 실제로 작동할 수 있게 되었다. 오스트리아의 라울 하프너는 사이클릭 조종간(cyclic system)을 발명하여 회전 날개를 제어할 수 있게 되었다. 프랑스의 루이 브레게는 동축반전 회전 날개를 발명했는데, 이로써 회전 날개 깃(blade)이 헬리콥터 동체와 반대 방향으로 회전해서 기체가 한쪽으로 쏠리는 현상(토크 반작용)을 방지할 수 있게 되었다. 러시아계 미국인 이고르 시코르스키는 오토자이로를 진정한 의미의 헬리콥터로 완성시키는 결정적 설계에 기여했다.

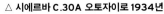

△ **시에르바 C. 19 1930년**
Cierva C. 19 1930
제조국 에스파냐/영국
엔진 80마력 암스트롱 시들리 제넷 2 성형
최고 속도 미상

프로펠러 후류를 굴절시킴으로써 주 회전 날개를 돌리는 방법을 채택한 C. 19는 정지 비행 상태에서도 회전 날개가 회전했다. C. 19 Mk 4에 이르면 회전 날개가 사람이 돌리거나 여타의 외적 조작 없이 엔진에 의해 바로 회전했다.

▽ **시에르바 C. 8 Mk 4 오토자이로 1930년**
Cierva C8 MkIV Autogiro 1930
제조국 영국
엔진 200마력 암스트롱 시들리 링크스 IVC 성형 7기통
최고 속도 161km/h(100mph)

시에르바의 '연결식' 회전 날개는 현재 만들어지는 거의 모든 헬리콥터에서 채택하는 방식이다. C. 8은 회전 날개 깃의 진동을 제한하기 위해 항력 감쇄기(drag damper)를 추가하여 4,828킬로미터(3,000마일)의 영국 일주 비행을 성공적으로 완수했다.

△ **시에르바 C.30A 오토자이로 1934년**
Cierva C30A Autogiro 1934
제조국 에스파냐/영국
엔진 암스트롱 시들리 제넷 메니저 1A 성형
최고 속도 177km/h(110mph)

시에르바의 오토자이로는 "라이트 형제 이래로 항공기의 발전에서 가장 중요한 단계"였다고 당시에 적절하게 기술되었다. 시에르바는 비통하게도 1936년 항공기 추락 사고로 사망했다.

△ **다스카니오 D'AT3 1930년**
D'Ascanio D'AT3 1930
제조국 이탈리아
엔진 95마력 피아트 A-505 피스톤
최고 속도 미상

이 초창기 동축 쌍회전 날개 헬리콥터는 비행고도(18미터/59피트) 신기록과 비행거리(1,078미터/3,537피트) 신기록을 세웠지만, 설계자 코라디노 다스카니오는 여기에서 안주하지 않고 가진 능력을 살려 최초의 스쿠터를 발명했다.

◁ **드 하빌랜드/시에르바 C24 오토자이로 1931년**
de Havilland/Cierva C24 Autogiro 1931
제조국 영국
엔진 120마력 드 하빌랜드 집시3 직렬
최고 속도 185km/h(115mph)

드 하빌랜드는 오토자이로에 단독 투자하면서 시에르바 회전 날개에 DH 퍼스 모스 동체를 결합했다. 3인승으로 설계했지만 두 명만 타도 떠오르기 힘들었던 이 모델은 단 2대만 생산되고 끝났다.

△ **헤릭 HV-2A 버타 1933년**
Herrick HV-2A Verta 1933
제조국 미국
엔진 125마력 키너 B-5 성형
최고 속도 159km/h(99mph)

버타는 복엽기로 설계되었지만 윗날개와 아랫날개가 회전하는 전형적인 오토자이로 항공기로, 비행이나 이착륙에 지속으로 운항한다. 기체가 너무 무거워서 개발에 성공하지 못했다.

△ **플로린 탕뎀 모토 1933년**
Florine Tandem Motor 1933
제조국 벨기에
엔진 180마력 이스파노-수이자 피스톤
최고 속도 미상

러시아 태생인 니콜라스 플로린은 최초로 실제 비행이 가능한 트윈 탕뎀 로터 헬리콥터를 개발했다. 회전 날개는 동축반전 방식이 아닌, 앞뒤 회전 날개가 10도 차로 기울어져 서로의 토크를 상쇄하는 방식을 채택했다.

△ 브레게-도랑 지로플란 1936년
Breguet-Dorand Gyroplane 1936

제조국 프랑스

엔진 240마력 이스파노-수이자 성형

최고 속도 100km/h(62mph)

▷ 포케-불프 Fa61 1936년
Focke-Wulf Fa61 1936

제조국 독일

엔진 160마력 BMW-브라모 Sh.14A 성형

최고 속도 112km/h(70mph)

Fa61은 헬리콥터 설계의 이정표였다. 이 항공기는 독일의 시험 조종사 한나 라이치가 1938년 베를린 도이치란트할레 경기장 실내에서 시범 비행한 것으로 유명하다.

지로플란은 "최초의 성공적 헬리콥터"라는 수식어가 아깝지 않게 1936년 한 시간 동안 비행하면서 시속 113킬로미터(시속 70마일)의 비행속도를 기록했다. 1943년 연합군의 프랑스 빌라쿠불레 군용 비행장 공습 때 파괴되었다.

△ 시코르스키 VS-300 1939년
Sikorsky VS-300 1939

제조국 미국

엔진 75마력 라이커밍

최고 속도 103km/h(64mph)

이고르 시코르스키가 개발한 VS-300은 엔진 한 기에 한 개의 주 회전 날개와, 그 반동을 상쇄하는 반(反) 토크 꼬리 회전 날개를 채택하여 현대적 헬리콥터의 원형이 되었으며, 이 모델의 성공은 오토자이로 방식이 폐기되는 분수령이 되었다.

▽ SNCASE 리오레 에 올리비에 LeO C302 1939년
SNCASE Lioré et Olivier LeO C302 1939

제조국 프랑스

엔진 175마력 삼손 9Ne 성형

최고 속도 180km/h(112mph)

LeO는 리오레 에 올리비에 사가 1937년 SNCASE(Société nationale des constructions aéronautiques du Sud-Est, 남동항공기제조공사)—쉬데스트(Sud Est, 남동)로도 불린다—로 국영화된 뒤 개발한 항공기로, 프랑스가 취득한 시에르바의 회전 날개 특허를 살려 수직 이륙 능력과 착륙 특성을 크게 개선했다.

롤 스 로 이 스
R형 엔진

슈나이더 트로피 수상기 경주 대회 우승을 목표로 (그리고 동시에, 영국 최고의 항공 엔진 제조사라는 롤스로이스의 위상을 되찾기 위해서) 설계된 R 엔진은 버자드 V12 엔진을 모체로 하여 개발되었다. 배기량 36.7리터(2,239세제곱인치)급 버자드 엔진의 출력은 955마력이었는데, 경주용 특수 연료를 사용한 R 엔진은 최종적으로 2,783마력을 내도록 개발되었다.

엔진 카울링 형태로 주조한 캠 장치함
캠 장치가 들어간 이 함의 윤곽은 카울링의 형태에 맞추어 제작되었는데, 기류에 노출시킨 설계는 추가적인 윤활유 냉각 기능을 고려한 것이다.

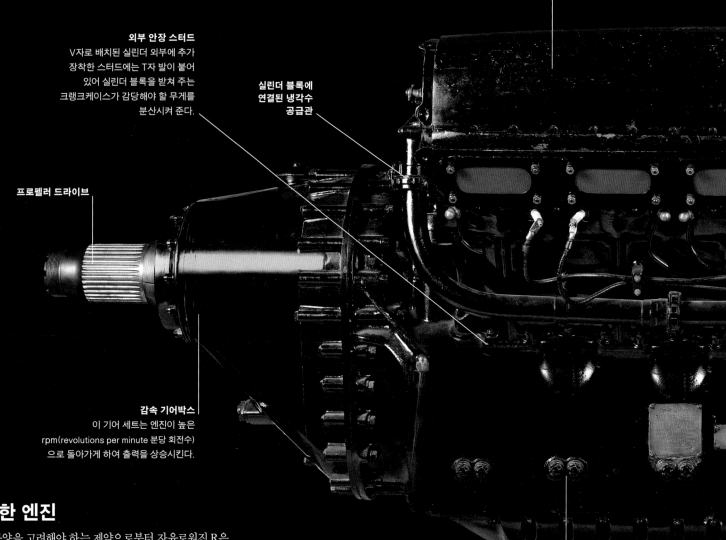

외부 안장 스터드
V자로 배치된 실린더 외부에 추가 장착한 스터드에는 T자 발이 붙어 있어 실린더 블록을 받쳐 주는 크랭크케이스가 감당해야 할 무게를 분산시켜 준다.

실린더 블록에 연결된 냉각수 공급관

프로펠러 드라이브

감속 기어박스
이 기어 세트는 엔진이 높은 rpm(revolutions per minute 분당 회전수)으로 돌아가게 하여 출력을 상승시킨다.

아주 특별한 엔진

군용 동력 장치 사양을 고려해야 하는 제약으로부터 자유로워진 R은 고도로 전문화된 엔진이었다. 외부 윤곽의 형태는 슈퍼마린 S.6 경주기의 매끈한 선과 조화를 이루도록 설계되었다. 노출된 캠 장치 커버는 엔진 카울링과 조화를 이룬 외형으로 설계되었으며, 노출 설계로 인해 윤활유 냉각 기능도 수행했다. 롤스로이스는 엔진의 마력을 표준 출력의 세 배 가까이 키우면서 갖가지 기술적 문제가 발생했고 결국 R 엔진은 지독한 소음이 그치지 않는 상태로 몇 달 동안 벤치 테스팅을 가동해야 했다—지상 시험에는 케스트렐 V12 엔진 세 대가 기류로 냉각 시뮬레이션을 수행했다.

신기록 기계
1931년 슈나이더 트로피 경주에서 슈퍼마린 S.6 수상 비행기를 우승으로 이끈 R 엔진은 나아가 시속 644킬로미터(시속 400마일) 이상의 속도로 대기속도 신기록을 수립하는 데 기여했다. R 엔진은 단 19대만 생산되었는데, 이 적은 수로 많은 자동차와 배의 신기록 수립에 사용되었다.

십자 나사 메인 베어링
크랭크케이스 전체에 걸쳐 십자 나사를 2개 한 쌍으로 고정하여 엔진의 견고함을 높였다.

점화 플러그
점화 장치의 외부 플러그만
보인다. 또 하나의 플러그는
V자로 배치된 실린더
내부에 있다.

배기 포트
R 엔진에는 4밸브 실린더 헤드를
채택했는데, 배기 밸브 2개에 하나의
배기 포트(이 모델은 전시용으로
커버를 덮었다)가 배치되었다.

엔진 제원	
생산 연한	1929~1931년
형식	수랭식 슈퍼차저 뱅크각 60도 V12
연료	유연 벤젠/메탄올/아세톤 혼합물
동력 출력	3,200rmp에서 2,530마력, 최종적으로 2,783마력
중량	비급유 시 744킬로그램(1,640파운드)
배기량	36.7리터(2,239세제곱인치)
내경 행정비	167.6밀리미터 × 152.4밀리미터 (6인치 × 6.6인치)
압축비	6.0:1

▷ 302~303쪽 피스톤 엔진 참조

캠샤프트 전동축
(금속관으로 씌워져 있다)

엔진 흡기 다지관
엔진이 가동되어 엔진 내 공기와 연료 혼합물에서
연료의 비중이 높아지면 연료 액적(fuel droplet)
이 증발되면서 냉각 효과가 나타나 별도로
내부에 냉각 장치를 탑재할 필요가 없어진다.

자석식 점화 장치
엔진 흡기 다지관의 2개 1세트로
구성된 점화 플러그 가운데 한
점화 장치

양면식 슈퍼차저
이 슈퍼차저는 엔진 속도의
여덟 배 속도로 돌아간다.

하강식
공기흡입구
이륙 시 분사되는
물을 피하기 위해
채택된 방식이다.

얕은 윤활유 고이개
윤활유는 S.6의 동체 측면에 장착된
골진 냉각 장치를 거쳐 수직 안정판
안에 있는 탱크로 전달된다.

냉각수 펌프
냉각수는 슈퍼마린 S.6의
날개나 플로트의 표면이 되는
라디에이터로 전달된다.

전투기의 진화

1930년대에는 특히 전쟁의 위협이 나타나기 시작한 1935년부터 전투기 기술이 급속도로 발전했다. 1930년대 초의 기본적인 폭격기와 연습기는 제1차 세계 대전 말기의 형태에서 크게 변화가 없었지만, 곧이어 모노코크 구조 동체, 밀폐형 조종석, 전금속제 기체, 진보한 단엽기 날개 설계가 표준으로 자리잡았다.

▷ 브리스틀 불독 1929년
Bristol Bulldog 1929

제조국 영국

엔진 440-490마력 브리스틀 주피터 7 슈퍼차저 공랭식 성형 9기통

최고 속도 287km/h(178mph)

프랑크 반웰이 설계한 불독은 전간기 영국 왕립 공군의 주력 주야 전투기였다. 정비 비용이 저렴한 불독 전투기는 쌍발 기관총을 탑재한 경폭격기로 속도가 강점이었다.

△ 폴리카르포프 Po-2 1930년
Polikarpov Po-2 1930

제조국 소련

엔진 125마력 슈베초프 M-11D 공랭식 성형 5기통

최고 속도 152km/h(94mph)

Po-2는 니콜라이 폴리카르포프가 설계한 복엽기로, 소련은 이 항공기가 4만 대 이상 생산되었다고 주장했다. 지독히도 격추시키기 어려웠던 Po-2는 훈련기, 야간 폭격기, 정찰기, 연락기로 운용되었다.

◁ 드와틴느 D27 1930년
Dewoitine D27 1930

제조국 프랑스

엔진 425마력 놈-론 주피터 7 공랭식 성형 9기통

최고 속도 312km/h(194mph)

프랑스의 항공기 제작자 에밀 드와틴느는 1927년 스위스로 이주하여 이 파라솔형 날개 단엽기를 설계했다. 루마니아와 유고슬라비아에서도 제조되었으며, 66대가 스위스 공군 소속으로 운용되었다.

▷ 마틴 B-10 1933년
Martin B-10 1933

제조국 미국

엔진 2×775마력 라이트 R-1820 사이클론 공랭식 성형 9기통

최고 속도 343km/h(213mph)

B-10은 폭격기 설계에 혁명을 가져왔다. 미국 최초의 전금속제 폭격기로 최초로 기관총탑을 탑재했으며 전투기보다도 빨랐다. 1937년까지 생산되었다.

◁ 세베르스키 P-35/AT-12 가즈맨 1935년
Seversky P-35/AT-12 Guardsman 1935

제조국 미국

엔진 1,050마력 프랫앤휘트니 R-1930-45 트윈 와스프 공랭식 성형 14기통

최고 속도 467km/h(290mph)

전금속제 기체에 접개들이 착륙 장치와 밀폐형 조종실을 채택한 단좌식 P-35 전투기는 1935년 생산된 동급 최고의 전투기였지만, 얼마 가지 않아서 구식이 되어 버렸다. 복좌식을 채택한 AT-12는 연습기로 개발되었다.

▷ 호커 허리케인 Mk1 1936년
Hawker Hurricane Mk1 1936

제조국 영국

엔진 1,030마력 롤스로이스 멀린 슈퍼차저 액랭식 V12

최고 속도 528km/h(328mph)

시드니 캠이 설계한 허리케인은 요격기, 전투-폭격기, 야간 전투기, 지상공격기로 운용되었다. 제2차 세계 대전 시기 영국 본토 항공전에서 60퍼센트의 승률을 기록했다.

◁ **사보이아-마르케티 SM79 스파르비에로 1936년**
Savoia-Marchetti SM79 "Sparviero" 1936
제조국 이탈리아
엔진 3×1,000마력 피아조 P.11 RC 40 공랭식 성형 14기통
최고 속도 460km/h(286mph)

빠른 속도의 8인승 병력 수송기와 항공 레이스 용도로 설계된 스파르비에로(Sparrowhawk, 새매)는 이상적인 중간급 폭격기로, 처음에는 에스파냐 내전에 운용되었으며 다음으로는 제2차 세계 대전 때 이탈리아에서 가장 효과적인 뇌격기로 활약했다.

△ **메서슈미트 BF 109E 1938년**
Messerschmitt Bf 109E 1938
제조국 독일
엔진 1,000마력 DB601A 슈퍼차저 액랭식 도립형 V12
최고 속도 572km/h(355mph)

1935년 초도 비행한 전금속제 전투기 Bf 109E는 당시 독일군의 주력 전투기였다. 이륙 특성은 까다로웠지만 그럼에도 불구하고 가볍고 빨라서 기동성이 좋았다. 초기 모델은 에스파냐 내전 때 실전에 투입되었다.

◁ **글로스터 글래디에이터 1936년**
Gloster Gladiator 1936
제조국 영국
엔진 830마력 브리스틀 머큐리 9 공랭식 성형 9기통
최고 속도 410km/h(255mph)

기술적으로 시대에 뒤처졌던 글래디에이터는 1940년 몰타 포위전을 포함하여 최전선에서 운용되었던 영국 왕립 공군의 마지막 복엽 전투기였다. 중국과 핀란드 등 다른 많은 국가의 공군에서도 운용했다.

▷ **웨스틀랜드 라이샌더 1936년**
Westland Lysander 1936
제조국 영국
엔진 810마력 브리스틀 머큐리 20 슈퍼차저 공랭식 성형 9기통
최고 속도 341km/h(212mph)

라이샌더는 제2차 세계 대전 때 육군 작전에 운용되었다. 특히 적군이 점령한 지역에 첩보원 침투 및 회수 작전에서 활약한 것으로 유명한데, 이 작전을 위해서 라이샌더는 야간에 지상 착륙했다. 1,786대가 생산되었다.

△ **슈퍼마린 스피트파이어 MK1a 1936년**
Supermarine Spitfire MK1a 1936
제조국 영국
엔진 1,030~1,175마력 롤스로이스 멀린 슈퍼차저 액랭식 V12
최고 속도 580km/h(360mph)

R.J. 미첼이 설계한 스피트파이어는 1936년에 초도 비행했다. 끊임없는 개발 작업을 거치면서 (13기종의 주요 파생형이 있었으며, 총 2만 351대가 생산되었다) 제2차 세계 대전 시기 연합군의 승리에 크게 이바지했다.

▷ **커티스 P-40 워호크 1938년**
Curtiss P-40 Warhawk 1938
제조국 미국
엔진 1,040마력 앨리슨 V-1710 슈퍼차저 액랭식 V12
최고 속도 580km/h(360mph)

워호크는 28개국 공군에서 운용되며 제2차 세계 대전 전 기간 동안 전투에 투입되었다. 1만 3738대가 생산되었다. 속도는 최고 수준이 아니었지만 기동성 높고 내구성 좋고 저렴하게 제작할 수 있었다.

훈련기, 낙하산, 파라솔

1930년대에 도입된 복엽 몇 단엽 연습용 항공기는 대부분이 50년 이상이 지난 현재까지도 충직하게 임무를 수행하고 있다. 심지어 일부는 퇴역 후 스포츠 항공기로 활동하고 있다. 한편 1930년대에 활약했던 거대한 공기보다 가벼운 비행선(lighter-than-air craft)은 자연의 막강한 위력에 버텨 내지 못하고 비극적인 추락 사고로 퇴역한 뒤 대단원의 막을 내리게 되었다.

△ **뷔커 Bü131/카사 1-131 1934년**
Bücker Bü 131/CASA 1-131 1934

제조국 독일/에스파냐

엔진 150마력 엔마 티그레 G-IV-B 공랭식 도립형 직렬 4기통

최고 속도 210km/h(125mph)

처음에는 독일에서 개발되고 생산되었지만 다량이 에스파냐(이미지에 등장한 것을 포함하여 약 530대)와 일본(1,376대)에서 생산된 이 종렬식 좌석 복엽기는 루프트바페(제2차 세계 대전 당시 독일군의 공중전을 담당했던 군대—옮긴이)에서 사용한 초등 훈련기이며, 전 세계 많은 국가의 공군에서도 운용했다.

△ **드 하빌랜드 DH 82 타이거 모스 1931년**
de Havilland DH 82 Tiger Moth 1931

제조국 영국

엔진 130마력 드 하빌랜드 집시 메이저 1 공랭식 도립형 직렬 4기통

최고 속도 175km/h(109mph)

항공기를 비행선에 연결하는 후크

◁ **커티스 F9C-2 스패로우 호크 1931년**
Curtiss F9C-2 Sparrowhawk 1931

제조국 미국

엔진 415마력 라이트 R-975-E3 공랭식 성형 9기통

최고 속도 283km/h(176mph)

이 항공기는 USS 아크론(Akron) 같은 미 해군 비행선에서 운용하던 '기생' 전투기로, 정찰과 방공(防空) 임무를 수행했다. 비행선 한 대에 스패로우 호크 네 대까지 탑재했으며, 배치와 회수 모두 공중에서 이루어졌다.

△ **모란-소니에 MS315 1932년**
Morane-Saulnier MS315 1932

제조국 프랑스

엔진 135마력 삼손 9Nc 공랭식 성형 9기통

최고 속도 171km/h(106mph)

파라솔형 날개 단엽기 MS315는 초등 훈련기로, 제2차 세계 대전 기간에 프랑스 공군과 해군을 위해 356대가 생산되었다. 1960년대에는 그중 40대에 220마력의 컨티넨탈 엔진을 탑재하고 MS317로 명명했다.

▷ **네이벌 에어크래프트 팩토리(미 해군 항공기 조병창) N3N-3 카너리**
Naval Aircraft Factory N3N-3 Canary 1935

제조국 미국

엔진 235마력 라이트 R-760-2 월윈드 공랭식 성형 7기통

최고 속도 203km/h(126mph)

완전히 미국 정부의 소유로 운용된 조병창에서 설계하고 (라이선스 제조 엔진을 포함하여) 생산된 노랑 색상의 카너리 (카나리아)는 1961년까지 미 해군의 초등 훈련기로 운용되었다.

비행선의 시대

1920년대와 1930년대에는 비행선이 중항공기보다 훨씬 더 안전하고 호화로우면서도 신뢰성 높은 항공 여행 수단이었다. 비행선은 일반 항공기로는 필적하지 못할 항속거리에 널찍한 승객 숙박 시설까지 갖춰 순조롭고 편안한 여행을 제공했을 뿐만 아니라, 전시에는 적군을 정찰할 수 있는 안정적인 플랫폼으로 변신했다. 미 해군은 소형 항공기가 이착륙할 수 있는, 명실상부한 '격납고'를 갖춘 비행선을 개발했다.

▽ **USS 아크론 ZRS-4 1931년**
USS Akron ZRS-4 1931

제조국 미국

엔진 8×마이바흐 VL2

최고 속도 134km/h(83mph)

1929년부터 독일 출신 기술진의 도움을 받아 제작한 두랄루민 소재 프레임의 아크론과 그 자매 기종 메이콘은 헬륨가스 사용 비행선 가운데 최대 규모로, 한 대 당 기생 항공기 네 대를 탑재했다. 아크론은 1933년 악천후를 만나 추락했다.

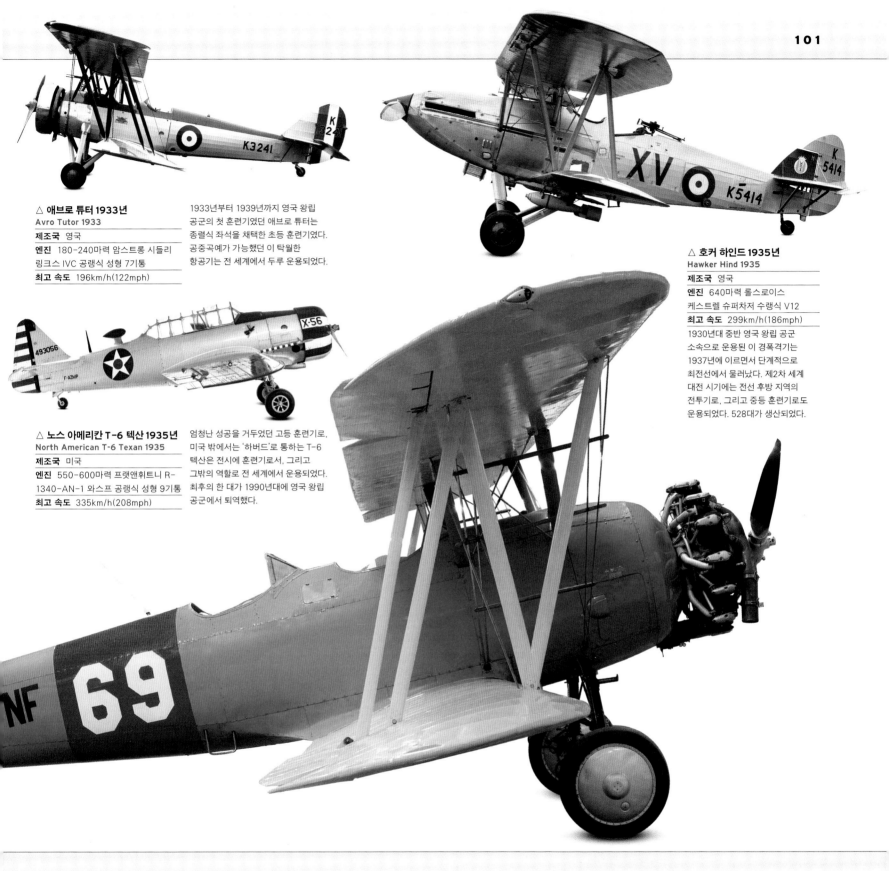

△ **애브로 튜터 1933년**
Avro Tutor 1933
제조국 영국
엔진 180-240마력 암스트롱 시들리 링크스 IVC 공랭식 성형 7기통
최고 속도 196km/h(122mph)

1933년부터 1939년까지 영국 왕립 공군의 첫 훈련기였던 애브로 튜터는 종렬식 좌석을 채택한 초급 훈련기였다. 공중곡예가 가능했던 이 탁월한 항공기는 전 세계에서 두루 운용되었다.

△ **호커 하인드 1935년**
Hawker Hind 1935
제조국 영국
엔진 640마력 롤스로이스 케스트렐 슈퍼차저 수랭식 V12
최고 속도 299km/h(186mph)

1930년대 중반 영국 왕립 공군 소속으로 운용된 이 경폭격기는 1937년에 이르면서 단계적으로 최전선에서 물러났다. 제2차 세계 대전 시기에는 전선 후방 지역의 전투기로, 그리고 중등 훈련기로도 운용되었다. 528대가 생산되었다.

△ **노스 아메리칸 T-6 텍산 1935년**
North American T-6 Texan 1935
제조국 미국
엔진 550-600마력 프랫앤휘트니 R-1340-AN-1 와스프 공랭식 성형 9기통
최고 속도 335km/h(208mph)

엄청난 성공을 거두었던 고등 훈련기로, 미국 밖에서는 '하버드'로 통하는 T-6 텍산은 전시에 훈련기로서, 그리고 그밖의 역할로 전 세계에서 운용되었다. 최후의 한 대가 1990년대에 영국 왕립 공군에서 퇴역했다.

◁ **조디악 V-2 1935년**
Zodiac V-II 1935
제조국 프랑스
엔진 2×120마력 삼손 9Ac 성형
최고 속도 100km/h(62mph)

프랑스 해군항공대에서 해양 순찰함으로 운용된 V-2는 기수(오리목을 방사형으로 이어 붙여 외피를 단단하게 만들었다)를 보강하여 계류 기둥에 정박할 수 있도록 제작했다.

△ **조디악 에클래뢰르 E8 1931년**
Zodiac Eclaireur E8 1931
제조국 프랑스
엔진 2×175마력 이스파노-수이자
최고 속도 113km/h(70mph)

조디악 사는 1908년부터 63대의 비행선을 생산했는데, 힘 좋은 엔진 2기를 탑재한 반경식 정찰 비행선 E8이 가장 빨랐다. 1만 170세제곱미터(35만 9150세제곱피트)의 외장 수소가스 기낭 안에 세 개의 공기 기낭이 들어가는, 이중기낭 구조였다.

1940 년대

제2차 세계 대전이 발발하면서 이루어진 세 가지 기술 혁신에는 현대전의 양상을 바꿔 놓은 고속 장거리 폭격기가 포함된다. 독일에서는 아라도 사와 메서슈미트 사가, 영국에서는 글로스터 사가 개발한 제트 추진식 전투기와 정찰기가 처음으로 전투에 배치되었다. 전후에는 더글러스 사의 DC-3와 DC-6, 록히드 사의 컨스털레이션, 보잉 사의 스트라토크루저를 비롯한 피스톤 엔진 항공기가 양산되어 민간 수송 항공기로 운용되다가 제트 엔진 항공기가 등장하면서 자리에서 물러났다.

폭격기

제2차 세계 대전의 조짐이 나타나자마자 양 진영 모두 폭격기가 적의 사기를 꺾고 공장을 파괴해 군수품 공급을 차단하고 지상군과 탱크, 전함을 파괴함으로써 전쟁의 승패에 막대한 영향을 미칠 수 있다는 점을 인식했다. 이 시기 폭격기는 폭탄 탑재량을 크게 강화한 거대한 규모의 다발기로 개발되었다. 일부 기종은 전투기의 공격에 반격하기 위해 기관총 사수를 배치했지만, 보다 구체적인 목표물을 공격하는 작전에 운용하기 위한 더 가볍고 빠른 전투기도 개발했다.

△ **보잉 B-17G 플라잉 포트리스 1940년**
Boeing B-17G Flying Fortress 1940
제조국 미국
엔진 4×1,200마력 라이트 R-1820-97 사이클론 터보차저 공랭식 성형 9기통
최고 속도 462km/h(287mph)

1935년에 초도 비행한 B-17 플라잉 포트리스(하늘을 나는 요새)는 제2차 세계 대전 시기 미 육군 항공대의 주력 정밀 폭격기로 운용되었다. 방탄 능력이 우수했으며 내구력이 좋아 상당한 손상을 입고도 생존할 수 있었지만, 폭장량은 애브로 랭카스터의 절반밖에 되지 않았다.

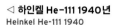

◁ **하인켈 He-111 1940년**
Heinkel He-111 1940
제조국 독일
엔진 2×1,340마력 융커스 유모 211 F-2 슈퍼차저 액랭식 도립형 V12
최고 속도 434km/h(270mph)

독일에 군용기 개발이 허용되지 않던 시기에 빠른 수송기로 위장하여 개발된 He-111은 효율성 높은 중폭격기였다. 1935년에 초도 비행한 뒤로 제2차 세계 대전 전 기간에 걸쳐 단계적으로 개발되었다.

△ **융커스 Ju 88 1940년**
Junkers Ju 88 1940
제조국 독일
엔진 2×1,677마력 BMW 801 슈퍼차저 공랭식 성형 14기통
최고 속도 550km/h(342mph)

1939년 군에 처음 배치된 Ju 88은 가장 성공적인 독일의 중폭격기로, 제2차 세계 대전 시기 전투기, 급강하폭격기, 야간 전투기, 정찰기, 훈련기, 장거리 호위 전투기로 운용되면서 대단히 다재다능한 기종임을 입증했다. 1만 5000대 이상이 생산되었다.

△ **비커스 웰링턴 10 1940년**
Vickers Wellington X 1940
제조국 영국
엔진 2×1,050~1,735마력 브리스틀 페가수스/허큘리스 슈퍼차저 공랭식 성형 14기통
최고 속도 434km/h(270mph)

제2차 세계 대전 초기 영국의 가장 효과적인 야간 폭격기로 1938년에 배치되었다. 심각한 손상을 입어도 비행을 지속할 수 있도록 측지선 구조의 동체에 천을 씌워 마감했다. 이 웰링턴 전투기는 나중에 다른 목적에 맞추어 개량되었다. 1만 1461대가 생산되었다.

△ **페어리 알바코어 1940년**
Fairey Albacore 1940
제조국 영국
엔진 1,065~1,130마력 브리스틀 토러스 2/12 슈퍼차저 공랭식 성형 14기통
최고 속도 277km/h(172mph)

3인승 정찰기이자 뇌격기로 운용된 알바코어는 영국 해군 함대 항공대의 수상 정찰기 소드피시(Swordfish)의 후속 기종이었다. 더 큰 출력의 엔진, 밀폐형 조종석, 난방 장치를 갖추었지만 종국에는 가장 먼저 퇴역했다.

△ **쇼트 S29 스털링 1941년**
Shorts S.29 Stirling 1941
제조국 영국
엔진 4×1,500~1,635마력 브리스틀 허큘리스 슈퍼차저 공랭식 성형 14기통
최고 속도 434km/h(270mph)

영국 왕립 공군에 배치된 최초의 4발 폭격기로, 6,350킬로그램(1만 4000파운드)의 폭장량은 당시로서는 이례적인 능력이었다. 1943년에 S.29의 성능과 항속거리를 능가하는 기종들로 대체되었다.

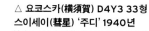

◁ **더글러스 A-20 해버크 1941년**
Douglas A-20 Havoc 1941
제조국 미국
엔진 2×1,700마력 라이트 R2600-A 트윈
사이클론 슈퍼차저 공랭식 성형 14기통
최고 속도 549km/h(340mph)

전투기 같은 조작성으로
조종사들의 사랑을 받은 경폭격기
해버크(대파괴)는 DB-7
보스턴으로도 불렸다. 연합국
진영의 많은 국가 공군이 야간
전투기로도 운용했다. 7,478대가
생산되었다.

△ **핸들리 페이지 핼리팩스 1940년**
Handley Page Halifax 1940
제조국 영국
엔진 4×1,615~1,800마력 브리스틀
허큘리스 16/100 슈퍼차저 공랭식
성형 14기통
최고 속도 454km/h(282mph)

1939년 초도 비행했으며 처음의
롤스로이스 멀린 엔진에서 브리스틀
엔진으로 점진적으로 개량된
핼리팩스는 제2차 세계 대전 당시
널리 운용된 효율적인 중폭격기였다.
전후에 개조되어 민간 수송기로
운용되었다.

△ **컨솔리데이티드 B-24 리버레이터 1941년**
Consolidated B-24 Liberator 1941
제조국 미국
엔진 4×1,200마력 프랫앤휘트니 R-1830-65
트윈 와스프 터보슈퍼차저 공랭식 성형 14기통
최고 속도 467km/h(290mph)

B-24 리버레이터(Liberator, 해방자)는 보잉 사의 B-17
보다 더 가볍고 더 빨랐으며 항속거리와 폭탄 적재량도
더 우월했다. 하지만 그만큼 비행이 더 힘들었으며,
기체가 총격을 당했을 때 불이 붙거나 추락하기 쉬운
약점이 있었다. 제2차 세계 대전 연합군 진영이 운용한 이
폭격기는 1만 8400대 이상이 생산되었다.

▷ **노스 아메리칸 B-25 미첼 1940년**
North American B-25 Mitchell 1940
제조국 미국
엔진 2×1,700마력 라이트 R-2600-92
슈퍼차저 공랭식 성형 14기통
최고 속도 438km/h(272mph)

다양한 파생형으로 개량되면서 약
9,982대가 생산된 B-25는 성공적인
중폭격기이자 공격기였다. 제2차 세계
대전 시기에 여러 영역에서 다양한
임무를 수행했으며, 1979년까지
전 세계 많은 국가의 공군에 의해
운용되었다.

△ **일류신 Il-2 '슈트르모빅' 1940년**
Ilyushin Il-2 "Shturmovik" 1940
제조국 소련
엔진 1,700마력 미쿨린 AM-38F
슈퍼차저 액랭식 V12
최고 속도 414km/h(257mph)

승무원, 엔진, 라디에이터, 연료 탱크를
보호하기 위해 700킬로그램(1,543
파운드) 중량의 장갑을 두른 이 '비행
탱크(flying tank)'는 순수하게 지상 공격
임무를 수행한 공격기로 운용되었다.
3만 8000대 이상 생산되었다.

△ **요코스카(橫須賀) D4Y3 33형
스이세이(彗星) '주디' 1940년**
Yokosuka D4Y3 Model 33 "Judy" 1940
제조국 일본
엔진 1,075마력 미츠비시 킨세이 공랭식
성형 14기통
최고 속도 550km/h(342mph)

함상기 DAY3 스이세이(당시 연합군에서
사용한 암호명은 '주디'였다)는 제2차 세계
대전 때 가장 속도가 빨랐던 급강하폭격기 중
하나로 꼽힌다. 정찰 임무에 운용되었으며,
카미카제 작전에도 동원되었다. 개발상의
문제로 제조가 지체되어 2,038대 생산에
그쳤다.

△ **애브로 랭커스터 1941년**
Avro Lancaster 1941
제조국 영국
엔진 4×1,280마력 롤스로이스 멀린
20 슈퍼차저 액랭식 V12
최고 속도 460km/h(285mph)

롤스로이스 사의 멀린 엔진 4기를 탑재한 영국 왕립
공군의 주력 중폭격기로, 엄청난 유효 탑재량을
갖추었다. 제2차 세계 대전 중 경이로운 활약상을
보였던 야간 폭격기 랭커스터는 6,350킬로그램(1
만 4000파운드)의 폭탄을 적재하고 독일을 비롯하여
많은 지역에서 정밀 폭격 임무를 수행했다.

보잉 B-17

'하늘을 나는 요새'라는 애칭으로 불리던 보잉 B-17은 여러 방면에서 이례적인 전투 기종이었다. 여러 정의 기관총을 탑재하고도 고도 9,000미터(3만 피트)에서 비행할 수 있었다. 밀집 편대를 구축했을 경우, 가공할 규모의 폭탄을 투하했다. B-17는 대형 함대에 배치되었기 때문에 양산 능력이 필수였는데, B-17 한 대가 격추당할 때 미국 내 공장에서는 2대 이상 꼴로 생산되었다.

B-17은 승무원 10명을 태우기에는 공간이 비좁고 불편했다. 플라잉 포트리스는 여압(與壓, 항공기 내부의 기압을 지상에 가까운 상태로 조절하는 것) 기능이 없었기 때문에 고공병 증상을 겪을 경우 불쾌감이 심했다. 미 육군 항공대원들은 얼어붙는 기온에서 장시간을 앉아 가야 했지만 경계를 늦추는 법이 없었으며 적군의 영공으로 들어가는 순간 즉각 전투 태세에 돌입해야 했다. 그럼에도 B-17에 탔던 사람들은 이 기종에 무한한 애정을 품었으며, 강력한 방어력을 자랑하는 B-17은 미국이 전쟁에

서 독일을 상대할 수 있음을 보여 주는 하나의 상징이 되었다. 아닌 게 아니라 폭격 작전이 벌어지는 날이면 B-17가 막중한 역할을 수행했다.

B-17은 동 시기 폭격기 컨솔리데이티드 사의 B-24 리버레이터보다 적게 생산되었으며, 폭탄 적재량은 훨씬 더 적고 속도는 빠른 드 하빌랜드 모스키토보다 더 나을 것도 없는 수준이었지만, 생존성이 대단히 높아서 처참하게 박살나고도 대원들을 무사히 복귀시킨다는 평판이 있을 정도로 튼튼한 기종이었다.

앞에서 본 모습

뒤에서 본 모습

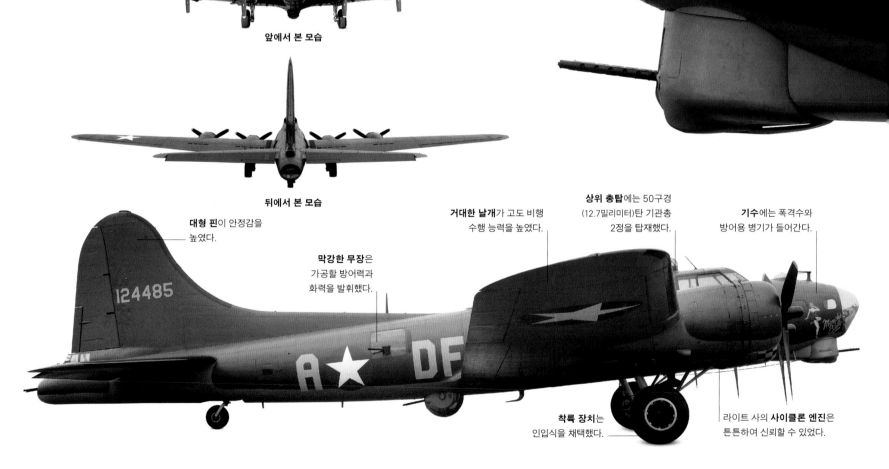

대형 핀이 안정감을 높였다.

막강한 무장은 가공할 방어력과 화력을 발휘했다.

거대한 날개가 고도 비행 수행 능력을 높였다.

상위 총탑에는 50구경 (12.7밀리미터)탄 기관총 2정을 탑재했다.

기수에는 폭격수와 방어용 병기가 들어간다.

124485

착륙 장치는 인입식을 채택했다.

라이트 사의 **사이클론 엔진은** 튼튼하여 신뢰할 수 있었다.

제원			
모델	보잉 B-17B 플라잉 포트리스, 1940년		터보차저 공랭식 성형 9기통
제조국	미국	날개 스팬	31.6미터(103피트 9인치)
생산	1만 2731대	전장	22.7미터(74피트 4인치)
구조	알루미늄과 강철	항속 거리	2,950킬로미터(1,850마일)
최대 중량	2만 4948킬로그램(5만 5000파운드)	최고 속도	시속 462킬로미터(시속 287마일)
엔진	4×1,200마력 라이트 R-1820-97 사이클론		

전투기
이 모델은 1945년 생산된 것으로, 현재까지 유럽에서 감항 인증 기준을
충족하는 마지막 B-17이다. 원래는 샐리 B로 불린 이 모델은 1990년 영화
「멤피스 벨」에서 사용되었다. 영화를 위해 도장했던 부분이 기수 왼쪽에
지금까지 남아 있는데, 반대쪽은 원래 도장으로 복원되었다.

외부

B-17은 밀폐형 조종석을 채택한 새 세대 전금속제 단엽기로, 견고함이 최우선 설계 요건이었다. 보잉 사는 개발 착수 당시 이미 공중전에서 활약할 신세대 폭격기를 염두에 두었다. 한 기자가 프로토타입을 보고 "하늘을 나는 요새" 같았다고 보도하자 보잉 사는 그 호칭의 가치를 알아보고 상표로 등록했다.

1. 투명한 플렉시 유리를 사용한 기수 **2.** 폭격수가 원격으로 작동하는 기수 하단 기관총(chin gun) **3.** 동체 후방의 양쪽 측면 기관총좌 **4.** 동체 후미 사수 좌석의 사격 조준기 **5.** 해밀턴 스탠다드 하이드로매틱(hydromatic, 유압식 피치 제어) 프로펠러와 라이트 사이클론 성형 엔진 **6.** 올레오식 버팀 장치가 장착된 주 바퀴 **7.** 스페리 선회식 구형 총탑(ball turret)

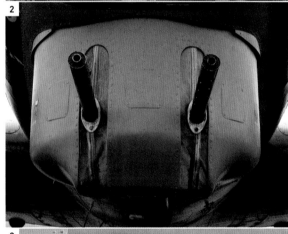

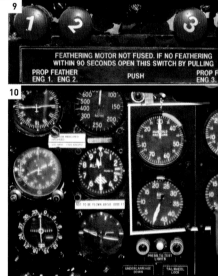

조종실

B-17의 조종실은 조종사와 부조종사에게 탁월한 전방 시야와 측면 시야를 제공했고 '집무실'은 넓고 효율성 높게 설계되었다. 조종사는 왼쪽 좌석에 앉았으며, 기본 비행계기—고도계·대기속도계·선회경사계·승강계—는 중앙 계기판으로 배치되었다. 부조종사에게는 엔진 제어 장치를 점검하는 임무도 주어졌는데, 해당 모니터를 부조종석이 있는 오른쪽 계기판에 배치했기 때문이다. 중앙 콘솔에는 스로틀 제어 장치, 연료 스위치, 연료 혼합계, 프로펠러 피치 제어 장치가 들어갔다.

8. '집무실'—B-17의 조종실 **9.** 프로펠러 페더링(회전 날개 깃이 구동축의 방향과 수직이 되도록 깃 전체를 수평으로 조절하는 주회전 날개의 운동—옮긴이) 제어 장치 **10.** 비행계기와 엔진계기 **11.** 보잉 로고가 새겨진 부조종사의 조종간 **12.** 프로펠러 피치 제어 장치 **13.** 스로틀 제어 장치

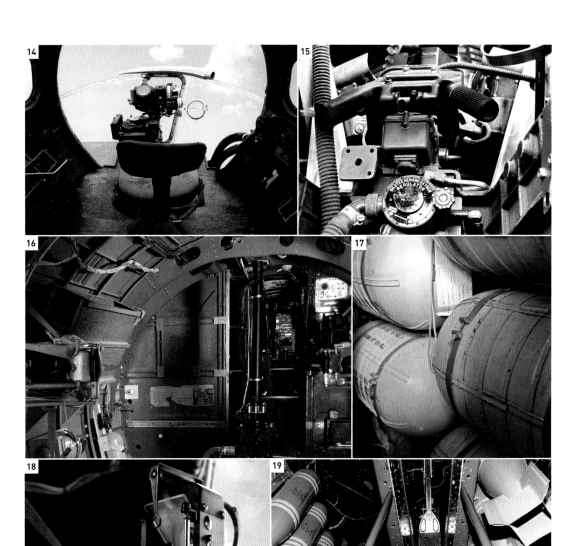

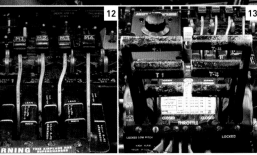

내부

B-17는 방대한 양의 폭탄과 연료를 적재해야 했기 때문에 승무원을 위한 공간이 협소할 수밖에 없었다. 기수에 좌석이 배치된 폭격수와 항법사는 몸을 잔뜩 쪼그리고 들어가야 했다. 조종석과 부조종석은 조종실에 있었지만, 그들의 머리 위 뒤쪽으로 항공기관사석이 배치되었다. 무전수 좌석은 승무원이 똑바로 설 수 있는 유일한 공간이었다. 구형 총탑의 사수는 비좁기로 악명 높은 동체 하부 사수석에 들어갈 수 있어야 했기 때문에 몸이 작아야 했다. 동체 후미 사수는 동체 후방을 기어서 원격 사수석으로 들어갔다.

14. 기수 격실의 폭격수 좌석과 노든 폭격 조준경 15. 상부 총탑 제어 장치 16. 동체 전방 내부 17. 산소통 18. 동체 후방 측면 기관총의 정밀 사격 조준기 19. 폭탄 격납고 20. 동체 후미의 후방 사수석

전시 전투기

제2차 세계 대전 시기에는 어마어마한 수량의 전투기가 생산되었다. 생산 대수 3만 4000대에 육박하는 Bf 109를 위시하여 성공적인 기종들은 생산 단위가 수만 대였다. 전투기에 국가의 명운과 수많은 인명이 걸려 있었기 때문에 개발이 이루어졌으며, 독일, 영국, 미국, 일본, 소련이 저마다 고유의 강점을 지닌 우수한 전투기를 만들어 냈다. 일부 기종은 다른 작은 국가들에서 1980년대 말까지 운용할 정도로 훌륭했다.

△ 메서슈미트 Bf 110G 1943년
Messerschmitt Bf 110G 1943

제조국 독일

엔진 2×1,085/1,455마력 다임러-벤츠 DB 601/605 V12 액랭식 도립형 V12

최고 속도 560km/h(348mph)

제2차 세계 대전 발발 전에 생산된 이 쌍발 전투 폭격기는 초반 교전에는 효과적이었지만 기동성이 떨어져 지상 지원 임무로 전환했으며 레이다를 장착한 뒤에는 야간 전투기로 운용되어 뛰어난 활약상을 보였다.

▽ 메서슈미트 Bf 109G 1942년
Messerschmitt Bf 109G 1942

제조국 독일

엔진 1,455마력 다임러-벤츠 DB 605A-1 V12 슈퍼차저 액랭식 도립형 V12

최고 속도 621km/h(386mph)

Bf 혹은 Me109는 제2차 세계 대전 기간 동안 점진적으로 개발되었으며 총 3만 3984대가 생산되어 전투기로 최다 생산 기종이 되었다. 대단히 성공적인 기종으로, 에스파냐에서는 1965년까지 현역으로 운용되었다.

▷ 피아트 CR.42 팔코 1940년
Fiat CR.42 Falco 1940

제조국 이탈리아

엔진 840마력 피아트 A.74 RC38 슈퍼차저 공랭식 성형 14기통

최고 속도 441km/h(274mph)

최강이자 최후의 복엽 전투기 팔코(송골매)는 1,818대가 제조되어 제2차 세계 대전 시기 최다 생산된 이탈리아 전투기였다. 단엽기에 비해 떨어지는 속도를 뛰어난 기동성으로 보완했다.

△ 호커 허리케인 Mk2B 1942년
Hawker Hurricane MkIIB 1942

제조국 영국

엔진 1,185마력 롤스로이스 멀린 20 슈퍼차저 공랭식 V12

최고 속도 547km/h(340mph)

스피트파이어보다 단순하고 저렴하며 제조와 수리가 더 용이했던 허리케인은 여러 파생형을 거치면서 대규모로 생산되었다(총 1만 4533대 생산). 이 Mk 2B는 227킬로그램(500파운드)급 폭탄 2정을 탑재할 수 있었다.

▽ 록히드 P-38 라이트닝 1941년
Lockheed P-38 Lightning 1941

제조국 미국

엔진 2×1,725마력 앨리슨 V-1710-111/113 V12 터보슈퍼차저 액랭식 V12

최고 속도 676km/h(420mph)

장거리 비행이 가능하며 고공 성능이 강화된 이 특이한 쌍동체 구조의 요격기 및 전투 폭격기는 빠르고 내구력이 막강했지만 기동성은 그렇게 높지 않았다. 미국이 참전한 제2차 세계 대전 기간 동안 1만 37대 생산되었다.

◁ 미츠비시 A6M5 0식 함상전투기(연합군 명칭 '제로') 1943년
Mitsubishi A6M5 Zero 1943

제조국 일본

엔진 940~1,130마력 나카지마 사카에 12/21 슈퍼차저 공랭식 성형 14기통

최고 속도 547km/h(340mph)

1만 939대가 제조되어 일본에서 가장 많이 생산된 전투기다. 0식 함상전투기(줄여서 제로센(零戰)이라고 불렀다)는 뛰어난 기동성과 항속거리를 갖춘, 당시에 나온 함상기 중 최강 성능 기종이었다. 하지만 1943년부터는 연합군 소속 전투기에 속수무책으로 당했다.

▽ 포케-불프 Fw 190 1941년
Focke-Wulf Fw 190 1941

제조국 독일

엔진 1,940마력 BMW 801S 슈퍼차저 공랭식 성형 14기통

최고 속도 658km/h(408mph)

쿠르트 탕크(1898~1983년)는 적군의 직렬 엔진 전투기를 능가할 성형 엔진 전투기 개발에 착수했다. Fw 190은 1941년 중반부터 1942년 중반까지 독일군이 연합군을 누르고 제공권을 장악하는 데 중추적인 역할을 수행했다. 모든 파생형을 포함하여 2만 대 이상이 생산되었다.

△ 노스 아메리칸 P-51 머스탱 1944년
North American P-51 Mustang 1944

제조국 미국

엔진 1,720마력 패커드 V-1650-7 V12 슈퍼차저 액랭식 V12

최고 속도 703km/h(437mph)

공기 역학적으로 탁월하게 설계된 이 장거리 전투 폭격기는 연합군이 제공권을 탈환하는 데 중대하게 기여했는데, 후반에 패커드 사가 라이선스 생산한 롤스로이스 멀린 엔진을 탑재하면서 성능이 한층 더 향상되었다. 1980년대까지 운용되었으며, 총 1만 5000대 생산되었다.

◁ 슈퍼마린 스피트파이어 Mk 2 1940년
Supermarine Spitfire Mk II 1940

제조국 영국

엔진 1,440~1,585마력 롤스로이스 멀린 45 슈퍼차저 액랭식 V12

최고 속도 575km/h(357mph)

가벼운 기체와 공기 역학적 설계가 가져온 우월한 전투 능력이 스피트파이어의 절대적 강점이었다. Mk 2는 영국 본토 항공전에서 독일군을 물리치는 데 핵심적인 역할을 수행했다.

△ 리퍼블릭 P-47 선더볼트 1944년
Republic P-47 Thunderbolt 1944

제조국 미국

엔진 2,535마력 프랫앤휘트니 R-2800-59W 더블 와스프 슈퍼차저 공랭식 성형 18기통

최고 속도 700km/h(435mph)

알렉산더 카트벨리(1896~1974년)가 개발한 P-47은, 저그(Jug, 주전자 같은 형상을 따라서 붙인 이름)라는 별칭으로 불렸는데, 고공 전투기이자 지상 공격을 주 목적으로 하는 전투 폭격기로 대단히 효과적인 성능을 보여 주었다. 1만 5678대가 생산되었다.

△ 그러먼 F6F 헬캣 1943년
Grumman F6F Hellcat 1943

제조국 미국

엔진 2,200마력 프랫앤휘트니 R-2800-10W 더블 와스프 슈퍼차저 공랭식 성형

최고 속도 629km/h(391mph)

헬캣(마녀)은 튼튼하고 높은 출력을 갖춘 효과적인 함상 전투기로 1만 2275대가 생산되었다. 전신인 와일드캣보다 빨랐던 미쓰비시 제로센을 능가할 전투기로 설계되었다.

▷ 챈스 보트 F4U 콜세어 1944년
Chance Vought F4U Corsair 1944

제조국 미국

엔진 2,000~2,325마력 프랫앤휘트니 타입 R-2800 더블 와스프 공랭식 성형 18기통

최고 속도 671km/h(417mph)

렉스 비젤(1893~1972년)이 개발한 콜세어는 초도 비행 당시 전투기 역사상 가장 강력한 엔진과 가장 큰 프로펠러를 갖춘 기종이었다. 당대 최고의 성능을 자랑하던 이 함상 전투 폭격기는 1만 2571대 생산되었다.

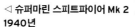

△ 야코블레프 야크-3 1944년
Yakovlev Yak-3 1944

제조국 소련

엔진 1,300마력 클리모프 VK-105PF-2 슈퍼차저 액랭식 V12

최고 속도 655km/h(407mph)

1941년에 개발된 야크-3은 동시기 전투기들보다 작고 가벼웠다. 뛰어난 출력 중량비는 야크-3을 공중전에서 무적으로 만들어 주었으며, 정비에 용이하고 유지 비용이 저렴했다.

슈퍼마린 스피트파이어

역사상 가장 유명한 항공기라고 해도 과언이 아닐, 전투기의 상징 스피트파이어는 1940년 영국 본토 공중전 시기―호커 허리케인과 함께―영국을 지켜준 주역이었다. 유려한 곡선으로 한눈에 알아볼 수 있어 허리케인보다 더 두드러졌던 스피트파이어는 전쟁 선전물의 단골 주인공이기도 했다. 제2차 세계 대전 발발 시점부터 종전 시점까지 계속해서 많은 요소가 개선되고 개량되었지만, 최초 모델의 기본 설계는 끝까지 그대로 유지되었다.

1920년대와 1930년대 초 슈나이더 트로피 대회에서 우승한 슈퍼마린 사의 많은 비행정 모델을 탄생시킨 레지널드 조지프 미첼(1895~1937년)이 설계한 스피트파이어 전투기는 우아한 응력외피 기체 구조의 모범이었다. 목재나 금속 뼈대에 천을 씌우는 구조(트러스 형식)와는 대조적으로 얇디 얇은 알루미늄 합금 외피가 기체 하중의 상당 부분을 지탱한다.

아름다운 타원형 날개는 미관을 위한 선택이 아니라 이 형태가 항력을 감소시키면서도 접개들이 착륙 장치를 장착하고 303구경 브라우닝 기관총 8정(후기 모델의 무장은 기관총 여러 정과 20밀리미터 탄 기관포로 증가됨)을 탑재할 여유 공간을 확보할 수 있었기 때문이다.

스피트파이어의 원 설계는 많은 파생형을 낳았는데, 1946년에 미첼의 후임 조지프 스미스(1897~1956년)가 설계한 최종 파생형(Mk 24)에서는 프로토타입보다 엔진 출력은 두 배 이상 커지고 최대 중량은 30인승급으로 증가했다.

앞에서 본 모습

뒤에서 본 모습

고주파 무선 신호 송수신용 **항공 마스트**

방풍 유리 상단의 **백미러**

슈퍼차저 냉각 장치용 **공기 흡입구**

3점식 엔진 **배기 장치**

방향타는 천을 씌워 마감했으며 혼으로 균형을 잡았다.

동체 후방은 타원단면 형상의 응력외피 구조이다.

정비를 위한 탈착식 **카울링 하단**

윗부분은 카무플라주로, 아랫부분은 '하늘' 색상으로 구획해서 **도장**했다.

노란색 외륜의 **영국 왕립 공군 A1 타입 원형 표시**

조절식 배출구가 달린 **라디에이터 덕트**를 후방에 설치했다.

최고 중의 최고

대영 제국 전쟁 기념 부대가 운용하는 MK 2a
P7350은 현재까지 비행하는 가장 오래된
실질적인 원형 스피트파이어다. 1940년 8월에
처음 부대에 배치된 이 기종은 진정한 영국
본토 항공전의 베테랑이다.

제원			
모델	슈퍼마린 스피트파이어 Mk 2, 1940년		액랭식 V12
제조국	영국	날개 스팬	11.23미터(36피트 10인치)
생산	2만 351대	전장	9.12미터(29피트 11인치)
구조	알루미늄 합금 응력 외피	항속 거리	651킬로미터(405마일)
최대 중량	2,799킬로그램(6,172파운드)	최고 속도	시속 575킬로미터(시속 357마일)
엔진	1,150마력 롤스로이스 멀린 XII 슈퍼차저		

외부

전투기 조종사에게는 속도가 생명줄이었기에 시속 몇 킬로미터라도 짜내는 것이 초미의 문제였다. 유선형이 항력 감쇄 효과가 있어 날개에 접시머리 리벳을 사용했고 후반 모델에서는 동체에도 적용, 외피를 매끈하게 만들었다. 이젝터 배기가스 배출 장치와 라디에이터 주위에 '메리디스 덕트(냉각 라디에이터에서 나오는 뜨거운 공기를 후방 덕트로 배출시켜 항력을 상쇄—옮긴이)'를 추가하여 프로펠러가 발생시키는 추력에 여분의 추력을 얻었다.

1. 이젝터 엔진 배기가스 배출 장치 **2.** 기화기 공기흡입구 **3.** 날개 밑 탄피 방출구 **4.** 항력을 감쇄하기 위해 기관총 포트에 부착한 천(총알이 발사되면 찢어진다) **5.** 오른쪽 위치등 **6.** 수평 꼬리 날개 페어링 **7.** 대기속도를 측정하는 피토관 **8.** 라디에이터 공기흡입구 **9.** 탈출용 쇠지렛대가 달린 조종실 문 **10.** 피아식별 장치 안테나 그로멧 **11.** 스텐실로 찍은 문구 **12.** 스텐실로 찍은 전기적 접합부 표지(원활한 무선 송수신과 화재 위험 방지를 위해 기체의 모든 부재에 동일한 정전기가 유지되도록 전위차가 나는 부분을 본딩와이어로 처리했는데, 정비 시에도 본딩 처리를 주의하도록 W/T(wire terminal)를 찍어 표시했다고 한다—옮긴이) **13.** 방향타 미세 조종탭 **14.** 꼬리등

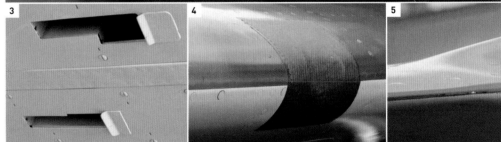
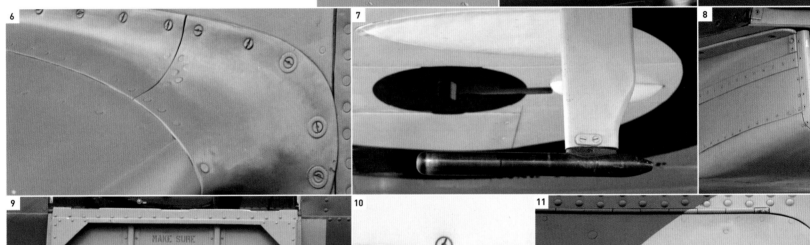
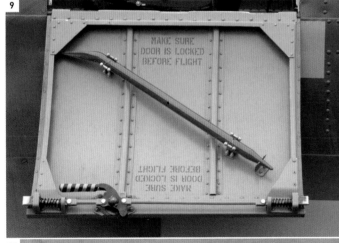

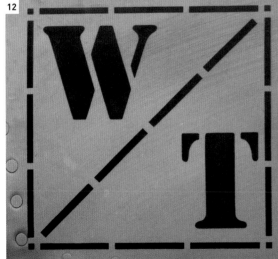
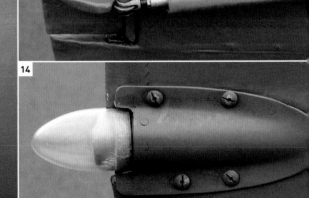

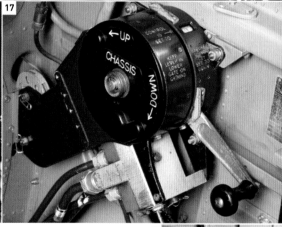

조종실

당시 왕립 공군의 관례에 따라서 스피트파이어의 조종실 중앙에
는 대기속도계, 자세계, 승강계, 고도계, 방위계, 선회경사계의 '기
본 6계기(Basic Six)'로 구성된 계기판이 설치되었다. 엔진 계기는
오른쪽에, 산소/착륙 장치/플랩 및 여타 계기는 왼쪽에 배치되었
다. 조종실은 바닥이 없어 방향타 페달에 발을 올려놓았고, 그 밑
에 기체 프레임 구조와 각종 장비가 있었다.

15. 계기판(현대적 전자 기기가 탑재된 자리에 사격 조준기가 있었다)
16. 상단에 기관총 발사 단추가 부착된 조종간 **17.** 착륙 장치 선택기
18. 방향타 페달 **19.** 건 카메라(gun camera 임무 수행 기록용 카메라로 보통
방아쇠를 당기면 녹화가 시작되었다—옮긴이) 초점계 **20.** 높낮이 조절 레버가 있는
조종석 **21.** 머리 받침과 방탄복

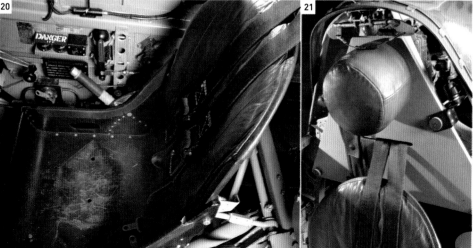

군 지원 항공기

전시에 발간된 신문에는 전투기와 폭격기 이야기는 물론 조종사 훈련에서 군 장비며 지상 병력, 낙하산병 수송까지 중차대한 역할을 맡아 전선 뒤에서 (때로는 그 너머에서) 짐수레말처럼 쉴 새 없이 일하는 항공기 이야기가 가득했다. 이 항공기들은 대부분 1930년대에 생산되기 시작한 민간 항공기 모델로, 보통은 혹독한 군사 활동을 견딜 수 있도록 기체를 강화하고 더 강력한 엔진을 탑재한 개량형으로 배치되었다.

▽ **더글러스 C-47 스카이트레인 1940년**
Douglas C-47 Skytrain 1940

제조국 미국
엔진 2×1,200마력 프랫앤휘트니 R-1830-90C 트윈 와스프 공랭식 성형 14기통
최고 속도 360km/h(224mph)

민간 여객기 DC-3에 화물칸 문을 설치하고 병력과 군장비를 적재하기 위해 바닥을 강화한 C-47 스카이트레인은 군용기로 배치되어 많은 사랑을 받았다. 영국 왕립 공군의 명칭은 다코타였으며, 1만 대 이상 생산되었다.

△ **융커스 Ju 52 1940년**
Junkers Ju 52 1940

제조국 독일
엔진 3×720마력 BMW 132T 공랭식 성형 9기통
최고 속도 265km/h(165mph)

전쟁 전에 민항기와 군용기, 양 부문에서 운용되었던 Ju 52 (물결처럼 골진 외판이 특징이다)는 제2차 세계 대전 시기 독일군의 중요한 수송기였다. 전투기의 공격에는 취약했다.

△ **더글러스 C-54 스카이마스터 1942년**
Douglas C-54 Skymaster 1942

제조국 미국
엔진 4×1,450마력 프랫앤휘트니 R-2000-9 트윈 와스프 공랭식 성형 14기통
최고 속도 442km/h(275mph)

스카이마스터는 미국 대통령을 태운 최초의 항공기였다. 민간 항공기 DC-4를 군용으로 개조한 모델로, 수송기와 실험기에서 미사일 추적과 유도까지 다방면의 임무에 운용되었다. C-54는 1975년에 퇴역했다.

◁ **보잉 스티어맨 모델 75 1940년**
Boeing Stearman Model 75 1940

제조국 미국
엔진 220마력 컨티넨탈 670 공랭식 성형 7기통
최고 속도 217km/h(135mph)

후방 좌석에서 단독 비행하는 놀랍도록 튼튼한 스티어맨은 1934년에 초도 비행했지만 제2차 세계 대전 시기 미군과 캐나다군 조종사들의 훈련기로도 훌륭한 역할을 수행했다. 8,000대 이상이 생산되었다.

▷ **마일스 M14 마지스터 1940년**
Miles M14 Magister 1940

제조국 영국
엔진 130마력 드 하빌랜드 집시 메이저 1 공랭식 도립형 4기통
최고 속도 212km/h(132mph)

민간 항공기 호크 트레이너를 모체로 개발된 마지스터는 1937년에 초도 비행했다. 영국 왕립 공군 훈련기로 설계된 첫 단엽기로, 당시 전선에 배치된 저익 단엽기에 조종사들을 적응시키는 데 이상적인 모델이었다.

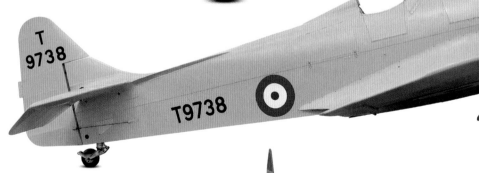

◁ **라이언 PT-22 리크루트 1941년**
Ryan PT-22 Recruit 1941

제조국 미국
엔진 160마력 키너 R540 공랭식 성형 5기통
최고 속도 200km/h(125mph)

T. 클로드 라이언(1898~1982)이 설계한 ST("Sport Trainer"의 약자)는 1934년에 초도 비행했다. 전쟁이 발발하자 군용기─PT─모델이 저익 단엽 전투기에 익숙해지기 위한 훈련기로 이상적으로 운용되었으며, 정찰기로도 운용되었다.

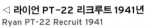

▽ **페어차일드 아르고스 1941년**
Fairchild Argus 1941

제조국 미국

엔진 165마력 워너 슈퍼 스캐럽 공랭식 성형 7기통

최고 속도 209km/h(130mph)

페어차일드 사에서 1932년 개발했던 모델 24를 모체로 설계된 아르고스(Argus, 그리스 신화에 등장하는 100개의 눈을 가진 거인)는 제2차 세계 대전 시기에 미국과 영국 공군에 의해 운용되었다. 영국의 경우, 왕립 공군 수송 보조 부대 소속으로 승무원을 기지로 실어 나르거나 항공기를 회수하는 임무를 수행했다.

◁ **테일러크래프트 오스터 Mk 5 1942년**
Taylorcraft Auster Mk V 1942

제조국 영국

엔진 130마력 라이커밍 0-290-3 공랭식 플랫-4

최고 속도 209km/h(130mph)

미국이 제조한 테일러크래프트 항공기의 파생형으로 조종사용 방탄복을 갖춘 오스터 V는 제2차 세계 대전 시기 영국 왕립 공군 소속으로 일반 연락과 정찰 임무를 수행했다. 1960년대부터는 헬리콥터가 이 임무를 대신했다.

△ **페어차일드 C-82A 패킷 1944년**
Fairchild C-82A Packet 1944

제조국 미국

엔진 2×2,100마력 프랫앤휘트니 R-2800-85 더블 와스프 공랭식 성형 18기통

최고 속도 399km/h(248mph)

제2차 세계 대전 중에 병력과 장비 수송을 위한 중량 화물 항공기로 설계되었지만 전쟁이 끝나고 나서 취역했다. 화물 탑재 공간은 넉넉했지만 동력이 따라가지 못하는 것으로 판명되어 단기간밖에 운용되지 못했다.

△ **포케-불프 Fw 190 S-8 1944년**
Focke-Wulf Fw 190 S-8 1944

제조국 독일

엔진 1,540마력 BMW 801 D-2 슈퍼차저 공랭식 성형 14기통

최고 속도 657km/h(408mph)

제2차 세계 대전 시기 엄청난 성공을 거둔 독일 전투기 Fw 190 모델 약 58대가 전쟁 후반에 2인승 훈련기(Schulflugzeug)로 전환되거나 제조되었다. Fw 190은 이런 중간 단계를 거쳐서 한층 더 강력한 전투기로 거듭났다.

▷ **파이퍼 L-4H 그래스호퍼 1944년**
Piper L-4H Grasshopper 1944

제조국 미국

엔진 65마력 컨티넨탈 A-65

최고 속도 137km/h(85mph)

제2차 세계 대전 시기, 미군은 파이퍼 컵을 모체로 개조된 이 연락기를 탄착 관측, 단거리 정찰, 수송 임무에 운용했다. 그래스호퍼는 튼튼한 일꾼이었다. 이 임무에는 다른 제조사들의 경항공기도 투입되었다.

1924년 플로트를 장착한 더글러스 월드 크루저가
세계 일주 비행에 성공했다.

위대한 항공기 제조사
더글러스

더글러스 에어크래프트(Douglas Aircraft Company)는 1921년 도널드
더글러스가 설립하여 수백만 달러 가치의 기업으로 성장했다. 역사상 가장
중요한 프로펠러 추진식 수송기인 DC-3의 제조사로 이름을 얻은 더글러스
사는 전투기, 폭격기, 초음속 실험기로도 유명하다.

다른 항공 선구자들이 그랬듯이, 도널
드 더글러스도 라이트 형제로부터 영감
을 받았다 ― 그는 1908년 포트 마이어
에서 라이트 형제의 시범 비행을
직접 본 뒤 고무줄 동력 모형 비
행기로 실험을 시작했다. 원래
는 미 해군에서 경력을 쌓을 계
획이었지만 항공 공학 분야
에서 종사하고자 1912년 아
나폴리스 해군사관학교에서
사직했다. MIT 최초로 항공
공학 학사 학위를 받은 더글
러스는 글렌 마틴 사(스물세

도널드 윌리스 더글러스
(1892-1981년)

살 나이에 수석 엔지니어가 되었다), 라이트-
마틴 사를 비롯하여 초창기의 유명 항공
기 제조사 여러 곳에서 일한 뒤 미 육군
통신단 산하 항공반에 들어갔다. 더글러
스는 재정비한 글렌 L. 마틴 사에 재입사
했다가(이 시기에 MB-1 폭격기를 설계했다)
1920년 데이비드 데이비스의 투자를 받
아 데이비스-더글러스 사를 설립해 개발
한 항공기가 실패하고 이듬해 캘리포니아
주 산타모니카에서 더글러스 에어크래프

트를 세웠다. 설립 3년 만에 더글러스 사
는 미 육군 항공근무대에서 추진한 세계
비행(World Flight) 사업에 '더글러스 월드
크루저' 네 대를 공급하는 쾌거를
이룩했다. 이 항공기로 미 육군이
세계 일주 비행에 성공하면서 더
글러스 사는 주목할 만한 항
공기사 제조사로 자리잡았다.
1920년대에 더글러스 사는 미
해군에 뇌격기를 공급하고
수륙양용 항공기, 정찰기, 전
용 우편기를 생산하면서 사
세가 크게 확장되었다.

초창기에 더글러스 사에서는 잭 노드
롭, 에드 하인만, '더치' 킨들버거를 위시
한 미국 최고의 항공 엔지니어들이 일했
다. 포커 트라이모터가 추락한 뒤 목제 항
공기에 대한 대중의 관심이 곤두박질치자
더글러스 사는 1934년에 근본적으로 새
로운 설계로 대응했다. 그렇게 해서 선보
인 전금속제 쌍발 항공기 DC-2(Douglas
Commercial, 더글러스 상용기)는 접개들이
착륙 장치를 채택하여 고정식 착륙 장치
삼엽기보다 현대적이었을 뿐더러 엄청난
성공을 거두었다.

더글러스 사는 미 육군에 DC-2 130대
와 수송용으로 62대를 생산하여 공급하
고, 이듬해에 크기가 약간 커지고 더욱 강
력해진 개량 모델을 내놓았다. 원래 더글
러스 슬리퍼 트랜스포트로 고안되었지만,
항공사가 침대보다 좌석을 선호했기 때
문에 21인승 DC-3으로 결정되었다. 빠

"더글러스는 민주주의를 지킵니다."
제2차 세계 대전 시기 자사가 수행한 중대한
역할을 기리는 1940년대의 더글라스 항공기
광고문.

승객들이 탑승한 더글러스 DC-3
1935년 기존의 여객기보다 더 크고 더 빠르고 더 저렴하면서 더
안전한 DC-3의 등장이 민간 항공 여행의 양상을 변화시켰다.

> **"항공기를 설계할 때는 직접 탔을 때
> 어떻게 느껴질지를 생각해야 한다.
> 안전이 우선이다!"**
>
> 도널드 윌리스 더글러스

르고 편안하고 신뢰성 높은 이 항공기는
군수와 민간 양 부문의 항공 운송 양상
에 일대 혁신을 가져왔다. 아이젠하워 사
령관은 심지어 제2차 세계 대전에서 연
합국을 승리로 이끈 4대 주역의 하나로
C-47을 꼽았다. 최종적으로 1만 6000
대 이상이 생산되어 십여 대가 지금
까지 현역으로 운용되고 있지만, 일
부는 터보프로펠러 엔진으로 개량되
었다. 더글러스 사는 이 굉장한 항공
기에 이어서 프로펠러 여객기 시리즈
로 DC-4, DC-6, DC-7을 내놓아 마
찬가지로 큰 성공을 거두었으며 다른
유형의 항공기도 다양하게 개발했다. 더
글러스 사는 초음속 실험기도 만들었
는데, D-558-2 스카이로켓은 비행 속

M-2

DC-2

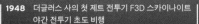

DC-10

F-15 이글

1892	도널드 더글러스 미국 뉴욕 출생
1914	더글러스, MIT 최초의 항공 공학 이학사 학위 수여
1921	캘리포니아 주 산타모니카에 더글러스 에어크래프트 설립
1923	미 육군 항공근무대가 4대의 DT 뇌격기 개조 발주
1924	더글러스 월드 크루저로 명칭을 변경, 세계 일주 비행 완수
1926	더글러스 M-2 우편기가 인도됨
1934	DC-2 초도 비행 성공
1936	DC-3 첫 운항 시작

1938	DC-4E 프로토타입 비행. 당시로서는 진보한 기술이었으나 성공은 하지 못함
1942	더글러스 사가 선보인 DC-4(DC-3보다는 크지만 DC-4E보다는 작고 단순한 모델), 생산 초기 전량 C-54로 미 육군 항공대에 배치
1944	DC-3의 군용 모델 C-47 스카이트레인 생산이 절정에 이르러 같은 해에 4,853대 인도됨
1947	더글러스 사의 첫 제트 여객기 스카이스트리크가 시속 1,032킬로미터(641mph)로 비행속도 신기록 수립

1948	더글러스 사의 첫 제트 전투기 F3D 스카이나이트 야간 전투기 초도 비행
1953	시험 조종사 스코트 크로스필드가 비행한 더글러스 스카이로케이 마하 2를 넘어선 최초의 항공기가 됨
1958	DC-8 프로토타입이 초도 비행. 보잉이 707이 먼저 운항을 시작했지만 여객기에는 DC-8의 6열 종대식 좌석이 더 널리 보급됨
1965	DC-9 시험 비행 시작. 같은 해 12월 델타 항공이 도입하여 운항 시작

1967	더글러스 사와 맥도넬 에어크래프트 제조사 합병, 맥도넬 더글러스 설립
1971	DC-10 운항 시작
1972	DC-10이 화물실 문 설계 결함으로 감압 폭발 사고
1976	F-15 이글 개발 착수
1981	도널드 더글러스 사망
1984	맥도넬 더글러스, 휴즈 헬리콥터스 인수
1986	MD-11 개발 착수
1997	맥도넬 더글러스, 보잉 사에 합병

베를린으로 물자를 수송하는 C-54
더글러스 C-54 스카이마스터는 1948년 소련이 베를린을 봉쇄했을 때, 연합국이 서베를린 시민들에게 제공하는 식량과 석탄 수송 임무를 담당했다.

도 마하 2를 돌파한 최초의 항공기다. 더글러스 사는 DC-8 시리즈로 제트 여객기 시대에 진입하는 한편 전투기와 군용 로켓도 계속 생산했다. 이어서 DC-9 쌍발 제트 여객기를 개발한 더글러스 사는 보잉 747과 록히드 사의 L-1011을 반격할 무기로 3발 제트 여객기 DC-10을 개발했고, 미 해군에 공급할 A-4 스카이호크 라인도 분주하게 돌아갔다. 주문량에는 이상이 없었지만 1966년에 이르러 현금 흐름에 문제를 겪으면서 1967년에 맥도넬 에어크래프트와 합병하여 맥도넬 더글러스가 되었다. DC-10은 1971년에 항공사 운항을 시작하여 일부는 오늘날에도 운항 중이지만, 1970년대에 여러 건의 대형 사고로 명성이 손상되었다. 맥도넬 더글러스 사가 생산한 또 하나의 기종 F-4 팬텀은 서방에서 나온 제트 전투기 중에서 최고의 성공작이었다. 후속으로 나온 F-15 이글도 높은 판매를 기록했고, 1991년에는 군용 수송기 C-17 글로브마스터 3이 첫 비행에 성공했다.

1981년 도널드 더글러스가 사망한 뒤, 맥도넬 더글러스 사는 휴즈 헬리콥터(Hughes Helicopters)를 인수하여 헬리콥터 생산에 돌입했다. 아파치 공격 헬리콥터는 성공적이었으며, 미사일부에서는 하푼 대함 유도탄과 토마호크 순항유도탄을 생산했다. F-18 호넷도 성공적이었지만, 냉전의 종식으로 타격이 커서 대규모 사업 여러 건을 취소해야 했다. 민간 항공 부문도 고전을 면치 못했다. DC-10을 개선한 MD-11을 1986년에 출시했지만 판매는 성공적이지 못했다. 1997년 맥도넬 더글러스는 보잉 사에 합병되었다.

민간 항공

1940년대의 민간 항공기는 전쟁 전에 나왔던 최고의 설계와 『멋진 신세계』(올더스 헉슬리의 소설로, 더 많은 항공기를 탑재할 수 있으면서 방어력은 보다 강화된 항공 모함의 필요성을 역설하는 대목이 나온다—옮긴이)에서 영감을 받은 전시 항공기 개발의 기본 방향이 결합한 결과물이었다. 동력 조종 장치가 구식 수동 조종 장치를 보완하고, 여압 객실이 보편화된다. 이 시기에 만들어진 최고의 기종들은 장기간에 걸쳐 신뢰성을 인정받으며 운항했지만—일부는 21세기에도 여전히 상업적으로 운용되고 있다—전후 시장의 수요 혹은 능력을 과대평가한 탓에 빛을 보지 못하거나 소량 생산에 그친 기종들도 있었다.

△ 더글러스 DC-3 1940년
Douglas DC-3 1940
제조국 미국
엔진 2×1,200마력 프랫앤휘트니 R-1830-S1C3G 트윈 와스프 공랭식 성형 14기통
최고 속도 370km/h(230mph)

1935년 초도 비행한 DC-3은 1930년대와 1940년대의 항공 수송 양상에 일대 혁신을 가져왔을 뿐만 아니라 제2차 세계 대전 시기에 중대한 역할을 수행했다. 미국 이외에 소련과 일본에서도 생산되었으며, 현재까지 많은 수가 운용되고 있다.

△ 보잉 314A 클리퍼 1941년
Boeing 314A Clipper 1941
제조국 미국
엔진 4×1,600마력 라이트 R-2600-3 트윈 사이클론 공랭식 성형 14기통
최고 속도 340km/h(210mph)
1939년 당시 가장 큰 항공기의 하나인

클리퍼는 1941년에 성능, 항속거리, 쾌적함을 향상시킨 모델을 내놓았다. 부유층 고객에게 호화 대서양 횡단 항공 여행을 제공한 이 모델은 12대가 생산되었으며, 1951년 무렵 단 한 대도 남지 않았다.

△ 보잉 C-97 1947년
Boeing C-97 1947
제조국 미국
엔진 4×3,500마력 프랫앤휘트니 R-4360-B6 와스프 메이저 공랭식 성형 28기통
최고 속도 603km/h(375mph)

슈퍼포트리스(B-29)의 파생종인 이 모델은 동체 상단부를 확대하여 2층형 구조로 설계했다. 보잉 377 스트라토크루저 여객기는 여압 객실을 채택하여 편안한 대서양 횡단 여행을 제공했지만, 낮은 신뢰성 문제로 56대밖에 판매하지 못했다.

▷ 록히드 컨스털레이션 1943년
Lockheed Constellation 1943
제조국 미국
엔진 4×3,250마력 라이트 R-3350-DA3 터보 컴파운드 슈퍼차저 성형 18기통
최고 속도 607km/h(377mph)

컨스털레이션(별자리)은 1939년 TWA로부터 대서양 횡단 노선에 운항할 항공기로 의뢰받아 개발되었지만, 제2차 세계 대전 기간에는 군용 수송기로 생산되었다. 여압 객실 여객기로는 최초로 광범위하게 운용된 컨스털레이션은 당시로서는 이례적으로 빠른 속도를 자랑했다.

△ 일류신 Il-12 1945년
Ilyushin Il-12 1945
제조국 소련
엔진 2×1,850마력 ASh-82FNV 공랭식 성형 14기통
최고 속도 407km/h(253mph)

라이선스 생산한 DC-3을 대체하기 위해 개발한 Il-12의 삼각 착륙 장치는 지상 주행이나 이착륙에 용이한 설계였다. 일시적으로 디젤 엔진을 탑재한 적이 있지만, 성형 엔진으로 변경했으며 여압 객실을 채택한 수송기로 총 663대가 생산되었다.

▷ 쉬드-웨스트 S.O. 30P 브르타뉴 1945년
Sud-Ouest S.O. 30P Bretagne 1945

제조국	프랑스
엔진	2×2,400마력 프랫앤휘트니 R-2800-CA18 공랭식 성형 18기통
최고 속도	422km/h(263mph)

제2차 세계 대전 시기 프랑스 침공 이후 칸을 거점으로 하는 설계자 그룹이 설계했다. 이 전금속제 수송기는 여객기와 병력 수송기로 병용되었다. 45대가 생산되었다.

△ 더글러스 DC-6 1946년
Douglas DC-6 1946

제조국	미국
엔진	2×2,400마력 프랫앤휘트니 R-2800-CB16 더블 와스프 공랭식 성형 18기통
최고 속도	507km/h(315mph)

제2차 세계 대전 시기 군용 수송기로 설계된 DC-6은 장거리 민간 여객기로도 이상적이었으며, 804대가 생산되었다. 그 가운데 일부는 지금까지 산불 제어, 화물 수송, 군 임무 수행 등 다방면에서 운용되고 있다.

△ 애브로 689형 튜더 2 1946년
Avro Type 689 Tudor II 1946

제조국	영국
엔진	4×1,770마력 롤스로이스 멀린 100 액랭식 V12
최고 속도	515km/h(320mph)

랭카스터 폭격기를 모체로 개발된 영국 최초의 여압 객실 여객기이다. 전장을 7.62미터(25피트) 늘리고 전폭을 30센티미터(1피트) 늘려 24인승이 아닌 60인승으로 설계하여 영국 최대의 항공기로 제작한 것이 이 희귀한 튜더 2였다.

◁ 애브로 652A 앤슨 C19 시리즈 2 1946년
Avro 652A Anson C19 Series 2 1946

제조국	영국
엔진	2×385마력 암스트롱 시들리 치타 17 성형 7기통
최고 속도	303km/h(188mph)

1936년에 취역한 앤슨은 1만 1020대가 생산되어 해양 정찰에서 승무원 훈련까지 다양한 역할로 운용되었다. 영국 왕립 공군은 제2차 세계 대전 시기 C19를 통신과 수송 임무에 운용했다.

▷ 브레게 761 '드-퐁' 1949년
Breguet 761 "Deux-Ponts" 1949

제조국	프랑스
엔진	4×2,000마력 프랫앤휘트니 R-2800-B31 공랭식 성형 18기통
최고 속도	389km/h(242mph)

761은 제2차 세계 대전이 끝나기 전인 1944년에 두 층 사이에 엘리베이터를 설치하는 넓은 2층형 구조(Deux-Ponts)로 설계가 시작되었다. 이 설계는 나온 지 얼마 되지 않아 구식이 되는 바람에 20대만 생산되었지만, 안전성 면에서는 탁월한 기록을 남겼다.

◁ 안토노프 An-2 1947년
Antonov An-2 1947

제조국	소련
엔진	1,000마력 슈베초프 ASh-62IR 슈퍼차저 성형 9기통
최고 속도	258km/h(160mph)

45년이라는 놀라운 장기 생산 이력을 보유한 농업 및 다용도 항공기 An-2는 비행 속도는 느리지만 대단히 견고하며 작은 면적의 비행장에서도 이착륙이 가능했다. 1만 8000대 이상이 생산되었다.

△ 쉬데스트 SE2010 아르마냑 1949년
Sud-Est SE2010 Armagnac 1949

제조국	프랑스
엔진	4×3,500마력 프랫앤휘트니 R-4360-B13 와스프 메이저 공랭식 성형 28기통
최고 속도	495km/h(308mph)

당대 제작된 최대형 민간 항공기의 하나로 꼽히는 SE2010의 거대한 동체는 3층 침대석으로 설계되었지만, 이 형태로는 운용된 적이 없다. 출력이 약하고 항속거리가 짧아 단 9대만 생산되었다.

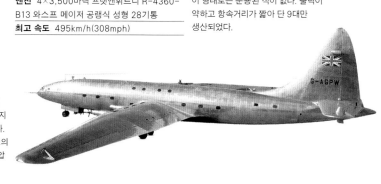

▷ 브리스틀 브라바존 Mk 1 1949년
Bristol Brabazon Mk 1 1949

제조국	영국
엔진	8×2,650마력 브리스틀 켄토러스 공랭식 성형 18기통
최고 속도	482km/h(300mph)

엄청나게 긴 활주로가 필요했던 이 초호화 여객기는 시장에서 환영받지 못해 단 한 대밖에 생산되지 않았다. 최초의 완전 동력조종 장치와 최초의 전기 엔진 제어 장치, 최초의 초고압 유압식 조종면 설계를 채택했다.

전후 경항공기

제2차 세계 대전으로 인해 5년 동안 폐쇄되었던 민간 항공기 생산 라인이지만 1940년대에 생산된 경항공기는 앞으로 60년간의 기본 패턴으로 자리잡는다. 경량에 단순한 모노코크 동체에, 기체 프레임은 점차 금속제를 채택했으며 효율성 높은 수평대향형 공랭식 엔진이 주요 특징이다. 1940년대에 생산된 항공기 다수가 21세기에도 운용되고 있으며, 약간의 개량을 거쳐 다시 생산되는 모델들도 있다.

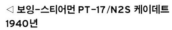

◁ **보잉-스티어먼 PT-17/N2S 케이데트 1940년**
Boeing-Stearman PT-17/N2S Kaydet 1940

제조국 미국

엔진 450마력 프랫앤휘트니 R-985 와스프 주니어 공랭식 성형 9기통

최고 속도 225km/h(140mph)

PT-17은 1934년에 설계되어 제2차 세계 대전 시기에 수천 대가 생산되었는데, 그중 다수가 종전 후 민간 시장으로 나가 판매되었다. 더욱 강력한 엔진이 탑재되어 농업 부문에서 농약 살포기로 운용되었으며 곡예비행 쇼에도 사용되었다.

▷ **러스콤 8A 실베어 래그윙 1941년**
Luscombe 8A Silvaire Ragwing 1941

제조국 미국

엔진 65마력 컨티넨탈 A-65 공랭식 플랫-4

최고 속도 206km/h(128mph)

돈 러스콤이 설계한 모델 8은 모노코크 구조 동체와 전금속제 기체 프레임을 채택한, 1937년 당시로서는 급진적인 항공기였다. 새로운 개념인 수평대향형 (horizontally opposed 혹은 flat) 엔진을 탑재함으로써 전후 초기의 항공기 경향을 선도했다.

△ **에어론카 챔피언 1944년**
Aeronca Champion 1944

제조국 미국

엔진 65-90마력 컨티넨탈 A65-C90 공랭식 플랫-4

최고 속도 160km/h(100mph)

종렬 배치 좌석을 채택한 '챔프'는 설계 효율성이 뛰어나 2007년에 다시 생산을 시작했다. 경쟁 모델이었던 파이퍼 컵보다 속도가 빨랐던 챔프는 전방 좌석에서 단독 비행할 수 있어서 비행 가시거리도 더 좋았다.

△ **오스터 J/1 오토크라트 1945년**
Auster J/1 Autocrat 1945

제조국 영국

엔진 100마력 블랙번 시러스 마이너 또는 145마력 드 하빌랜드 집시 메이저 공랭식 도립형 직렬 4기통

최고 속도 193km/h(120mph)

오토크라트는 전시 관측기 설계에서 파생된 3인승 경항공기로 성공을 거두었다. 21세기에 들어서도 레저용으로 여전히 널리 이용되고 있다. 이 모델은 장거리 비행을 위한 동체 밑 보조 탱크를 탑재했다.

▷ **페어차일드 UC-61K 아르고스 Mk3 1944년**
Fairchild UC-61K Argus Mk3 1944

제조국 미국

엔진 200마력 페어차일드 레인저 공랭식 도립형 직렬 6기통

최고 속도 200km/h(124mph)

전후 개인용 여객기로 인기 있던 튼튼한 소형 항공기, 1932년식 페어차일드 F-24가 영국 왕립 공군 수송 보조 부대에 채택되어 UC-61의 명칭으로 306대 생산되었다. 4인승으로 설계되었으며, 강력한 레인저 엔진을 탑재했다.

◁ **세스나 140 1946년**
Cessna 140 1946

제조국 미국

엔진 85마력 컨티넨탈 C-85-12
공랭식 플랫-4

최고 속도 201km/h(125mph)

세스나 사는 제2차 세계 대전
후 이 현대적인 전금속제 2인승
경항공기로 경쟁에서 앞서갔다.
저렴하고 실용적이며 조작이 쉬웠던
세스나 140은 7,664대가 생산되어
다수가 오늘날까지 비행하고 있다.

△ **마일스 제미나이 1947년**
Miles Gemini 1947

제조국 영국

엔진 2×100마력 블랙번 시러스 마이너 공랭식
도립형 직렬 4기통

최고 속도 233km/h(145mph)

플라스틱 합판으로 제작한 제미나이는 마일스 사의
마지막 양산형 항공기로 제2차 세계 대전이 끝난 직후
개인용 항공기로 높은 인기를 끌었다. 총 170대가
생산되었는데, 대부분 1945~1946년에 만들어졌다.

△ **세스나 195 비즈니스라이너 1947년**
Cessna 195 Businessliner 1947

제조국 미국

엔진 300마력 제이콥스 R-755 공랭식
성형 7기통

최고 속도 298km/h(185mph)

세스나 사의 195 프로토타입이 1945
년에 비행에 성공했는데, 이 고속의
전금속제 5인승 경항공기는 2년 후에
생산에 돌입했다. 플로트 장착도
가능했다. 군용 기종을 포함하여 1,180
대가 생산되었다.

△ **드 하빌랜드 DH 104 도브 1947년**
de Havilland DH 104 Dove 1947

제조국 미국

엔진 2×380마력 집시 퀸 공랭식 도립형
직렬 6기통

최고 속도 370km/h(230mph)

전후 영국에서 가장 성공적이었던 민간
항공기의 하나인 이 단거리 여객기는
542대가 생산되었고 일부는 지금까지
상업적으로 운용되고 있다. 이 도브 항공기는
던롭 타이어(Dunlop Rubber Company)의
항공부 소속으로 처음으로 등록된 모델이다.

△ **파이퍼 PA-12 슈퍼 크루저 1946년**
Piper PA-12 Super Cruiser 1946

제조국 미국

엔진 108-115마력 라이커밍 O-235-C1
공랭식 플랫-4

최고 속도 185km/h(115mph)

1940년에 나온 J5 컵 크루저의 개량
기종인 3인승 PA-12는 견고하고
매끈했으며 바퀴와 스키, 플로트, 다
장착할 수 있게 설계되었다. 현재까지도
개인용 항공기로 큰 인기를 누리고
있다.

▷ **파이퍼 PA-17 베가본드 1948년**
Piper PA-17 Vagabond 1948

제조국 미국

엔진 65마력 컨티넨탈 A-65-8

최고 속도 164km/h(102mph)

PA-17은 파이퍼 사가 전후 첫 설계로
내놓은 1947년식 PA-15(라이커밍 엔진
탑재)를 개량한 모델이다. 날개가 짧은 컵
항공기를 모체로 개발된 P-17은 단순하고
튼튼했고 저렴하게 제조할 수 있었다.

프랫앤휘트니
R-1830 트윈 와스프 엔진

총 17만 8000대 이상이 만들어진 트윈 와스프(군용 항공기에서는 R-1830으로 통한다)는
모든 시대를 통틀어 가장 많이 생산된 항공기 엔진이다. 제2차 세계 대전 시기에 운용된
컨솔리데이티드 B-24에는 대부분 뷰익 사에서 제작한 엔진이 탑재되었다. 이 상징적인
엔진 설계는 1931년에 시작되었지만 생산은 1950년대 중반까지 계속되었다.

점화 도선
28 가닥의 절연 처리된 점화
도선이 각각의 점화 플러그로
고압 전류를 공급한다.

프로펠러 조속기
엔진 속도를 일정하게
유지해 준다.

슈퍼차저 엔진

이 엔진은 공랭식 2열 성형 14기통으로 구성되었다. 모
든 트윈 와스프 엔진은 슈퍼차저(엔진의 동력으로 압출기
를 구동하는 과급기 — 옮긴이) 방식이 채택되었다—일부는
이중 속도(two-speed) 슈퍼차저 방식을 썼고, 그런가 하
면 처음에는 기어 구동 슈퍼차저 방식을 채택했다가 배
기가스로 구동되는(exhaust-driven) 터보 슈퍼차저 방식
으로 강화한 모델이 있었다. 거대한 크랭크축은 마찬가지
로 거대한 롤러 베어링과 스털링 실버—제2차 세계 대전
시기 프랫앤휘트니 사가 개발한 항공기 엔진에 보편적으
로 사용된 베어링 소재—로 제작된 커넥팅 로드 베어링
이 받쳐주었다.

점화 다지관
스물여덟 가닥의 절연 점화 도선이
엔진 전면에 장착된 2개의 자석식
점화 장치(magneto)를 거쳐 점화
하네스로 연결된다.

프로펠러 축
엔진이 발생시키는 동력이 감속기를
거쳐 프로펠러 축으로 전달된다.

엔진 제원	
생산 연한	1932년 말 1950년대
형식	공랭식 14기통 2열 성형 엔진
연료	115/145 등급 항공기용 가솔린(avgas)
동력 출력	2,700 rpm에서 800~1,450마력
중량	652킬로그램(1,438파운드)
배기량	29.998리터(1,830세제곱인치)
내경 행정 비	14센티미터×14센티미터(5.5인치×5.5인치)
압축비	6.7:1

▷ 302~303쪽 피스톤 엔진 참조

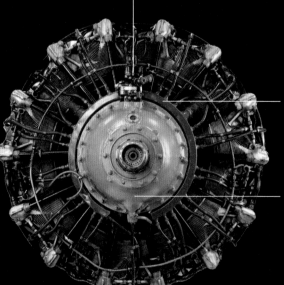

프로펠러 조속기

크랭크케이스
알루미늄으로 주조한 크랭크케이스는 주조
후 잔류 응력을 기계 공정을 통해 제거하여
관리한다. 크랭크케이스에는 실린더 하나 당
하나의 탑재용 패드가 장착된다. 크랭크케이스
내부는 캠 링, 크랭크축, 커넥팅 로드로 구성된다.

돌출부 케이스
돌출부 케이스는 마그네슘으로 주조하며,
프로펠러 감속기와 보기(補器) 구동
장치로 이루어지는데, 보기 구동
장치에는 프로펠러 조속기와 윤활유
소기펌프 등의 요소가 포함된다.

성형(星形) 배치
R-1830은 1열 당 7개의 실린더를 별 같은 형태로 2열로 배열했는데,
이는 제1차 세계 대전 전에 나왔던 초기 로터리 엔진에서 발전한 개념이다.

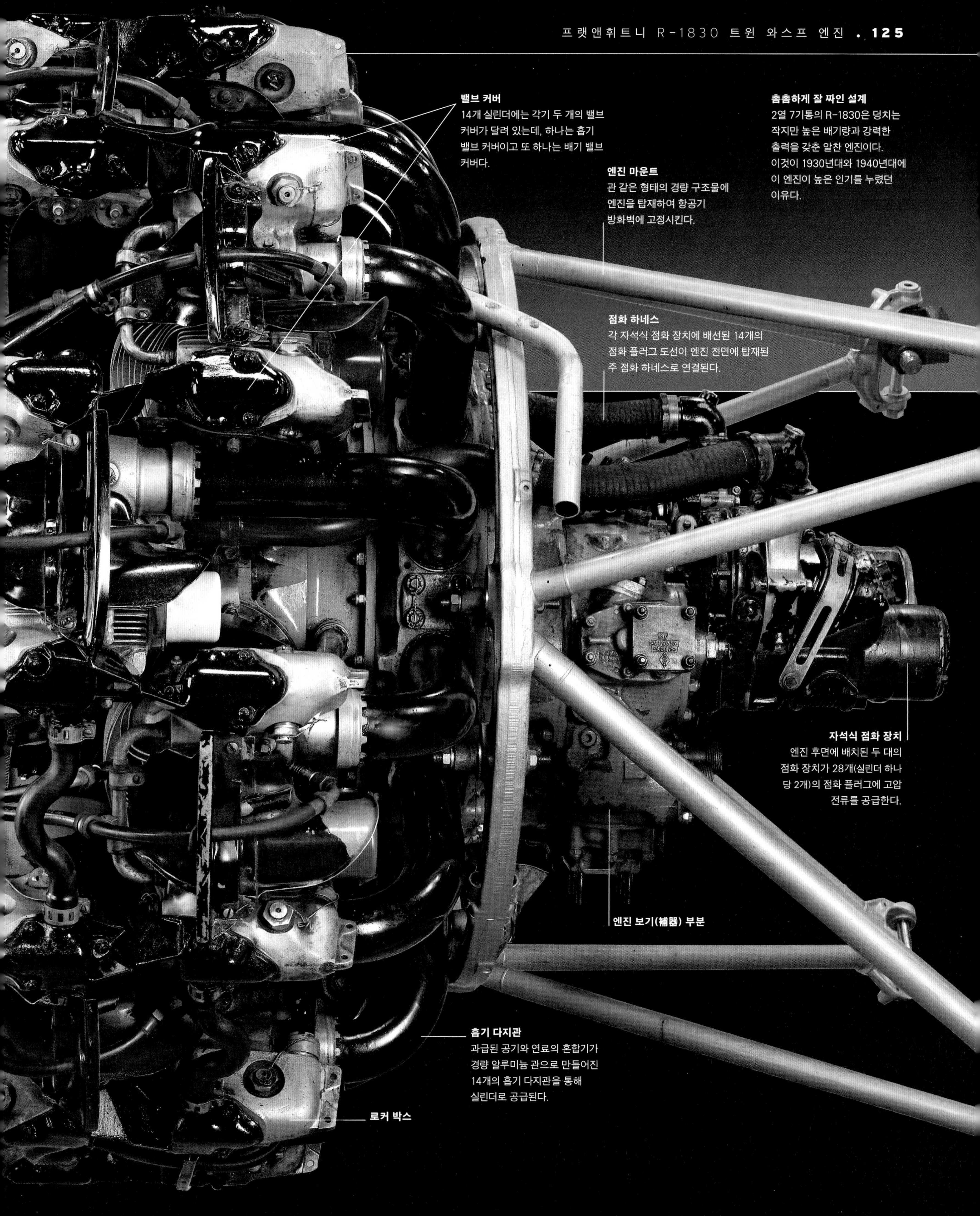

밸브 커버
14개 실린더에는 각기 두 개의 밸브 커버가 달려 있는데, 하나는 흡기 밸브 커버이고 또 하나는 배기 밸브 커버다.

엔진 마운트
관 같은 형태의 경량 구조물에 엔진을 탑재하여 항공기 방화벽에 고정시킨다.

촘촘하게 잘 짜인 설계
2열 7기통의 R-1830은 덩치는 작지만 높은 배기량과 강력한 출력을 갖춘 알찬 엔진이다. 이것이 1930년대와 1940년대에 이 엔진이 높은 인기를 누렸던 이유다.

점화 하네스
각 자석식 점화 장치에 배선된 14개의 점화 플러그 도선이 엔진 전면에 탑재된 주 점화 하네스로 연결된다.

자석식 점화 장치
엔진 후면에 배치된 두 대의 점화 장치가 28개(실린더 하나당 2개)의 점화 플러그에 고압 전류를 공급한다.

엔진 보기(補器) 부분

흡기 다지관
과급된 공기와 연료의 혼합기가 경량 알루미늄 관으로 만들어진 14개의 흡기 다지관을 통해 실린더로 공급된다.

로커 박스

피스톤 엔진의 완성기

1940년대 중반에 이르면 제트 엔진이 항공기 설계에 혁명을 일으켜 많은 영역을 장악하게 되리라는 전망이었지만, 피스톤 엔진이 계속해서 개선되면서 특정 영역에서 두각을 나타냈다. 초기 제트 엔진보다 연비가 높았던 피스톤 엔진은 초장거리를 비행하는 항공기에는 여전히 이상적이었다. 또한 항공 모함을 이용하는 해상 작전 운용에 훨씬 적합했으며, 수상 비행기에도 더 적합했다.

△ **드 하빌랜드 DH 98 모스키토 1940년**
de Havilland DH 98 Mosquito 1940
제조국 영국
엔진 2×1,480마력 롤스로이스 멀린 21/21+23/23 수랭식 V12(후반에는 2×1,690마력 113+114)
최고 속도 589-670km/h(366-415mph)

전 기체를 목재로 제작하여 '나무의 기적 (Wooden Wonder)'이라는 별명을 얻은 DH-98은 1941년 당시 세계에서 가장 빠른 군용기였다. 비무장 고속 폭격기로 고안되어 사진 정찰기에서 전투기까지 많은 역할을 수행했다.

◁ **슈퍼마린 시파이어 F Mk 17 1941년**
Supermarine Seafire F Mk XVII 1941
제조국 영국
엔진 1,850~2,375마력 롤스로이스 멀린/ 그리폰 슈퍼차저 액랭식 V12
최고 속도 623km/h(387mph)
항공모함형 슈퍼마린 스피트파이어인 시파이어('Sea Spitfire'를 줄인 명칭이다)는 1939년에 고안되었지만, 처음에는 개발이 연기되었다. 로켓 보조 이륙 장치와 접이식 날개, 더욱 강력한 엔진으로 점진적으로 개선되었지만, 함공모함 용도로는 충분하지 않았다.

△ **라보츠킨 La-5 1942년**
Lavochkin La-5 1942
제조국 소련
엔진 1,850마력 슈베초프 ASh-82FN 공랭식 성형 14기통
최고 속도 650km/h(403mph)
제2차 세계 대전 때 활약한 이 효율성 높은 러시아 전투기는 모스키토처럼 목재로 제작했는데 연료 분사 기능이 추가된 뒤로는 저공에서 독일 전투기들과 대적하는 성능을 보여 주었다. 9,920대가 생산되었다.

△ **야코블레프 야크-9 1942년**
Yakovlev Yak-9 1942
제조국 소련
엔진 1,650마력 클리모프 VK-107A 슈퍼차저 액랭식 V12
최고 속도 700km/h(435mph)

가볍고 빠르고 조종하기 쉬운 야크-9는 점진적으로 개량되면서 16,769대가 만들어져 소련 전투기 중 최다 생산 기종이 되었다. 날개가 작고 고속이어서 활주로가 길고 착륙 시간이 오래 걸렸다.

△ **노스럽 P-61 블랙위도우 1943년**
Northrop P-61 Black Widow 1943
제조국 미국
엔진 2×2,250마력 프랫앤휘트니 R-2800-5W 더블 와스프 공랭식 성형 18기통
최고 속도 589km/h(366mph)
미국에서 야간 요격을 목적으로 최초로 개발한 모델이자 레이다를 탑재하도록 설계된 최초의 항공기인 블랙 위도우(검은이끼거미)는 여덟 시간까지 고공 비행이 가능했다. 제2차 세계 대전 시기에 광범위하게 운용되었다.

△ **그러먼 F7F-3 타이거캣 1944년**
Grumman F7F-3 Tigercat 1944
제조국 미국
엔진 2×2,100마력 프랫앤휘트니 R-2800-34W 더블 와스프 공랭식 성형 18기통
최고 속도 740km/h(460mph)
제2차 세계 대전 막바지에 취역한 미 해군 최초의 쌍발 전투기이다. 피스톤 엔진 전투기 중에서 가장 빠른 기종의 하나로 꼽히는 타이거캣(Tigercat, 큰살쾡이)은 한국전쟁 때 널리 활약했는데, 지상 작전과 항공 모함 작전에 병행 운용되었다.

◁ **그러먼 F8F 베어캣 1944년**
rumman F8F Bearcat 1944
제조국 미국
엔진 2,100마력(후반 2,250마력) 프랫앤휘트니 R-2800 더블 와스프 공랭식 성형 18기통
최고 속도 678km/h(421mph)

피스톤 엔진을 탑재한 캣 시리즈의 마지막 모델 F8F 베어캣(레서판다)은 중량이 F8F 헬캣보다 20퍼센트 가벼워지고 상승속도는 30퍼센트 빨라졌으며 비행속도는 시속 64킬로미터(시속 40마일) 빨라졌다. 한국전쟁 때 운용되었으며 피스톤 엔진 탑재 항공기 비행속도 신기록을 보유하고 있다.

△ **드 하빌랜드 DH C1 칩멍크 (다람쥐) 1946년**
de Havilland DH C1 Chipmunk 1946

제조국 캐나다/영국

엔진 145마력 드 하빌랜드 집시 메이저 8 공랭식 도립형 4기통

최고 속도 223km/h(139mph)

영국 왕립 공군의 타이거 모스 훈련기를 대체하기 위한 모델로 캐나다에서 설계된 종렬 배치 좌석형 '치피(Chippie)'는 엄청난 성공을 거두었으며, 1950년대에는 민간 항공기로 전환하여 인기를 끌었다. 1,277대가 생산되었다.

△ **페어리 파이어플라이 1944년**
Fairey Firefly 1944

제조국 영국

엔진 1,730마력 롤스로이스 그리폰 2b, 후반에는 2,300마력 그리폰 72

최고 속도 621km/h(386mph)

영국 해군의 함상 전투기이자 정찰기, 공격기로 운용된 파이어플라이(반딧불이)는 1944년에 취역했으며, 대잠수함전과 공습전에서도 활약했다. 파이어플라이는 한국전쟁에 배치되었으며, 1960년대까지 운용되었다.

△ **웨스틀랜드 와이번 1946년**
Westland Wyvern 1946

제조국 영국

엔진 2,690마력 롤스로이스 이글 22 액랭식 플랫-H

최고 속도 616km/h(383mph)

프로펠러 피치로 추력을 제어하면 착함이 용이하다는 것이 밝혀지면서 피스톤 엔진을 탑재했다가 프로토타입에는 터보프롭 엔진 탑재 전투기로 변경되었다.

△ **호커 시 퓨리 1945년**
Hawker Sea Fury 1945

제조국 영국

엔진 2,480마력 브리스틀 켄토러스 17C 슈퍼차저 공랭식 성형 18기통

최고 속도 740km/h(460mph)

시 퓨리(바다의 복수)는 처음에는 경전투기로 고안되었지만 바로 항공 모함에 운용할 수 있도록 전환하고 접는 날개를 채택했다. 효율성이 대단히 높은 것으로 입증되었으며 한국전쟁 때는 제트 전투기를 상대로도 손색없이 임무를 수행했다. 864대가 생산되었다.

◁ **콘베어 B-36J 피스메이커 1946년**
Convair B-36J Peacemaker 1946

제조국 미국

엔진 6×3,800마력 프랫앤휘트니 J47-19 와스프 메이저 28기통 성형 엔진 +4×제너럴 일렉트릭 J47-19 제트 엔진

최고 속도 673km/h(418mph)

최장의 날개 스팬에 양산형 피스톤 엔진을 채택한 세계 최대의 항공기 B-36은 핵폭탄을 탑재하고 1만 4325미터(4만 7000피트) 고도를 유지하며 대륙 간 횡단 비행을 수행할 수 있었다. 1949년에 취역하여 1959년에 퇴역했다.

▷ **그러먼 HU-16A 알바트로스 1949년**
Grumman HU-16A Albatross 1949

제조국 미국

엔진 2×1,425마력 라이트 R-1820-76 사이클론 9 공랭식 성형 9기통

최고 속도 380km/h(236mph)

군용 해상 수색 및 구조기 알바트로스는 견고하고 안정적이어서 격랑 속에서도 착륙할 수 있었으며 제트나 로켓 보조 이륙 장치를 장착했을 때는 2.5~3미터(8~10피트) 해상에서도 이륙이 가능했다. 전 세계에서 운용되었다.

초창기 제트 전투기

제트 엔진이 나오자 전적으로 새로운 유형의 전투기가 등장하기 시작했다. 겉모습부터 근본적으로 달라졌고, 피스톤 엔진을 탑재한 기존 모델들에 비해 현저하게 빨라진 이들 신형 전투기와 폭격기는 항공전의 양상을 영원히 바꿔놓게 된다.

▷ 글로스터 휘틀 E28/39 1941년
Gloster Whittle E28/39 1941

제조국 영국

엔진 추력 294kg(868lb) 파워 제츠 W.1 터보제트

최고 속도 544km/h(338mph)

이 자그마한 제트 전투기 E28/39는 단 두 대밖에 제작되지 않았지만, 영국 최초의 제트 항공기라는 점에서 역사적으로 중요한 기종이다. 엔진을 테스트하기 위한 시험기일 뿐이었지만 그럼에도 모든 면에서 쾌적한 비행 경험을 선사했으며, 성능 또한 준수했다.

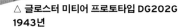

△ 글로스터 미티어 프로토타입 DG202G 1943년
Gloster Meteor prototype DG202G 1943

제조국 영국

엔진 2×추력 1,588kg(3,500lb) 롤스로이스 더웬트 터보제트

최고 속도 668km/h(415mph)

제2차 세계 대전 때 실전에 투입되었던 유일한 연합국 제트 전투기 미티어(유성)는 군용기로 오랜 이력을 쌓으면서 1950년대 중반까지 생산되며 수차례 속도 기록을 수립했다. 여러 국가의 공군에 판매되고, 두 대는 사출 좌석(비상시 조종사가 앉은 채로 항공기 밖으로 튕겨나가 낙하산으로 착지하도록 설계된 조종석—옮긴이) 제조사 마틴-베이커에서 시험기로 운용되고 있다.

△ 메서슈미트 Me262 슈발버 1942년
Messerschmitt Me262 Schwalbe 1942

제조국 독일

엔진 2×추력 898kg(1,980lb) 융커스 유모 004 B-1 터보제트

최고 속도 900km/h(559mph)

당시로서는 대단히 진보한 항공기 슈발버(제비)는 세계 최초로 실전에서 운용된 제트 전투기다. 어떤 피스톤 전투기보다도 월등하게 빨랐지만, 급강하 제동 장치가 없다는 것이 중대한 문제점이었으며, 점보 터보제트 엔진 자체에 신뢰성 문제가 있었을 뿐만 아니라 짧은 수명도 단점이었다.

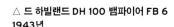

△ 드 하빌랜드 DH 100 뱀파이어 FB 6 1943년
de Havilland DH 100 Vampire FB 6 1943

제조국 영국

엔진 추력 1,520kg(3,350lb) 드 하빌랜드 고블린 3 터보제트

최고 속도 882km/h(548mph)

영국의 유명한 항공기 제조사 드 하빌랜드가 설계하고 생산한 뱀파이어는 영국 왕립 공군의 두 번째 제트 전투기였고 드 하빌랜드 사로는 첫 제트 전투기였다. 기체에 엄청난 양의 목재(합판과 발사 재목)가 사용되었다는 점, 엔진과 기체를 동일 제조사에서 생산했다는 점이 이 항공기의 특이 사항이다.

△ 벨 P-59A 에어러코멧 1944년
Bell P-59A Airacomet 1944

제조국 미국

엔진 2×추력 907kg(2,000lb) 제너럴 일렉트릭 J31-GE-3 터보제트

최고 속도 665km/h(413mph)

에어러코멧은 미국 최초의 제트 항공기다. 대다수 동시대 피스톤 전투기들보다 느렸을 뿐만 아니라 조작성과 안정성 또한 형편없는, 어느 모로 보아도 불완전한 기종이 되고 말았다. 두 기의 다른 엔진을 결합시켜 탑재한 최초의 제트 전투기라는 점이 특기할 만하다.

▷ 하인켈 He162 1944년
Heinkel He162 1944

제조국 독일

엔진 추력 798kg(1,760lb) BMW 003 터보제트

최고 속도 905km/h(561mph)

'폴크스야거(Volksjager, 국민 전투기)'로 불린 He 162는 상대적으로 경험이 부족한 조종사들도 비행할 수 있는 저렴하고 단순한 항공기로 고안되었다. 불행히도, 많은 설계 결함을 안은 채 급히 생산에 돌입했다가 프로토타입이 불과 2차 비행에서 추락했다.

◁ **아라도 Ar 234B-2 1944년**
Arado Ar 234B-2 1944

제조국 독일

엔진 2×추력 500kg (1,103lb) 융커스
점보 004B-1 터보제트

최고 속도 742km/h(461mph)

Ar 234는 세계 최초의 제트 폭격기였다. 장거리
정찰기로 설계된 이 모델은 연합국 항공기가 거의
따라잡은 적이 없을 정도로 빨랐다. 초기 개발
단계에서는 (중량을 줄이기 위해) 동체에 격납하지
않고 운반대를 이용하는 착륙 장치를 채택했다.
실제에서는 비실용적인 것으로 드러나 대부분
바퀴를 장착하는 것으로 변경했다.

▷ **록히드 P-80A 슈팅 스타 1944년**
Lockheed P-80A Shooting Star 1944

제조국 미국

엔진 추력 2,087kg(4,600lb) 앨리슨
J33-9 터보제트

최고 속도 898km/h(558mph)

슈팅 스타는 미국 최초로 실전에 운용된 제트
전투기였다. 제2차 세계 대전 당시에는 유럽에 너무
늦게 들어오는 바람에 전투에 투입되지 못했지만
한국전쟁에서 F-80으로 광범위하게 운용되었다.
전투기로는 얼마 가지 않아 구식이 되어 버렸지만
T-33 제트 훈련기로 개량되어 미 공군과 미 해군에
의해 1970년대까지 현역으로 운용되었다.

△ **리퍼블릭 F-84C 선더제트 1946년**
Republic F-84C Thunderjet 1946

제조국 미국

엔진 추력 2,522kg(5,560lb) 앨리슨
J-35 터보제트

최고 속도 1,000km/h(622mph)

리퍼블릭 사가 개발한 최초의 제트 전투기인
선더제트는 P-47 선더볼트를 제트기로 대체할 모델로
계획되었다. 길고 문제 많은 개발 과정을 거쳐 고성능
전폭기로 진화한 선더제트는 한국전쟁에서 널리
운용되었다. 이 모델은 또한 미 공군의 곡예비행대
선더버즈 소속으로 비행한 첫 항공기였다.

◁ **그러먼 F9F-2 팬서 1947년**
Grumman F9F-2 Panther 1947

제조국 미국

엔진 추력 2,268kg(5,000lb) 프랫앤휘트니 J42-2
터보제트

최고 속도 926km/h(575mph)

그러먼 사에서 개발한 첫 제트 전투기 팬서는 미 해군이
초창기에 운용한 제트기로 한국전쟁에서 실전에
투입되었다. 또한 한국전쟁 기간에 적기를 격파시킨 최초의
미 해군 제트기이기도 하다. 직선날개를 채택한 팬서는
후퇴익을 채택한 미그-15에 밀리는 것으로 평가되었으며,
나중에 후퇴익형으로 쿠거를 개발하여 생산하게 되었다.

▷ **맥도넬 F2H-2 밴시 1947년**
McDonnell F2H-2 Banshee 1947

제조국 미국

엔진 2×추력 1,474kg(3,250lb)
웨스팅하우스 J-34 터보제트

최고 속도 933km/h(580mph)

출력이 형편없이 낮았던 FH-1 팬텀의 파생형인 밴시
(죽음을 경고하는 아일랜드의 여자 정령)에는 훨씬 더
강력한 엔진을 탑재하여 효과적인 전투 폭격기로
거듭났다. 높은 고도에서 뛰어난 성능을 보였으며, 사진
정찰기로도 많이 운용되었다. 캐나다 왕립 해군에서
운용한 유일한 제트 전투기였다.

프랭크 휘틀의 제트 엔진

영국 왕립 공군 준장 프랭크 휘틀(1907~1996년)이 발명한 제트 엔진은 항공 여행에 일대 혁신을 가져와 몇 십 년 전만 해도 상상조차 할 수 없었던 대서양 고속 횡단을 수백만 명에게 실현시켜 주었다. 휘틀은 1920년대에 이 이 엔진 설계도를 영국 공군성에 제출했지만, 받아들여지지 않았다. 휘틀은 좌절하지 않고 '터보제트 엔진'을 발명하여 1930년에 특허권을 받았다. 휘틀의 엔진은 터보 추진식 압축기 바퀴를 이용해 공기를 연소실로 밀어 넣는데, 이 과정에서 연소되어 분출되는 배기제트로 추력을 얻었다. 1936년에 휘틀은 재정 지원을 확보하고 공군성의 승인을 받아 레이체스터셔 러터워스에 파워 제트 사(Power Jets Ltd.)를 설립했다. 한편 비슷한 시기 독일에서 한스 폰 오하인이라는 엔지니어도 제트 엔진을 발명하여 1939년에 비행에 성공했

지만, 특허권 등록이 휘틀보다 늦었다. 현재는 두 사람이 공동으로 제트 엔진 발명가로 인정받고 있다. 휘틀의 엔진은 1945년 5월 15일 이 엔진 탑재를 목적으로 설계된 글로스터 E28/39 프로토타입으로 처음 비행에 성공했다. 이것이 최초의 제트 항공기 글로스터 미티어로 이어졌는데, 미티어는 파워 제트 사가 생산한 W2 엔진을 탑재했다. 제2차 세계 대전이 끝난 뒤에는 터보제트 엔진이 민간 여객기에 탑재되면서 더 큰 항공기로 더 빠른 여행이 가능해졌다. 민간 여객기 부문을 선도한 것은 보잉 사로, 1958년 보잉 707 제트 여객기로 운항을 시작했다.

1946년 프랭크 휘틀(가운데)이 동료 G. B. 보초니와 H. 하버드와 함께 엔진을 시험하고 있다. 다큐멘터리 영화 「제트 추진(Jet Propulsion)」의 한 장면.

초창기 회전익 항공기

전쟁으로 인해 유럽에서는 헬리콥터 기술의 발전이 주춤했다. 독일은
1940년대에 여러 유형의 헬리콥터 수십 대를 제작했지만 자원이 부족하
여 생산은 제한적이었다. 미국에서는 이고르 시코르스키, 프랭크 피아세
키, 아서 영, 스탠리 힐러 같은 선구자들이 오늘날 사용되는 헬리콥터의
전신에 대항하는 기체를 생산함으로써 진보를 이끌었다. 헬리콥터의 윈
치를 이용한 최초의 구조는 1945년 시코르스키 R-5에 의해 이루어졌는
데, 조종을 맡았던 이고르의 사위가 폭풍우를 만나 가라앉던 바지선에
서 두 남자를 끌어올렸다.

▷ **시코르스키 R-4 1942년**
Sikorsky R-4 1942
제조국 미국
엔진 1×200마력 워너 R-500-3
슈퍼 스캐럽 성형
최고 속도 121km/h(75mph)
R-4는 헬리콥터 기술에 한 획을 그은
모델이었다. VS-300을 개량하여 나온
R-4는 진정한 의미의 실용화가 가능한
최초의 헬리콥터이자 최초의 양산
헬리콥터로, 제2차 세계 대전이 끝날
무렵 미군과 영국군에 공급되었다.

△ **켈레트 XO-60 오토자이로 1943년**
Kellett XO-60 autogyro 1943
제조국 미국
엔진 1×330마력 제이콥스 R-915-3 성형
최고 속도 201km/h(125mph)

헬리콥터에 의해 물러나기 전
오토자이로의 마지막 숨결이었던
XO-60은 엔진의 힘으로 회전 날개가
돌아 발생하는 양력으로 기체가
이륙했지만 비행에는 무리가 있어 수
차례 사고가 일어났다.

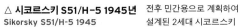

△ **시코르스키 S51/H-5 1945년**
Sikorsky S51/H-5 1945
제조국 미국
엔진 1×450마력 프랫앤휘트니
R-985 와스프 주니어 성형
최고 속도 171km/h(106mph)

전후 민간용으로 계획하여
설계된 2세대 시코르스키
헬리콥터였다. 하지만 민간
시장에 받아들여지기에는 너무
복잡하고 고가였던 까닭에 최대
고객은 미 해군이었다.

△ **켈레트 XR-10 1947년**
Kellett XR-10 1947
제조국 미국
엔진 2×415마력 컨티넨탈
R-975-15 성형
최고 속도 161km/h(100mph)

켈레트 사의 5톤 쌍발 수송 헬리콥터는
야심 찬 프로젝트였지만, 맞물린 회전
날개의 기계 고장으로 자사 소속 시험
조종사가 사망하는 사고가 발생한 뒤
폐기되었다.

△ **P-V 엔지니어링 포럼 PV-2 1943년**
P-V Engineering Forum PV-2 1943
제조국 미국
엔진 1×90마력 프랭클린 공랭식 대향형
최고 속도 161km/h(100mph)
P-V 엔지니어링 포럼 사는 최종적으로
막강한 치누크 헬기의 제조사인 보잉 버톨

(Vertol, Vertical Take Off and Landing, 수직
이착륙) 사에 합병되었다. 프랭크 피아세키
(1919~2008년)가 설계한 실험기 PV-2는
완전한 선택적(수평 방향) 피치 조종과
주기적(수직 방향) 회전 날개 피치
조종을 도입했으며 반(反) 토크
꼬리 회전 날개를 채택했다.

◁ **포케 아흐겔리스 Fa-330 1943년**
Focke Achgelis Fa-330 1943
제조국 독일
엔진 무동력
최고 속도 40km/h(25mph)
하인리히 포케는 정치적으로 의심스럽다는
이유로 포케-불프 사로부터 해고되었지만,
나치는 포케가 헬리콥터 개발 작업을 계속할 수
있도록 했다. 이 Fa-330은 잠수함으로 견인하는
무동력 회전익기로, 함선 관측에 운용되었다.

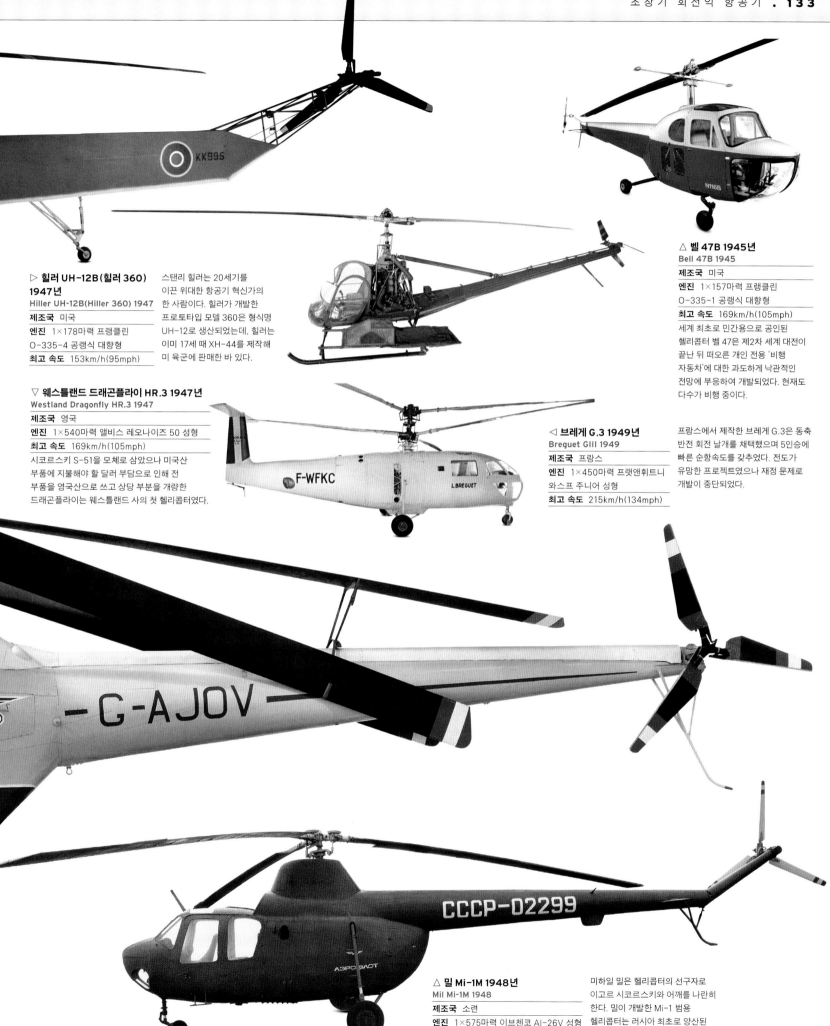

△ **벨 47B 1945년**
Bell 47B 1945

제조국 미국

엔진 1×157마력 프랭클린 O-335-1 공랭식 대항형

최고 속도 169km/h(105mph)

세계 최초로 민간용으로 공인된 헬리콥터 벨 47은 제2차 세계 대전이 끝난 뒤 떠오른 개인 전용 '비행 자동차'에 대한 과도하게 낙관적인 전망에 부응하여 개발되었다. 현재도 다수가 비행 중이다.

▷ **힐러 UH-12B(힐러 360) 1947년**
Hiller UH-12B(Hiller 360) 1947

제조국 미국

엔진 1×178마력 프랭클린 O-335-4 공랭식 대항형

최고 속도 153km/h(95mph)

스탠리 힐러는 20세기를 이끈 위대한 항공기 혁신가의 한 사람이다. 힐러가 개발한 프로토타입 모델 360은 형식명 UH-12로 생산되었는데, 힐러는 이미 17세 때 XH-44를 제작해 미 육군에 판매한 바 있다.

▽ **웨스틀랜드 드래곤플라이 HR.3 1947년**
Westland Dragonfly HR.3 1947

제조국 영국

엔진 1×540마력 앨비스 레오나이즈 50 성형

최고 속도 169km/h(105mph)

시코르스키 S-51을 모체로 삼았으나 미국산 부품에 지불해야 할 달러 부담으로 인해 전 부품을 영국산으로 쓰고 상당 부분을 개량한 드래곤플라이는 웨스틀랜드 사의 첫 헬리콥터였다.

◁ **브레게 G.3 1949년**
Breguet GIII 1949

제조국 프랑스

엔진 1×450마력 프랫앤휘트니 와스프 주니어 성형

최고 속도 215km/h(134mph)

프랑스에서 제작한 브레게 G.3은 동축 반전 회전 날개를 채택했으며 5인승에 빠른 순항속도를 갖추었다. 전도가 유망한 프로젝트였으나 재정 문제로 개발이 중단되었다.

△ **밀 Mi-1M 1948년**
Mil Mi-1M 1948

제조국 소련

엔진 1×575마력 이브첸코 AI-26V 성형

최고 속도 190km/h(118mph)

미하일 밀은 헬리콥터의 선구자로 이고르 시코르스키와 어깨를 나란히 한다. 밀이 개발한 Mi-1 범용 헬리콥터는 러시아 최초로 양산된 회전익기로, 2,500대 이상 생산되었다.

"음속 장벽"을 향하여

제2차 세계 대전 기간에는 항공기 개발에 막대한 자원이 투입되었다. 상대보다 빠른 항공기를 갖는다는 것이 중대한 우위를 의미했기 때문이다. 로켓 엔진을 탑재한 요격기가 전례 없는 비행속도를 보여 주었으며, 급강하 비행하는 피스톤 엔진 항공기는 음속에 가까운 속도를 기록했다. 투자와 연구는 헛되지 않아 후퇴익, 제트 엔진, 램제트 엔진, 로켓 엔진이 속속 등장하면서 음속(마하 1)을 거뜬히 앞질렀다.

▷ 슈퍼마린 스피트파이어 PR Mk10 1944년
Supermarine Spitfire PR MkX 1944

제조국 영국

엔진 1,655마력 롤스로이스 멀린 77 슈퍼차저 액랭식 V12

최고 속도 671km/h(417mph)

날씬한 날개의 스피트파이어는 제2차 세계 대전에 운용된 어떤 피스톤 엔진 항공기보다 높은 마하수를 기록했다. 완전 장착한 Mk10은 오른쪽 이미지의 모델과 흡사한데, 하강 비행에 시속 975킬로미터(시속 606마일), 즉 마하 0.89(음속의 거의 10분의 9)의 속도를 냈다.

▷ 슈퍼마린 스파이트풀 1944년
Supermarine Spiteful 1944

제조국 영국

엔진 2,375마력 롤스로이스 그리폰 69 액랭식 V12

최고 속도 778km/h(483mph)

스파이트풀(앙심)은 스피트파이어를 모체로 삼았지만 신형 층류 날개와 신형 동체를 채택하여 안정성을 강화했다. 스파이트풀은 제트 전투기에 밀려 19대(프로토타입 2대와 완제품 17대)밖에 생산되지 못했다.

▽ 메서슈미트 Me163 코메트 1944년
Messerschmitt Me163 Komet 1944

제조국 독일

엔진 추력 1,701kg(3,750lb) 발터 HWK 109-509A-2 액체 연료 로켓 엔진

최고 속도 960km/h(569mph)

로켓 엔진을 탑재하고 실전에 배치된 유일한 항공기였다. 고공에서 폭격기를 압도하는 속도가 무기였지만, 한두 차례 급강하로 적군의 기체를 공격하고 나면 엔진이 멈추는 약점이 있었다. 하강할 때는 속도가 시속 1,123킬로미터(시속 698마일)에 달했다.

△ 글로스터 미티어 F4 1944년
Gloster Meteor F4 1944

제조국 영국

엔진 2×추력 1,588kg(3,500lb) 롤스로이스 더웬트 V 터보제트

최고 속도 991km/h(616mph)

세계 최초로 생산된 이 제트 전투기는 제2차 세계 대전 후 속도 세계 신기록을 세웠는데, 기존 신기록 시속 755킬로미터(시속 469마일)에서 1946년 시속 975킬로미터(시속 606마일)로 끌어올린 것이다. 상승속도와 체공비행 신기록도 수립했다.

△ 드 하빌랜드 DH 108 스왈로우 1946년
de Havilland DH 108 Swallow 1946

제조국 영국

엔진 추력 1,696kg(3,738lb) 드 하빌랜드 고블린 4 원심 압축 제트 엔진

최고 속도 974km/h(605mph)

108은 (뱀파이어 제트 전투기를 모체로) 세 대가 제작되어 무미익 후퇴익기의 조작성을 테스트했다. 세 대 모두 추락하여 치명적으로 손상되었지만, 마지막으로 제작된 이 기체는 추락 직전 100킬로미터(62마일) 폐회로 비행에서 속도 세계 신기록을 수립했다.

▷ **슈퍼마린 510 1948년**
Supermarine 510 1948

제조국 영국

엔진 추력 2,268kg(5,000lb)
롤스로이스 넨 2 터보제트

최고 속도 1,014km/h(630mph)

후퇴익과 후퇴각 꼬리 날개를
채택한 최초의 영국 항공기이자
항공모함에서 운용된 최초의 후퇴익
항공기이다. 510 프로토타입은
안정성이 떨어졌지만, 슈퍼마린
스위프트 제트 전투기 개발에
한몫했다.

▷ **벨 X-1 1946년**
Bell X-1 1946

제조국 미국

엔진 추력 2,722kg(6,000lb) 리액션
모터스 XLR11-RM3 액체연료 로켓
엔진

최고 속도 1,556km/h(967mph)

수평 비행으로 음속을 돌파한 최초의
항공기, X-1은 로켓 엔진을 탑재했는데,
엔진 연소 시간이 아주 제한적인
엔진이었다. 공중에서 엔진을 점화하여
비행 시간을 극대화하는 방법으로 1947
년 10월 14일 척 예거(1923년~)가 마하
1.06을 기록했다.

△ **르뒤크(Leduc) 0.10 1946년**
Leduc 0.10 1946

제조국 프랑스

엔진 추력 1,474kg(3,520lb)
르뒤크 램제트

최고 속도 800km/h(500mph)

르네 르뒤크(1898~1968년)의 선구적인
램제트 엔진 연구는 대담하게도
제2차 세계 대전 시기 독일 점령군 당국
코앞에서 진행되었으며, 종전 후에
결실을 맺었다. 연구기로 개발된 0.10은
공중에서 엔진을 점화해 비행하여 마하
0.85의 속도를 기록했다.

▷ **더글러스 D-558-2 스카이로켓 1948년**
Douglas D-558-2 Skyrocket 1948

제조국 미국

엔진 추력 1,361kg(3,000lb) 웨스팅하우스 J34-40
터보제트+추력 2,722kg(6,000lb) 리액션 모터스
LR8-RM-6 로켓

최고 속도 1,867km/h(1,160mph)

제트 엔진과 로켓 엔진을 동시 탑재한 D-558-2는 고속
비행 시의 조종성과 안정성을 해결하기 위한 많은 연구와
실험 끝에 스코트 크로스필드(1921~2006년)의 비행으로
1953년 11월 20일에 최초로 마하 2를 돌파했다.

◁ **호커 P1052 1948년**
Hawker P1052 1948

제조국 영국

엔진 추력 2,268kg(5,000lb)
롤스로이스 넨 R.N.2 터보제트

최고 속도 1,098km/h(683mph)

P1052는 35도의 후퇴각을 설정한
실험기로, 두 대가 완성되어 후퇴익기의
특성 연구에 운용되었다. 테스트
프로그램을 운용하는 동안 수평
꼬리날개의 많은 요소를 실험했다.

▷ **사브 J 29 툰난 1948년**
Saab J 29 Tunnan 1948

제조국 스웨덴

엔진 추력 2,753kg(6,070lb) 볼보 에어로
RM2B 터보제트

최고 속도 977km/h(607mph)

'하늘을 나는 술통(Tunnan)'이라는 별명으로
불린 J 29는 전후 스웨덴이 강력한 공군력을
갖추는 데 한몫 거들었다. 독일이 제2차
세계 대전 시기에 진행한 연구의 영향으로
최초의 후퇴익 전투기로 개발되었다. 빠르고
기동성이 높았지만, 초음속까지는 아니었다.

시대를 앞서간 항공기들

전쟁은 항공 기술에 혁신을 가져왔다. 기발한 혁신이 있는가 하면 물에 빠진 사람 지푸라기 잡는 심정에서 나온 혁신도 있었지만, 그 모두가 승기를 잡기 위한 절박한 몸부림의 결과였다. 전선(과 대서양)의 양단, 어느 쪽이 되었건 떠날 수 없었던 숙제가 '전익기(flying wing)'였다. 설계자들은 동체와 꼬리 구조의 '사(死)'하중 부분을 두꺼운 날개면으로 통합해 기체의 양력과 공기역학적 효율성을 높였다. 그 궁극의 성취가 스텔스 폭격기 B-2 스피리트일 텐데, 현실로 실현되기까지 40년이 걸린다.

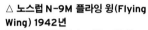

△ 노스럽 N-9M 플라잉 윙(Flying Wing) 1942년
Northrop N9M Flying Wing 1942

제조국 미국

엔진 2×300마력 프랭클린 XO-540-7 슈퍼차저 공랭식 플랫-8

최고 속도 415km/h(258mph)

잭 노스럽(1895~1981년)은 전익기의 비행 특성을 테스트하고 조종사들에게 이 설계에 적응시키기 위해서 이 전익 구조 중폭격기의 3분의 1 축소형을 4대 제작했다. 이 프로젝트는 1989년에 이르러서야 비로소 '스텔스 폭격기'로 결실을 보았다.

△ 노스럽 XP-56 블랙 불리트 1943년
Northrop XP-56 Black Bullet 1943

제조국 미국

엔진 2,000마력 프랫앤휘트니 R-2800-29 공랭식 성형 18기통

최고 속도 749km/h(465mph)

이 혁명적인 전투 요격기는 1939년에 처음 고안된 것으로, 항력을 최소화시키기 위한 해법으로 아주 작은 동체와 아주 조그마한 꼬리날개에 마그네슘 합금제 기체 프레임을 채택했고, H-24형 배치 엔진을 탑재했다. 안정성 결함 문제로 2대만 제작되었다.

▷ 노스럽 YB-49 1947년
Northrop YB-49 1947

제조국 미국

엔진 8×추력 1,814kg(4,000lb) 앨리슨/제너럴 일렉트릭 J35-A-5 터보제트

최고 속도 797km/h(495mph)

잭 노스럽은 전익기를 실용화시키기 위해서 개발에 매달려 실물 크기의 고속 폭격기 프로토타입을 제작했는데, 이 모델에는 프로펠러와 제트 엔진을 탑재했다. 하지만 미국 정부가 이 프로젝트를 진척시키지 않았다.

◁ 마일스 M.39B 리벨룰라 1943년
Miles M.39B Libellula 1943

제조국 영국

엔진 2×140마력 드 하빌랜드 집시 메이저 IC 공랭식 도립 직렬 4기통

최고 속도 164km/h(102mph)

혁신적인 항공기 제조사 마일스 에어크래프트는 혁명적인 폭격기 설계를 테스트하기 위해서 8분의 5 비율로 축소된 이 리벨룰라(대모잠자리)를 제작했다(멀린 엔진이나 터보제트 엔진을 탑재하는 설계였다). 기체 후방에 주날개 이외에 전방에 주날개보다 낮은 날개를 배치했는데, 시험 비행 결과는 무난했다.

▽ 핸들리 페이지 HP75 맹크스 1943년
Handley Page HP75 Manx 1943

제조국 영국

엔진 2×140마력 드 하빌랜드 집시 메이저 공랭식 도립형 직렬 4기통

최고 속도 241km/h(150mph)

1930년대에 처음 고안된 맹크스(맹크스고양이)는 부분 후퇴익과 날개끝 방향타를 채택하고 '추진식' 엔진 2기를 탑재했다. 다트 에어크래프트 사가 하청을 받아 프로토타입을 제작했는데, 심각한 문제가 발생하여 1943년까지 비행이 불가능했다. 비행 테스트는 1946년에 종결되었다.

△ 웨스틀랜드 웰킨 Mk I 1944년
Westland Welkin Mk I 1944

제조국 영국

엔진 2×1,233마력 롤스로이스 멀린 76/77 슈퍼차저 액랭식 V12

최고 속도 620km/h(385mph)

웰킨(창공)은 여압 객실, 방열 스크린, 산소 탱크, 거대한 날개를 채택하여 고도 1만 3716미터(4만 5000피트) 상공에서 요격 임무를 수행하기 위한 항공기로 설계되었다. 고공 폭격이 더 이상 큰 위협이 되지 못했던 까닭에 소량 생산으로 끝났다.

△ 호르텐 H6 V2 1944년
Horten HVI V2 1944

제조국 독일

엔진 무동력

최고 속도 200km/h(124mph)

라이마르 호르텐(1915~1993년)은 동체나 꼬리날개가 없는 후퇴익 항공기를 실험했다. 이 글라이더의 조종사는 무릎을 절반 굽힌 자세로 비행해야 했으며 높은 고도에서 비행하기 위해서 산소 탱크와 여압 장비, 방열 장갑이 필요했다.

▽ **제너럴 에어크래프트 GAL.56 1944년**
General Aircraft GAL.56 1944

제조국 영국
엔진 무동력
최고 속도 미상

1943년 영국 정부는 무미익기 개념을 테스트하기 위해 후퇴각을 각각 다르게 설정한 무동력 항공기 네 대를 발주했다. 심각한 실속 문제가 발생하면서 이 프로젝트는 취소되었다.

△ **마틴-베이커 MB 5 1944년**
Martin-Baker MB 5 1944

제조국 영국
엔진 2,340마력 롤스로이스 그리폰 83 슈퍼차저 액랭식 V12
최고 속도 740km/h(460mph)

동축반전식 3깃 회전 날개 프로펠러와 최신 롤스로이스 엔진을 신형 강관 동체에 탑재한 MB 5는 스피트파이어보다 우수했다고 전해지지만, 영국 정부는 제트 전투기 개발을 지원하기로 결정했다.

▷ **암스트롱 휘트워스 AW52 1947년**
Armstrong Whitworth AW52 1947

제조국 영국
엔진 추력 2,268kg(5,000lb) 롤스로이스 넨 터보제트
최고 속도 805km/h(500mph)

4발에서 6발 전익기 개념을 연구하기 위해 세 대의 실험기가 제작되었다. 한 대는 글라이더, 두 대는 제트 엔진을 탑재했다. 세 대 모두 계획된 항공기의 절반 크기 축소 모델로 제작되었는데, 시험 비행 결과는 실망스러웠다.

△ **애브로 707 1949년**
Avro 707 1949

제조국 영국
엔진 추력 1,633kg(3,600lb) 롤스로이스 더웬트 8 터보제트
최고 속도 752km/h(467mph)

애브로 벌컨(불의 신 불카누스)의 절반 크기 축소형 테스트 기체로 제작된 707은 굵직한 삼각날개의 무미익 기체가 특히 저속에서 비행할 때 나타나는 특성을 연구하기 위한 모델이었다. 다섯 대가 제작되어 현재 세 대가 보존되어 있다.

▽ **쉬드-웨스트(SNCASO) SOM2 1949년**
Sud-Ouest SOM2 1949

제조국 프랑스
엔진 추력 1,588kg(3,500lb) 롤스로이스 더웬트 5 터보제트
최고 속도 950km/h(590mph)

SOM2는 SO4000 폭격기의 비행 특성을 테스트하기 위해 제작된 실험기였지만, 폭격기 개발이 취소되자 서보시스템(오류 감지 피드백을 통해 기계의 작동 상태를 수정하는, 일종의 자동제어 장치—옮긴이) 테스트에 사용되었다. 시속 1,000킬로미터(시속 621마일)를 돌파한 최초의 프랑스 항공기였다.

하버드로도 불리는 노스 아메리칸 T-6
은 제2차 세계 대전 시기 훈련기로
운용되었다.

위대한 항공기 제조사
노스 아메리칸

노스 아메리칸 사는 보잉 사나 더글러스 사만큼 많이 알려진 이름은
아닐지라도 세계에서 가장 유명한 항공기 네 기종을 생산한 제조사다.
가장 놀라운 항공기의 하나로 꼽히는 최고 속도 마하3의 거대한 6발
전략 폭격기 XB-70 발키리를 만든 것도 노스 아메리칸이었다.

노스 아메리칸 사의 시작은 미국의 다른 위대한 항공기 제조사들과 달리 항공기 제조업이 아니라 항공사와 항공기 제조사 인수와 주식 매매, 그리고 그밖의 항공 관련 사업체였다. 설립자는 델라웨어의 투자가 클레멘트 키스는 커티스 라이트 사(Curtiss-Wright Corporation)와 TWA도 설립하여 때로 "미국 민간 항공의 아버지"로도 불린다. 하지만 1934년 제정된 항공우편법이 실행되면서 그런 지주회사들은 해체되고 대신 제임스 '더치' 킨들버거와 수석 엔지니어 리 애트우드(두 사람 모두 더글러스 사로부터 스카웃되었다)의 지휘 하에 노스 아메리칸 사를 메릴랜드 볼티모어에서 캘리포니아 남부로 이전하고 항공기 제조사로 변신했다. 이 변화로 노스 아메리칸 사는 몇 가지 이점을 누릴 수 있었다. 캘리포니아의 좋은 기후 조건으로 인해 시험 비행에 방해 받을 일이 적어졌으며, 로스앤젤레스의 넓은 땅에 더글러스 사, 록히드 사, 노스럽 사를 포함하

클레멘트 멜빌 키스
(1876~1952년)

여 다른 항공기 제조사들이 이미 입주해 있어서 고급 인력을 구하기가 쉬워진 것이다. 노스 아메리칸 사는 우선 사업 방향을 훈련기 제조로 특화시켰다. 그렇게 해서 탄생한 T-6은 하버드와 텍산 등 다양한 명칭으로 불리면서 엄청난 성공을 거두었다. 대부분 국가의 공군이 복엽기를 운용하던 시절에 T-6는 대단히 진보한 기종이었다. 밀폐형 조종실, 접개들이 착륙 장치, 가변피치 프로펠러를 채택한 강력한 단엽기 T-6는 제2차 세계 대전 세대 전투기로 바꿔 타야 할 조종사들을 준비시키는 데 완벽해 1만 7000대 이상이 생산되었으며 가장 많이 판매된 군용 훈련기가 되었다.

1940년 노스 아메리칸 사는 영국이 요구한 제원에 맞추어 P-51을 생산하는데, 주문 일자에서 초도 비행 일자까지 단 149일이라는 놀라운 기간 안에 이루어낸 성과였다. 롤스로이스 멀린 엔진을 탑재하고 미 육군 항공대의 폭격기를 호위하여 베를린까지 날아갈 항속거리를 갖춘 P-51은 제2차 세계 대전에서 전세를 뒤바꿔 놓는 중대한 항공기가 된다. 루프트바페의 총사령관 헤르만 괴링은 "베를린 상공에 머스탱이 보이는 순간, 호시절은 끝났음을 직감"했다고 말한 것으로 전해진다. 노스 아메리칸 사는 B-25 미첼도 제작했다. 이 폭격기는 1942년 4월 14일 '둘리틀 공습'으로 불후의 명성을 얻는데, B-25 열여섯 대가 항공 모함 USS 호네트에서 출발하여 도쿄를 폭격한 작전이었다. 제2차 세계 대전 동안 노스 아메리칸 사는 놀라운 속도로 성장하지만, 다른

모든 군수 업종과 마찬가지로 연합국이 승전한 뒤 사세가 급격하게 기울었다. 전쟁 중에는 8,000대를 넘어가던 주문이 단 몇 달 만에 24대로 줄어든 것이다. 1945년에 9만 1000명이던 직원 수도 이듬해에는 5,000명으로 급감했다.

이 무렵 노스 아메리칸 사는 신형 제트 전투기 XP-86을 개발하고 있었다. 초기 풍동 실험 데이터 분석으로 이미 군에 배치되어 운용 중인 록히드 슈팅 스타보다 빠르지 않다는 결과가 나오자 노스 아메리칸 사는 독일에서 수집한 데이터를 활용하여 날개 형태를 후퇴익기 설계로 변경했다. 그만큼 생산은 지연되었지만, 보람이 있었다. F-86 세이버는 (비록 급강하 비행 때뿐이지만) 음속보다 빠른 속도를 내는 최초의 전투기이자 서방에서 가장 많이 생산된 제트 전투기가 되는데, 미국, 오스트레일리아, 캐나다, 이탈리아, 일본에서 약 9,800대 제작되었다.

P-51 머스탱
전설적인 P-51 머스탱은 제2차 세계 대전 시기 미 공군의 독일군 공습 작전 때 폭격기 호위 임무에 운용되었으며, 영국 왕립 공군의 전투기로도 운용되었다.

주권(株券)
노스 아메리칸 사는 제2차 세계 대전 종전으로 주문량이 감소하자 1948년 상장회사가 되었다. 이것은 1965년에 발행한 노스 아메리칸 사의 주권이다.

여성 노동자
제2차 세계 대전 시기 연합군이 운용한 B-25 미첼 폭격기는 종전 이전까지 1만 대 가까이 생산되었다. 그 가운데 다수가 여성 노동자들의 손으로 만들어졌다.

T-6 텍산

1928	클레멘트 키스가 미국 델라웨어에 본사를 둔 항공 지주회사로 노스 아메리칸(North American Aviation) 설립
1935	노스 아메리칸이 제임스 '더치' 킨들버거와 리 애트우드에 의해 제조사로 전환, 본사를 로스앤젤레스 마인스 필드(현재의 로스앤젤레스 공항)로 이전
1938	T-6 프로토타입 초도 비행. 군용 훈련기로 가장 널리 생산됨
1940	B-5 미첼과 P-51 머스탱, 두 기종의 초도 비행이 모두 이해에 이루어짐. 이 두 기종의 총 생산 대수가 최종적으로 2만 5000대를 넘어섬

B-25 미첼

1942	지미 둘리틀 중령이 지휘하는 B-25 미첼 편대가 항공모함 USS 호넷에서 출발하여 도쿄 폭격. P-51에 롤스로이스 멀린 엔진을 탑재하면서 성능이 크게 향상
1945	B-25 한 대가 뉴욕의 엠파이어 스테이트 건물에 충돌
1947	F-86 세이버 프로토타입 XP-86이 초도 비행 수행
1950	한국전쟁 발발. 미그-15가 등장하자 세이버 전투기 비행대대가 한국으로 급파되어 이 소련의 후퇴익 전투기와 맞섬

P-51 머스탱

1954	노스 아메리칸 사의 수석 시험 비행사 조지 '위티스' 웰치가 F-100A 슈퍼 세이버의 추락사고로 사망. 사고의 원인이 설계 결함으로 밝혀지면서 대폭적인 재설계가 불가피해짐.
1959	노스 아메리칸 사의 수석 시험 비행사 스코트 크로스필드, X-15 로켓 항공기로 초도 비행 수행
1960	리 애트우드 최고 경영자 취임
1962	'더치' 킨들버거 사망
1963	NASA 소속 시험 비행사 조 워커, X-15로 35만 10만 8000미터(4000피트) 상공 비행

F-86 세이버

1964	마하3급 6발 폭격기 XB-70 발키리 시험 비행 시작
1966	발키리 한 대가 F-104 스타파이터와 공중 충돌해 두 기체 다 추락
1967	발사대 화재로 아폴로 1호에 탑승한 승무원 사망. 사고의 일부 원인이 노스 아메리칸 사의 책임으로 규명됨
1973	로크웰-스탠더드 사가 인수합병을 거쳐 로크웰 인터내셔널 사가 됨
1996	로크웰 인터내셔널 사, 보잉 사에 인수
1999	리 애트우드 사망

"항공기는 **바보라도 설계**할 수 있지만 바보라도 **제작**할 수 있는 항공기는 **천재만이 설계**할 수 있다."

제임스 '더치' 킨들버거

F-4 퓨리
F-4 퓨리는 F-86 세이버가 진화한 후퇴익 전투 폭격기였다.

노스 아메리칸 사는 세이버 항공기의 성공에 힘입어 F-100 슈퍼 세이버를 내놓았다. 극도로 빨랐지만(수평 비행에서 초음속을 낸 최초의 제트 항공기였다) 안정성에 문제가 있었는데, 1954년 10월 12일에 초기 생산 모델 한 대가 추락하여 노스 아메리칸 사의 수석 시험 비행사 조지 '위티스' 웰치가 사망했다. 이후로 여러 건의 사고로 F-100 여러 대를 손실한 뒤 수백만 달러의 비용을 들여 안정판 설계를 대폭 수정했다. 노스 아메리칸 사는 항공기 역사상 가장 인상적인 실험기로 꼽힐 X-15도 제작했다. 이 로켓 엔진 항공기는 세 대가 제작되었는데, 총 199회 시험 비행 중 한 번의 치명적 사고로 한 대를 잃었다. X-15는 10만 8000미터(35만 4000피트)의 고도 기록과 시속 7,273킬로미터(시속 4,519마일)의 초고속 비행속도를 비롯하여 다수의 신기록을 수립했다. 이 고도 기록은 2004년에 이르러 비로소 스페이스십원(SpaceShipOne, 스케일드 컴포지트 사가 제작한 유인 우주선)에 의해 깨졌으며, 비행속도 기록은 아직까지 최고 자리를 지키고 있다. X-15 프로그램을 통해 축적된 데이터는 극초음속 비행 연구의 주된 자료로 활용되고 있다. 노스 아메

리칸 사는 1960년대에도 놀라운 항공기, XB-70 발키리를 내놓았는데, 시속 3,675킬로미터(시속 2,284마일)의 속도로 고도 2만 1336미터(7만 피트) 상공을 순항하도록 설계된 거대한 6발 폭격기였다.

당시 미국의 다른 많은 거대 항공기 제조사들처럼 노스 아메리칸 사도 우주선 프로젝트로 사업을 다각화하면서 로켓과 미사일 개발을 시작했는데, 달 탐사 우주선 아폴로의 사령선과 기계선(Command Module/Service Module, CSM), 아폴로를 발사시킬 로켓 새턴 5호(Saturn V)의 제2단을 노스 아메리칸 사가 제조했다. 불운하게도 1967년 발사대에서 시험 도중 아폴로 1호가 화재로 파괴되었는데, 화재의 일부 원인이 노스 아메리칸 사의 책임으로 규명되었다. 같은 해에 로크웰-스탠더드 사와 합병되어 노스 아메리칸 로크웰 사가 설립된다. 노스 아메리칸 사의 엔지니어들은 B-1 폭격기와 우주왕복선(Space Shuttle)을 포함하여 계속해서 획기적인 항공기와 우주선을 개발했다. 1973년에 '노스 아메리칸'을 떼어내고 로크웰 인터내셔널이 되었고, 1996년에 보잉 그룹 산하 방위 산업 및 항공 우주 사업부에 인수되었다.

1950 년대

1950년대는 바야흐로 제트 엔진의 시대였다. 최고 속도 기록이 수립되었고, 1952년 제트 엔진 여객기가 최초로 취항한 것이다. 드 하빌랜드 코멧 1이 그 주인공이다. 1950년대 말쯤에는 비행기가 매일 대서양을 횡단하기 시작했고, 발맞추어 항공기 승객도 늘어났다. 1958년 팬암이 대서양 횡단 시장에 보잉 707을 투입하면서 보악(BOAC)의 코멧 4와 일전을 벌였다. 전자 제어 및 항행 시스템이 발달하면서, 1950년대에는 비행이 그 어느 때보다 더 안전한 활동으로 자리를 잡았다.

제트 엔진 전투기

제2차 세계 대전은 과연 엄청난 사건이었다. 제트 엔진이 비약적으로 발달하는 유산을 남긴 것이다. 전투기들은 이제 제트 엔진 동력으로 기동을 해야 경쟁력을 갖출 수 있었다. 초음속 비행도 제트 엔진 덕택에 가능했다. 영국에서는 불과 두세 제조업체만이 항공기를 만들고 있었지만, 한반도 상공에서는 미국과 소련의 전투기들이 항공 기술을 연마하고 있었다. 제작 비용이 치솟았고, 작은 국가 공군들의 경우는 1950년대 전투기들이 수십 년간 계속 취역했다.

◁ **노스 아메리칸 F-86A 세이버 1949년**
North American F-86A Sabre 1949

제조국	미국
엔진	2,359kg(5,200lb) 스러스트 제너럴 일렉트릭 J47-GE-7 터보제트
최고 속도	1,102km/h(685mph)

소련의 미그-15와 맞먹는 미국 유일의 후퇴익 전투기다. 세이버가 천음속을 낼 수 있었던 것은 제2차 세계 대전 후 독일의 항공 공학자들한테서 탈취한 연구 자료를 이용했기 때문이다. 1947년 첫 비행을 했고, A 시리즈는 1949년부터 근무했다.

△ **노스 아메리칸 F-86H 세이버 1953년**
North American F-86H Sabre 1953

제조국	미국
엔진	2,681kg(5,910lb) 스러스트 제너럴 일렉트릭 J47-GE-27 터보제트
최고 속도	1,115km/h(693mph)

세이버는 지속적으로 개발되었고, 미그기 역시 개량되었음에도 계속 경쟁력을 유지할 수 있었다. 엔진의 출력이 높아졌고, 날개의 융통성이 강화되었으며, 저고도 폭격 체계를 갖추고 핵무기를 실을 수 있는 설비가 있었다.

◁ **드 하빌랜드 DH112 비놈 마크4 1952년**
de Havilland DH112 Venom Mk4 1952

제조국	영국
엔진	2,200~2,336kg(4,850~5,150lb) 스러스트 드 하빌랜드 고스트 103/105 터보제트
최고 속도	1,030km/h(640mph)

비놈은 뱀파이어를 개량해 더 강력한 엔진이 달렸고, 날개도 더 얇았다. 처음에는 단좌의 전투 폭격기로 제작되었으나, 이후 2인승 야간 전투기도 나왔다. 둘 다 성공을 거뒀다.

▷ **드 하빌랜드 DH115 뱀파이어 T11 1952년**
de Havilland DH115 Vampire T11 1952

제조국	영국
엔진	1,588kg(3,500lb) 스러스트 드 하빌랜드 고블린 35 터보제트
최고 속도	882km/h(548mph)

1945년 처음 도입되어 성공을 거둔 이 초창기 제트기는 개량을 거듭했고, 사진과 같은 2인승 연습기가 탄생했다. 뱀파이어는 1966년까지 계속 사용되었으며 3,268대가 생산되었다.

△ **글로스터 미티어 F 마크8 1949년**
Gloster Meteor F Mk8 1949

제조국	영국
엔진	2×1,588kg(3,500lb) 스러스트 롤스로이스 더웬트 8 터보제트
최고 속도	991km/h(616mph)

영국 최초의 제트 전투기로 수천 대 생산되었다. 결정판이라 할 F8의 경우, 새로운 꼬리모두개에 동체도 팽대시켰다. 오스트레일리아 공군이 한국 전쟁에서 F8을 운용했고, 전 세계 여러 나라 공군에 취역했다.

△ **글로스터 미티어 NF.14 1953년**
Gloster Meteor NF.14 1953

제조국	영국
엔진	2×1,723kg(3,800lb) 스러스트 롤스로이스 더웬트 9 터보제트
최고 속도	941km/h(585mph)

1950년에 개발된 미티어의 야간 전투기 별형은 날개가 더 길었고, 기수 부분을 확장해 공중 요격 레이다를 집어넣었다. 초기 버전이 수에즈 위기 때 사용되었고, 사진은 최종 버전이다.

◁ **미코얀-구레비치 미그-17 1951년**
Mikoyan-Gurevich MiG-17 1951
제조국 소련
엔진 2,289~3,367kg(5,046~7,423lb) 스러스트 클리모프 VK-1F 애프터버너 터보제트
최고 속도 1,145km/h(711mph)
미그-15를 개량한 미그-17은 가장 큰 성공을 거둔 천음속 전투기 가운데 하나다. 애프터버너를 보탠 덕분으로, 미그-17은 1960년대에도 여전히 위력적이었다. 중국이 1966년부터 1986년까지 일부를 제작했다.

△ **슈퍼마린 어태커 F.1 1951년**
Supermarine Attacker F.1 1951
제조국 영국
엔진 2,268kg(5,000lb) 스러스트 롤스로이스 네네 터보제트
최고 속도 950km/h(590mph)
1946년 시험 비행 과정에서는 지상 발진 전투기였지만, 영국 해군 최초의 제트 전투기 자리를 꿰찼다. 하지만 어태커는 이착륙 장치의 후미 바퀴 때문에 항공 모함에서 사용하기가 안 좋았다. 185대 제작되었다.

◁ **슈퍼마린 시미터 F.1 1957년**
Supermarine Scimitar F.1 1957
제조국 영국
엔진 2×5,103kg(11,250lb) 스러스트 롤스로이스 에이번 202 터보제트
최고 속도 1,185km/h(736mph)
쌍발의 이 해군 전투기는 크기가 무척 컸고, 항공 모함이 수용하기가 벅찼다. 기계 결함이 많은 것도 문제였다. 제작된 76대 가운데 절반 이상을 사고로 잃었다.

▽ **암스트롱 휘트워스 시 호크 1953년**
Armstrong Whitworth Sea Hawk 1953
제조국 영국
엔진 2,359kg(5,200lb) 스러스트 롤스로이스 네네 103 터보제트
최고 속도 965km/h(600mph)
호커의 프로토타입 제트기가 처음 하늘을 난 것은 1947년이었다. 영국 해군이 항공 모함에서 발진시킬 필요성을 거론하자, 접는 날개 방식으로 개작되어 1953년 취역했다. 수에즈 위기 때 활약했다.

▷ **호커 헌터 F 마크 1 1954년**
Hawker Hunter F Mk1 1954
제조국 영국
엔진 3,447kg(7,600lb) 스러스트 롤스로이스 에이번 113 터보제트
최고 속도 1,130km/h(702mph)

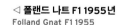

시드니 캠(Sydney Camm)의 헌터는 가장 탁월한 성능으로 가장 오랫동안 복무한 초창기 제트 전투기 가운데 하나다. 소형으로 옹골진 롤스로이스 에이번 엔진이 동력을 제공했다. 1951년 첫 비행을 했고, 프로토타입이 1953년 시속 1,171킬로미터의 속도로 비행 속도 세계 신기록을 수립했다.

▷ **글로스터 재블린 FAW.5 1956년**
Gloster Javelin FAW.5 1956
제조국 영국
엔진 2×3,765kg(8,300lb) 스러스트 암스트롱 시들리 사파이어 SA.6 터보제트
최고 속도 1,133km/h(704mph)

◁ **폴랜드 나트 F1 1955년**
Folland Gnat F1 1955
제조국 영국
엔진 2,134kg(4,705lb) 스러스트 브리스틀 오르페우스 701 터보제트
최고 속도 1,120km/h(695mph)

'테디' 페터(Teddy Petter)의 단좌 F1은 경량 전투기로 설계되었고, 인도, 핀란드, 유고슬라비아로 판매되었다. 영국 공군이 2인승의 T1 연습기를 주문했고, 소속된 레드 애로스(Red Arrows) 곡예비행단이 그 훈련기를 사용했다.

설계상으로 보면, 삼각익이 굉장히 넓었고, 수직 안정판이 T자형으로 크게 달렸다. 독특한 외양의 이 전천후 요격기가 첫 비행을 한 것이 1951년으로, 실속 사안을 극복하기 위한 개량이 오랫동안 이루어졌고 1956년부터 1968년까지 영국 공군이 사용했다.

F-86 세이버

후퇴익에 기수를 벌리고 있으며 조종석 덮개가 둥글다. F-86 세이버(F-86 Sabre)는 역사상 가장 독특하고, 또 크게 성공을 거둔 제트 전투기 중의 하나다. 제2차 세계 대전에 투입된 전투기 조종사들이 노스 아메리칸의 P-51을 몰면서 전투 의지를 다졌다면, 후속 세대 공군 조종사들은 같은 회사의 차세대 전투기 F-86 세이버를 타고 한반도로 날아갔다. 세이버는 민첩했고, 소련의 엇비슷한 전투기 미그-15와 공중에서 난투를 벌였다.

미 공군이 중거리 주간 전투기 겸 호위 전투기를 필요로 했고, 노스 아메리칸의 F-86이 그 결과물이었다. 제트 엔진과 후퇴익이 돋보이는데, (영국과 독일이 각각 개발한) 이 두 가지 기술이 제2차 세계 대전 때 결실을 보았던 것이다.

그 결과로 탄생한 F-86은 제트 엔진을 장착한 낮은 날개 전투기였다. 기수가 독특한데, 흡입구로 직류하는 공기를 엔진에 주입했고, 동체 후부의 미관(尾管,tailpipe)으로 연소 가스가 빠져나갔다. 프로토타입 XP-86이 처음 하늘을 난 게 1947년 10월이었고, 다음 해에 마하 1을 돌파했다.

빠르고 민첩한 F-86A 세이버는 1949년 초 미 공군에 취역했고, 북한군이 1950년 6월 남한을 침공하자 최전선에 투입되었다. 역시 최첨단이었던 소련 전투기 미그-15와의 공중 난투가 필연이었는데, 공중전에서 미국의 이 날렵한 전투기가 적을 상대로 거둔 승리 대 손실 비율은 4대 1을 조금 넘었다.

뒤에서 본 모습

앞에서 본 모습

수직 꼬리 날개와 수평 꼬리 날개
모두 35도 후퇴익이다.

35도 후퇴익

절개면이 타원형인 **동체**는 최금속의 응력 외피이고, 접시 머리 리벳을 박아 잇고 고정했다.

조종석 덮개가 둥글어서 사방으로 가시 능력이 탁월했다.

M-3 기관총 총당 267발 장전

U.S. AIR FORCE
8178

FU-178

고온을 견디도록 제작한 **제트류 파이프**

측방 에어 브레이크가 동체 양쪽으로 달려 있다.

슬로트 **날개 플랩**은 동체에서 보조익(aileron)까지 횡방향으로 부착되어 있고, 양력을 높여 준다.

이착륙 장치는 유압으로 작동하고, 전기적으로 제어된다.

앞바퀴가 들어가는 **문**

제원			
모델	노스 아메리칸 F-86A 세이버, 1949년		일렉트릭 J47-GE-7 터보제트
제조국	미국	날개 스팬	11.3미터(37피트 11½인치)
생산	554대	전장	11.4미터(37피트 6인치)
구조	알루미늄과 강철	항속 거리	1,255킬로미터(785마일)
최대 중량	6,400킬로그램(1만 4108파운드)	최고 속도	시속 1,102킬로미터(시속 685마일)
엔진	2,359킬로그램(5,200파운드) 스러스트 제너럴		

최첨단

당대의 미국 전투기 대부분과 같이 F-86A는 0.5
인치 기관총 여섯 정이 장비되었다. 기관총은 분당
약 1,100발의 속도로 사격할 수 있었다.

외장

F-86A의 설계를 보면, 비율과 배분이 대단히 좋다. 죄다 금속이고, 접시 머리 리벳으로 이어붙였으며, 절단면이 타원형인 동체는 공력 특성이 우수했다. 세이버는 엔진이 동체 안에 위치했고, 기수의 커다란 흡입구로 공기를 주입했기 때문에, 기체에 항력을 발생시키는 엔진 포드나 나셀이 없었고, 결과적으로 조종성이 매우 좋았다. 이 비행기는, 주륜을 동체 안으로 집어넣어야 했기 때문에, 이착륙 장치의 트랙이 꽤 좁았다.

1. 기장이 도색되어 있다. 2. 좌현의 세 총안 가운데 하나
3. 조종석에 탑승할 때 이용하는 우묵한 발판 4. 유압으로 작동되는 앞바퀴 5. V자형 바람막이(프로토타입에서는 둥글었다)
6. 우측 날개 위에 단 피토관 7. 우측 날개 끝에 설치된 대형 지시등 8. 연료통은 최대 397리터(87갤런)까지 채울 수 있다.
9. 좌현 측방 에어 브레이크 10. 날개 안으로 (들어가 있는) 착륙등
11. 비상시 엔진을 차단 분리하는 데 이용하는 패널
12. 우현의 외부 전기 소켓과 연료통 13. 스테인레스 스틸, 제트 파이프 덮개 14. 동체 뒤의 연료 방출 기둥 15. 제트류 파이프

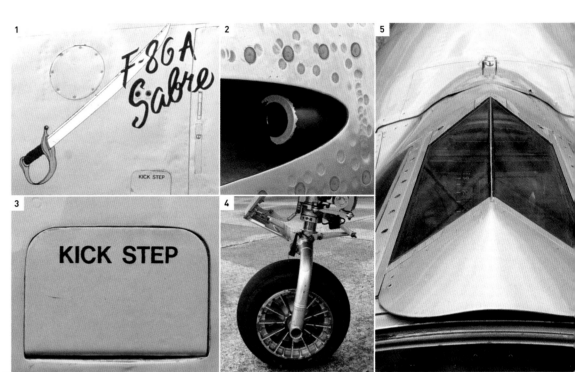

조종석

세이버는 조종석이 잘 설계되어 있었다. 계기 장비의 구조 배열이 깔끔하고 질서 정연했으며, 비행 조종 장치도 적소에 배치되어 쉽게 닿을 수 있었다. 조종석의 둥근 덮개는, 노스 아메리칸이 설계해 크게 성공한 제2차 세계 대전 전투기 P-51 머스탱의 잔존물이다. 조종사는 그 덕택에 사방 시야와 전망이 좋았다. 엔진, 날개 플랩, 이착륙 장치 제어기, 에어 브레이크(공기 제동기)가 조종사의 왼쪽 제어반에 위치했고, 무선 및 전자 제어 장치는 오른쪽이었다. 역대 가장 우아한 전투기 중의 하나로, '전투기 조종사의 전투기'의 완벽한 본보기다.

16. 조종석 17. 사격 조준기. 왼쪽이 사거리 선택기이고, 중앙이 사격 지속 시간 선택기이다. 18. 각종 비행 계기 장비 19. 자기 나침반 20. 스로틀 제어기 및 공기 브레이크 제어기 21. 조종간 22. 비상용 유압 펌프

폭격기, 공격 항공기, 훈련기

냉전의 긴장이 최고조에 이르렀고, 제2차 세계 대전 때 제트 엔진과 초음속 날개를 갖고서 시도된 다양한 실험이 더욱 극단적으로 추진되었다. 진정으로 인상적인 항공기가 그렇게 탄생했다. 에이브로 불칸(Avro Vulcan)은 전기-유압 동력으로 비행을 제어했고, 캔버라(Canberra)는 초고고도를 날 수 있었으며, 사브 드라켄(Saab Draken)은 삼각익을 두 조나 달았다. 소련 항공기는 처음에 뒤졌다. 미국까지 갔다가 돌아올 수 있는 항속 거리를 지닌 터보프롭 엔진 정도가 그나마의 개가였다.

△ **포커 4 S.11 '인스트럭터' 1950년**
Fokker 4 S.11 "instructor" 1950
제조국 네덜란드
엔진 190마력 라이코밍 O-435 A
공랭식 플랫-8
최고 속도 209km/h(130mph)

앞뒤 2인승의 이 군용 훈련기는 포커가 제2차 세계 대전 종전 직후 개발했고, 남아메리카에서 이스라엘에 이르는 다양한 공군이 채택했다. 이탈리아와 브라질에서도 제작되었다.

▷ **록히드 T33 슈팅 스타 1950년**
Lockheed T33 Shooting Star 1950
제조국 미국
엔진 2,466kg(5,400lb) 스러스트 앨리슨
J33-A-35 터보제트
최고 속도 970km/h(600mph)
1948년 첫 비행을 했다. 전 세계의 공군이 사용했고, 볼리비아에서는 여전히 취역 중이다. 2인승의 이 제트 훈련기는 6,557대 제작되었다. 미국 최초의 제트 전투기 F-80 슈팅 스타의 팽대형이다.

▷ **잉글리시 일렉트릭 캔버라 1951년**
English Electric Canberra 1951
제조국 영국
엔진 2×3,352kg(7,400lb) 스러스트
롤스로이스 에이번 109 터보제트
최고 속도 933km/h(580mph)

캔버라는 영국 최초의 제트 폭격기로, 1949년 첫 비행을 했다. 융통성 있게 개조할 수 있었고, 여러 나라 공군이 사용했다. 양측 모두가 캔버라를 출격시킨 전쟁까지 있을 정도였다. 1957년 고도 세계 기록을 세웠다.

◁ **퍼시벌 펨브로크 1952년**
Percival Pembroke 1952
제조국 영국
엔진 2×540마력 앨비스 레오니데스
마크 127 슈퍼차저 공랭식 성형 9기통
최고 속도 299km/h(186mph)
경량 군용 수송기로, 비슷한 민항기보다 날개가 더 길었는데, 이는 적하 능력을 높이려는 시도였다. 펨브로크는 영국 공군이 1988년까지 사용했다. 128대 제작되었고, 일부는 유럽과 아프리카에서 근무했다.

▷ **비커스 밸리언트 1953년**
Vickers Valiant 1953
제조국 영국
엔진 4×4,304kg(9,500lb) 스러스트
롤스로이스 에이번 RA28 마크 204 터보제트
최고 속도 913km/h(567mph)
영국 공군의 핵 전력 5대 폭격기 가운데 첫 번째다. 후퇴익의 밸리언트는 고급 전략 폭격기였으나, 이내 공중 급유와 정찰 등 지원 비행기로 역할이 바뀌었다. 1965년 퇴역했다.

△ **미아시슈초프 M-4 '바이슨' 1954년**
Myasishchev M-4 "Bison" 1954
제조국 소련
엔진 4×8,734kg(19,280lb) 스러스트
미쿨린 AM-3A 터보제트
최고 속도 947km/h(588mph)

소련 최초의 전략 제트 폭격기로, 북아메리카를 공격할 수 있을 만큼 항속 거리가 길었는데 귀환할 정도는 아니었다. 꾸준히 개량되었지만 제작 대수는 93대에 불과했고, 단 한 번도 전투에 투입되지 않았다.

◁ **투폴레프 Tu-95 '베어' 1955년**
Tupolev Tu-95 "Bear" 1955
제조국 소련
엔진 4×6,704kg(14,800lb) 스러스트
쿠즈네초프 NK-12M 터보프롭
최고 속도 905km/h(562mph)

Tu-95는 특이하다. 후퇴익에 콘트라 프로펠러를 섞었으니 과연 그럴 만하다. (화물을 가득 적하하고도) 재급유 없이 1만 5000킬로미터(9,320마일)라는 놀라운 항속 거리를 자랑한다. 2040년까지 근무할 것이다.

△ **사브 J35E 드라켄 1955년**
Saab J35E Draken 1955
제조국 스웨덴
엔진 5,793~7,990kg(12,787-17,637lb) 스러스트 볼보 플라이모터 RM 6C 애프터버너 터보제트
최고 속도 2,150km/h(1,340mph)

냉전기에 활약한 탁월한 초음속 전투기였다. 드라켄의 이중 삼각익은 특이했고, 빠른 속도와 민첩성도 이 덕분이었다. 전용 활주로가 아니라 공용 도로에서 이착륙할 수 있도록 설계되었고, 10분이면 재무장이 가능했다. 644대 제작되었다.

△ **에이브로 698 불칸 1956년**
Avro 698 Vulcan 1956
제조국 영국
엔진 4×7,701kg(17,000lb) 스러스트 브리스틀 시들리 올림푸스 마크 202 터보제트
최고 속도 1,139km/h(708mph)

세계 최초의 쌍축 축류 터보제트 엔진이 동력을 공급한 에이브로의 불칸은 영국 핵 억지력의 선봉이었다. 불칸의 삼각익은 급진적이다. 탑재량이 많았고, 레이다로 포착하기도 쉽지 않았다.

△ **푸가 CM-170R 매지스터 1956년**
Fouga CM-170R Magister 1956
제조국 프랑스
엔진 2×399kg(880lb) 스러스트 테보메카 마르보레 2A 터보제트
최고 속도 715km/h(444mph)

터보제트 엔진을 단 최초의 2인승 훈련기 중 하나로 V자형 꼬리 날개가 인상적인 매지스터를 전 세계의 공군이 사용했다. 929대 제작되었다. 1960년부터는 더 강력한 마르보레 엔진이 장착되었다.

△ **더글러스 A-4 스카이호크 1956년**
Douglas A-4 Skyhawk 1956
제조국 미국
엔진 3,715kg(8,200lb) 스러스트 라이트 J65 터보제트
최고 속도 1,077km/h(673mph)

엔진 출력보다는 크기와 무게를 줄여서 수행 능력을 높인 최전선의 전투기였다. 에드 하이네만(Ed Heinemann)이 삼각익을 아주 작게 설계했고, 미 해군은 항공모함 상에서도 날개를 접을 필요가 없었다.

◁ **수호이 Su-7B 1959년**
Sukhoi Su-7B 1959
제조국 소련
엔진 6,786-10,034kg (14,980-22,148lb) 스러스트 륨카 AI-7F 애프터버너 터보제트
최고 속도 2,150km/h(1,335mph)

1955년 처음 하늘을 날았다. 수평 꼬리 날개를 움직일 수 있었고, 공기 흡입구의 원뿔도 제어할 수 있는 전투기였다. Su-7은 1959년 지상 공격을 위해 개량되었고, Su-7B로 변신한다. 1,847대 제작되었다.

회전익 항공기의 성숙

1950년대에 터빈 엔진이 채택되면서 헬리콥터 산업이 혁신되었다. 소형 터빈 엔진이 가볍고 강력했기 때문에, 믿음성이 떨어지는 피스톤 엔진이 대체되었고, 크기와 속도와 부양 능력도 크게 개선되었다. 헬리콥터가 정기 운항 서비스에 사용되기 시작했는데, 시간 대비로 비용 효율적이리라는 기대 때문이었다.

△ 웨스틀랜드 드래곤플라이 HR5 1952년
Westland Dragonfly HR5 1952

제조국 영국/미국

엔진 520마력 앨비스 레오니데스 50 성형

최고 속도 169km/h(105mph)

HR5는 더 이른 시기 모델 HR3을 개량한 것으로, 윈치가 장비되었다. 영국 해군이 썼다. 국영 항공사 BEA(British European Airways)도 잉글랜드와 웨일스에서 상업 운항을 시도했지만, 성공적이지 못했다.

△ 웨스틀랜드 휠윈드 HAR 10 1959년
Westland Whirlwind HAR 10 1959

제조국 영국

엔진 1,050축마력 브리스틀 시들리 놈 터빈

최고 속도 175km/h(109mph)

1959년 휠윈드에 놈 터빈을 집어넣고 수행한 각종 시험 결과가 매우 고무적이었다. 영국 공군이 HAR 10을 68대 주문하고, 나아가 피스톤 엔진이 장착된 구형 휠윈드 45대를 개조한 것은 이 때문이다.

△ 피아세키 HUP-2 리트리버 1952년
Piasecki HUP-2 Retriever 1952

제조국 미국

엔진 550마력 컨티넨털 R975-46 성형

최고 속도 169km/h(105mph)

미 해군의 주문으로 생산된 피아세키 HUP-2는 자동 조종 장치를 단 최초의 헬리콥터였지만, 엔진의 신뢰도가 낮았다. 적어도 10대가 바다에 빠졌다.

밀 미-6A 1957년
Mil Mi-6A 1957

제조국 소련

엔진 2×5,500축마력 솔로비에프 D-25V 터보샤프트

최고 속도 299km/h(186mph)

소련 최초의 터빈 헬리콥터인 미-6 중량 수송기는 도입 당시 세상에서 가장 크고, 또 가장 빠른 헬리콥터였다. 여러 신기록이 많은데, 2만 117킬로그램의 화물을 부양 공수하기도 했다.

▽ 밀 미-4 1952년
Mil Mi-4 1952

제조국 소련

엔진 1,675마력 슈베초프 ASh 82 성형 14기통

최고 속도 186km/h(116mph)

미국이 한반도에 헬리콥터를 전개했고, 이에 대한 대응으로 급히 제작되었다. 미-4는 무장 헬리콥터에서 농약 살포 기계에 이르기까지 민간과 군용을 막론하고 갖가지 역할을 수행했다.

▽ NHI 소베 H.2 콜리브리 1955년
NHI Sobeh H.2 Kolibri 1955

제조국 네덜란드

엔진 2×100마력 NHI TJ5 램제트

최고 속도 160km/h(100mph)

연료를 많이 소모했고, 회전 날개 선단의 램제트를 가급적 사용하지 않는 수가 동원되었다. 특수 '헬리카(helicar)'로 유상 비행을 하지 않을 때는 비용을 벌충하려고 트럭으로 운반했던 것이다.

◁ 페어리 울트라 라이트 1955년
Fairey Ultra Light 1955

제조국 영국

엔진 터보메카 팔루스트 터보제트

최고 속도 158km/h(98mph)

주 회전 날개를 팁 제트(tip jet, 회전 날개의 일부 등 끝에 제트 노즐을 단 것—옮긴이)가 돌렸기 때문에, 2인승의 이 초경량 헬리콥터는 연료 소모량이 많고 대단히 시끄러웠다. 민첩하기는 했지만(분당 약 427 미터 속도로 상승할 수 있었다) 단 여섯 대 제작되고 나서 프로젝트가 종료되었다.

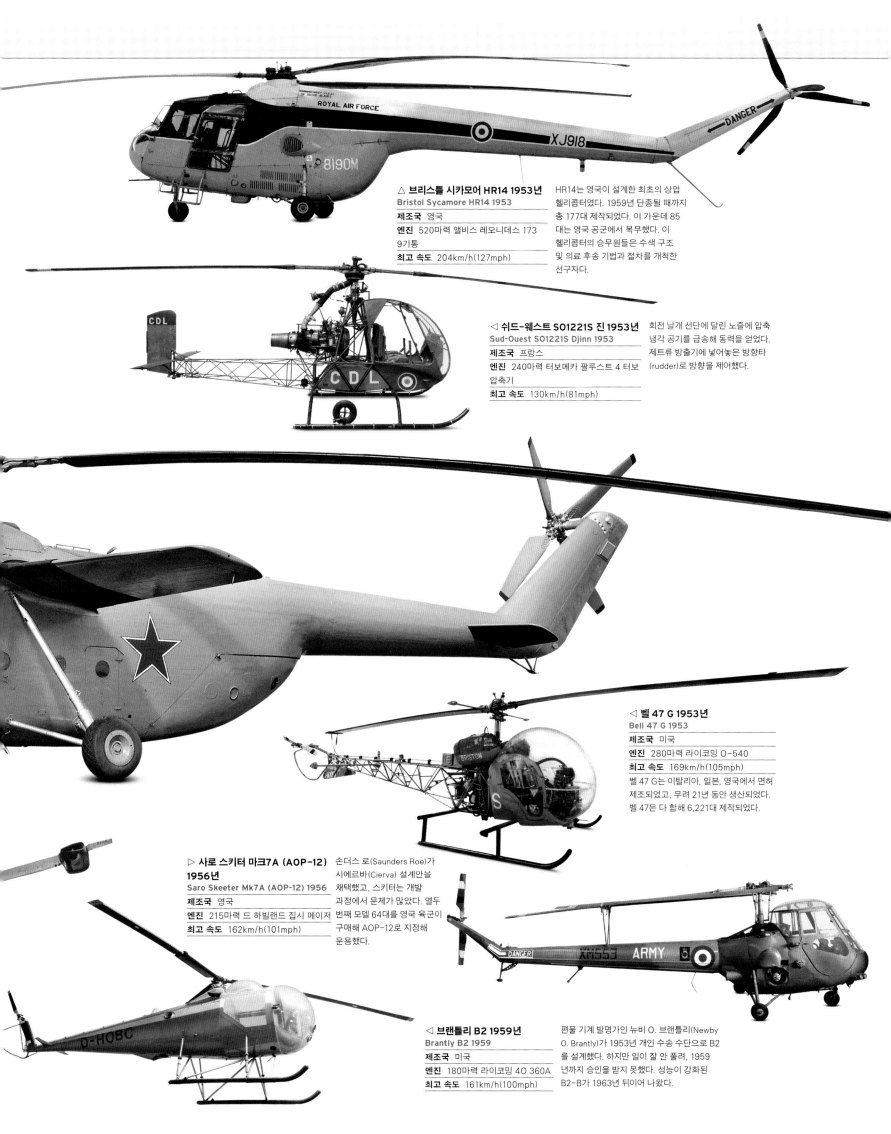

△ **브리스틀 시카모어 HR14 1953년**
Bristol Sycamore HR14 1953

제조국	영국
엔진	520마력 앨비스 레오니데스 173 9기통
최고 속도	204km/h(127mph)

HR14는 영국이 설계한 최초의 상업 헬리콥터였다. 1959년 단종될 때까지 총 177대 제작되었다. 이 가운데 85대는 영국 공군에서 복무했다. 이 헬리콥터의 승무원들은 수색 구조 및 의료 후송 기법과 절차를 개척한 선구자다.

◁ **쉬드-웨스트 SO1221S 진 1953년**
Sud-Ouest SO1221S Djinn 1953

제조국	프랑스
엔진	240마력 터보메카 팔루스트 4 터보 압축기
최고 속도	130km/h(81mph)

회전 날개 선단에 달린 노즐에 압축 냉각 공기를 급송해 동력을 얻었다. 제트류 방출기에 넣어놓은 방향타(rudder)로 방향을 제어했다.

◁ **벨 47 G 1953년**
Bell 47 G 1953

제조국	미국
엔진	280마력 라이코밍 O-540
최고 속도	169km/h(105mph)

벨 47 G는 이탈리아, 일본, 영국에서 면허 제조되었고, 무려 21년 동안 생산되었다. 벨 47은 다 합해 6,221대 제작되었다.

▷ **사로 스키터 마크7A (AOP-12) 1956년**
Saro Skeeter Mk7A (AOP-12) 1956

제조국	영국
엔진	215마력 드 하빌랜드 집시 메이저
최고 속도	162km/h(101mph)

손더스 로(Saunders Roe)가 시에르바(Cierva) 설계안을 채택했고, 스키터는 개발 과정에서 문제가 많았다. 열두 번째 모델 64대를 영국 육군이 구매해 AOP-12로 지정해 운용했다.

◁ **브랜틀리 B2 1959년**
Brantly B2 1959

제조국	미국
엔진	180마력 라이코밍 4O 360A
최고 속도	161km/h(100mph)

편물 기계 발명가인 뉴비 O. 브랜틀리(Newby O. Brantly)가 1953년 개인 수송 수단으로 B2를 설계했다. 하지만 일이 잘 안 풀려, 1959년까지 승인을 받지 못했다. 성능이 강화된 B2-B가 1963년 뒤이어 나왔다.

비행기 여행은 우아하고 매력적이다

1950년대 후반에는 과거 그 어느 때보다 더 많은 사람이 비행기를 타고 여행할 수 있었다. 초특급 부자들의 전유물이 아니게 되었음에도, 비행은 여전히 꽤나 사치스럽고 화려한 활동이었다. 표가 비교적 비쌌던 것이다. 여성 승무원이 항공 여행 경험에서 중요한 부분으로 여겨졌고, 고용에서 승객 서비스 기술만큼이나 외모가 중요하게 작용했다.

1930년에 설립된 트랜스 월드 에어라인스(Trans World Airlines), 곧 TWA는 미국 시장의 '빅 포(Big Four)' 가운데 하나였고—아메리칸 에어라인스(American Airlines), 유나이티드 에어라인스(United Airlines), 이스턴 에어라인스(Eastern Airlines)가 나머지 셋이었다— 국제 노선에서는 팬암(Pan Am)과 다투었다. 운이 좋아 TWA에서 근무할 수 있었던 여성 승무원은 체중을 일정하게 유지해야 했을 뿐만 아니라 메이크

업(화장) 규정까지 준수해야 했고 일단 결혼을 하면 회사를 그만둬야 했다. 이런 상황이 1957년까지 계속되었다. 여객사 이용객들은 최고 수준의 서비스와 편안함을 누렸으며 식사와 음료가 무료였다.

TWA는 영화 배우와 기업 임원 사이에서 인기가 많았고, 더욱 매력적인 항공사로 거듭났다. TWA의 비공식 이름이 '별을 따는 항공사(Airline to the Stars)'인 것은 매릴린 먼로(Marilyn Monroe), 엘리자베스 테일러(Elizabeth Taylor) 같은 특급 스타들이 TWA 항공편에 탑승하는 그림들에서 기인했다. 영화계의 거물이자 비행광이었던 하워드 휴즈(Howard Hughes)가 TWA의 지배 주주였다.

전형적인 미국 가족의 이미지로 1950년대에 TWA를 홍보한 잡지 광고. 당대 항공 여행이 얼마나 스릴 있고, 멋진 활동이었는지를 절절히 느낄 수 있다.

피스톤 엔진 수송기의 종언

1940년대 후반쯤이면 항공 여행이 비교적 안전하고, 쾌적해진다. 이미 여러 여객사가 믿을 수 있는 대서양 횡단 서비스를 상시 제공 중이었다. 하지만 피스톤 엔진 항공기는 이미 최고점을 친 상태였다. 프랫앤휘트니의 와스프 메이저(Wasp Major) 같은 경우, 실린더가 28개, 점화 플러그만 56개였다. 이렇게 복잡한 모터는 아무리 강력하고 믿음직하다 해도 유지 관리에 많은 비용과 노력이 들어갔다. 그런 마당이었고, 터보제트와 터보프롭이 도입되자, 피스톤 엔진이 완전히 무색해졌다.

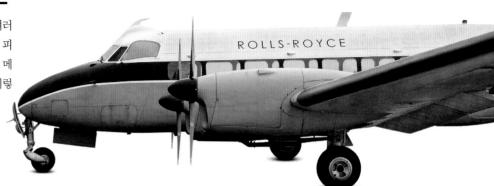

△ **페어차일드 C-119G 플라잉 박스카 1950년**
Fairchild C-119G Flying Boxcar 1950
제조국 미국
엔진 2×3,500마력 프랫앤휘트니 와스프 메이저 공랭식 4열 성형 28기통
최고 속도 476km/h(296mph)

페어차일드가 이전에 설계한 전술 수송기 C-82는 그리 성공적이지 못했다. 하지만 페어차일드는 실수를 통해 배웠고, 그 결과 탄생한 C-119의 경우 C-82의 오류를 성공적으로 보완했다. 약 1,200대가 생산되었고 한국 전쟁, 베트남 전쟁을 위시해 다수의 무력 충돌 상황에 실전 배치되었다.

△ **드 하빌랜드 DH114 헤론 1950년**
de Havilland DH114 Heron 1950
제조국 영국
엔진 4×250마력 드 하빌랜드 집시 퀸 30 마크 2 공랭식 6기통 도립 직렬
최고 속도 294km/h(183mph)

더 이른 시기의 도브(Dove)가 개량된 헤론은 비교적 작은 기체에 엔진을 네 개나 붙여서 유명했다. 그럼에도 불구하고 무척 느렸지만 적어도 구조는 견고하고 안전했다. 결국 더 강력한 미제 엔진 PT-6 터보프롭이 장착되었다.

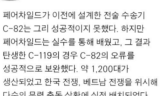

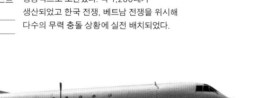

△ **더글러스 C-124C 글로브마스터 2 1950년**
Douglas C-124C Globemaster II 1950
제조국 미국
엔진 4×3,800마력 프랫앤휘트니 와스프 메이저 공랭식 4열 성형 28기통
최고 속도 515km/h(320mph)

글로브마스터의 설계는 1948~1949년 베를린 공수 작전 과정 중에 배운 각종의 교훈을 토대로 삼았다. 화물 들개가 뒤에 있었음에도, 기수에 대형 뚜껑 문이 또 있었고, 경사로를 유압식으로 작동했다. 글로브마스터는 부피가 큰 페이로드를 운반했다.

△ **보잉 C-97G 스트래토프레이터 1950년**
Boeing C-97G Stratofreighter 1950
제조국 미국
엔진 4×3,500마력 프랫앤휘트니 와스프 메이저 공랭식 4열 성형 28기통
최고 속도 603km/h(375mph)

B-50 폭격기를 토대로 한 스트래토프레이터가 복무를 시작한 즈음 미 공군한테는 공중 급유가 최우선 과제로 부상했다. 제1세대에 속하는 제트 전투기와 제트 폭격기가 죄다 항속 거리와 체공 시간이 매우 짧았기 때문이다. C-97이 888대나 제작되었지만, 이 가운데 스트래토프레이터가 60대뿐이고, 대다수가 급유기였던 것은 이 때문이다.

△ **노르 노르아틀라스 1950년**
Nord Noratlas 1950
제조국 프랑스
엔진 2×2,090마력 브리스/스네크마 허큘리스 공랭식 2열 성형 14기통
최고 속도 440km/h(273mph)

제2차 세계 대전기의 불용 수송기를 대체하기 위해 설계한 노르아틀라스를 프랑스 외에도 다른 여러 공군이 운용했다. 독일, 그리스, 포르투갈, 이스라엘이 대표적이다. 400대 이상 제작되었지만 다수의 다른 군용 수송기와 달리 민간 시장에서는 별다른 성과를 못 냈다.

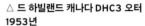

▷ **드 하빌랜드 캐나다 DHC2 비버 1952년**
de Havilland Canada DHC2 Beaver 1952
제조국 캐나다
엔진 450마력 프랫앤휘트니 와스프 주니어 공랭식
성형 9기통
최고 속도 254km/h(158mph)
부시 파일럿(bush pilot)은 캐나다 북부나 알래스카의
총림 지대를 나는 비행사를 두고 하는 말이다. 비버는
이런 부시 파일럿들이 부시 파일럿을 위해 설계한
기계로, 캐나다인들이 20세기에 거둔 가장 위대한
공학상의 개가 가운데 하나다. 단거리 이착륙 성능이
탁월했고, 군대도 비버를 좋아했다.

△ **록히드 L1049 G 슈퍼 컨스털레이션
1951년**
Lockheed L1049 G Super Constellation 1951
제조국 미국
엔진 4×3,250마력 라이트 R3350 공랭식 2열
성형 18기통
최고 속도 531km/h(330mph)
지금까지 제작된 것 중 가장 우아한 여객기
가운데 하나라 할 만하다. 피스톤 엔진을 단
슈퍼 컨스털레이션은 주요 여객사에서 비교적
사용 연한이 짧았다. 이내 제트 엔진 여객기가
등장해 버렸기 때문이다. 그래도 남아메리카 및
중앙아메리카에서 다년간 취항했다.

▷ **마틴 4-0-4 실버 팰컨 1952년**
Martin 4-0-4 Silver Falcon 1952
제조국 미국
엔진 2×2,100마력 프랫앤휘트니 더블
와스프 공랭식 2열 성형 18기통
최고 속도 502km/h(312mph)
4-0-4는 이름이 많았다. 이스턴 항공은
실버 팰컨으로, TWA는 스카이라이너
(Skyliner)로 불렸던 것이다. 4-0-4 역시
피스톤 엔진을 장착한 여객기로서, 터빈
엔진이 도입되자 주요 항공사에서 이내
퇴출되었다. 그래도 2등급 항공사들이
DC-3을 대체할 수송 수단으로 4-0-4를
다수 인수해 노선에 투입했다.

△ **드 하빌랜드 캐나다 DHC3 오터
1953년**
de Havilland Canada DHC3 Otter 1953
제조국 캐나다
엔진 600마력 프랫앤휘트니 와스프
공랭식 성형 9기통
최고 속도 258km/h(160mph)

오터(수달)는 비버에서 파생한
자매품으로, 약간 더 컸다. 캐나다
내륙의 미개간지는 광대했고,
오터가 이곳을 개척하는 데 중요한
역할을 맡았다. 이착륙 장치로 바퀴,
플로트, 스키를 모두 달 수 있었다.

△ **일류신 Il-14 1954년**
Ilyushin Il-14 1954
제조국 소련
엔진 2×1,900마력 슈베초프
Ash-82T 공랭식 2열 성형 14기통
최고 속도 417km/h(259mph)

Il-14와 마틴 404는 생김새가
비슷했다. 하지만 자신의 자본주의
적만큼 그렇게 복잡 정교하지는
못했다. Il-14는 튼튼하고 믿음직해
아에로플로트가 취항한 다수의
거친 농촌 비행장에서 운용하기에
좋았다.

▷ **블랙번 비벌리 C1 1955년**
Blackburn Beverley C1 1955
제조국 영국
엔진 4×2,850마력 브리스틀
켄타우루스 공랭식 2열 성형 18기통
최고 속도 383km/h(238mph)
이착륙 장치가 고정되어 있어서 구식으로
보이기는 했지만 아주 강인해서 거친
활주로를 이용해도 끄떡없었고, 구제품
투하도 능숙하게 해냈다. 블랙번은 C1을
49대 생산했다. 1967년 퇴역했다.

슈퍼 컨스털레이션

록히드 L-1049 슈퍼 컨스털레이션은 피스톤 엔진을 동력으로 사용한 여객기의 정점이었다. 경쟁사 더글러스 에어크래프트(Douglas Aircraft)가 DC-6을 팽대하자, 이에 대한 대응으로 슈퍼 컨스털레이션이 발진했다. 사진에서 보듯 꼬리 날개의 수직 안정판이 세 개나 된다. 가장 큰 피스톤 엔진 네 개가 장착되었고, 항공사와 군대 모두가 이 비행기를 좋아했지만 1951년 출고된 슈퍼 컨스털레이션은 최초의 제트 엔진 항공기를 불과 몇 년 앞섰을 뿐이었기에, 1958년 생산이 중단되었다.

록히드가 개발한 L-1049 슈퍼 컨스털레이션은 더 이른 시기의 L-049 컨스털레이션을 바탕으로 했다. 후자의 항공기가 크게 성공하자 록히드가 도입 직후 팽대 모델을 고려했는데 아쉽게도 마땅한 엔진이 없었고 사업이 보류되고 만다. 팽대형 DC-6B가 양산형 컨스털레이션보다 23명 더 많은 승객을 실을 수 있을 것임이 명백해지자 마침내 슈퍼 컨스털레이션을 출고했다. 슈퍼 컨스털레이션은 컨스털레이션보다 5미터(16피트) 이상 더 길었고, 시속 44킬로미터(시속 27마일) 더 빠르게 순항했으며, 1만 5000킬로그램(3만 3000파운드)을 더 실을 수 있었고, 항속 거리도 늘어났다. 동력을 공급한 것은 라이트 R-3350-972 엔진 네 개였다. 이 18기통의 정교한 2열 방사 엔진은 개당 최대 3,250마력까지 동력을 산출했다. 엔진이 대단히 복잡해서, 믿을 만하지 못하다는 것이 불행이었다. 슈퍼 컨스털레이션은 유지 관리 비용이 많이 들어갔다. 미국의 경우 첫 세대 제트 여객기들이 취항하자, 슈퍼 컨스털레이션이 주요 여객사에 의해 이내 단계적으로 폐지되었던 것이다.

앞에서 본 모습

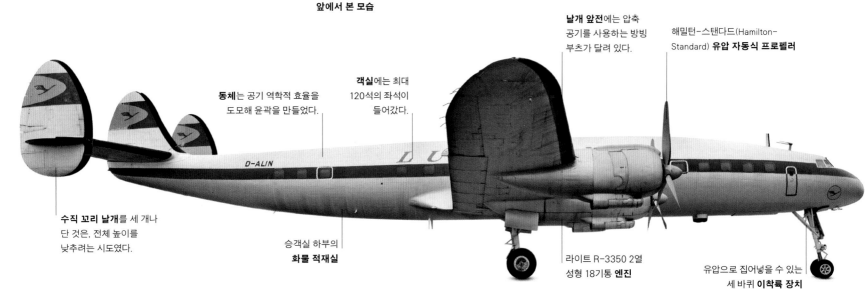

수직 꼬리 날개를 세 개나
단 것은, 전체 높이를
낮추려는 시도였다.

승객실 하부의
화물 적재실

동체는 공기 역학적 효율을
도모해 윤곽을 만들었다.

객실에는 최대
120석의 좌석이
들어갔다.

라이트 R-3350 2열
성형 18기통 **엔진**

날개 앞전에는 압축
공기를 사용하는 방빙
부츠가 달려 있다.

해밀턴-스탠다드(Hamilton-
Standard) **유압 자동식 프로펠러**

유압으로 집어넣을 수 있는
세 바퀴 **이착륙 장치**

대서양 횡단

여러 외국 항공사가 슈퍼 컨스털레이션을
구매해, 장거리 노선에 투입했다. 대서양
횡단 노선은 수익성이 좋았고, 루프트한자
같은 유럽 여객사가 이 항공기를 활용한
것이다. 하지만 슈퍼 컨스털레이션은
우세풍의 방해를 받아 베를린에서 뉴욕까지
직항으로 날 수는 없었다.

제원			
모델	록히드 L-1049 G 슈퍼 컨스털레이션, 1951년		2열 성형 18기통
제조국	미국	**날개 스팬**	37.5미터(123피트)
생산	249대(상업 민항), 320대(군용)	**전장**	34.62미터(113피트 7인치)
구조	알루미늄과 강철	**항속 거리**	6,598미터(4,100마일)
최대 중량	5만 4431킬로그램(12만 파운드)	**최고 속도**	시속 531킬로미터(시속 330마일)
엔진	4×3,250마력 라이트 R-3350 공랭식		

외장

돌고래 모양의 동체가 대단히 미려하고, 광폭 날개가 후퇴익인 슈퍼 컨스털레이션은 우아한 항공기이다. 재질이 죄 금속에, 네 발의 3,250마력 라이트 R-3350 2열 성형 18기통 엔진이 날개 깃이 셋인 해밀턴-스탠다드 유압 프로펠러를 돌려서 동력을 산출했다. 엔진의 배기 체계에는 파워 리커버리 터빈(Power Recovery Turbine)을 달았고, 배기 가스가 3단계 터빈을 통과하면서 동력 출력이 향상되었다. 꼬리모두개에서 수직 안정판을 세 개 세운 설계가 인상적인데, 비행기의 전체 높이를 당시 격납고의 한계 높이 이내로 맞추면서도 방향 안정성을 충분히 확보하기 위해 이런 디자인이 선택되었다.

1. 기상 레이다 레이돔 **2.** 라디오(무선 송수신) 안테나 **3.** 앞바퀴 조종 램(ram) **4.** 루프트한자 로고 **5.** 대기 속도계 피토관 **6.** 이착륙 장치 바퀴집 **7.** 해밀턴-스탠다드 유압 자동식 프로펠러 **8.** 카울 플랩 **9.** 엔진 나셀 기미(機尾)부 **10.** 계기 착륙 장치 안테나 **11.** 주바퀴 디스크 브레이크 **12.** 이착륙 장치의 충격 흡수기 **13.** 회전 신호등 **14.** 비상구 **15.** 꼬리 날개가 유선형인 것은 항력을 최소화하기 위한 정형(整形)이다. **16.** 동력 방향타

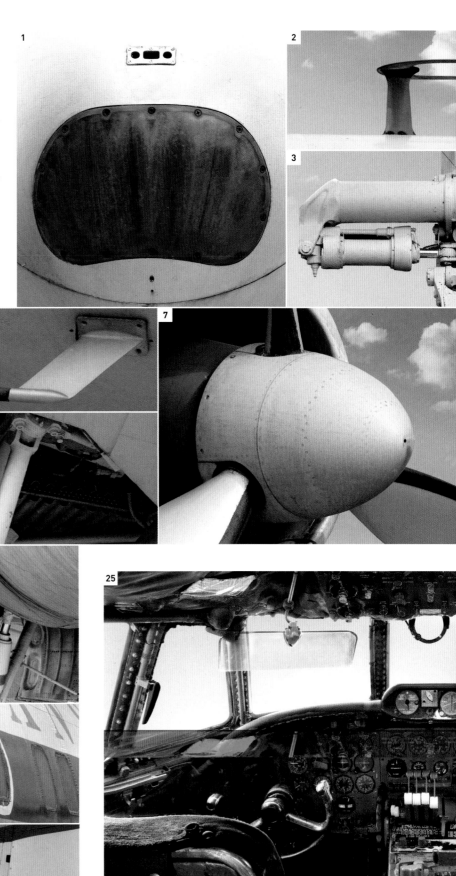

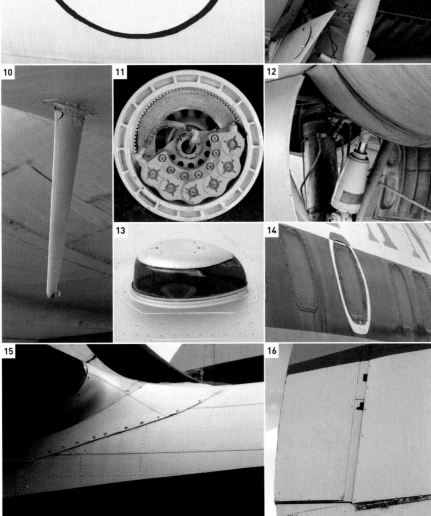

내부

슈퍼 컨스털레이션의 객실은 여압 구조에, 난방이 가능했고, 방음 장치까지 갖추었으며, 최대 5열까지 좌석을 나란히 배치할 수 있었다. 록히드가 제공한 객실이 꽤 다양했고, 소개한다. 저밀도로 호화롭게 꾸민 내부의 경우, 좌석이 47개뿐이었고, '대륙 간' 버전은 승객을 54명에서 60명까지 태울 수 있었으며, 단거리 국내 노선에 투입된 고밀도 객실은 승객을 최대 120명까지 실었다. 화물 전용기도 있었는데, 여객기와 화물기로 용도 변경이 가능했다.

17. 객실 내부 **18.** 조리실 **19.** 창가 쪽 좌석 **20.** 의자 뒷부분 짐칸 **21.** 상부의 환풍기 **22.** 안전띠 및 금연 표지 **23.** 상부 짐칸 **24.** 객실 조명

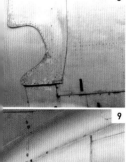

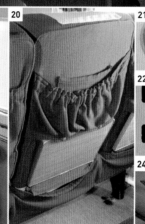
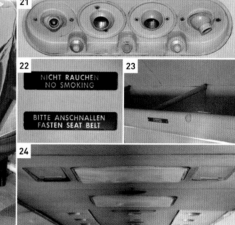

조종석

슈퍼 컨스털레이션의 조종석은 피스톤 엔진 여객기의 마지막 세대 조종석을 전형적으로 보여 준다. 조종실에는 승무원이 다섯 명 탑승했다. 기장, 부조종사, 항공 기관사, 항법사, 무선 통신사. 기장이 최종 책임을 지기는 했지만 작업의 대다수는 항공 기관사 몫이었다. 엔진이 복잡하고 괴팍해서 주의 깊게 다뤄야 했기 때문이다. 25번 사진에서 볼 수 있듯, 조종석이 비좁아서, 다수의 제어 장치를 부득이 머리 위 계기반에 설치했다. 엔진 계기 장비가 무수히 많았는데, 그 다수를 항공 기관사의 계기반에 또 설치했다.

25. 조종실 **26.** 이착륙 장치 상태 지시등 **27.** 방향타 페달 **28.** 부조종사의 조종간 **29.** 스로틀 사분 기어(throttle quadrant)

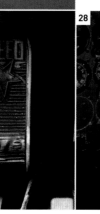

민간 제트기와 터보프롭

여객기에 터빈 엔진이 사용되자, 항공 여행이 혁신되었다. 여행 시간이 50퍼센트 이상 단축되었을 뿐만 아니라, 악천후라도 대부분의 경우 그 위를 날 수 있었고, 더 조용해진 객실로 인해 여행 자체가 훨씬 유쾌한 경험으로 변모했다. 커다란 방사형 엔진은 대단히 복잡했고, 이를 대체한 터빈이 확실히 더 믿을 만했기 때문에, 화물과 여객 처리율이 기하급수적으로 증가했다.

△ **브리스틀 브리타니아 312 1952년**
Bristol Britannia 312 1952
제조국 영국
엔진 4×4,450마력 브리스틀 프로테우스 765 터보프롭
최고 속도 639km/h(397mph)

'위스퍼링 자이언트(Whispering Giant)', 곧 속삭이는 거인으로도 불린다. 브리타니아는 첫 비행 때부터 당대의 다른 여객기들보다 탁월한 성능을 뽐냈다. 제작 대수는 85대에 그쳤다.

▷ **드 하빌랜드 DH106 코멧 1 1952년**
de Havilland DH106 Comet 1 1952
제조국 영국
엔진 4×2,268kg(5,000lb) 스러스트 드 하빌랜드 고스트 터보제트
최고 속도 740km/h(460mph)

코멧은 양산된 최초의 제트 여객기로, 취항 당시 센세이션을 불러일으켰다. 프로펠러로 구동되는 여객기보다 두 배 더 빨리 날 수 있었지만, 설계와 재질 모두에서 중대한 결함이 있었고, 치명적인 추락 사고가 여러 차례 발생했다. 결국 코멧에 대한 신뢰도 땅에 떨어졌다.

△ **쉬드 아비아스용 캐러벨 1 1955년**
Sud Aviation Caravelle 1 1955
제조국 프랑스
엔진 2×5,171kg(11,400lb) 스러스트 롤스로이스 에이번 마크 527 터보제트
최고 속도 805km/h(500mph)

프랑스 최초의 제트 여객기이자, 동체 후방에 엔진이 장착된 최초의 항공기이기도 했다. 캐러벨은 1959년 서비스를 시작했고, 마지막 몇 대가 무려 2004년에 퇴역할 만큼, 조종사와 승객 모두에게 사랑을 받았다.

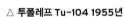

△ **손더스 로 SR45 프린세스 1952년**
Saunders Roe SR45 Princess 1952
제조국 영국
엔진 10×2,250마력 브리스틀 프로테우스 600 터보프롭
최고 속도 610 km/h(380mph)

프린세스의 설계자들이 몇 가지 중요한 요소를 고려하지 않았기에 취역을 했을 때 이미 구식으로 전락하고 말았다. 제2차 세계 대전기에 건설된 활주로 수, 지상 발진 항공기의 성능 개량, 소금물로 인한 부식 문제가 고려되지 않았던 것이다.

△ **투폴레프 Tu-104 1955년**
Tupolev Tu-104 1955
제조국 소련
엔진 2×9,707kg(21,400lb) 스러스트 미쿨린 AM-3M-500 터보제트
최고 속도 800km/h(497mph)

소련 최초의 제트 여객기이다. 처음 등장한 것은 1956년 런던에서였고, 니키타 흐루쇼프가 이걸 타고 국빈 방문을 한 것이다. 서방의 논평가들은 깜짝 놀랐다. 소련의 항공 분야가 이렇게까지 발달한 것을 몰랐던 것이다.

△ **록히드 L188 엘렉트라 1957년**
Lockheed L188 Electra 1957
제조국 미국
엔진 4×3,750마력 앨리슨 501-D13 터보프롭
최고 속도 721km/h(448mph)

컨스털레이션 덕택에 록히드 제 상업 항공기의 명성이 높아졌고, 엘렉트라도 처음에는 잘 팔렸다. (미국에서 생산된 최초의 터보프롭 여객기이기도 했다) 하지만 치명적인 설계 결함으로 두 대가 추락했고, 생산량은 170대에 불과했다.

▷ **보잉 707 1958년**
Boeing 707 1958
제조국 미국
엔진 4×7,711kg(17,000lb) 스러스트 프랫앤휘트니 JT3-D 터보팬
최고 속도 1,000km/h(621mph)

707은 서방에서 최초로 성공적이게 안착한 제트 여객기로, 전 시대를 통틀어 보더라도 가장 중요한 항공기 가운데 하나다. KC-135 스트래토탱커(KC-135 Stratotanker)가 원형이며, 다양한 방식으로 민간 개발이 이루어졌다. 수많은 버전으로 1,000대 이상 제작되었고, 다양한 엔진이 달렸다.

◁ **포커 F27-100 프렌드십 1958년**
Fokker F27-100 Friendship 1958
제조국 네덜란드
엔진 2×2,250마력 롤스로이스 다트
마크528 터보프롭
최고 속도 454km/h(282mph)

1950년대 초반에 여러 항공기 제조업체가
DC-3을 대체할 설계 프로젝트를
추진했다. 네덜란드 업체 포커는 높은
날개 터보프롭을 골라잡았다. 페어차일드
(Fairchild)가 미국에서도 F27을
생산했고, 이 비행기는 서방에서 가장 잘
팔리는 터보프롭 여객기가 된다.

△ **더글러스 DC-8 1959년**
Douglas DC-8 1959
제조국 미국
엔진 4×7,711kg(17,000lb)
스러스트 프랫앤휘트니 JT3-D 터보팬
최고 속도 946km/h(588mph)

1950년대에 미국의 여객기 시장을
지배한 것은 더글러스였다. 하지만
보잉이 707을 들고나와 시장을
선도하게 된다. 상황이 그렇게 흘러가긴
했어도, DC-8은 여러 면에서 설계가
더 우수했다(DC-8은 처음부터 좌석을
6열로 나란히 집어넣었지만, 707은
설계를 다시 해야만 했다). 500대 이상
제작되었고, 소수는 여전히 화물기로
사용 중이다.

△ **일류신 Il-18 1959년**
Ilyushin Il-18 1959
제조국 소련
엔진 4×4,250마력 이브첸코
AI-20M 터보프롭
최고 속도 675km/h(419mph)

1957년 첫 비행을 한 Il-18—나토
암호명은 쿠트(Coot, 검둥오리)였다—은
매우 강인하고 오래가는 항공기로 명성이
자자했다. 비포장 상태의 이착륙장까지
이용할 수 있었다. 아프리카에서는 아직도
Il-18이 다수 사용 중이다.

△ **핸들리 페이지 다트 헤럴드
1959년**
Handley Page Dart Herald 1959
제조국 영국
엔진 2×1,910마력 롤스로이스
다트 마크527 터보프롭
최고 속도 442km/h(275mph)

DC-3을 대체하겠다고 나선
또 다른 도전자가 헤럴드다.
그런데 핸들리-페이지의
이사회가 터보프롭이 아니라
피스톤 엔진을 사양으로
지정하는 판단 착오를 초기에
저질렀다.

△ **비커스 바이카운트 1953년**
Vickers Viscount 1953
제조국 영국
엔진 2×1,990마력 롤스로이스
다트 마크525 터보프롭
최고 속도 566km/h(352mph)

바이카운트는 상업 운항에 투입된
최초의 터보프롭 여객기로, 공중
운송 수단 설계의 양자적 도약을
대변했다. 창문이 크고, 부드럽게
운항하며(악기상을 아래에 두고 날았다),
실내도 조용했기 때문에 승객들에게
인기있었다.

△ **안토노프 An-12 1959년**
Antonov An-12 1959
제조국 소련
엔진 4×4,000마력 프로그레스 AI-20M 터보프롭
최고 속도 775km/h(482mph)

'소련판 C-130'이라고도 한다. An-12 컵(An-12 Cub)
전술 수송기는 자본주의 세계의 대응 기계 록히드
허큘리스(Lockheed Hercules)와 설계 및 구조가
비슷했다. 1957년 첫 비행을 했고, 1,200대 이상
제작되었다. 아프리카, 인도, 구소련 국가들의 경우,
여전히 화물기로 이 항공기를 이용하고 있다.

제너럴 일렉트릭
J79

속도 마하 2를 낼 수 있는 제너럴 일렉트릭 J79는 도입 당시 최첨단 설계의 터보제트였다. J79는 F-104 스타파이터(F-104 Starfighter), F-4 팬텀(F-4 Phantom), F-16 파이팅 팰컨(F-16 Fighting Falcon) 일부를 포함해 아이콘과 같은 제트 전투기들의 동력을 책임졌다. J79는 융통성이 대단한 엔진이었고, B-58 허슬러 폭격기는 물론, 민항기 콘베어 880/990 시리즈에도 사용되었다.

가변 블레이드
이 엔진은 가변 고정자 블레이드가 새롭게 배열 구조화되었고, 해서 훨씬 가벼우면서도 쌍축 엔진과 같은 동력을 산출한다. 가변 블레이드(variable blade)는 엔진 설계의 중요한 진전이었다.

기록 파괴자

제너럴 일렉트릭의 J79 프로그램이 시작된 것은 1954년, 더 이른 시기의 J73을 개량하는 프로젝트였다. 그렇게 탄생한 새 엔진은 마하 2를 낼 수 있도록 설계되었고, 1955년 5월 20일 (B-45 토네이도의 폭탄 투하실을 개조해) 시험 비행을 했다. 이 엔진이 계속해서 고도 세계 신기록과 속도 세계 신기록을 달성한다. 차례로 각각 2만 7812미터(9만 1249피트), 시속 2,253 킬로미터(시속 1,400마일)였고, 수행기는 F-104 스타파이터였다. J79는 1만 7000개 이상 제작되었고, 아직도 1,300개가량이 사용 중이다. 다수의 J79가 2020년 이후에도 날고 있을 것으로 예상된다.

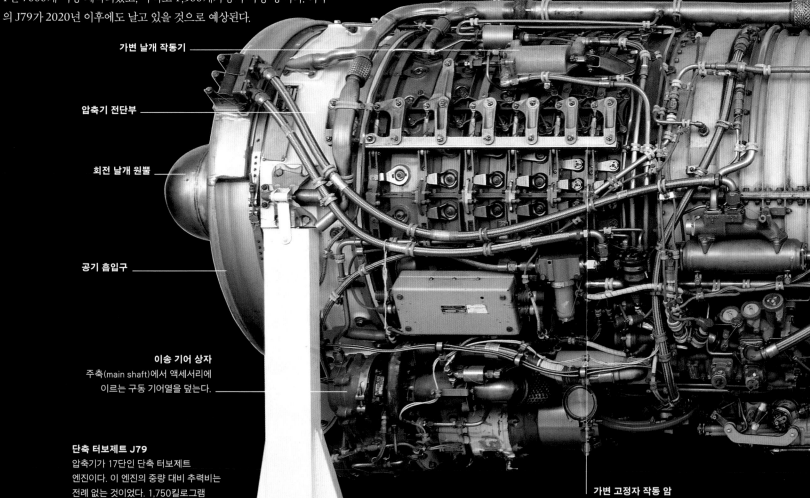

17단계 압축기

가변 날개 작동기

압축기 전단부

회전 날개 원뿔

공기 흡입구

이송 기어 상자
주축(main shaft)에서 액세서리에 이르는 구동 기어열을 덮는다.

단축 터보제트 J79
압축기가 17단인 단축 터보제트 엔진이다. 이 엔진의 중량 대비 추력비는 전례 없는 것이었다. 1,750킬로그램 (3,850파운드) 대비 52.9킬로뉴턴(1만 1906파운드)이 그 값이다.

가변 고정자 작동 암
압축기 바퀴들 사이에 설치된 고정자 날개를 조정해 공기의 흐름을 최적화한다.

엔진 제원	
생산 연한	1955년~
형식	애프터버너 터보제트
연료	제트 연료유
동력 출력	52.9킬로뉴턴(11,906파운드) 추력
중량	1,750킬로그램(3,850파운드)
압축기	17단계 축류
터빈	3단계
연소실	캐뉼러 연소실

▷ 304~305쪽 제트 엔진 참조

미관
엔진의 이 부위에는 이너 라이너(inner liner), 곧 내층 방호물이 장비되고, 애프터버너의 불꽃을 견딘다. (안 보이는) 1차 노즐 플랩과 (확인할 수 있는) 2차 노즐 플랩으로 분사공의 단면적을 다양하게 바꿀 수 있다. '습식' 애프터버너 가동과 '건식' 애프터버너 미가동 옵션에 맞출 수 있는 것이다.

애프터버너 연료 다기관
배기관 내부에서 추가로 연료를 연소해, 상당한 추력을 또 얻는다.

연소실 단계

3단 터빈 부위

배기관 앞부분

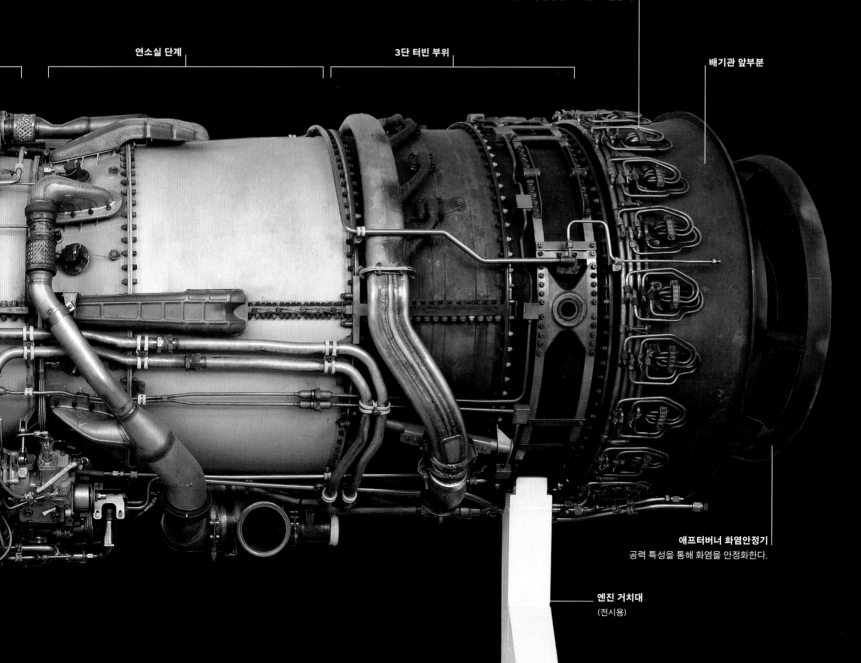

애프터버너 화염안정기
공력 특성을 통해 화염을 안정화한다.

엔진 거치대
(전시용)

모던 클래식

제2차 세계 대전으로 전 세계 수백만 대중의 삶의 지평이 확장되었고 수천 명이 비행기 조종법을 배웠다. 평화가 확립되었고, 다시 번영이 꽃피자 더욱 더 많은 사람이 여가 활동으로 비행과 항공에 나서리라는 것은 필연이었다. 세련되고 날렵한 항공기가 시장에 등장해, 이런 수요에 부응했다. 물론 단순하고 값싼 아마추어용 선택지도 있었다. 활공의 인기가 꾸준히 늘었음도 보태놓는다.

△ 파이퍼 PA-18 슈퍼 컵 1950년
Piper PA-18 Super Cub 1950

제조국 미국

엔진 150마력 라이코밍 O-320 공랭식 플랫-4

최고 속도 246km/h(153mph)

1930년의 테일러 컵(Taylor Cub)을 바탕으로 했다. 사진은 1949~1950년에 생산되던 유형의 1993년작이다. 슈퍼 컵은 좁은 활주로에서도 운용이 가능했다. 1만 5000대가량 제작되었고, 다수가 여전히 날고 있다.

△ 가르당 GY-201 미니캡 1950년
Gardan GY-201 Minicab 1950

제조국 프랑스

엔진 65마력 컨티넨털 A65-8F 공랭식 플랫-4

최고 속도 198km/h(123mph)

이브 가르당(Yves Gardan)이 콩스트뤽스용 아에로노티크 뒤 베아른(Constructions Aéronautiques du Béarn)에서 설계한 이 2인승 경량 항공기는 1949년 첫 비행을 했고, 값도 저렴했다. 베아른에서 22대를 제작했고, 전 세계에서 약 140대 이상이 부품 조립 방식으로 생산되었다.

△ 파이퍼 PA-23 아파치 1953년
Piper PA-23 Apache 1953

제조국 미국

엔진 2×150마력 라이코밍 O-320-A 공랭식 플랫-4

최고 속도 346km/h(215mph)

4인승에서 6인승까지로 내부 공간이 널찍했고, 적하 수송 능력이 탁월해서 인기가 많았다. 아파치는 최초의 쌍발 엔진 파이퍼였다. 스틴슨(Stinson)이 설계했고, 1981년까지 다양한 형태로 6,976대 제작되었다.

△ 세스나 170B 1952년
Cessna 170B 1952

제조국 미국

엔진 145마력 컨티넨털 O-300-A 공랭식 플랫-6

최고 속도 230km/h(143mph)

세스나 170이 성공을 거두었고, 1952년 이 비행기의 날개가 업그레이드되었다. 계속해서 소형 세스나들이 21세기까지 활약했다. 이것들의 경우, 파울러 윙 플랩(Fowler wing flap)이 개조되었고, 꼬리 날개도 새로워졌다.

△ 스티츠 SA-2A 스카이 베이비 1952년
Stits SA-2A Sky Baby 1952

제조국 미국

엔진 112마력 컨티넨털 C-85 플랫-4

최고 속도 354km/h(220mph)

제2차 세계 대전에 복무한 전투기 조종사 레이 스티츠(Ray Stits)가 설계했다. 목표는 '세상에서 가장 작은' 비행기 제작이었다. 복엽기인데다가 매우 작아서 기체의 무게 중심을 유지하려면 조종사의 체중이 77킬로그램이어야 했다. 스물다섯 시간 시연 비행을 하고 바로 퇴역했다.

△ 세스나 180 스카이왜건 1952년
Cessna 180 Skywagon 1952

제조국 미국

엔진 225마력 컨티넨털 O-470-A 공랭식 플랫-6

최고 속도 274km/h(170mph)

170보다 내부 공간이 더 넓고, 엔진도 강력했다. 기체가 전부 금속 재질인 180은 준모노코크 방식으로 1981년까지 계속 개량되며 6,193대 생산되었다.

△ 포케-불프 FwP149 1953년
Focke-Wulf FwP149 1953

제조국 이탈리아

엔진 190마력 라이코밍 GO-435-A 공랭식 플랫-6

최고 속도 233km/h(145mph)

독일제 포케-불프 FwP 149D는 이탈리아 산의 4~5인승 관광기 피아조 P149(Piaggio P149)를 면허 생산한 것이다. 독일 공군이 훈련기 및 기타 용도로 사용했다.

◁ **세스나 310 1953년**
Cessna 310 1953
제조국 미국
엔진 2×240마력 컨티넨털
O-470-B 공랭식 플랫-6
최고 속도 354km/h(220mph)
세스나가 전후 최초로 발표한 쌍발
비행기다. 날렵한 6인승 항공기로,
공력 특성이 대단히 우수해, 1980
년까지 계속 생산된다. 사진의 모델은
1973년 제작되었다. 인기 있는 항공
택시로서, 짧은 활주로에서도 많은
짐을 싣고 거뜬히 이륙했다.

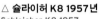

△ **슐라이허 K8 1957년**
Schleicher K8 1957
제조국 독일
엔진 없음
최고 속도 190km/h(118mph)

루돌프 카이저(Rudolf Kaiser)가 설계한
K8은 단순한 구조의 단좌 글라이더로,
급강하 제동기(dive brake) 정도만 있어서,
아마추어라도 부품을 사 조립하는 것이
가능했다. 1,100대 이상 제작되었다.

△ **슐라이허 K4 뢴레르헤 1952년**
Schleicher K4 Rhönlerche 1952
제조국 독일
엔진 없음
최고 속도 171km/h(106mph)

꽤 묵직한 2인승 항공기로, 비행기가
될 수도 있었지만, 결국 훈련용
글라이더로 낙착되었다. 비행 특성이
너그러웠고, 아주 천천히 날아서,
결과적으로 인기가 많았다.

△ **모라반 나로드니 포드니크 즐린 Z.226T
1956년**
Moravan Národní Podnik Zlín Z.226T 1956
제조국 체코슬로바키아
엔진 160마력 월터 마이너 6-3 도립 공랭식
스트레이트-6
최고 속도 220km/h(137mph)
즐린은 1930년대에 설립되었고, 스포츠 항공기
및 곡예비행기로 명성이 드높았다. 사진의
항공기는 1947년식 Z.26 훈련기를 바탕으로
했으며, 1956년부터 1961년까지 약 250대
제작되었다.

△ **조델 D117A 1958년**
Jodel D117A 1958
제조국 프랑스
엔진 90마력 컨티넨털 C90-14F
공랭식 플랫-4
최고 속도 209km/h(130mph)

에두아르 졸리(Édouard Joly)와 장 델레몽테(Jean
Délémontez)가 비행 클럽에서 쓸 요량으로 D11을 설계했다.
D11은 더 이른 시기인 1940년대의 설계를 참조했다. 초기
모델에는 45마력 엔진이 얹혔고, D117은 90마력으로
강화되었다. 소시에테 아에로노티크 노르망드(Société
Aéronautique Normande, SAN)가 223대 제작했다.

△ **비치크래프트 33 드보네어 1959년**
Beechcraft 33 Debonair 1959
제조국 미국
엔진 225마력 컨티넨털 IO-470-J
공랭식 플랫-6
최고 속도 315km/h(196mph)

유선형 동체에 금속제이고, 낮은 날개에 V자형
꼬리 날개를 지녔다. 랠프 하몬(Ralph Harmon)이
설계한 이 단엽기는 1947년이란 시기를 감안하면
무척이나 첨단이고, 이후로 무려 65년 동안
개량형이 계속 생산되었다. 옛날 꼬리를 달고 있는
사진의 모델은 1959년 출고되었다.

클라이드 세스나와 세스나 코멧.
1917년 캔자스 주 위치타에 세운 첫
번째 공장 밖에서.

위대한 항공기 제조사
세스나

세스나 에어크래프트 컴퍼니는 역사상의 그 어떤 기업보다 항공기를 많이 팔았다. 1927년 설립 이래로 무려 19만 3500대의 항공기를 인도했고, 경량의 훈련기부터 군용 제트기까지 종류도 다양했다. 세스나는 오늘날도 비즈니스 제트기의 최대 판매업자 가운데 하나다.

세스나 에어크래프트의 이야기는 1911년 6월로 거슬러 올라간다. 당시 클라이드 세스나(Clyde V. Cessna, 1879~1954년)는 서른 살로, 농부 겸 기계공이었는데, 자신의 첫 번째 항공기를 제작했다. 이 블레리오 유형(Blériot-type) 단엽기는 60마력짜리 엘브리지(Elbridge) 엔진이 구동했다. 세스나가 이 비행기로 첫 비행에 성공했고, 미시시피 강 서쪽과 로키 산맥 동쪽 지역에서 비행기를 만들어 탄 최초의 인물로 등극했다. 1925년 세스나는 미국 항공의 다른 위대한 두 인물, 월터 비치(Walter Beech), 로이드 스티어먼(Lloyd

클라이드 세스나
(1879~1954)

Stearman)과 합세해 트래블 에어 매뉴팩처링 컴퍼니(Travel Air Manufacturing Company)를 세웠다. 회사는 탁월한 복엽기를 만들었고, 순식간에 명성을 얻었다. 하지만 세스나는 단엽기에 더 흥미가 있었고, 독립해서 1927년 9월 빅터 루스(Victor Roos)와 함께 세스나-루스 에어크래프트 컴퍼니(Cessna-Roos Aircraft Company)를 설립한다. 하지만 이내 결별, 세스나는 1927년 섣달 그믐 세스나 에어크래프트 컴퍼니(Cessna Aircraft Company)를 수립했다. 시리즈로 양산된 최초의 세스나 항공기

는 산뜻한 외관의 높은 날개 단엽기로, 피스톤 엔진 한 개가 구동했다. 여러 설계안이 계속 성공을 거두었다. 그런데 얄궂은 일이 벌어지고 만다. 전도 유망한 기계였던 세스나 DC-6이 1929년 10월 29일 자격 증명을 받았는데, 바로 그 날 월 스트리트 주식 시장이 폭락한 것이었다. 세스나는 1932년부터 1934년까지 항공기 생산을 공식 중단했고, 사업 활동은 이후 서서히 회복되었다.

세스나는 보유 주식을 조카인 드웨인 월리스(Dwayne Wallace)에게 팔고 1936년 은퇴했다. 미국의 여느 항공기 제조업체처럼 세스나의 사업도 1940년 호경기를 맞이했다. 미국이

세스나의 초기 카탈로그
1929년 월 스트리트의 주가가 폭락해, DC-6의 경우 10대도 생산되지 못했다. 카탈로그의 표지 항공기가 DC-6다.

세스나 140
세스나 140은 2인승 비행기로, 1947년부터 1951년까지 생산되었다. 후속 모델이 세스나 150이다. 민간 항공기 중 생산 연한이 가장 길었던 기종의 하나가 세스나 150이다.

140

172E 스카이호크

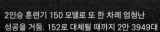

421C 골든 이글

사이테이션 머스탱(510 모델)

1879 클라이드 V. 세스나 출생	**1946** 2인승 경량 비행기들인 120과 140이 시장에 첫 선을 보여 대성공. 7,664대 제작

1879 클라이드 V. 세스나 출생
1911 세스나, 처음으로 비행에 성공.
1925 세스나가 월터 비치 및 로이드 스티어먼과 합세해, 트래블 에어 매뉴팩처링 컴퍼니 설립
1927 캔자스 주 위치타에 세스나 에어크래프트 컴퍼니 설립
1931 상기 회사가 파산 보호 신청, 항공기 생산 중단
1936 세스나, 회사를 조카에 매각. 조카가 조업 재개
1940 미 육군 항공대가 쌍발 경량 항공기 T-50 33대 주문

1946 2인승 경량 비행기들인 120과 140이 시장에 첫 선을 보여 대성공. 7,664대 제작
1950 한국 전쟁 발발. 미 육군이 L-19 관측 항공기 주문량을 늘리다. O-1 '버드 도그'
1954 클라이드 세스나 사망. 종전 후의 첫 쌍발 엔진 항공기인 310 모델 생산
1956 172가 시장에 도입되었고, 전 시대를 통틀어 가장 많이 생산된 항공기로 자리매김. 현재까지 4만 3000대 이상 제작

1957 2인승 훈련기 150 모델로 또 한 차례 엄청난 성공을 거둠. 152로 대체될 때까지 2만 3949대 제작 생산
1960 프랑스의 랭스 아비아스용(Reims Aviation)이 세스나의 몇몇 기종을 면허 생산
1963 회사력을 통해 5만 대의 항공기 생산
1969 팬제트 500 비행. 계속해서 비즈니스 제트기로 확대 편성
1975 단발 엔진 세스나 10만 번째 항공기가 조립 라인을 떠남

1977 152 생산 시작. 1985년 조립 라인을 닫을 때까지 도합 7,582대 제작
1982 208 모델 캐러밴 시험 비행
1986 제너럴 다이내믹스, 세스나 매입
1992 텍스트론, 세스나 인수
2005 세스나, 사이테이션 머스탱을 들고서 새로 유형 평가된 소형 제트 항공기(Very Light Jet) 시장에 뛰어들다.
2012 세스나, 중국의 에이비에이션 코퍼레이션 인더스트리(Aviation Corporation Industry)와 합작 사업 발표

재무장을 시작했기 때문이다. 세스나는 회사 역사상 최대량을 수주했다. 미 육군 항공대가 쌍발 경량 비행기 T-50을 33대, 캐나다 공군이 추가로 180대 주문했다.

제2차 세계 대전 종전 후야말로 세스나의 진정한 도약기였다. 금속으로만 만든 2인승 단엽기들인 모델 120과 140이 당장에 성공을 거두었고, 큰 방사형 엔진을 단 190과 195도 인기가 많았다. 1956년에는 172 시리즈가 양산되기 시작했다. 스카이호크(Skyhawk)는 4인승의 높은 날개 단엽기로, 고정식 세 바퀴 이착륙 장치가 달렸으며, 역사상 가장 많이 생산된 비행기로 등극한다. 지금까지 4만 3000대 이상 팔렸다. 1955년 첫 비행을 한 2인승 훈련기 150 역시 베스트셀러로, 172의 성공을 뒤이었다. 그렇게 150/152와 172 모델이 무려 7만 대 이상 제작되었다. 172의 경우 오늘날에도 여전히 생산되고 있다. 세스나는 이후로도 수십 년 동안 성장을 계속한다. 1963년 세스나 전 기종이 약 5만 대 생산되었는데, 불과 12년 후에 이 숫자가 두 배로 늘어 10만을 헤아리게 되었던 것이다. 세스나는 제품군도 폭이 넓었다. 단좌의 농업 항공기, 2인승 연습기, 4인승과 6인승 관광기, 쌍발 경량 항공기, 비즈니스 제트기, 심지어 군용 제트 훈련기도 있었다.

세스나는 전쟁에 투입되어 상징성을 부여받은 비행기를 단 한 유형도 생산하지 못했다. 하지만 그럼에도 불구하고 수십

슈퍼 트윗이 날고 있다
A-37 드래곤플라이(A-37 Dragonfly)는 슈퍼 트윗(Super Tweet)이라고도 하며, 미 공군이 베트남 전쟁에 처음 투입한 경량 공격 항공기다. 일부 공군이 오늘날까지 사용 중이다.

"나는 이걸 타고 난 다음 불태워 버릴 것이다. 그리고 비행기라면 다시는 거들떠도 안 보겠다."
클라이드 세스나, 자신이 제작한 첫 비행기가 열세 번 추락 후

년에 걸쳐 미군에 많은 항공기를 공급했다. O-1 버드 도그(O-1 Bird Dog) 관측기가 한국 전쟁은 물론이고, 베트남 전쟁 초기에 복무했다. 그러다가 C-337 스카이마스터(C-337 Skymaster)가 이 관측기를 대체했다. T-37도 1,000대 이상 생산되었다. 많은 비행기가 처음에는 훈련기로 설계되었지만, 베트남 전쟁 때 경공격 전투기로 사용되었다. 수십 년간의 지속적 성장세가 주춤한 것은 1980년대였다. 세스나의 운과 부가 급하게 역전되었다. 소송이 난무하던 10년간이었고, 이게 작지 않은 역할을 했다. 결국 새로운 일반 항공 비행기 시장이 와해했고, 세스나 항공기의 판매량이 1979년의 8,400대에서 불과 8년인 1987년 187대로 떨어졌다. 세스나는 1986년 경량 항공기 생산을 일제히 중단

했다. 전 해에 제너럴 다이내믹스의 자회사로 전락하고서였다.

비즈니스 제트기 사이테이션의 판매량이 견고하게 유지되었고, 이게 행운으로 작용했다. 익일 배송 항공 화물 산업이 출현했고, 세스나가 1985년부터 생산한 신형 항공기를 단박에 팔 수 있었다. 터보프롭 한 개가 동력을 공급하는 208 캐러밴(208 Caravan)이 그 주인공이다. 2010년경에는 익일 배송 기업 페더럴 익스프레스(Federal Express)가 250대 이상의 캐러밴을 투입 중이었고, 전 세계적으로도 잘 팔렸다. 이 다용도 다목적 항공기가 2,000대 이상 생산되며 생산 중이다.

세스나는 1992년 텍스트론 사(Textron Inc.)의 완전 소유 자회사로 변신했고, 캔자스의 인디펜던스에 1996년 새로 제조 공

경량 비즈니스 제트기
세스나 사이테이션 CJ2는 승객을 아홉 명까지 태울 수 있다. 기업 임원들이 이런 경량 비즈니스 제트기를 많이 이용했다.

장을 건설했다. 인디펜던스가 세스나의 단발 엔진 피스톤 항공기 제품군 생산 거점이었다. 2007년 텍스트론이 파산한 컬럼비아 에어크래프트(Columbia Aircraft)를 매수하면서, 앞으로는 세스나가 컬럼비아의 항공기를 세스나 350과 400으로 생산할 것이라고 발표한다. 이 조치가 세스나한테는 커다란 변화이자 도전이었다. 복합재로 제작한 낮은 날개 단발 엔진 비행기는, 세스나가 유명한, 죄다 금속인 높은 날개 비행기와 달랐기 때문이다. 2007년에 또 변화가 단행되었다. 미국 고객들이 반대했음에도 불구하고, 새 공장이 중국에 세워져, 경량 스포츠 항공기 162 스카이캐처(162 Skycatcher)를 제작했던 것이다. 그 시기쯤 경기가 하락했고, 대규모 감원 조치가 이루어졌다. 그래도 캔자스의 위치타 공장은 여전했다. 피스톤 엔진, 터보프롭, 제트 동력 항공기가 다양하게 생산되었다.

실험 항공기

1950년대는 흥미진진한 시대였다. 유럽 각국과 미국이 다음을 실험했으니 말 다했다. 초음속 비행, 삼각익 비행기, 극단적 후퇴익 항공기, 수직 이착륙(VTOL), 램제트와 로켓을 사용하는 대안 동력 등등. 세상을 놀래키는 프로토타입이 일부 제작되었고, 여러 귀중한 교훈을 배우기도 했다. 하지만 이 분야에 몸담았던 시험 비행 조종사(test pilot)들의 삶은 무척이나 위험한 것이었다. 시험 과정 중의 사고로 많은 이가 목숨을 잃었다.

△ 볼턴 폴 P.111 1950년
Boulton Paul P.111 1950

제조국 영국

엔진 2,313kg(5,100lb) 스러스트 롤스로이스 네네 R3N2 터보제트

최고 속도 1,045km/h(649mph)

영국 공군성의 S. C. 레드쇼(S. C. Redshaw) 박사가 설계했다. P.111은 꼬리 날개를 뺀 삼각익의 특성을 시험해 보는 물건이었고, 전자동으로 제어되었다. 날개에 유리 섬유를 다는 일련의 실험도 수행했다.

△ 쇼트 SB5 1952년
Short SB5 1952

제조국 영국

엔진 2,200kg(4,850lb) 스러스트 브리스틀 BE26 오르페우스 터보제트(더 이른 시기의 경우, 1,588kg/3,500lb 스러스트 롤스로이스 더웬트 8)

최고 속도 650km/h(403mph)

라이트닝 전투기 프로젝트의 저속 조종성을 점검하기 위해 만들었다. 요컨대, 이상적인 날개 각도와 수평 꼬리 날개의 위치를 알아내야 했던 것이다. SB5의 목제 날개는 50도, 60도, 69도로 설정할 수 있었고, 이것들은 여태껏 시도되지 않은, 꽤 큰 후퇴각이었다.

▽ 쇼트 SC1 1957년
Short SC1 1957

제조국 영국

엔진 5×966kg(2,130lb) 스러스트 롤스로이스 RB108 터보제트

최고 속도 396km/h(246mph)

영국 최초의 수직 이륙 항공기로, 전기 신호식 비행 조종 제어를 했다. 수직 제어 엔진이 넷이었고, 다섯 번째 엔진이 전진을 담당했다. 양력 엔진 넷이 기수, 꼬리, 두 날개 끝에서 기류를 흘려보내고, SC1은 저속에서도 안정성을 유지한다.

▷ 록히드 XFV-1 1954년
Lockheed XFV-1 1954

제조국 미국

엔진 5,332마력 앨리슨 XT40-A-14 이중 터보프롭

최고 속도 933km/h(580mph)

미 해군이 일반적인 선박의 작은 플랫폼에서도 운용할 수 있는 수직 이륙 항공기를 요청했고, '포고(Pogo)'라고 하는 XFV-1이 실험에서 수직으로 날아올라 수평 비행으로 전환하는 데도 성공했지만 너무 느렸다.

△ 쉬드-웨스트 SO9000-01 트라이던트 1953년
Sud-Ouest SO9000-01 Trident 1953

제조국 프랑스

엔진 2×750kg(1,654lb) 스러스트 MD 30 바이퍼 ASV.5 터보제트+3,776kg(8,325lb) 스러스트 SEPR 481 3실 액체 연료 로켓

최고 속도 1,706km/h(1,060mph)

프랑스가 초음속 요격기를 목표로 1948년부터 개발했다. 날개 끝에 터보제트를 달았고, 3실 로켓이 추가되었다. 프로토타입 두 대, 이어서 양산 전 단계로 10대를 만들었으나, 더 이상은 제작되지 않았다.

▷ 롤스로이스 스러스트 메저링 리그 '플라잉 베드스테드' 1953년
Rolls-Royce Thrust Measuring Rig "Flying Bedstead" 1953

제조국 영국

엔진 2×1,837kg(4,050lb) 스러스트 롤스로이스 네네 터보제트

최고 속도 자료 없음

롤스로이스의 앨런 아놀드 그리피스(Alan Arnold Griffith) 박사 연구진이 수직 이륙 제트 엔진의 가능성을 점검하기 위해 이 장치를 둘 만들었다. 정지 비행 시 안정성을 담보하고, 제어할 수 있는 수단과 방법을 개발하는 기계였던 셈이다.

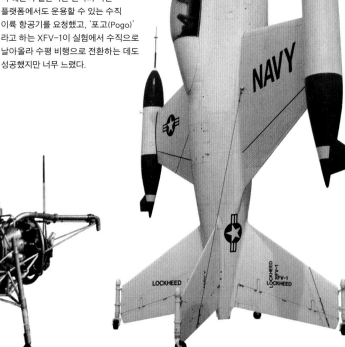

◁ 라이언 X-13 버티제트 1955년
Ryan X-13 Vertijet 1955

제조국 미국

엔진 4,536kg(10,000lb) 스러스트 롤스로이스 에이번 터보제트

최고 속도 563km/h(350mph)

수직 이륙 후, 수평에서 수직으로 (또는 그 반대로) 이행 비행을 할 수 있을지 시험하기 위해 만들어져 성공을 거두었다. X-13은 잠수함에서 사출될지도 몰랐지만 미 해군은 한 대도 주문하지 않았다.

△ 르뒤크 022 1955년
Leduc 022 1955

제조국 프랑스

엔진 3,193kg(7,040lb) 스러스트 스네크마 아타르 101D-3 터보제트+6,486kg (14,300lb) 스러스트 르뒤크 램제트

최고 속도 1,207km/h(750mph)

르네 르뒤크(René Leduc)는 제2차 세계 대전 내내 램제트 설계안을 궁리했다. 그의 첫 번째 비행기 르뒤크 0.10이 1946 년 모션에서 발진했다. 022는 이륙을 위해 터보제트도 달았다. 하지만 그로 인한 항력 때문에 원하는 최고 속도를 내지 못했다.

▽ 노르 1500 그리폰 1955년
Nord 1500 Griffon 1955

제조국 프랑스

엔진 3,497kg(7,710lb) 스러스트 아타르 101E-3 터보제트+6,935kg(15,290lb) 스러스트 노르 스타토-레악퇴르 램제트

최고 속도 2,333km/h(1,450mph)

1500은 이륙용 터보제트에 초고속을 달성하려는 목적의 램제트가 추가되었고, 소기의 목적을 거두었다. 더 단순한 구조의 애프터버너 터보제트와 비교해, 비용이 엄청나게 들어갔다.

△ 페어리 FD2 1954년
Fairey FD2 1954

제조국 영국

엔진 4,218~5,942kg(9,300~13,100lb) 스러스트 롤스로이스 RA28 에이번 애프터버너 터보제트

최고 속도 1,846km/h(1,147mph)

영국 군수성이 초음속 연구용 항공기를 필요로 했고, 꼬리 없는 삼각익의 FD-2가 제작되었다. 시속 1,609킬로미터(시속 1,000 마일)를 넘어선 최초의 항공기였다. FD-2는 시야 확보를 위해 콩코드처럼 기수에 경사를 부여할 수 있었다.

△ 파엥 Pa49 케이티 1957년
Payen Pa49 Katy 1957

제조국 프랑스

엔진 136kg(300lb) 스러스트 터보메카 팔라스 터보제트

최고 속도 500km/h(311mph)

롤랑 파엥(Roland Payen)은 미부를 지운 삼각익 항공기의 옹호자다. 그가 제작한 여러 프로토타입이 있는데, 이 가운데 기체가 나무인 카티(케이티)는 이런 유형으로는 프랑스에서 최초였다. 카티는 제트 동력을 사용하는 것 중 당대에 가장 작은 항공기였다.

△ 손더스-로 SR53 1957년
Saunders-Roe SR53 1957

제조국 영국

엔진 744kg(1,640lb) 스러스트 암스트롱 시들리 바이퍼 8 터보제트+3,629kg(8,000lb) 스러스트 드 하빌랜드 스펙터 로켓

최고 속도 2,626km/h(1,632mph)

바야흐로 냉전 시기였고, 영국 공군성은 폭격기를 제압하기 위해 급상승 요격기를 갖추어야 했다. 로켓과 제트 동력을 모두 집어넣은 이 프로토타입은 비행 성능이 우수했지만 얄궂게도 지대공 미사일 시스템이 선정되고 만다.

◁ 스네크마 C.450 콜레오프테르 1959년
SNECMA C.450 Coléoptère 1959

제조국 프랑스

엔진 3,692kg(8,140lb) 스러스트 스네크마 아타르 101-EV 터보제트

최고 속도 자료 없음

프랑스 인들의 수직 이륙 실험은 사진에서 보는 것처럼 혁신적인 직립형 프로토타입으로 이루어졌다. 고리 모양 날개의 지름은 3.2 미터이다. 허공을 맴도는 정지 비행에 성공했지만, 자세를 바꾸어 수평 비행을 하려다 추락했다. 콜레오프테르는 프랑스 어로 딱정벌레를 뜻한다.

초음속 전투기

1950년대에 전투기 부문이 엄청난 변화를 겪었다. 엔진이 더욱 강력해졌고, 초음속 공력 특성에 관한 지식이 증대했으며, 냉전의 피해 망상 속에 연구 개발 예산이 대규모로 책정되었다. 이런 배경에서 최고 속도가 급강하 형태로 음속을 겨우 돌파하는 수준에서 수평 비행으로 음속의 두 배인 마하 2를 돌파하는 정도로까지 올라갔다.

△ 콘베어 F-102A 델타 대거 1953년
Convair F-102A Delta Dagger 1953

제조국 미국

엔진 7,257kg(16,000lb) 스러스트 프랫앤휘트니 J-57 터보제트

최고 속도 1,328km/h(824mph)

수평 꼬리 날개를 없앤 혁신적 설계의 삼각익 요격기였지만, 처음에는 무척 실망스러웠다. 프로토타입이 초음속 비행을 할 수 없었기 때문이다. 개량형 F102A는 동체의 모양을 단면적 법칙을 적용해 코카콜라 병처럼 만들었고, 마하 1.22를 달성했다.

▽ 콘베어 F-106 델타 다트 1959년
Convair F-106 Delta Dart 1959

제조국 미국

엔진 11,113kg(24,500lb) 스러스트 프랫앤휘트니 J-75 터보제트

최고 속도 2,035km/h(1,265mph)

원래는 F-102B였는데 F-102와는 너무나 달라 F-106으로 바뀌었다. 동체를 코카콜라 병처럼 만들었고, 초음속으로 날 수 있었다. 뿐만 아니라 엔진이 더 강력했고, 항공 전자 기기도 첨단이었다.

▽ 다소 MD-452 미스테르 4A 1952년
Dassault MD-452 Mystere IVA 1952

제조국 프랑스

엔진 3,500kg(7,716lb) 스러스트 이스파노-수이사 베르동 350 터보제트

최고 속도 1,120km/h(695mph)

4A 전투-폭격기는 미스테르 2에서 유래했지만, 초음속으로 날았다. 원래는 롤스로이스 테이(Rolls-Royce Tay) 터보제트가 동력원이었지만, 양산 항공기 대다수에는 이스파노-수이사가 면허 생산한 엔진이 장착되었다.

△ 미코얀-구레비치 미그-19 1955년
Mikoyan-Gurevich MiG-19 1955

제조국 소련

엔진 2×3,256kg(7,178lb) 스러스트 투만스키 RD-9B 터보제트

최고 속도 1,455km/h(909mph)

나토(NATO)가 '파머(Farmer)'로 파악한, 미그-19는 초음속 비행을 지속할 수 있었던 소련 최초의 전투기다. 5,500대가량 생산되었지만, 대체된 미그-17이나 후속작 미그-21의 인기에 못 미쳤다.

◁ 그러먼 F11F-1 타이거 1956년
Grumman F11F-1 Tiger 1956

제조국 미국

엔진 4,763kg(10,500lb) 스러스트 라이트 J-65 터보제트

최고 속도 1,170km/h(727mph)

미 해군의 두 번째 초음속 전투기로 항속 거리와 체공 시간이 형편없었다. 항공 전대로서의 이력이 짧을 수밖에 없었고, 1961년쯤 작전 운용에서 배제되었다. 해군 곡예비행단 블루 에인절스(Blue Angels)가 1968년까지 타이거를 탔다.

△ 미코얀-구레비치 미그-21 1959년
Mikoyan-Gurevich MiG-21 1959

제조국 소련

엔진 5,740kg(12,655lb) 스러스트 투만스키 R-11F-300 터보제트

최고 속도 2,230km/h(1,385mph)

동급의 서방 전투기보다 더 가벼웠다. 미코얀-구레비치 설계국이 만든, 나토 암호명 '피시베드(Fishbed)'는 소련에서 발랄라이카(balalaika)란 별명으로 불렸다. 플랫폼이 그 악기처럼 생겼던 것이다. 미그-21의 비행 속도는 마하 2를 능가했다.

◁ **노스 아메리칸 F-100D 슈퍼 세이버 1956년**
North American F-100D Super Sabre 1956

제조국 미국

엔진 7,257kg(16,000lb) 스러스트 프랫앤휘트니
J-57 터보제트

최고 속도 1,390km/h(864mph)

별칭이 '훈(Hun)'이었던 F-100은 미 공군 최초의
100 시리즈 전투기다. F-100C의 경우 도입되었을 때
최첨단이었음에도 불구하고, 심각한 설계 결함이 있었다.
수직 안정판이 너무 작았던 것이다. 사진에서 보는 D 모델은
이것을 바로잡았다. 전투기로 설계되었지만, 대다수의
F-100D가 베트남에서 전투 폭격기로 사용되었다.

△ **노스 아메리칸 F-100F 슈퍼
세이버 1957년**
North American F-100F Super Sabre
1957

제조국 미국

엔진 7,257kg(16,000lb) 스러스트
프랫앤휘트니 J-57 터보제트

최고 속도 1,390km/h(864mph)

애초 의도가 2인승 훈련기였던 F-100F
는 베트남에서 다양한 전투를 소화했다.
'신속 전방 항공 통제기(Fast FAC,
Forward Air Controller)'로 사용되었던
것이다. F 모델 내에서 가장 두드러진
차이는 내부 무장이 20밀리미터 기관포가
네 정에서 두 정으로 줄었다는 점이다.

△ **보트 (F-8E) F8U-1 크루세이더 1957년**
Vought (F-8E) F8U-1 Crusader 1957

제조국 미국

엔진 7,348kg(16,200lb) 스러스트 프랫앤휘트니 J-57
터보제트

최고 속도 1,975km/h(1,225mph)

이륙과 착륙 속도를 줄이기 위해 가변 붙임각 날개를
달았다는 점이 이채롭다. F-8 크루세이더는 1950년대
후반에 미 해군이 운용한 가장 중요한 전투기였다. 사진에서
보는 이 프랑스 제 F-8E는 날개가 위로 젖힌 상태다.

△ **맥도넬 F-101 부두 1957년**
McDonnell F-101 Voodoo 1957

제조국 미국

엔진 2×7,666kg(16,900lb) 스러스트
프랫앤휘트니 J-57 터보제트

최고 속도 1,825km/h(1,134mph)

처음에는 단좌기로 설계되었지만 후에 2인승
조종석을 갖추었고, 핵 미사일도 장비할 수
있었다. 부두는 아주 빨랐지만, 저속 조종성이
형편없었다. 실속 상황에서 '피치 업(pitch-up)'
경향이 대단한 불만 사항이었던 것이다. 하지만
이것은 개선되지 않았다.

△ **리퍼블릭 F-105D 선더치프 1958년**
Republic F-105D Thunderchief 1958

제조국 미국

엔진 11,113kg(24,500lb) 스러스트
프랫앤휘트니 J-75 터보제트

최고 속도 2,208km/h(1,372mph)

흔히 '서드(Thud)'라고 하는 선더치프는
여태껏 제작된 단발 엔진 단좌 전투기로는
가장 크다. 해수면에서도 초음속으로 날
수 있었고, 공중에서도 마하 2의 속도가
가능했다. 베트남 전쟁 전반기에 전투 교전의
선봉에 서다.

▷ **록히드 F-104G 스타파이터 1958년**
Lockheed F-104G Starfighter 1958

제조국 미국

엔진 7,484kg(16,500lb) 스러스트 제너럴
일렉트릭 J-79 터보제트

최고 속도 2,125km/h(1,328mph)

이 비행기는 '사람이 들어가는 미사일'이란 별칭이
붙을 만큼 빨랐다. 스타파이터는 마하 2 이상의
속도로 지속 비행을 할 수 있는 최초의 전투기였다.

1960 년대

1960년대는 냉전 시대로 그 어느 때보다 빠른 제트기, 매끈하고 날렵한 정찰기, 이름에 X자가 붙은 수많은 실험 항공기가 제작되었다. 헬리콥터가 점점 더 세련되고 정교해졌고, 전쟁에 투입되어 지상군을 지원했다. 보잉 707, 더글러스 DC-8, 콘베어 880, 비커스 VC-10 등의 여객기가 장거리 노선에 투입되며 제트 엔진이 대세가 되었다. 보잉 727, 캐러벨, DC-9 등의 소형 제트기가 중단거리 여객 및 화물 수송 노선에서도 쌍발 피스톤 엔진 항공기들을 대체했다.

절대 강자 미국

1960년대에 경량 항공기 설계가 크게 바뀌었다. 천을 씌운 테일드래거(taildragger)가 삼륜 이착륙 장치를 갖춘 금속제 기계에 길을 내줬다. 엔진도 바뀌었다. 방사형 역순 직렬 구조가 공랭식의 수평 대향 엔진으로 교체되었다. 이들 모터는 실린더가 4개, 6개, 8개까지 있었다. 트랜지스터가 들어간 VHF 전방위 수신기(VHF omnidirectional receiver, VOR)도 도입되었고, 이로 인해 불순한 날씨에서 항행하는 일이 더 쉬워졌다.

▷ **세스나 150A 1961년**
Cessna 150A 1961
제조국 미국
엔진 100마력 컨티넨털 O-200 공랭식 플랫-4
최고 속도 259km/h(162mph)
전 시대에 걸쳐 가장 유명한 훈련기 중의 하나로 150/152 시리즈가 전 세계에서 여전히 사용되고 있다. 프로토타입이 첫 비행을 하고서 45년이 지났음에도 말이다.

▽ **세스나 172E 스카이호크 1964년**
Cessna 172E Skyhawk 1964
제조국 미국
엔진 145마력 컨티넨털 O-300 공랭식 플랫-6
최고 속도 201km/h(125mph)
역사상 가장 많이 생산된 경 항공기이다. 세스나 172는, C150이든 C152든 비행을 배운 조종사한테 당연한 논리적 귀결이었기 때문이다. 172는 1957년 첫 비행을 했고, 여전히 생산되고 있다.

△ **비치 S35 보난자 1965년**
Beech S35 Bonanza 1965
제조국 미국
엔진 285마력 컨티넨털 O-520 공랭식 플랫-6
최고 속도 281km/h(175mph)

보난자 특유의 V자형 꼬리날개 때문에 한 눈에 식별할 수 있다. 1947년 최초로 하늘을 날았다. 보난자는 1만 7000대 이상 제작되었고(전부가 V자 꼬리날개는 아니다), 중단되지 않고 지속적으로 생산된 것으로는 가장 긴 역사를 자랑하는 항공기이다.

▽ **생텍스 슈퍼 에메로드 CP1310-C3 1965년**
Scintex Super Emeraude CP1310-C3 1965
제조국 프랑스
엔진 100마력 컨티넨털 O-200 공랭식 플랫-4
최고 속도 185km/h(115mph)

클로드 피엘이 설계한 슈퍼 에메로드는 부품이 판매되어 자가 제작되기도 했지만, 프랑스, 영국, 남아프리카공화국의 공장에서도 생산되었다. 장착되는 엔진의 유형도 다양해 컨티넨털, 라이코밍, 포테즈 모터가 사용되었다.

△ **세스나 401 1966년**
Cessna 401 1966
제조국 미국
엔진 2×325마력 컨티넨털 TSIO-520 터보차저 공랭식 플랫-6
최고 속도 360km/h(224mph)
세스나 411을 개량한 401은 가압을 하지 않아 여압 기계보다 유지 관리가 더 쉬웠다. 소형 여객사들이 지선 운항 여객기로 삼으며 좋아했다.

△ **알론 A-2 에어쿠페 1966년**
Alon A-2 Aircoupe 1966
제조국 미국
엔진 95마력 컨티넨털 C-90 공랭식 플랫-4
최고 속도 152km/h(95mph)

알론 A-2는 1941년의 에어쿠페에서 유래했다. 물론 (에어쿠페와 달리) 여기에는 재래식 3축 제어 시스템이 장착되었다. 4인승 버전도 제작되었지만 양산되지는 못했다.

▷ **파이퍼 PA-28 체로키 1966년**
Piper PA-28 Cherokee 1966
제조국 미국
엔진 150마력 라이코밍 O-320 공랭식 플랫-4
최고 속도 200km/h(124mph)
파이퍼의 PA-28이 세스나의 172와 맞상대하기 위해 1960년 양산되기 시작했고, 오늘날도 여전히 제작 중이다. 이 항공기를 바탕으로 2인승 훈련기에서 4인승 터보차저 관광기 등 다양한 목적의 항공기가 탄생했다.

▷ **볼코프 BO-208C 주니어 1966년**
Bolkow BO-208C Junior 1966
제조국 스웨덴/독일
엔진 100마력 컨티넨털 O-200 공랭식 플랫-4
최고 속도 160km/h(100mph)

이 비행기는 스웨덴이 설계하고, 독일에서 제작되었다. 하지만 초등 연습기임에도 불구하고, 비아프라 전쟁에서 전투를 수행했다. 말뫼 MFI-9(Malmö MFI-9)에 용병들이 로켓 발사기를 붙였던 것이다.

◁ **슐라이허 ASK 13 1966년**
Schleicher ASK 13 1966
제조국 독일
엔진 없음
최고 속도 201km/h(125mph)
ASK-13은 역대 가장 인기 있는 연습 글라이더 중 하나로, 다수의 활공 클럽에서 여전히 주축 글라이더로 남아 있다. 천을 씌운 강철관 동체와 목제 날개가 아주 튼튼했고, 사소한 손상의 경우 쉽게 수리할 수 있다.

△ **글라스플루겔 H201B 스탠다드 리벨레 1967년**
Glasflugel H201B Standard Libelle 1967
제조국 독일
엔진 없음
최고 속도 250km/h(160mph)

리벨레는 복합재를 사용한 초창기의 스탠다드급으로, 아주 가볍고 설비 조작이 쉬워서, 조종사들이 좋아했다. 조종 성능이 우수했음에도 불구하고, 제동 장치가 안 좋아서 좁은 곳에서 착륙하는 것은 꽤 위험했다.

△ **레이크 LA-4 1967년**
Lake LA-4 1967
제조국 미국
엔진 200마력 라이코밍 O-360 공랭식 플랫-4
최고 속도 241km/h(150mph)

버커니어(Buccaneer), 곧 '해적'이라 흔히 불렸던 LA-4 수륙 양용기는 동체에 집어넣을 수 있는 세 바퀴 착륙 장치가 특징이다. 탑을 세우고 추진기를 단 건, 물보라가 프로펠러를 손상하는 걸 막기 위해서였다.

◁ **CEA DR-221 도팽 1968년**
CEA DR-221 Dauphin 1968
제조국 프랑스
엔진 115마력 라이코밍 O-235 공랭식 플랫-4
최고 속도 220km/h(137mph)
도팽이 채택한 엎은 갈매기 날개 (cranked wing)는 효율이 아주 좋았다. 엎은 갈매기 날개는 사실 조델 (Jodel)의 홈빌트(homebuilt) 비행기 시리즈에 처음 채택되었다. 애초에는 테일드래거였는데, 이 기본 설계가 세 바퀴 착륙 장치 DR400으로 진화했다.

▷ **비글 B-121 펍 시리즈 2 1969년**
Beagle B-121 Pup Series 2 1969
제조국 영국
엔진 150마력 라이코밍 O-320 공랭식 플랫-4
최고 속도 169km/h(105mph)
애초의 100마력짜리 펍(Pup)은 한심할 만큼 동력 출력이 약했다. 하지만 출력을 50퍼센트 증대하자, 멋들어진 경항공기로 거듭났다. 비글이 원가 이하로 파는 바람에, 겨우 150대를 생산하고서 회사가 법정 관리를 받게 된다.

◁ **모란-소니에 랄리 180T 갈레리앙 1969년**
Morane-Saulnier Rallye 180T Galérien 1969
제조국 프랑스
엔진 180마력 라이코밍 O-360 공랭식 플랫-4
최고 속도 217km/h(135mph)

프랑스의 기체 제조업체 모란-소니에가 생산한 갈레리앙 (Galérien)은 MS880 랄리(MS880 Rallye)의 글라이더 견인 특화 버전이다. 랄리 시리즈는 날개 앞전 슬랫(slat) 이 독특하다. 이 널판 덕택에 랄리 시리즈가 이착륙 거리가 매우 짧은(STOL) 특장을 뽐내는 것이다.

보잉의 전투기 P-26, 일명 '피슈터(Peashooter)'가 1937년 캘리포니아 상공을 날고 있다.

위대한 항공기 제조사

보잉

보잉의 항공기는 항공의 역사를 지배했다. 보잉의 폭격기가 제2차 세계 대전을 끝냈다. 냉전 연간에 하늘을 정찰한 것 역시 보잉의 항공기였다. 항공 여행을 혁신한 것 역시 이 회사의 여객기였다. 보잉은 최초의 현대적 여객기, 성공적으로 안착한 최초의 제트 여객기, 최초의 광폭 동체 항공기 '점보(jumbo)'를 생산했다. 항공사 수장들에게 보잉은 매우 의미 있는 존재다.

윌리엄 E. 보잉은 1881년 미국 미시건에서 빌헬름 뵈잉(Wilhelm Böing)으로 태어났다. 독일계고, 아버지가 광산 엔지니어로 부자였다. 윌리엄은 예일 대학교를 졸업하고 시애틀의 목재 업계에서 경력을 시작했다. 항공기가 목재와 직물로 제작되던 시대였기에 이 경험이 크게 도움이 된다. 미국의 항공 개척자 글렌 마틴(Glenn L. Martin)에게 비행술을 배운 보잉은, 마틴이 보유한 수상 비행기 한 대를 샀지만, 사고로 추락해 버린다. 교환 부품을 기다리던 그는 직접 설계해서 만드는 게 더 빠를 것임을 깨달았다. 친구인 현직 군인 웨스터벨트(G. C. Westervelt)가 도움을 줬고, 두 사람의 첫 번째 비행기—B&W 수상 비행기—는

윌리엄 E. 보잉
(1881~1956년)

1916년 하늘을 날았다. 다음 해인 1917년 보잉 비행기 회사(Boeing Airplane Company)가 설립된다. 미국이 제1차 세계 대전에 참전했고, 보잉은 수상 비행기 C 모델 두 대를 플로리다에 있는 미 해군 펜사콜라 주둔 기지에 보냈다. 해군이 50대를 주문했고, 보잉은 더 넓은 부지로 이사했다. 이곳이 바로 보잉 제1공장이다. 보잉은 1923년 전투기 보잉 P-12/F4B를 설계 제작해, 미 육군 항공대(USAAC)에 납품했다. F4B가 성공을 거두었고, 연이어 P-26이 제작되었다. P-26을 '피슈터'라고도 하는 것은, 경무장을 했기 때문이다. 재료로 전부 금속이 투입된 미국 최초의 전투기 P-26은 미 육군 항공대가 운용한 최초의 단엽기였다. 보잉은 우편 비행기도 제작해 미국의 항공 우편 업무도 담당한다. 1927년 40 모델이 계약을 따내, 샌프란시스코와 시카고를 왕복하며 우편물을 날랐다. 회사는 확장을 거듭했고, 모노메일 같은 더 발전된 금속제 항공기를 생산했다. 최초의 현대식 여객기 247이 그 뒤를 잇는다. 이무렵 보잉은 유나이티드 에어라인스도 보유했는데 1934년 항공기 제조업체와 항공사가 동일 기업 아래 참여하는 것을 금지하는 항공 우편법이 통과되면서 기업이 분리된다. 윌리엄 보잉이 사임하고, 클레어몬트 엑트베트가 회장직을 이어받았다.

보잉은 계속해서 여러 대의 여객기를 생산했고, 성공을 거두었다. 314 '클리퍼(Clipper)' 비행정이 유명했고, 여압 구조의 307 스트래토라이너의 경우 B-17의 주익과 꼬리 날개를 썼다. 314 시리즈는

Lullaby in flight… the Boeing 707

BOEING 707 and 720

편안한 여행
최초의 성공적인 제트 여객기 보잉 707을 광고하는 1950년대의 한 포스터. 팬 암이 1958년부터 보잉 707을 서비스했다. 후속 모델 720이 1년 후 출시되었다.

> ## "언젠가는 비행기 여행이 흔하게 여겨질 것이다. … 기차 여행만큼이나."
> 윌리엄 보잉, 1929년

라운지
보잉 747의 위쪽 객실은 회원제 클럽처럼 꾸몄다. 승객들은 여기 와서 휴식을 취하고, 품위있게 음료를 즐길 수 있었다.

스티어맨 모델 75

1881	윌리엄 E. 보잉 출생
1917	보잉 비행기 회사 창립
1927	보잉 모델 40A(Boeing Model 40A)가 시카고와 샌프란시스코를 오가면서 항공 우편 업무를 수행하기로 한 계약 체결
1930	금속으로 제작한 신형 우편 항공기 모노메일 (Monomail) 취항
1932	P-26 '피슈터' 공개. 미국 최초의 금속제 전투기이자, 미 육군 항공대가 운용하는 최초의 단엽기

B-17 플라잉 포트리스

1933	최초의 진정한 현대적 여객기, 보잉 247(Boeing 247) 취항
1934	스티어맨 모델 75가 도입되어 연습기로 사용됨. 보잉 비행기 회사가 유나이티드 에어라인스와 갈라서고 윌리엄 보잉 사임
1935	제2차 세계 대전의 폭격기 B-17이 날다.
1938	보잉이 모델 307 스트래토라이너(Model 307 Stratoliner)를 출시함. 객실을 밀봉한 최초의 상업 항공기
1945	B-29 슈퍼 포트리스(B-29 Super Fortress)가 히로시마와 나가사키에 원자 폭탄 투하

747-400

1947	B-47 스트래토제트(B-47 Stratojet) 취항
1952	전설이 된 B-52 스트래토포트리스(B-52 Stratofortress) 첫 비행
1954	시제품 모델 367-80 비행
1955	테스트 파일럿 '텍스' 존스턴("Tex" Johnston)이 시애틀 시페어(Seattle Seafair) 축제 때 워싱턴 호수 상공에서 대시 80(Dash 80)으로 연속 횡전 (barrel-roll)에 성공
1961	보잉의 헬리콥터 개발부인 버톨이 CH-47을 개발. 일명 치누크(Chinook). 여전히 생산 중임
1968	역사상 가장 성공한 제트 여객기라 할 737 취역

787 드림라이너

1969	프로토타입 747 시험 비행. 최초의 광폭 동체 비행기인 747로 전 세계 항공 여행의 풍경이 일신됨
1981	10년 넘는 세월 만에 보잉이 새로 개발한 제트 여객기 767 첫 비행
1983	협폭 동체 비행기 757 취역
1997	보잉, 맥도넬 더글러스 인수
2001	기업 본부 시애틀에서 시카고로 이전
2011	787 드림라이너(787 Dreamliner) 서비스 개시
2019	737 맥스는 두 차례의 커다란 인명 사고 후 더이상 하늘을 날지 못하게 됐다.

당대에 가장 큰 항공기들이었고, 팬암이 사서 태평양 및 대서양 횡단 서비스를 제공한다. 제2차 세계 대전 때, 보잉은 수천 대의 B-17과 B-29 폭격기를 제작했는데 각각 별명이 플라잉 포트리스와 슈퍼 포트리스다. 종전으로 수많은 주문이 취소되었고, 보잉은 노동자 7만 명을 감원했다. B-29를 개량한 스트래토크루저가 생산되었지만, 여객사들에 잘 팔리지는 않았다. 새로 편제된 미 공군이 C-97 수송기로 몇 대를 샀다. 제트 전투기의 시대가 열렸고, 이제 공군은 공중 급유기가 필요했다. 보잉이 이에 맞추는 체계를 설계해, C-97에 집어넣어서 탄생한 KC-97 급유기를 미 공군이 816대 샀다. 그 시절 보잉이 제작한 유명 군용기 B-47 스트래토제트와 B-52 스트래토포트리스는 이름에서 보듯 폭격기다. B-52H 스트래토포트리스 약 80대가 오늘날도 취역 중이다. KC-97을 대체한 것은 새로운 제트 프로펠러 급유기로, 군용 수송기로도 상업 여객기로도 쓸 수 있었다. 대시 80이라고도 하는 367-80 여객기에는 많은 혁신이 담겼다. 35도까지 후퇴시킬 수 있는 날개, 날개 아래 현수식으로 설치한 포드에 집어넣은 엔진, 보조익, 스포일러 가동판, 역추력기 두 쌍 등이 대표적이다. 이 모델이 바로 707의 모델이 된다.

707은 최초의 제트 여객기는 아니지만 가장 크게 성공한 1세대 제트 항공기라 할 것이다. 1,010대가 팔렸다. 707과 KC-135 스트래토탱커가 잘 팔리자 회사는 의기양양해졌고, 1960년 727 트라이제트, 1967년 쌍발 엔진 737을 내놨다. 727도 잘 팔렸지만(1,832대 생산) 7,370대 이상이 제작된 737은 지금도 생산 중이니, 사상 최고의 제트 여객기라 할 수 있겠다. 보잉이 1969년 항공 여행의 풍경을 바꿔 놓을 제트 여객기, 747을 세상에 내놨다. 747은 707보다 두 배 이상 큰 비행기로, 보잉의 신념이 엄청나게 도약한 것이자 약진의 사례였다. 회장 윌리엄 빌 앨런(William Bill Allen)은 747의 성공에 "회사를 걸었다." 747은 최초의 광폭 동체 제트 여객기로, 별명이 '점보 제트'였고,

보잉 드림라이너의 엔진
제너럴 일렉트릭의 차세대 엔진이란 의미인 GEnx는 787용으로 생산된 두 종류의 엔진 가운데 하나다.

전 세계의 항공 여객사가 줄을 서서 구매를 기다렸다. 757, 767, 777도 성공한 설계들이다. 이 시리즈의 최신 기종 787 드림라이너는 세계에서 가장 큰 복합재 항공기이다.

보잉은 시장 지배력을 바탕으로 미국의 경쟁사들을 대부분 매입해 버렸다. 그런데 2018년과 2019년에 대규모 인명 사고가 발생한다. 737 맥스의 비행 제어 소프트웨어에 문제가 있었던 것이다. 개발한 소프트웨어를 자체 인증한 것은 절차와 원칙을 무시하는 행위였고, 보잉은 그렇게 명성에 금이 갔다.

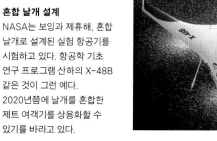

혼합 날개 설계
NASA는 보잉과 제휴해, 혼합 날개로 설계된 실험 항공기를 시험하고 있다. 항공학 기초 연구 프로그램 산하의 X-48B 같은 것이 그런 예다. 2020년쯤에 날개를 혼합한 제트 여객기를 상용화할 수 있기를 바라고 있다.

제트 엔진 운송과 프로펠러 엔진 운송

1960년대가 시작되면서 다수의 여객 운송사가 미래는 제트 엔진의 시대임을 확신하게 되었고, 프로펠러 항공기를 제트 엔진 항공기로 교체해 나갔다. 하지만 이 2세대 터보제트는 소음이 아주 심했을 뿐만 아니라, 연료 효율도 나빴다. 단거리 노선의 경우, 터보프롭이 사실상 더 낫다는 것이 곧 분명해졌다. 포커 F27(Fokker F27) 같은 비행기가 계속해서 생산되면서 당대의 제트 엔진 비행기보다 더 나은 판매고를 기록한 것은 이런 연유에서다.

△ 드 하빌랜드 DH106 코멧 4C 1960년
de Havilland DH106 Comet 4C 1960
제조국 영국
엔진 4×4,763kg(10,500lb) 추력 롤스로이스 에이번 마크524 터보제트
최고 속도 840km/h(520mph)

코멧 1은 여러 차례 치명적인 사고를 겪은 후 퇴역했고, 재설계가 단행되었다. 코멧 4는 더 크고, 강력했으며, 다년간에 걸쳐 여객 수송 분야와 영국 공군 모두에서 훌륭하게 임무를 수행했다. 코멧 4는 님로드 해양 정찰 항공기의 토대이기도 했다.

◁ 포커 F27 마크 200 프렌드십 1962년
Fokker F27 Mk200 Friendship 1962
제조국 네덜란드
엔진 2×2,250마력 롤스로이스 다트 마크532 터보프롭
최고 속도 399km/h(248mph)

아마도 유럽에서 가장 크게 성공한 터보프롭 여객기는 F27일 것이다. F27은 1958년부터 1987년까지 생산되었고, 페어차일드에 의해 미국에서도 생산되었다. 약 800대 제작되었고, 이 가운데 다수는 화물기로 개조되었다.

▷ 비커스 VC10 1964년
Vickers VC10 1964
제조국 영국
엔진 4×10,206kg(22,500lb) 스러스트 롤스로이스 콘웨이 마크 301 터보팬
최고 속도 933km/h(580mph)

VC10은 DC-8이나 707보다 활주로가 짧아도 운용이 가능했고, 또 더 빨랐다. 하지만 날개가 훨씬 커 항력이 더 많이 생겼고, 결과적으로 연료 효율이 떨어졌다. 딱 56대 제작되었음에도 불구하고 영국 공군이 개조해 최근까지 급유기로 사용했다.

◁ 트랜스올 C-160D 1965년
Transall C-160D 1965
제조국 프랑스/독일
엔진 2×6,100마력 롤스로이스 타인 마크 22 터보프롭
최고 속도 513km/h(319mph)

C-160D는 프랑스와 독일 공군의 전술 수송기 노라틀라스(Noratlas)를 교체했고, 남아프리카 공군도 가져다 운용했다. 에어 프랑스(Air France)가 네 대를 개조해, 우편 항공기 C-160F로 활용했다.

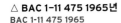

△ BAC 1-11 475 1965년
BAC 1-11 475 1965
제조국 영국
엔진 2×5,692kg(12,550lb) 스러스트 롤스로이스 스피 마크512 터보제트
최고 속도 871km/h(541mph)

비커스 바이카운트(Vickers Viscount)를 대체한 1-11은 단거리 노선에 취향한 두 번째 제트 여객기였다. 시제품을 치명적 사고로 잃었음에도 불구하고, 아주 잘 팔렸다. 특히 미국에서. 하지만 이 비행기는 아주 시끄러웠다. 영국이 만든 것 중 가장 크게 성공한 제트 여객기 중 하나임에도 불구하고, 지금은 한 대도 안 남아 있다.

△ 도르니에 Do28D2 스카이서번트 1966년
Dornier Do28D2 Skyservant 1966
제조국 독일
엔진 2×380마력 라이코밍 IGSO-540 공랭식 플랫-6
최고 속도 323km/h(201mph)

스카이서번트는 엔진이 하나뿐이었던 Do 27의 날개와 동체를 바탕으로 제작되었고, 비용이 적게 드는 튼튼한 다목적 수송기였다. 출입문도 컸고, 객실도 컸다. 주로 독일 군대가 사용했는데, 제1차 걸프전 때 유엔이 두 대를 운용하기도 했다.

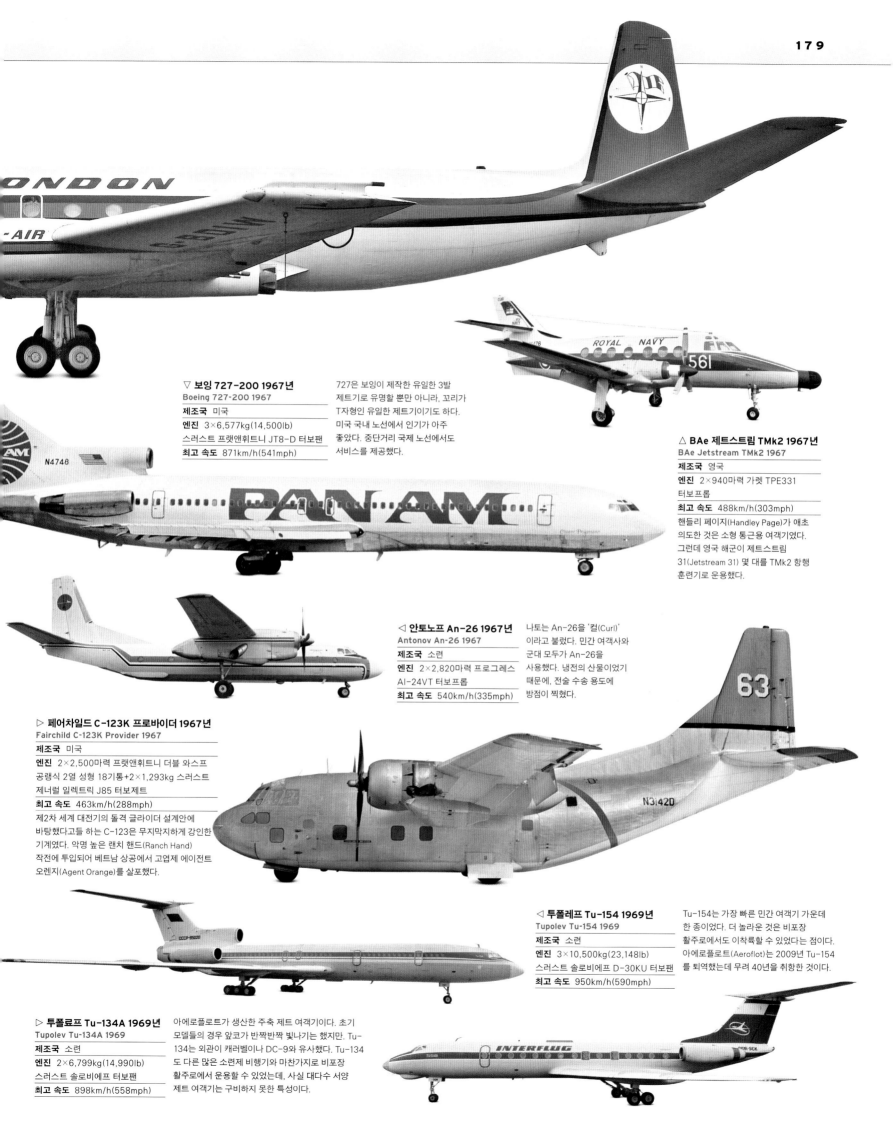

▽ **보잉 727-200 1967년**
Boeing 727-200 1967

제조국 미국
엔진 3×6,577kg(14,500lb)
스러스트 프랫앤휘트니 JT8-D 터보팬
최고 속도 871km/h(541mph)

727은 보잉이 제작한 유일한 3발
제트기로 유명할 뿐만 아니라, 꼬리가
T자형인 유일한 제트기이기도 하다.
미국 국내 노선에서 인기가 아주
좋았다. 중단거리 국제 노선에서도
서비스를 제공했다.

△ **BAe 제트스트림 TMk2 1967년**
BAe Jetstream TMk2 1967

제조국 영국
엔진 2×940마력 가렛 TPE331
터보프롭
최고 속도 488km/h(303mph)
핸들리 페이지(Handley Page)가 애초
의도한 것은 소형 통근용 여객기였다.
그런데 영국 해군이 제트스트림
31(Jetstream 31) 몇 대를 TMk2 항행
훈련기로 운용했다.

◁ **안토노프 An-26 1967년**
Antonov An-26 1967

제조국 소련
엔진 2×2,820마력 프로그레스
AI-24VT 터보프롭
최고 속도 540km/h(335mph)

나토는 An-26을 '컬(Curl)'
이라고 불렀다. 민간 여객사와
군대 모두가 An-26을
사용했다. 냉전의 산물이었기
때문에, 전술 수송 용도에
방점이 찍혔다.

▷ **페어차일드 C-123K 프로바이더 1967년**
Fairchild C-123K Provider 1967

제조국 미국
엔진 2×2,500마력 프랫앤휘트니 더블 와스프
공랭식 2열 성형 18기통+2×1,293kg 스러스트
제너럴 일렉트릭 J85 터보제트
최고 속도 463km/h(288mph)
제2차 세계 대전기의 돌격 글라이더 설계안에
바탕했다고들 하는 C-123은 무지막지하게 강인한
기계였다. 악명 높은 랜치 핸드(Ranch Hand)
작전에 투입되어 베트남 상공에서 고엽제 에이전트
오렌지(Agent Orange)를 살포했다.

◁ **투폴레프 Tu-154 1969년**
Tupolev Tu-154 1969

제조국 소련
엔진 3×10,500kg(23,148lb)
스러스트 솔로비에프 D-30KU 터보팬
최고 속도 950km/h(590mph)

Tu-154는 가장 빠른 민간 여객기 가운데
한 종이었다. 더 놀라운 것은 비포장
활주로에서도 이착륙할 수 있었다는 점이다.
아에로플로트(Aeroflot)는 2009년 Tu-154
를 퇴역했는데 무려 40년을 취항한 것이다.

▷ **투폴로프 Tu-134A 1969년**
Tupolev Tu-134A 1969

제조국 소련
엔진 2×6,799kg(14,990lb)
스러스트 솔로비에프 터보팬
최고 속도 898km/h(558mph)

아에로플로트가 생산한 주축 제트 여객기이다. 초기
모델들의 경우 앞코가 반짝반짝 빛나기는 했지만. Tu-
134는 외관이 캐러벨이나 DC-9와 유사했다. Tu-134
도 다른 많은 소련제 비행기와 마찬가지로 비포장
활주로에서 운용할 수 있었는데, 사실 대다수 서양
제트 여객기는 구비하지 못한 특성이다.

롤 스 로 이 스
페가수스

브리스틀 시들리(나중에 롤스로이스 브리스틀이 된다)가 설계 제작했다. 이 수직 및 단거리 이착륙
(vertical/short takeoff and landing, V/STOL) 엔진은 담대한 공학상의 개가로, 단연코 기술이
돋보인다. 기존의 노즐(분사구)이 그것도 딱 한 개 후방을 향했다면, 페가수스는 회전식 추력
노즐을 네 개나 우아한 설계로 통합해 냈다. 수직 이착륙 제트기 해리어(Harrier)에 들어갔고,
해리어는 세계에서 가장 유명한 아이콘 대접을 받았다.

불티나게 팔린 아이디어

해리어에는 페가수스 엔진이 장착되었고, 추력 노즐이 네
개나 돼서, 적하 중량이 가벼울 경우 헬리콥터 같은 조종
성을 뽐낼 수 있었다. 안정적으로 지탱할 수 있는 '다리'가
네 개나 되는 셈이니 말이다. 조종사는 수직 이륙을 달성
한 후 추력선을 회전할 수 있어 기존의 전진 비행이 가능
해진다. 이런 수직 및 단거리 이착륙 능력 덕택에 더 이상
활주로는 필요 없어, 바다에서라면 엄청난 혜택이다. 해리
어가 다양한 함선에서 작전을 수행하는 이유다.

하늘을 달리는 말
두 개의 뒤쪽 노즐은 짝을 이룬 '궁둥이'
같고, 전방 노즐은 어깨에 있다. 페가수스
엔진은 이름 그대로 고대 그리스 신화에
나오는 하늘을 나는 말이다.

(고온의) 후방 노즐
98.5도까지 회전할 수
있고, 이를 바탕으로 수직
비행에서 수평 비행으로의
이행이 가능하다.

공기 냉각 매니폴드
노즐 회전 베어링이 서
버리는 것을 막아 준다.

단열 담요
고온의 엔진 배기 가스로부터
기체를 보호해 준다.

**물 분사 및 이송
파이프**
이륙 시 터빈에 물을
분사하는 것은 과열을
막기 위해서다.

터빈 덮개

소화기 급송관

분사공 옆모습
추력을 극대화하기 위해
곡선으로 휘어 놓은 것을 보라.

분사구 날개

(고온의) 좌측(왼쪽) 노즐

봉쇄용 이음 고리

확산기 케이스

케이스 강화 늑재
추가 중량 없이도 강성과
진동 내성을 증대해 준다.

오일 냉각기
항공기 연료는 유온(油溫)을
제어하는 냉각제로 사용된다.

교류 발전기 냉각관은 날개
케이스에서 빼돌린 공기를 사용한다.

연료 제어 장치

발전기 배기 장치

**구동 퀼
(drive quill)**

교류 발전기

연료관

빼돌림 공기관

냉각 공기 공급관은 회전
베어링과 연결된다.

고에너지 점화 장치

사업, 다용도, 소방 활동

전 세계의 제조업체가 비즈니스 제트기의 수요 증가에 맞춰 사업 역량을 강화했다. 후퇴익과 동체 뒤에 다는 엔진이 이 부류 항공기의 필수로 자리를 잡았다. 터보프롭도 나름의 역할을 맡았다. 기복이 심한 지형일 때 단거리 이착륙 능력이 빛을 발한 것이다. 성형 피스톤 엔진도 글라이더를 끄는 것과 같은 일을 여전히 했다. 1960년대에 활약하는 항공기 다수가 40~50년 동안 계속 생산되었다.

△ **필라투스 PC-6/A 터보-포터 1961년**
Pilatus PC-6/A Turbo-Porter 1961
제조국 스위스
엔진 523마력 터보메카 아스타주 2E 터보프롭

최고 속도 232km/h(144mph)
미국에서도 제작된 PC-6이 처음 하늘을 난 것은 1959년이었다. 이때는 피스톤 엔진 비행기였다. 터빈을 달자, 동력 출력이 680마력으로 늘었고, STOL 성능이 탁월해, 산악 지역에서 사용하기에 알맞았다. 네팔의 해발 고도 5,750미터 빙하에 착륙하기도 했다.

△ **레트 Z-37 치멜라크 1963년**
LET Z-37 Cmelák 1963
제조국 체코슬로바키아
엔진 315마력 발터 M 462RF 슈퍼차저 공랭식 성형 9기통
최고 속도 209km/h(130mph)

이 강력한 농업 활동용 항공기는 농약이나 화물을 600킬로그램까지 실을 수 있다. 동구권에서 농약 살포 활동에 광범위하게 사용되었다. 나중에는 글라이더를 달고 나는 용도로 유명해졌다. 한꺼번에 여러 대를 끌 수 있었기 때문이다.

△ **드 하빌랜드 DH125 1962년**
de Havilland DH125 1962
제조국 영국
엔진 2×1,361kg(3,000lb) 스러스트 브리스틀 시들리 바이퍼 520 터보제트
최고 속도 840km/h(572mph)

중형의 이 비즈니스 제트기가 크게 성공했고, 덕택에 업무용 전세기의 표준이 확립되었다고 할 수 있다. 50년 넘게 생산되며 1,000대 이상 제작되었다. 그 사이에 이름도 자꾸 바뀌었는데, 호커 시들리 HS125(Hawker Siddeley HS125)였다가, 지금은 BAe 125다.

△ **드 하빌랜드 DHC6 트윈 오터 1965년**
de Havilland DHC6 Twin Otter 1965
제조국 캐나다
엔진 2×550마력 프랫앤휘트니 PT6A-20 터보프롭
최고 속도 298km/h(185mph)

DHC6 항공기는 플로트, 스키 활대, 세 바퀴 착륙 기어 모두 달 수 있었다. 다재다능한 단거리 이착륙 항공기여서, 개선된 형태로 2008년 생산이 재개되었다. 원격지 사용 항공기로서 따를 자가 없었다.

△ **PZL-104 빌가 35 1963년**
PZL-104 Wilga 35 1963
제조국 폴란드
엔진 260마력 이브첸코 AI-14RA 공랭식 성형 9기통
최고 속도 195km/h(121mph)

43년의 생산 기간 동안 1,000대 넘게 제작된 빌가는 꾸준히 성능이 개선되었다. 단거리 이착륙 성능과 상승 능력이 탁월해 인기가 많았다. 활공기 견인과 낙하산 훈련에 널리 쓰였다.

△ **다소 미스테르 20 1963년**
Dassault Mystère 20 1963
제조국 프랑스
엔진 2×1,894kg(4,180lb) 스러스트 제너럴 일렉트릭 CF700 터보팬
최고 속도 862km/h(536mph)

다소가 만든 최초의 비즈니스 제트기로, 팰콘 20(Falcon 20)이라고도 한다. 구조 설계가 아주 이상적이었다. 보면, 엔진을 뒤쪽에 장착해, 실내를 조용하게 만들었고, 후퇴익을 채택해 속도를 높인 것이 대표적이다. 508대 팔렸다.

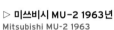

▷ **미쓰비시 MU-2 1963년**
Mitsubishi MU-2 1963
제조국 일본
엔진 2×575마력 가렛 TPE331-25A 터보프롭
최고 속도 500km/h(311mph)

MU-2는 일본에서 가장 성공한 전후 항공기 중의 하나로, 미국에서도 제작되었고, 저비용에 고성능을 자랑했다. 사고율을 줄이기 위해 특별히 조종 훈련이 필요했다.

△ **비치크래프트 킹 에어 90 1963년**
Beechcraft King Air 90 1963
제조국 미국
엔진 2×500마력 프랫앤휘트니 캐나다 PT6A-6 터보프롭
최고 속도 450km/h(280mph)

좌석을 여덟 개 설치한 이 쌍발 터보프롭이 1964년 생산을 개시했고, 이내 시장을 선도했다. 킹 에어 90은 당시 외관이 대단히 현대적이다. 점진적 개량을 통해 계속해서 주도권을 쥐었다.

△ 함부르거 플루크조이크바우 HFB320 한자 1964년
Hamburger Flugzeugbau HFB320 Hansa 1964

제조국 독일

엔진 2×1,338kg(2,950lb) 스러스트 제너럴 일렉트릭 CJ610-5 터보제트

최고 속도 825km/h(513mph)

민간 제트기로는 유일한 전진익(forward-swept wing, 날개보가 객실 내 좌석 설치부 뒤를 통과했다) 비행기이다. 제작된 47대 대부분이 루프트바페(Luftwaffe)에 인수되었고, 독일 공군은 이 비행기를 훈련 연습기와 VIP 수송에 썼다.

△ 그러먼 걸프스트림 G2 1966년
Grumman Gulfstream GII 1966

제조국 미국

엔진 2×5,171kg(11,400lb) 스러스트 롤스로이스 스피 RB.168 Mk511-8 터보팬

최고 속도 935km/h(581mph)

그러먼이 최첨단의 걸프스트림 G2를 갖고 비즈니스 제트기 시장에 뛰어들었다. 걸프스트림 G2는 날개의 후퇴각이 경쟁기들보다 더 커 최고 속도가 더 빨랐다. NASA와 기타 기관이 이 비행기를 낙점해, 특수 임무에 동원했다.

△ 리어제트 25 1966년
Learjet 25 1966

제조국 미국

엔진 2×1,337kg(2,950lb) 스러스트 제너럴 일렉트릭 CJ610-6 터보제트

최고 속도 859km/h(534mph)

리어제트(Learjet)는 성공한 시리즈 23/24를 부풀려서 8인승을 10인승으로 만든 비즈니스 제트기다. 리어제트 25는 특이하게도 날개 끝에 연료 탱크를 달았고, 항속 거리가 2,844킬로미터(1,767마일)로 연장되었다. 최대 1만 3716미터 고도에서도 날 수 있다.

△ 캐나다에어 CL-215 1967년
Canadair CL-215 1967

제조국 캐나다

엔진 2×2,100마력 프랫앤휘트니 R-2800-83AM 성형 18기통

최고 속도 291km/h(181mph)

CL-215는 여객 수송기로도 팔렸지만, 원래는 소방 항공기로 설계되었다. 물을 최대 6,419 리터까지 퍼올릴 수 있다. 화재 진압 화학 물질을 6톤까지 적재할 수 있다.

▷ 세스나 사이테이션 1 1969년
Cessna Citation I 1969

제조국 미국

엔진 2×997kg 스러스트 프랫앤휘트니 캐나다 JT15D-1B 터보팬

최고 속도 749km/h(465mph)

세스나의 비즈니스 제트기 사이테이션 시리즈는 엄청난 성공을 거둔다. 하지만 사이테이션 1의 시작은 위태롭기만 했다. 일단 느렸고, 터보프롭 경쟁기들보다 승무원이 한 명 더 필요했다.

군사 개발

1960년대에는 음속의 두 배 이상으로 날 수 있는 매우 빠르고 효율적인 전투기가 개발되었다. 하지만, 1940년대 이래로 힘겨운 과제를 묵묵히 수행해 온 지원 항공기가 있었음도 잊지 말아야 한다. 1960년대의 폭격기와 전투기 들은 여전히 전 세계의 최전선에서 복무 중이다. 이들 항공기는 성능 개량과 개선이 꾸준히 이루어지고 있으며, 2045년 이후까지도 활약할 예정이다.

▽ **보잉 B-52 스트래토포트리스 1960년**
Boeing B-52 Stratofortress 1960

제조국 미국

엔진 8×5,164kg(11,400lb) 스러스트 프랫앤휘트니 J57 터보제트(이후 7701kg 스러스트 터보팬으로 교체)

최고 속도 1,047km/h(650mph)

대륙을 오가며 핵탄두를 투하하는 용도로 설계되었다. 이 거대한 B-52는 1955년부터 미 공군에서 활약을 시작해(베트남에서 폭넓게 사용된다), 여전히 근무 중이다. 현행의 업그레이드 버전이 2040년대까지 계속 취역 예정이다.

△ **챈스 보트 (F-8K) F8U-2 크루세이더 1960년**
Chance Vought (F-8K) F8U-2 Crusader 1960

제조국 미국

엔진 4,847~8,154kg(10,700~18,000lb) 스러스트 프랫앤휘트니 J57 애프터버너 터보제트

최고 속도 1,975km/h(1,225mph)

이 초음속 함재 전투기는 1955년 첫 비행을 했고, 오랜 세월 근속했다. 주요 무기로 총포를 장착한 최후의 미국 전투기였다. 이륙과 착륙 시에 날개를 위로 기울였다.

△ **페어리 가넷 AEW.3 1960년**
Fairey Gannet AEW.3 1960

제조국 영국

엔진 3,875마력 암스트롱 시들리 더블 맘바 ASMD 4 터보프롭

최고 속도 402km/h(250mph)

가넷은 1949년 처음 날았고, 1958년 수송기에서 공중 조기 경보기로 개조되어, 1978년까지 취역했다. 두 터빈이 각각 이중 반전 프로펠러 하나씩을 구동했다.

△ **다소 미라주 3 1960년**
Dassault Mirage III 1960

제조국 프랑스

엔진 4,275~6,192kg(9,436~13,668lb) 스러스트 SNECMA 아타 9C 애프터버너 터보제트

최고 속도 2,350km/h(1,460mph)

삼각익의 미라주 3은 1950년대 후반에 개발되었고, 경량 요격기로 큰 성공을 거두었다. 이것을 확장한 3E 전폭기와 더불어, 여러 개발도상국가 공군에서 여전히 사용되고 있다.

△ **맥도넬 더글러스 F-4 팬텀 2 1960년**
McDonnell Douglas F-4 Phantom II 1960

제조국 미국

엔진 2×5,400~8,094kg(11,905~17,844lb) 스러스트 제너럴 일렉트릭 J79-GE-17A 터보제트

최고 속도 2,732km/h(1,697mph)

전후방 2인승의 이 전투-폭격기는 기체에 티타늄이 광범위하게 사용되었고, 완벽한 속도 및 고도 세계 기록을 수립했다. 팬텀 2는 수십 년간 전투 항공기로서 성공을 구가했다. 5,195대가 제작되었다.

▷ **잉글리시 일렉트릭 라이트닝 F6 1968년**
English Electric Lightning F6 1968

제조국 영국

엔진 2×5,684~7,257kg(12,530~16,000lb) 스러스트 롤스로이스 에이번 301R 터보제트

최고 속도 2,400km/h(1,500mph)

'테디' 페터("Teddy" Petter)의 적층 엔진 설계로 영국이 만든 것 중 유일한 마하 2 전투기였다. 애초의 F1 버전은 진정한 의미에서 영국 공군 최초의 초음속 전투기였다. F6은 F1보다 추력이 향상되었고, 더 많은 연료를 실었다.

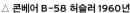

△ 미코얀-구레비치 미그-21PF 1960년
Mikoyan-Gurevich MiG-21PF 1960

제조국 소련

엔진 3,796~6,591kg(8,380~14,550lb)
스러스트 투만스키 R-13-300 애프터버너 터보제트

최고 속도 2,230km/h(1,385mph)

역사상 가장 많이 생산된 초음속 항공기로, 50개 나라가 운용했다. 매우 탁월한 경 전투 요격기로, 정찰용으로도 쓰였다. 1만 대 이상 제작되었다. 항속 거리와 민첩성이 약점이다.

△ 콘베어 B-58 허슬러 1960년
Convair B-58 Hustler 1960

제조국 미국

엔진 4×6,804kg(15,020lb) 스러스트 제너럴 일렉트릭 J79-GE-5A/B/C 애프터버너 터보제트

최고 속도 2,123km/h(1,319mph)

야심차게 삼각익을 달았고, 마하 2를 낼 수 있는 초음속 핵폭격기로, 다수의 최신 기술이 채택되었다. 하지만 정밀도가 높은 지대공 미사일이 개발되면서 대단히 취약해지고 말았다.

▽ 더글러스 EA-1F 스카이레이더 1962년
Douglas EA-1F Skyraider 1962

제조국 미국

엔진 2,700마력 라이트 R-3350-26WA 슈퍼차지 공랭식 성형 18기통

최고 속도 518km/h(322mph)

제2차 세계 대전기에 처음 설계된 스카이레이더는 지속적으로 임무를 부여받았고, 1960년대 내내, 그리고 이후까지 탁월하게 임무를 수행한다. 베트남에도 투입되었는데, 함재 공격기로 최전선에서 활약했다.

△ 아에로 L-29 델핀 1961년
Aero L-29 Delfin 1961

제조국 체코슬로바키아

엔진 888kg(1,960lb) 스러스트 모터렛 M-701C 500 터보제트

최고 속도 655km/h(407mph)

체코슬로바키아 자체적으로 설계 제작한 최초의 제트 항공기로, 동구권 나라 전체가 (앞뒤) 2인용 훈련기로 사용했다. 구조가 간단하고, 튼튼했으며, 비행이 쉬웠다. 안전 이력도 대단히 뛰어났다.

◁ 더글러스 A-4 스카이호크 1962년
Douglas A-4 Skyhawk 1962

제조국 미국

엔진 3,715kg(8,200lb) 스러스트 라이트 J65 또는 3,805~4,213kg(8,400~9,300lb) 스러스트 프랫앤휘트니 J52 터보제트

최고 속도 1,077km/h(673mph)

스카이호크는 1950년대에 설계되었음에도 불구하고 매우 가벼웠고, 1960년대와 이후까지 꾸준하게 날면서 임무를 수행했다. 전투기와 지상 공격기로 베트남, 욤 키푸르, 포클랜드 전쟁 등에서 공훈을 세웠다.

▷ 드 하빌랜드 FAW2 시 빅슨 1966년
de Havilland FAW2 Sea Vixen 1966

제조국 영국

엔진 2×4,983kg(11,000lb) 스러스트 롤스로이스 에이번 마크 208 터보제트

최고 속도 1,110km/h(690mph)

1950년대에 개발되었고, 무척 빨랐던 빅슨이 1962년 이 FAW2 사양으로 업데이트되었다. 미사일과 로켓과 폭탄이 장비된 FAW2는 탁월한 해상 전투기였다.

▽ 세스나 O-2 스카이마스터 1967년
Cessna O-2 Skymaster 1967

제조국 미국

엔진 2×210마력 컨티넨털 IO-360-D 공랭식 플랫-6

최고 속도 322km/h(200mph)

O-2는 민간의 스카이마스터에 토대를 뒀고, 저비용의 쌍발 엔진을 달아 군대의 관측 및 감시, 전방 항공 통제 임무에 적합했다. 베트남 전쟁에 투입되었고, 계속해서 2010년까지 사용되었다.

맥도넬 더글러스 F-4 팬텀 2

맥도넬 더글러스의 F-4 팬텀 2가 처음 하늘을 난 것은 1958년인데, 오늘날까지도 최전선에서 군무를 수행 중이다. 일단 이 전폭기는 꽤 크다. 적응 응용성이 좋고, 베트남 전쟁 때 가공할 무기란 명성을 얻었다. 이후 이스라엘 및 이란 공군과의 전투에서도 존재 가치를 입증해 보였다.

마하 2에 도달한 최초의 항공기 중 하나다. F-4 팬텀은 미 해군 요격기로 첫 근무를 시작했다. 빠르고 무장 상태가 좋으며 항속 거리가 길었으므로 어느 전투기와도 맞설 수 있었다. 미 공군과 해병대도 F-4 팬텀을 주문했다. F-4 팬텀은 다수의 세계 기록을 갱신, 1961년에는 시속 2,585킬로미터(시속 1,606마일)로 속도 세계 최고 기록을 수립했다. 베트남 전쟁 때 처음

전투에 투입되었다. 성능을 입증했지만, 총포가 없다는 것이 흠이었다. 처음에는 총포 탑재부를 붙이는 식으로 해결했지만, 이후의 다양한 버전에서는 총포가 내장되어 나왔다. F-4는 베트남에서 전투기, 폭격기, 정찰기, 대공 제압 임무를 수행했다. 적기 100대 이상을 파괴했다.

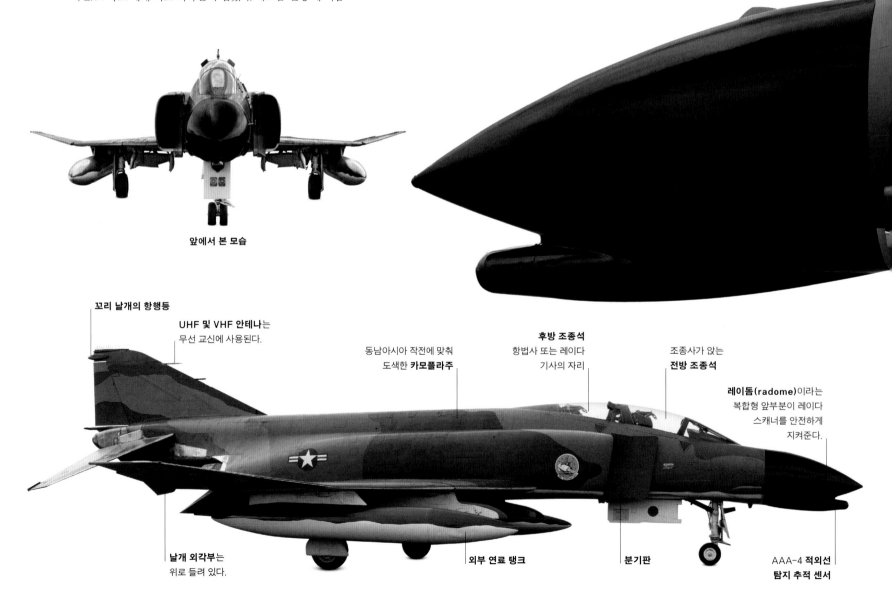

앞에서 본 모습

꼬리 날개의 항행등

UHF 및 VHF 안테나는 무선 교신에 사용된다.

동남아시아 작전에 맞춰 도색한 **카모플라주**

후방 조종석 항법사 또는 레이다 기사의 자리

조종사가 앉는 **전방 조종석**

레이돔(radome)이라는 복합형 앞부분이 레이다 스캐너를 안전하게 지켜준다.

날개 외각부는 위로 들려 있다.

외부 연료 탱크

분기판

AAA-4 적외선 탐지 추적 센서

제원			
모델	맥도넬 더글러스 F-4 팬텀 2, 1960년		파운드) 스러스트 제너럴 일렉트릭 J79-GE-17A 터보제트
제조국	미국	날개 스팬	11.7미터
생산	5,195대	전장	19.2미터
구조	알루미늄 합금, 티타늄, 스테인리스 스틸, 안전 유리	항속 거리	2,600킬로미터(1,615마일) (페리 항속 거리, ferry range,
	섬유(유리 섬유 적층판)		하중이 0일 때의 최대 안전 항속 거리)
최대 중량	2만 8030킬로그램(6만 1795파운드)	최고 속도	시속 2,370킬로미터(시속 1,472마일)
엔진	2×5,400~8,094킬로그램(1만 1905~1만 7844		

추진력의 왕

이 전폭기는 매우 크고 무겁다. 다수의 적 항공기와 달리 민첩성을 결여했지만 추진력 하나는 단연 뛰어났다. F-4 팬텀의 조종사는 이를 바탕으로 마음대로 교전을 수행하거나 회피할 수 있었다.

외장

F-4 팬텀은 매우 크고 강력한 전투기였다. 튼튼한 구조는 애초 이 항공기가 항공 모함 전투기로 출발했기 때문이다. 사출기 발진시의 응력과 변형은 물론이고, 착륙 때 정지 고리에 걸리는 중압도 견뎌 내야 했던 것이다. 이착륙 장치가 육중한 것 역시 항공 모함 항공기 출신이어서 그렇다. F-4 팬텀의 후부 소재는 티타늄과 내열 강철인데, 이는 엔진 배기가스로 발생하는 고온을 견뎌야 해서다. 날개의 앞 가장자리를 송곳니 모양으로 만든 것은 높은 받음각에서의 제어 통제력을 향상하기 위한 조치다. F-4의 J79 터보 제트 엔진은 비행 중에 연기를 자욱하게 피우는 것으로 악명이 높았다.

1. '건파이터스(The Gunfighters)' 배지로, 유령 또는 귀신을 마스코트 삼았다. 2. 받음각 감지기(angle of attack (AOA) sensor) 3. 냉각 공기 흡입 램 4. 이착륙 장치 레그 5. 사출 좌석 경표 6. 뒷좌석 탑승자의 후방 관측 거울 7. 가변 공기 흡입 램프 8. 미 공군 문장 '스타스 앤드 바스(stars and bars)' 9. 속도 브레이크 작동기 스트러트 10. 강화판 11. 파랑색 항행등(오른쪽 날개) 12. 날개 뒤 가장자리(내부) 13. 엔진 격납실 냉각기 미늘 출구 14. 제트 노즐 가변부 15. 수직 안정판 피토관 16. 연료 폐기 구멍

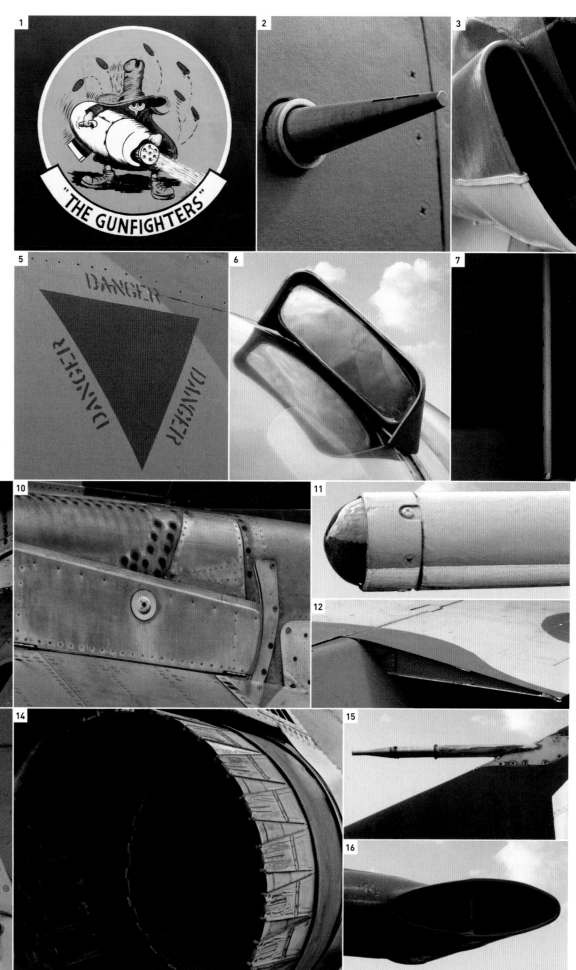

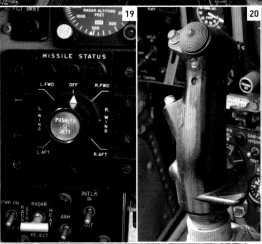

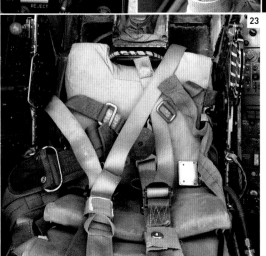

조종석

F-4는 2인승 항공기로, 조종사가 앞에 앉는다. 뒷좌석에 탑승하는 승무원은 공군에 따라서 무기 체계 운용사, 레이다 요격 장교, 항행사 등 다양한 이름으로 부른다. 조종석은 1950년대와 1960년대 전투기의 정석을 보여 준다. 아날로그식 다이얼과 장비가 촘촘하게 배열되어 있다. 조종석의 경우 뒤를 보기가 매우 어려웠다. "여섯 시 방향 확인(checking your six)"이라는 표현이 여기서 나왔다. 항공기 뒷편을 조종사가 눈으로 확인, 점검하는 것을 가리킨다.

17. 조종사 조종석 **18.** 뒷좌석 조종석 **19.** 미사일 상태 제어반 **20.** 주 조종간
21. 사출 좌석 손잡이 **22.** 스로틀 **23.** (위에서 본) 사출 좌석

VTOL, STOL, 속도

항공기 개발 분야에서는 1960년대가 영광의 10년이었다. 초음속 항공 여행이 보편화될 것이라는 낙관이 절정을 이루었고, 온갖 복잡한 사안과 쟁점을 검증하기 위해 실험기들이 제작되었던 것이다. 수직 이착륙 (vertical takeoff and landing, VTOL) 제트 전투기가 계산과 실험을 거쳐 실제로 날았다. 로켓을 동력원으로 하는 시제품 항공기가 유인 비행 속도 세계 신기록을 수립했고, 아직도 깨지지 않고 있다.

△ **벨 X-14 VTOL 테스트 베드 1960년**
Bell X-14 VTOL Test Bed 1960
제조국 미국
엔진 2×1,338kg(2,950lb) 스러스트 제너럴 일렉트릭 J85 터보제트
최고 속도 299km/h(186mph)

X-14는 암스트롱 시들리 바이퍼 터보제트를 달고서 1957년 첫 비행을 했고, 1959년 NASA에 인계되었다. 추가로 수직 이착륙 비행을 연구하기 위해서였다. 달 착륙을 시험해 보기 위한 것이었는데, 우주 비행사 닐 암스트롱이 조종했다.

▷ **노스 아메리칸 X-15 1960년**
North American X-15 1960
제조국 미국
엔진 31,933kg(70,400lb) 스러스트 리액션 모터스 시오콜 XLR99-RM-2 액체 연료 로켓
최고 속도 7,274km/h(4,520mph)

로켓을 단 이 연구 항공기는 1959년 처음 날았다. 공중에서 B-52가 떨어뜨려 쐈고, 우주 공간에 도달했으며(지상에서 고도 100킬로미터(62마일) 이상), 유인 항공기 속도 세계 최고 기록 보유자다.

◁ **호커 시들리 P.1127 1960년**
Hawker Siddeley P.1127 1960
제조국 영국
엔진 6,804kg(15,000lb) 스러스트 브리스틀 시들리 페가수스 5 벡터 스러스트 터보팬
최고 속도 1,142km/h(710mph)

브리스틀 엔진과 호커 시들리는 1950년대 후반 민간 기금을 받아 연구를 거듭했고, 머잖아 해리어 '점프 제트'가 되는 항공기의 첫 비행이 1960년 이루어졌다. 해리어 '점프 제트(Harrier "Jump Jet")'는 성공을 거둔 최초의 VTOL 전투기이다.

△ **브리스틀 188 1962년**
Bristol 188 1962
제조국 영국
엔진 2×6,350kg(14,000lb) 스러스트 드 하빌랜드 자이론 주니어 DGJ 10 애프터버너 터보제트
최고 속도 2,165km/h(1,345mph)

1950년대에 마하 3 연구가 추진되었고, 188은 크롬 스테인리스 스틸 외피와 용융 석영 유리창 같은 새로운 소재를 사용했다. 목표 속도에 도달하지는 못했다.

△ **핸들리 페이지 HP115 1961년**
Handley Page HP115 1961
제조국 영국
엔진 862kg(1,900lb) 스러스트 브리스틀 시들리 바이퍼 BSV.9 터보제트
최고 속도 399km/h(248mph)

12년에 걸친 시험을 성공적으로 통과한 이 항공기는 콩코드 개발 프로젝트의 일부였다. 삼각익의 저속 제어를 시험해 봐야 했던 것이다. 날개가 75도로 종횡비가 낮았음에도 불구하고, 115는 시속 111킬로미터(시속 69마일)의 느린 속도로 나는 데 성공했다.

△ **다소 발작 5 1962년**
Dassault Balzac V 1962
제조국 프랑스
엔진 2,200kg(4,850lb) 스러스트 브리스틀 시들리 오르페우스 BOr 3 크루즈 터보제트+8×980kg 스러스트 롤스로이스 RB108-1A 리프트 터보제트
최고 속도 1,104km/h(686mph)

다소가 미라주 3 전투기를 수직 이착륙 기계로 전환한 방식은 기가 차다. 주 추진 엔진 주변에 양력 엔진 여덟 개를 다는 방식이 동원되었다. 딱 한 대 제작되었다. 그리고 성공적으로 날았다. 하지만 정지 비행을 하다가 두 차례 치명적인 추락 사고를 당했다. 두 번째 사고 후 다소는 비행기를 수리하지 않았다.

◁ **EWR VJ 101C 1963년**
EWR VJ 101C 1963
제조국 독일
엔진 6×1,247kg(2,750lb) 스러스트
롤스로이스 RB145 터보제트
최고 속도 1,275km/h(792mph)

날개 끝 나셀에 회전 엔진 두 개를
달고, 동체에도 양력 엔진을 추가로
두 개 더 장착했다. 독일의 V/STOL
시제품으로, 초음속으로 난 최초의
VTOL 항공기이다. 양산되지는
않았다.

▷ **헌팅 H126 1963년**
Hunting H126 1963
제조국 영국
엔진 1,814kg(4,000lb) 스러스트
브리스틀 시들리 오르페우스
BOr.3 마크805 터보제트
최고 속도 확인 불가

'블론 플랩(blown flap)', 곧 '제트
플랩(jet flap)'을 시험하려고 만든
H126은 불과 시속 51킬로미터
(시속 32마일)의 속도로도 이륙할 수
있었다. 블론 플랩은 날개 뒷전으로
쭉 마련한 분사구를 말한다. 이
노즐이 엔진 배기 가스의 50
퍼센트를 가져갔다. 익단의 추진
엔진이 또 10퍼센트를 차지했다.

△ **BAC 221 1964년**
BAC 221 1964
제조국 영국
엔진 4,990kg(11,000lb) 스러스트
롤스로이스 에이번 RA.28 애프터버너
터보제트
최고 속도 1,708km/h(1,061mph)

BAC가 다시 만든 페어리 델타(Fairey Delta)
프로토타입은 날개 모양이 오지-오자이브(ogee-
ogive)였고, 다른 세부 사항도 첨가되었다. 이는
콩코드의 연구 데이터를 얻기 위함이었다. 페어리
델타는 1950년대에 초음속을 달성하기 위해
연구용으로 제작된 항공기로서, 시속 1,000마일
(시속 1,609킬로미터)를 달성한
최초의 항공기였다.

▷ **커스터 CCW-5 채널 윙 1964년**
Custer CCW-5 Channel Wing 1964
제조국 미국
엔진 2×260마력 컨티넨털 IO-470P
공랭식 플랫-6
최고 속도 354km/h(220mph)

커스터(Custer)가 CCW-5를 두 대 제작했는데,
모양이 이채롭다. 엔진 주위로 소위 '채널
날개('도랑'처럼 날개를 팠다)'를 붙인 것이다.
이륙 거리를 줄이고, 저속 비행을 달성하려던
조치였다. 1955년에 한 대가 만들어졌고, 사진은
1964년에 제작된 것이다. 시속 18킬로미터(시속
11마일)의 속도로 날 수 있었다고 하며, 최고 속도
역시 느렸다.

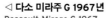

◁ **다소 미라주 G 1967년**
Dassault Mirage G 1967
제조국 프랑스
엔진 프랫앤휘트니/SNECMA TF
306 터보팬
최고 속도 2,573km/h(1,599mph)

프랑스 공군의 이 가변익
프로토타입은 4년 동안 별 탈 없이
비행하다가 사고로 망가졌다. 관련
프로토타입 두 대가 제작되기는
했지만 양산을 목표로 개발되지는
않았다.

회전익기

1960년대에는 저렴한 통근용 헬리콥터와 이를 이용한 도시 간 운송 서비스가 이미 퇴조했다. 복잡한 기계류를 줄이려는 노력이 실패했고, 비용 또한 여전히 높았기 때문이다. 결국 헬리콥터는 다른 어떤 수송 수단도 할 수 없는 임무에나 적합한 특수한 기계로 남을 것이라는 인식이 강력하게 부상했다. 베트남 전쟁이 일어났고, 헬리콥터가 빠른 속도로 개발되었다. 병력 운송 수단, 무장 헬리콥터, 구조 항공기가 그 목표이자 용도였다. 바다에서 석유를 탐사하는 과제 역시 민간 헬리콥터 산업에 불을 당겼다.

△ **벨 UH-1B 이로쿼이 ('휴이') 1960년**
Bell UH-1B Iroquois ("Huey") 1960
제조국 미국
엔진 960축마력 라이코밍 YT53-L-5 터보샤프트
최고 속도 217km/h(135mph)

미국 군대가 도입한 최초의 터빈 헬리콥터이다. 1956년 시제품이 날았다. UH-1B는 초기 모델보다 더 크고 무거우며, 동력도 두 배 세졌고, 여전히 취역 중이다. 1만 6000대 이상이 제작되었다.

△ **벨 AH-1 코브라 1965년**
Bell AH-1 Cobra 1965
제조국 미국
엔진 1,400축마력 라이코밍 T53-13 터보샤프트
최고 속도 315km/h(196mph)

날렵하면서도 민첩한 중무장 헬리콥터로, 베트남 전쟁 때문에 개발되었다. 휴이의 가동 부품과 타격이 힘든 협폭 동체를 섞은 게 특징이다. 코브라는 최초의 본격적인 무장 헬리콥터이다.

△ **웨스틀랜드 스카우트 AH 마크 1 1960년**
Westland Scout AH Mk1 1960
제조국 영국
엔진 1,050축마력 롤스로이스 님부스 105 터보샤프트(710마력으로 출력을 줄임)
최고 속도 211km/h(131mph)

스카우트는 튼튼하고 힘이 좋은 기계로, 아덴에서 포클랜드에 이르는 여러 갈등에서 영국군과 함께했다. 초기의 님부스 엔진들은 4~6시간 만에 교환해야 했지만 말이다.

▽ **웨스틀랜드 웨식스 HAS3 1964년**
Westland Wessex HAS3 1964
제조국 영국
엔진 1,600축마력 네이피어 가젤 18 마크 165 터보샤프트
최고 속도 204km/h(127mph)

원래의 웨식스 마크 1을 대잠수함 용으로 개량한 HAS3에는 헬리콥터 자체보다 더 비싼 혁명적인 195 유형(Type 195)의 수중 음파 탐지기가 실렸다.

△ **월리스 WA-116 에이자일 1961년**
Wallis WA-116 Agile 1961
제조국 영국
엔진 72마력 맥컬로크 4318A
최고 속도 193km/h(120mph)

뮤직 홀 스타 넬리 월리스(Nellie Wallace)의 이름을 딴 '리틀 넬리'는 제임스 본드 영화 「007 두 번 산다(You Only Live Twice)」에 등장한다. 이 헬리콥터를 직접 몬 제작자 켄 월리스(1916~2013년)는 오토자이로로 세계 기록을 30개나 수립한 인물이다.

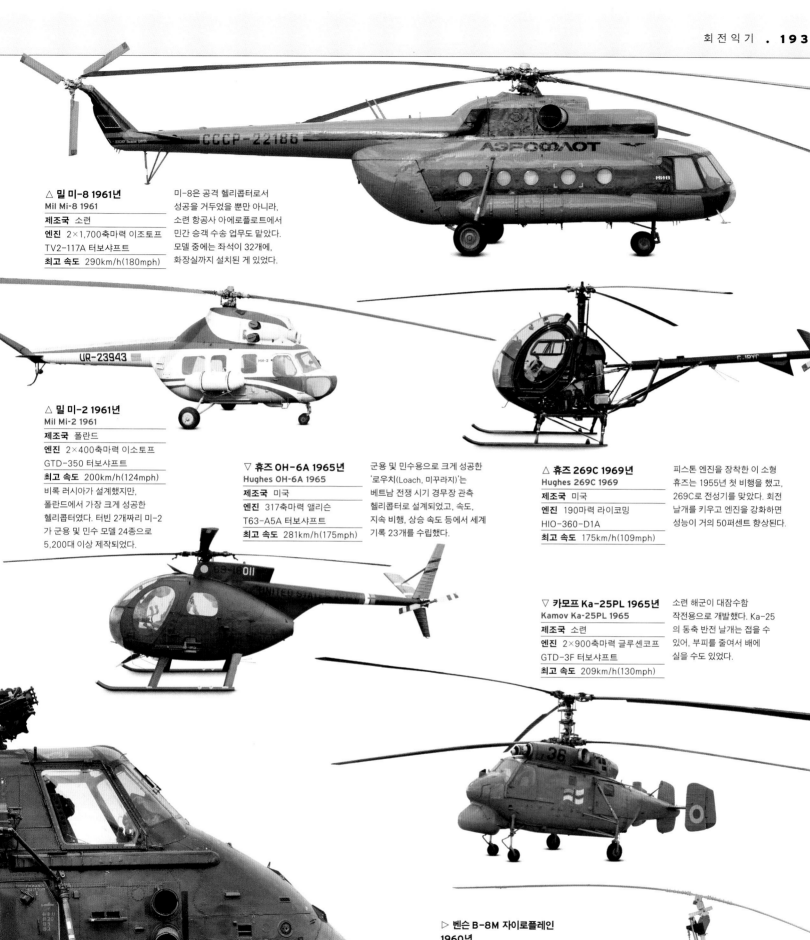

△ 밀 미-8 1961년
Mil Mi-8 1961
제조국 소련
엔진 2×1,700축마력 이조토프
TV2-117A 터보샤프트
최고 속도 290km/h(180mph)

미-8은 공격 헬리콥터로서
성공을 거두었을 뿐만 아니라,
소련 항공사 아에로플로트에서
민간 승객 수송 업무도 맡았다.
모델 중에는 좌석이 32석에,
화장실까지 설치된 게 있었다.

△ 밀 미-2 1961년
Mil Mi-2 1961
제조국 폴란드
엔진 2×400축마력 이소토프
GTD-350 터보샤프트
최고 속도 200km/h(124mph)
비록 러시아가 설계했지만,
폴란드에서 가장 크게 성공한
헬리콥터였다. 터빈 2개짜리 미-2
가 군용 및 민수 모델 24종으로
5,200대 이상 제작되었다.

▽ 휴즈 OH-6A 1965년
Hughes OH-6A 1965
제조국 미국
엔진 317축마력 앨리슨
T63-A5A 터보샤프트
최고 속도 281km/h(175mph)

군용 및 민수용으로 크게 성공한
'로우치(Loach, 미꾸라지)'는
베트남 전쟁 시기 경무장 관측
헬리콥터로 설계되었고, 속도,
지속 비행, 상승 속도 등에서 세계
기록 23개를 수립했다.

△ 휴즈 269C 1969년
Hughes 269C 1969
제조국 미국
엔진 190마력 라이코밍
HIO-360-D1A
최고 속도 175km/h(109mph)

피스톤 엔진을 장착한 이 소형
휴즈는 1955년 첫 비행을 했고,
269C로 전성기를 맞았다. 회전
날개를 키우고 엔진을 강화하면
성능이 거의 50퍼센트 향상된다.

▽ 카모프 Ka-25PL 1965년
Kamov Ka-25PL 1965
제조국 소련
엔진 2×900축마력 글루셴코프
GTD-3F 터보샤프트
최고 속도 209km/h(130mph)

소련 해군이 대잠수함
작전용으로 개발했다. Ka-25
의 동축 반전 날개는 접을 수
있어, 부피를 줄여서 배에
실을 수도 있었다.

**▷ 벤슨 B-8M 자이로플레인
1960년**
Bensen B-8M Gyroplane 1960
제조국 영국
엔진 72마력 맥컬로크 4318 2-행정
최고 속도 137km/h(85mph)
B-8M은 무동력 회전 날개 연을
바탕으로 개발되었으며, 1950년대에
속도, 거리, 고도 관련 기록을 다수
수립했다. 이 자이로플레인은 1987
년 이후로 생산이 중단되었지만,
홈빌트(homebuilt) 항공기 제작자들
사이에서 인기가 아주 높다.

항공 지원

베트남 전쟁 중이던 1967년 11월 875고지 공격전이 전개되고 미군 제 173공중강습 여단이 북베트남군의 매복 공격을 받는다. 아군의 지원 공격이 요청되었는데, 베트남 전쟁 사상 최악의 사고 가운데 하나가 일어나고 말았다. 미군 전폭기가 투하한 폭탄 하나가 아군 상공에서 폭발해 버린 것이었다. 여느 작전에서처럼 부상병을 회수할 수 있는 유일하게 쓸 만한 방법은 공중으로 빼내 오는 것이었다.

베트남에서 찍은 사진에서 보듯 헬리콥터가 진가를 발휘했다. 벨 UH-1 이로쿼이(Bell UH-1 Iroquois)는 미국 군대에 처음 도입된 터빈 동력 헬리콥터이다. (HU 칭호 때문에 흔히 '휴이(Huey)'라고 불렀다) 남베트남의 녹록치 않은 지형에서 휴이가 메드백(Medevac, medical evacuation, 의무 후송) 작전에 투입되어 야전 병원으로 부상 군인을 공수한 것이다. 부상병을 적당한 착륙장으로 옮기기 위해 개발된 것이 윈치 시스템(winch system)으로, 정지 비행 중인 헬리콥터로 환자를 끌어올린다. 환자 수송기 대원의 임무는 매우 위험했다. 복무 대원의 약 3분의 1이 죽거나 다쳤다.

만능 기계 또는 다용도 항공기

비록 처음에는 의무 후송기였지만 휴이는 병력과 화물을 운반하는 데도 사용되었다. 공중 강습, 수색 구조, 지상 공격으로 그 용도를 확대한 것이다. 휴이는 여전히 작전에 투입되고 있으며, 미군은 물론이고 전 세계 여러 나라의 군대에서 사용 중이다.

환자 수송기 휴이가 떠 있는 가운데, 제173공중강습 여단 군인들이 875고지 공략전 부상자들을 싣고 있다.

위대한 항공기 제조사
시코르스키

시코르스키는 헬리콥터 개발의 역사에서 중요한 역할을 했다. 하지만 그는 엔진을 여럿 단 대형의 고정익 항공기 개발의 선구자이기도 하다. 이런 다발 엔진 고정익 항공기가 1930년대에 유력하게 부상했다. 시코르스키 사는 초창기의 수색 구조 항공기에서부터 군용 및 상업용의 헬리콥터에 이르기까지 기술 혁신과 디자인에서 시종일관 업계를 선도해 왔다.

1932년 뉴욕 시 상공의 시코르스키 앰피비언(Amphibian)

헬리콥터 설계의 역사에서 가장 유력한 인물을 하나 꼽으라면, 그것은 바로 이고르 시코르스키(Igor Sikorsky, 1889~1972년)일 것이다. 그는 1889년 우크라이나에서 태어났다. 시코르스키는 어린 시절부터 과학에 흥미를 가졌고, 일찍이 독일 여행을 하다가 라이트 형제의 비행 기계와 마주쳤다. 그는 즉시 자신의 미래가 항공에 있음을 깨달았다.

이고르 시코르스키
(1889~1972년)

시코르스키는 파리에서 공학을 배우고, 러시아에서 비행기를 만들며 일찌감치 성공을 거두었다. 1919년 미국으로 이민을 떠난 그가 학교 교사로 일하던 1923년 시코르스키 에어로 엔지니어링 코퍼레이션(Sikorsky Aero Engineering Corp)을 세웠다. 러시아 이민자들의 지원 속에 만들어 띄운 S-29A는 미국 최초 부류에 속하는 쌍발 항공기였

다. 그의 회사는 1929년 오늘날의 유나이티드 테크놀로지스 코퍼레이션(United Technologies Corporation)의 자회사로 편입된다. 시코르스키는 자신의 재능을 한껏 발휘해, 일련의 대형 비행정을 설계했다. 그의 비행정은 상업용과 군수용을 망라했다. 그 즈음 시코르스키는 수직 비행에 관심을 가졌다. 1929년과 1931년의 특허 출원은 물론이고, 유럽에서 헬리콥터가 개발되는 상황을 예의주시한 것이다. 1939년쯤이면 영국, 프랑스, 독일이 죄다 헬리콥터를 띄워 성공하지만 전쟁이 발발했고 개발을 지속하는 것은 오직 독일뿐이었다. 시코르스키에게 선발자들을 따라잡을 수 있는 기회가 열렸다. 그가 개발해 비행에 성공한 첫 번째 헬리콥터는 VS-300. VS-300은 1939년 9월 코네티컷에서 시험을 시작했다. 일단은 제어가 쉽지 않아 초창기에

는 아주 작았던 초창기의 자전거를 이름—옮긴이)' 구조는, 이륙을 담당하는 주 회전익과 방향을 제어하는 용도의 자그마한 꼬리 회전 날개로 구성되었다. VS-300이 큰 성공을 거두었고, 시코르스키는 승승장구했다. 그의 첫 단계 헬리콥터들이 미 육군 항공대에 납품된 것이다. R-4가 사상 최초로 헬리콥터 구조 임무를 수행했고, 미 해안 경비대 및 영국 해군에 배

시코르스키 SH-3 시 킹
1969년 아폴로 12호의 달 착륙 임무를 수행한 우주 비행사들이 SH-3 시 킹 헬리콥터의 회수를 기다리고 있다. 이 바다의 왕(Sea King)은 재난 구조 활동에도 투입되었다.

스키의 디자인에도 일대 변신이 일어난다. S-61의 경우, 객실 위에 터빈 엔진이 장착되었고, 승객 탑승 공간이 넓어졌을 뿐만 아니라, 성능이 엄청나게 개선되었다. 이

> ## "헬리콥터는 **인명을 구조한다.** 그 역할이야말로 인류 비행의 역사에서 **가장 영광스러운 한 장이다.**" 이고르 시코르스키

시코르스키 S-38
1960년경 제작된 시코르스키 S-38 광고. 하와이에서 이 수륙 양용기가 섬 사이를 오가고 있었음을 알 수 있다.

는 시험 단계의 헬리콥터 대다수가 기계를 케이블로 땅에 묶어 둬야 할 정도였다. 수많은 개량을 거듭해, VS-300은 마침내 1940년 5월 자유롭게 하늘을 날았다. 그리하여 1941년 최종 성안된 '페니 파딩(penny farthing, 앞바퀴는 아주 크고, 뒷바퀴

속되어 선구적으로 대잠수함 작전을 펼쳤다. 1950년대에는 병력을 전투 현장으로 수송하기 위해 더 큰 헬리콥터가 도입되었다. 공간이 커졌고, 덩치가 큰 피스톤 엔진을 앞으로 옮겨야만 했다. 시코르스키도 이런 객실 팽대형 헬리콥터를 주로 생산한다.

1950년대 후반에 혁명이 일어난다. 작고 가벼우면서도 강력한 터빈 엔진을 헬리콥터에 달 수 있게 된 것이었다. 시코르

는 전체 헬리콥터 개발과 발전의 역사에서 일대 사건이라 할 만하다. 이 헬리콥터는 배 모양의 동체에 현외 장치 플로트를 달았고, 수륙 양용 능력을 갖추었다. 쌍발 엔진을 달아서 하나가 꺼져도 꽤 안전했다.

시코르스키는 1960년대 후반 훨씬 더 큰 헬리콥터를 개발했다. 이 베테랑 설계자는 오래 전부터 플라잉 크레인(flying crane), 그러니까 크레인을 장비한 수송용 대형 헬리콥터를 마음속에 그려 왔고,

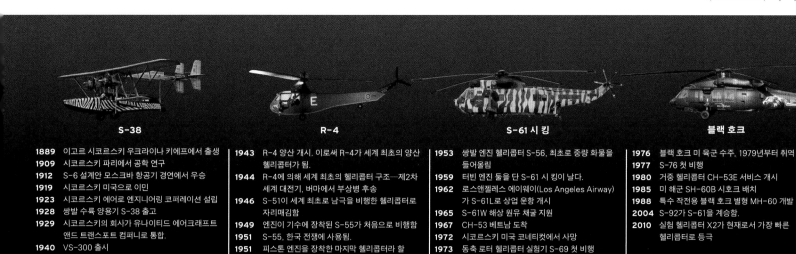

S-38

R-4

S-61 시 킹

블랙 호크

1889 이고르 시코르스키 우크라이나 키예프에서 출생	**1943** R-4 양산 개시. 이로써 R-4가 세계 최초의 양산 헬리콥터가 됨.	**1953** 쌍발 엔진 헬리콥터 S-56, 최초로 중량 화물을 들어올림	**1976** 블랙 호크 미 육군 수주, 1979년부터 취역
1909 시코르스키 파리에서 공학 연구	**1944** R-4에 의해 세계 최초의 헬리콥터 구조—제2차 세계 대전기, 버마에서 부상병 후송	**1959** 터빈 엔진 둘을 단 S-61 시 킹이 날다.	**1977** S-76 첫 비행
1912 S-6 설계안 모스크바 항공기 경연에서 우승	**1946** S-51이 세계 최초로 남극을 비행한 헬리콥터로 자리매김함	**1962** 로스앤젤레스 에이웨이(Los Angeles Airway)가 S-61L로 상업 운항 개시	**1980** 거중 헬리콥터 CH-53E 서비스 개시
1919 시코르스키 미국으로 이민	**1949** 엔진이 기수에 장착된 S-55가 처음으로 비행함	**1965** S-61W 해상 원유 채굴 지원	**1985** 미 해군 SH-60B 시호크 배치
1923 시코르스키 에어로 엔지니어링 코퍼레이션 설립	**1951** S-55, 한국 전쟁에 사용됨.	**1967** CH-53 베트남 도착	**1988** 특수 작전용 블랙 호크 별형 MH-60 개발
1928 쌍발 수륙 양용기 S-38 출고	**1951** 피스톤 엔진을 장착한 마지막 헬리콥터라 할 S-58, 서비스 개시	**1972** 시코르스키 미국 코네티컷에서 사망	**2004** S-92가 S-61을 계승함.
1929 시코르스키의 회사가 유나이티드 에어크래프트 앤드 트랜스포트 컴퍼니로 통합.		**1973** 동축 로터 헬리콥터 실험기 S-69 첫 비행	**2010** 실험 헬리콥터 X2가 현재로서 가장 빠른 헬리콥터로 등극
1940 VS-300 출시			

1950년대에 이미 적당한 항공기를 개발하려고 시도했다. 하지만 그의 구상이 실현되려면, 경량이면서도 강력한 터빈 엔진이 필수였다. 그렇게 해서 탄생한 S-64 스카이크레인(S-64 Skycrane)은 뼈다귀만 남은 모양새인데, 특이하게도 운용자가 뒤를 지향한 채로 기계를 조종한다. 과연 쓸모가 많았다. 미 육군이 베트남 전쟁 때 추락한 항공기를 회수하는 데 이 헬리콥터를 사용했다. 군용 S-64 잉여분과, 에릭슨 에어-크레인(Erikson Air-Crane)이 제작한 새 모델들이 오늘날도 여전히 사용 중이다. 산불 진화, 목재 수송, 중량 화물을 들어올려야 하는 전 세계의 건설 현장에 투입되고 있는 것이다.

시코르스키가 스카이크레인과 더불어 개발한 것이 중량화물 인양 헬리콥터 S-65다. S-65의 객실은 거추장스럽게 가로막는 것이 없었으며, 테일 램프(tail ramp)라고 하는 경사면이 달렸다. 이 강력한 헬리콥터가 베트남 전쟁 때 CH-53으로 불리며, 활약했다. 1974년에는 세 번째 엔진을 달았고, 훨씬 더 강력한 CH-53E가 탄생했다. 이 시리즈는 현재 더 대형의 CH-53K까지 개발되었는데, 최대 적재량이 무려 1만 5900킬로그램이고, 2018년 미 해병대에 공급될 예정이다.

이고르 시코르스키는 1972년 세상을 떠났다. 향년 83세. 그는 거의 사망 직전까지 일을 계속했다. 그는 찬란한 유산만 남겨놓은 것이 아니었다. 시코르스키와 함께한 재능 넘치는 연구진이 회사를 더욱 전진시키고 있다. 그가 죽은 해에, 그들은 S-70 설계안으로 미 육군의 다목적 헬리콥터 경쟁 입찰에 뛰어들었다. 1976년 S-70이 낙점을 받았고, 양산에 돌입했는데, 이게 바로 블랙 호크(Black Hawk)다. 이후로 2,100대 이상의 버전이 제작되었고, 블랙 호크 또한 여전히 생산되고 있다. 같은 해에 시코르스키는 민수용으로만 설계된 최초의 헬리콥터 S-76도 내놓았다. 시코르스키는 새로운 고속 헬리콥터를 계속 실험 중이다. 2010년 X2의 시험 비행은 시속 288마일(250노트)에까지 이르렀다. X2는 동축 로터(coaxial rotor, 토크를 상쇄할 목적으로 두 개의 로터(회전익)가 동일한 축에 장착돼, 상호 반대 방향으로 회전하는 시스템)가 핵심 특징이다.

오늘날의 시코르스키를 보면, 초창기와는 상전벽해의 느낌이 난다. 제작, 시험, 완성 조립 시설이 플로리다, 펜실베이니아, 텍사스, 그리고 무려 폴란드에까지 있다. 블랙 호크, S-76, S-92는 여전히 생산 중이며, CH-53K는 곧 생산 종료된다. 하지만, S-97 레이다(S-97 Raider)가 막 제작되기 시작했다. X-2의 기술이 채택된 레이다는 시속 444킬로미터(시속 276마일)의 속도까지 낼 수 있다. 이고르의 유산이 여전한 것이다.

시코르스키 S-64F 스카이크레인(Sikorsky S-64F Skycrane)
이탈리아가 보유한 S-64가 바다에서 물을 푸고 있다. 용도는 공중 화재 진압이다. 이 거중 헬리콥터는 45초 미만의 시간에 1만 리터들이 탱크를 가득 채울 수 있다.

1970 년대

1970년 '점보 제트기' 보잉 747이 취항했고 상업 항공 운송이 혁명적 전기를 맞이했다. 표값이 떨어졌고 비행기 여행이 대중화되기 시작한 것이다. 전투기는 음속보다 더 빨리 나는 것이 보통이었고 1976년 도입된 콩코드도 민간 여객 시장을 공략했다. 베트남에서 지상군을 지원하는 식으로 헬리콥터가 주요 전쟁 수단으로 계속 사용되었다. 수직 이착륙 장치가 개발된 덕분에 위력적인 제트 전투기가 대양을 항행하는 항공모함에서 출격할 수도 있었다.

미국산 클래식과 프랑스 경쟁기

1970년대에는 경량 항공기가 믿을 만한 운송 수단으로서 실현 가능성이 입증되었다. 1970년대 초에는 연료 가격이 상대적으로 낮았고 적절한 장비, 항공 전자 기기, 방빙(防氷, de-ice) 시스템을 달 경우 여러 경량 항공기가 궂은 날씨에서도 상당히 먼 거리를 잘 날 수 있었다.

△ **파이퍼 PA-34-200T 세네카 2 1971년**
Piper PA-34-200T Seneca II 1971
제조국 미국
엔진 2×200마력 컨티넨털 TSIO-360 터보차저 공랭식 플랫-6
최고 속도 314km/h(195mph)

세네카가 하늘을 처음 난 1971년 이후 이 시리즈가 여전히 생산 중이다. 소개한 사진은 세네카 2로, 고고도 성능을 개선하기 위해 터보차저 엔진을 장착했다. 세네카가 흥미로운 것은, 프로펠러들이 반대 방향으로 회전해 임계 엔진(critical engine)이 없다는 사실이다.

△ **에이비언스 피에르 로뱅 CEA DR400 슈발리에 1972년**
Avions Pierre Robin CEA DR400 Chevalier 1972
제조국 프랑스
엔진 160마력 라이코밍 O-320 공랭식 플랫-4
최고 속도 233km/h(145mph)

경량 항공기 시장의 지배자는 미국이었다. 하지만 프랑스 항공기 제조업체 로뱅(로빈)도 좋은 품질의 낮은 날개 항공기를 다양하게 (2인승, 4인승) 생산했다. 주로 목재로 만든 DR400의 주요 특장을 보면, 자가제 조델(Jodel)과 똑같이 엎은 갈매기 날개(cranked wing)이다.

▽ **파이퍼 PA-28 RT 터보 애로 4 1978년**
Piper PA-28 RT Turbo Arrow IV 1978
제조국 미국
엔진 200마력 컨티넨털 TSIO-360 터보차저 공랭식 플랫-6
최고 속도 259km/h(161mph)

파이퍼의 PA-28 계열은 아주 유명하고, 그 가운데 하나인 터보 애로 4(Turbo Arrow IV)다. 시리즈 중 가장 빠른 축에 속한다. 사진에서 보는 것처럼 후에 나온 애로들은 꼬리 날개가 T자형이지만, 다수의 조종사가 더 이른 시기의 모델을 좋아했다.

△ **록웰 인터내셔널 114A 1972년**
Rockwell International 114A 1972
제조국 미국
엔진 260마력 라이코밍 IO-540 공랭식 플랫-6
최고 속도 307km/h(191mph)

록웰 커맨더 시리즈(Rockwell Commander series)는 내부 공간이 널찍하고 외관도 멋졌지만, 비치크래프트의 보난자(Bonanza)나 파이퍼의 코만치(Commanche)만큼 팔린 적이 없다. 이 시리즈를 부활하려고 여러 번 시도했지만, 지금까지는 성공을 거두지 못했다.

△ **세스나 421B 1973년**
Cessna 421B 1973
제조국 미국
엔진 2×375마력 컨티넨털 GTSIO-520 기어, 터보차저 공랭식 플랫-6
최고 속도 444km/h(276mph)

세스나 421B는 골든 이글(Golden Eagle)이라고도 하는데, 411을 개량한 것으로, 중요한 차이점은 여압 구조(pressurized)였다. 생산 기간 18년 동안 1,900대 이상 제작되었다.

▽ **세스나 F177RG 카디널 1974년**
Cessna F177RG Cardinal 1974
제조국 미국 설계/프랑스 제작
엔진 200마력 라이코밍 IO-360 공랭식 플랫-4
최고 속도 230km/h(143mph)

177은 172를 대체하려고 만든 것으로, 몇 가지 현대적 특징을 담고 있었다. 외팔보 날개와 층흐름 에어포일(laminar flow aerofoil)이 대표적이다. 당시에는 많이 판매되지 않았으나 요즘 보면 대단한 항공기이다.

▽ 베드 BD-5J 마이크로제트 1973년
Bede BD-5J Microjet 1973

제조국 미국

엔진 102kg(225lb) 스러스트
마이크로터보 TRS-18 터보제트

최고 속도 500km/h(300mph)

베드 BD-5J 마이크로제트는 세계에서
가장 작은 제트기다. 1970년대와 1980
년대의 에어쇼에서 인기를 구가했고,
제임스 본드「옥토퍼시(Octopussy)」
에도 나온다. 하지만 조종이 쉬운 기계가
아니었고, 사고로 여러 대가 부서졌다.

△ 피츠 S-2A 1973년
Pitts S-2A 1973

제조국 미국

엔진 200마력 라이코밍 AEIO-360
공랭식 플랫-4

최고 속도 249km/h(155mph)

피츠 S-1 복엽기는 곡예비행으로 유명하고,
그 2인승 버전인 피츠 S-2A도 1970년대에
곡예비행쇼를 주름잡았다. 오늘날의 기준으로
보더라도 동체 회전 속도(roll-rate)가 탁월한
멋진 항공기이다. 하지만 최고 수준의 경연을
펼치기에는 복합재 단엽기에 못 미친다.

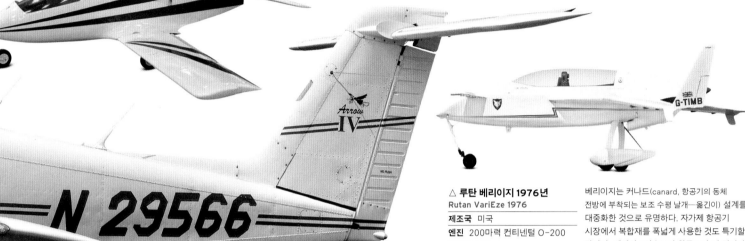

△ 루탄 베리이지 1976년
Rutan VariEze 1976

제조국 미국

엔진 200마력 컨티넨털 O-200
공랭식 플랫-4

최고 속도 266km/h(165mph)

베리이지는 커나드(canard, 항공기의 동체
전방에 부착되는 보조 수평 날개—옮긴이) 설계를
대중화한 것으로 유명하다. 자가제 항공기
시장에서 복합재를 폭넓게 사용한 것도 특기할
만하다. 재래식 2인승보다 활주로가 더 길어야
하지만 빠르고, 실속(失速, stall)이 발생하는
일도 적다.

◁ 로뱅 HR-200-120B 1976년
Robin HR-200-120B 1976

제조국 프랑스

엔진 118마력 라이코밍 O-235
공랭식 플랫-4

최고 속도 177km/h(110mph)

HR-200은 탁월한 기본 훈련기이다.
미국 훈련기보다 조종성이 훨씬 좋고,
시계도 우수하다. 그래도 미국제
엔진이 들어갔는데 유럽 경항공기
다수가 마찬가지였다.

△ 퀴키 Q2 1978년
Quickie Q2 1978

제조국 미국

엔진 64마력 레브마스터 2100
(폭스바겐 개조) 공랭식 플랫-4

최고 속도 225km/h(140mph)

왕성한 재주를 뽐내던 버트 루탄(Burt
Rutan)이 애초 퀴키를 설계했을 때는 1
인승이던 것이 2인승의 Q2로 발전했다.
특이하게 날개를 앞뒤로 설계(tandem-
wing design)했으며 64마력짜리로는 매우
빨랐다.

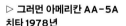

▷ 그러먼 아메리칸 AA-5A 치타 1978년
Grumman American AA-5A
Cheetah 1978

제조국 미국

엔진 150마력 라이코밍 O-320
공랭식 플랫-4

최고 속도 240km/h(149mph)

AA-5 시리즈가 세스나나 파이퍼가
만든 4인승 비행기만큼 인기를
끌었던 적은 단 한 번도 없었지만
경쟁기들보다 일반으로 더 빠르고,
조종성도 좋았던 것만큼은
분명하다. 조종석의 투명 덮개가
미닫이식(4인승 비행기로서는 매우
특이하다)이었으며 비행기의 겉면을
리벳으로 접합하지 않고, 접착제로
붙였다.

▷ 소카타 TB-9 탐피코 1979년
Socata TB-9 Tampico 1979

제조국 프랑스

엔진 160마력 라이코밍 O-360 공랭식 플랫-4

최고 속도 196km/h(122mph)

프랑스 제작사 소카타가 만들었다. 고정식
착륙 장치를 단 TB-9가 TB 시리즈의 기본
모델이다. 프랑스 도시 타르브(Tarbes)에서
만들어져 TB라고 한다. 다른 4인승 비교
대상들보다 현저하게 넓다.

비즈니스 항공기, 다목적 항공기

기존의 항공기 제조국 외에도, 브라질과 이스라엘 같은 신흥국이 가세하면서, 1970년대에는 다양한 비즈니스 및 다용도 항공기가 시장에 나왔다. 피스톤 엔진부터 터보프롭, 터보팬, 터보제트까지 온갖 종류를 망라했다. 이런 다양한 항공기가 장비와 인력을 격오지로 실어나르는 것부터 대륙을 오가는 사업가들을 호화롭게 수송하는 데 이르기까지, 제각각의 역할을 수행했다.

△ **브리튼-노먼 트라이슬랜더 1970년**
Britten-Norman Trislander 1970
제조국 영국
엔진 3×260마력 Avco 라이코밍 O-540-E4C5 공랭식 플랫-6
최고 속도 268km/h(167mph)

아일 오브 와이트(Isle of Wight)와 루마니아에서 제작되었다. 존 브리튼(John Britten)과 데스먼드 노먼(Desmond Norman)이 팽대형을 제작해, 항속 거리를 늘렸다. 기동성이 우수하고, 경제적이며, 다재다능한 섬 사이 이동 수단이 그렇게 탄생했다.

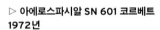

▽ **에어로 스페이스라인스 슈퍼 구피 1970년**
Aero Spacelines Super Guppy 1970
제조국 미국
엔진 4×4,680마력 앨리슨 501-D22C 터보프롭
최고 속도 463km/h(288mph)

슈퍼 구피는 보잉 377 스트래토크루저에서 유래했다. 1965년 첫 비행을 했고, 대형 화물 24.7톤을 실을 수 있었다. 에어버스는 분산된 생산 거점에서 부품을 운반하려고 슈퍼 구피를 사용했다.

△ **다소 팰컨 10 1970년**
Dassault Falcon 10 1970
제조국 프랑스
엔진 2×1,465kg(3,230lb) 스러스트 가렛 TFE731-2 터보팬
최고 속도 895km/h(556mph)
다소가 잘 팔리던 팰컨 20을 줄였고, 그렇게 이 앙증맞은 비즈니스 제트기가 탄생했다. 줄였다고는 하지만 완전히 새로운(고양력 날개가 비슷하지만, 더 젖혀졌다) 설계였다. 팰컨 10은 19년 동안 226대 제작되었다.

▷ **아에로스파시알 SN 601 코르베트 1972년**
Aérospatiale SN 601 Corvette 1972
제조국 프랑스
엔진 2×1,134kg(2,500lb) 스러스트 프랫앤휘트니 캐나다 JT15D-4 터보팬
최고 속도 760km/h(472mph)

합병 기업 쉬드 에 노르 아비아시옹(Sud and Nord Aviation)이 설계한 이 비행기는 아에로스파시알의 유일한 비즈니스 제트기이다. 많이 팔리지 못했는데 계열을 모두 합쳐 40대밖에 못 만들었고, 1978년 즈음에 사업이 종료되었다.

▽ **일류신 2-76 1971년**
Ilyushin Il-76 1971
제조국 소련
엔진 4×17,403kg(38,367lb) 스러스트 아비아드비가텔 PS-90-76 터보팬
최고 속도 901km/h(560mph)
중량 화물기로 개발돼서, 소련 각처의 격오지로 기계류를 실어날랐다. 2-76은 비포장 활주로에서도 운용이 가능했고, 전 세계의 재난 구조 활동에도 투입되었다. 공중 급유 능력도 있었다.

△ **엠브라에르 EMB110 반데이란테 1972년**
Embraer EMB110 Bandeirante 1972
제조국 브라질
엔진 2×680마력 프랫앤휘트니 캐나다 PT6A-27 터보프롭
최고 속도 460km/h(286mph)

브라질 정부가 110 사업을 발주했고, 신생 제조업체 엠브라에르가 그렇게 만들어졌다. 크게 성공한 이 다목적 항공기는 믿을 만하고 유지 비용도 적게 들었다.

△ **비치크래프트 B200 슈퍼 킹 에어 1972년**
Beechcraft B200 Super King Air 1972
제조국 미국
엔진 2×1,015마력 프랫앤휘트니 캐나다 PT6A-41 터보프롭
최고 속도 545km/h(339mph)

40년 동안 각종 별형이 3,550대 이상 제작되었다. 동급의 민간 터보프롭 비행기로는 생산 연한이 가장 길다. 전 세계의 군대도 슈퍼 킹 에어를 좋아했는데 아르헨티나가 포클랜드 전쟁에 이 항공기를 투입했다.

▷ **록웰 세이버라이너 모델 80A 1973년**
Rockwell Sabreliner Model 80A 1973
제조국 미국
엔진 2×2,041kg(4,500lb) 스러스트 제너럴 일렉트릭 CF7002D2 터보팬
최고 속도 906km/h(563mph)
중간 크기의 비즈니스 제트기로, 군용 수송기 및 훈련기로도 사용되었다. 노스 아메리칸(North American)의 세이버라이너는 1958년 첫 비행을 했고, 점차 크기와 동력 출력이 커져 1973년 마침내 모델 80이 되었다.

▷ IAI 1124 웨스트윈드 1976년
IAI 1124 Westwind 1976

제조국 이스라엘

엔진 2×1,678kg(3,700ib) 스러스트 가렛 TFE731-3-1G 터보팬

최고 속도 867km/h(539mph)

미국의 에어로 커맨더(Aero Commander)가 설계하고, 1963년 첫 비행을 했다. 이스라엘 항공 산업(Israeli Aircraft Industries)에 설계안이 팔렸고 1976년 훨씬 개량된 1124가 선을 보였다. 총 생산량은 442대다.

◁ 세스나 C550 사이테이션 2 1977년
Cessna C550 Citation II 1977

제조국 미국

엔진 2×1,134kg(2,500lb) 스러스트 프랫앤휘트니 캐나다 JT15D-4B 터보팬

최고 속도 746km/h(464mph)

C550은 경쟁기들과 유사한 터보팬 엔진을 썼음에도 불구하고, 곧게 뻗은 날개 때문에 속도가 처졌다. 그래도 사이테이션 1보다 성능과 승객 수용 능력이 나았고 항속 거리도 길었다.

△ 에질리 옵티카 1979년
Edgley Optica 1979

제조국 영국

엔진 150마력 텍스트론 라이코밍 IO-540-V4A5D 공랭식 플랫-6

최고 속도 212km/h(132mph)

옵티카는 헬리콥터가 비쌌기 때문에, 이를 대신해 경제적으로 관측 및 감시 작업을 하려는 용도로 설계되었다. 경찰 업무가 염두되었다. 객실이 두루 투명한 것은 이 때문이다. 플랫-6 엔진이 도관 팬(ducted fan)을 구동한다. 순항 속도는 시속 129킬로미터다.

△ 캐나다에어 챌린저 CL600 1978년
Canadair Challenger CL600 1978

제조국 캐나다

엔진 2×3,402kg(7,500lb) 스러스트 Avco 라이코밍 ALF-502L 터보팬

최고 속도 904km/h(562mph)

캐나다에어(Canadair)가 빌 리어(Bill Lear)에게서 이 항공기 발안을 샀다. 그리고 정부 보증 속에서 CL600이 제작되었다. 객실이 "돌아다닐 수 있을 만큼" 넓었고, 날개가 초임계익(supercritical wing, 기류가 날개 위를 초음속으로 흘러서, 충격타를 발생시키지 않는 날개—옮긴이)으로 설계되었다. 개량형이 여전히 생산 중이다.

▷ 걸프스트림 G3 1979년
Gulfstream GIII 1979

제조국 미국

엔진 2×5,171kg(11,400lb) 스러스트 롤스로이스 스피 RB.163 마크511-8 터보팬

최고 속도 927km/h(576mph)

그러먼의 걸프스트림 G2를 팽대했고, 낮은 공기 저항에 대비해 날개를 길쭉하게 최적화했다. 미국과 기타 여러 나라 군대가 걸프스트림 3을 좋아했다. 민간 사업자들도 고객이었다.

△ 게이츠 리어제트 55 1979년
Gates Learjet 55 1979

제조국 미국

엔진 2×1,678kg(3,700lb) 스러스트 가렛 TFE731-3A-2B 터보팬

최고 속도 871km/h(541mph)

NASA가 개발한 소뿔 모양의 (작은) 날개를 지녔기 때문에 별명이 '롱혼(Longhorn)'이다. 50시리즈는 이전 리어제트보다 객실을 더 넓히는 방향으로 설계되었다. 1981년 생산이 개시되었고, 147대 제작되었다.

공항 설계

초창기의 공항은 모양이 단순했다. 비행장에 건물만 하나 덩그러니 놓여 있었다. 이후로 몇몇 중요한 구조 변화가 단행되었다. 비행기들이 이착륙하고, 승객의 안락함을 도모키 위해 충분한 공간을 확보하는 것이 목표였다. 가장 흔한 것으로 위성 디자인이 사용된다. 가운데 건물을 하나 세우고, 작은 구조물들이 에워싸며, 그 주위로 항공기를 대는 것이다. 런던의 개트윅 국제 공항과 파리 샤를 드골 공항이 원형 위성 설계의 대표적인 보기이다. 부두형 설계도 흔히 사용된다. 직선 또는 곡선으로 길게 건물을 짓고, 양면을 따라 항공기를 대는 식이다. 덜 일반적이지만, 모바일 라운지를 채택한 공항도 일부 있다. 승객을 중심 건물에서 비행기까지 직접 수송하는 시스템이다.

샤를 드골 국제 공항

파리 샤를 드골 국제 공항은 경이로운 건조물로, 터미널이 셋 있다. 프랑스 건축가 폴 앙드뢰가 설계한 제1터미널은 원형 컴플렉스로, 위성이 7개 부착되어 많은 항공기가 계류한다. 부속 건물인 새틀라이트는 여러 층으로 설계돼, 대합실, 수하물 처리, 쇼핑 공간 따위로 활용된다. 제1터미널은 당시로서는 설계가 혁신적이었고, 또 아름다웠지만, 이제는 그 한계가 분명하다. 더 많은 항공기를 수용할 수 없는 것이다. 제2터미널은 가운데로 길게 뻗은 복도형이다. 여기를 중심으로 일곱 개의 하급 터미널이 배치되어 있고, 향후의 확장을 위한 여지도 남아 있다. 제3터미널은 건물 하나만 있는 훨씬 간단한 구조다.

파리 샤를 드골 국제 공항을 조감한 광경. 제1터미널의 원형 설계안을 확인할 수 있다. 허브를 중심으로 일곱 개의 터미널이 보인다.

각종 여객기

유럽의 제조업체와 정부 들이 협력을 시작했고, 미래에는 항공 여행이 빨라질 거라는 낙관주의가 팽배했다. 역사상 가장 큰 성공을 거둔 일부 여객기가 이때 탄생했다. 보잉 747 '점보 제트(Boeing 747 "Jumbo Jet")'와 광폭 동체의 A300 에어버스(A300 Airbus)가 대표적이다. 인상적 장관을 선보인 비행기로는 콩코드(Concorde)가 있다. 하지만 가격이 높아 판매량이 폭락하는 사태도 펼쳐졌다.

△ VFW-포커 614 1971년
VFW-Fokker 614 1971

제조국	독일
엔진	2×3,385kg(7,473lb) 스러스트 롤스로이스/스네크마 M45H 마크501 터보팬
최고 속도	703km/h(437mph)

국내의 소형 항공사를 위해 독일 정부가 후원하고 설계했다. 614의 엔진은 특이하게도 날개 위에 장착되었다. 개발 과정이 느리게 진행되어 항공기가 비싸졌다. 16대가 제작되었을 뿐이다.

▽ 포커 F28-4000 펠로십 1976년
Fokker F28-4000 Fellowship 1976

제조국	네덜란드/독일/북아일랜드
엔진	2×4,485kg(9,900lb) 스러스트 롤스로이스 RB183-2 '스피' 마크555-15P 터보팬
최고 속도	843km/h(523mph)

네덜란드, 독일, 북아일랜드의 기업이 1960년대에 단거리 제트 여객기를 공동 설계했고, 1967년 첫 비행에 성공했다. 1976년식 확장판 F28-4000이 크게 성공을 거두었다.

▽ 보잉 747 '클래식' 1970년
Boeing 747 "Classic" 1970

제조국	미국
엔진	4×24,802kg(54,750lb) 스러스트 프랫앤휘트니 JT9D-7R4G2 터보팬
최고 속도	955km/h(594mph)

세계 최초의 광폭 동체 2층 항공기이다. '점보 제트'는 무려 37년 동안 승객을 가장 많이 태울 수 있었다. 여객기로서 큰 성공을 거두었으며, 아음속으로 매우 빨랐다. 지금까지 1,435대 이상 제작되었다.

▷ 다소 메르퀴르 1971년
Dassault Mercure 1971

제조국	프랑스
엔진	2×7,022kg(15,500lb) 스러스트 프랫앤휘트니 JT8D-15 터보팬
최고 속도	930km/h(578mph)

보잉 737 및 더글러스 DC-9과 크기 및 속도 경쟁을 벌였으며, 더 크고 더 빨랐지만 상업적으로는 실패작이었다. 1,700킬로미터에 불과한 항속 거리가 문제였던 것이다. 딱 11대 팔렸는데, 그것도 다 에어인터(Air Inter)를 대상으로 했다.

◁ 맥도넬 더글러스 DC-10 1970년
McDonnell Douglas DC-10 1970

제조국	미국
엔진	3×18,800kg(41,500lb) 스러스트 제너럴 일렉트릭 CF6-6 터보팬
최고 속도	982km/h(610mph)

(미국 국내 노선을 염두에 둔) 중거리 비행기로 발전했고, 1972년 장거리 별형이 가세했다. 이 광폭 동체 여객기는 오랜 기간 성공적으로 서비스를 제공했다. 승객, 화물, 연료, 물까지 날랐다.

▷ 맥도넬 더글러스 DC-9 1979년
McDonnell Douglas DC-9 1979

제조국	미국
엔진	2×8,381kg(18,500lb) 스러스트 프랫앤휘트니 JT8D-200 시리즈
최고 속도	925km/h(575mph)

엔진을 두 개 단 DC-9는 중간 크기에, 항속 거리도 중간인 여객기였는데, 시장에서 큰 성공을 거두었다. 작고 효율적인 날개, 바이패스비가 높은 엔진 등 새로운 특징이 많았기 때문이다. 1,191대 제작되었다.

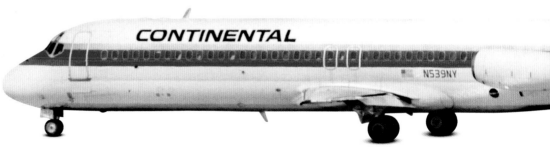

◁ 록히드 L-1011 트라이스타 1970년
Lockheed L-1011 TriStar 1970

제조국 미국

엔진 3×1,9026kg(42,000lb) 스러스트 롤스로이스 RB.211-22 터보팬

최고 속도 973km/h(605mph)

놀랍도록 조용해서 별명이 '위스퍼제트(Whisperjet)'이다. 탁월한 성능의 이 중장거리 제트기는 세 번째로 제작된 광폭 동체 여객기이다. 그런데 롤스로이스가 파산하면서 판매에 타격을 입고 만다.

▽ BAC/아에로스파시알 콩코드 1976년
BAC/Aerospatiale Concorde 1976

제조국 영국/프랑스

엔진 4×14,496~17,259kg(32,000~38,050 lb) 스러스트 롤스로이스/스네크마 올림푸스 593 마크610 애프터버너 터보제트

최고 속도 2,179km/h(1,354mph)

영국과 프랑스의 설계자들에게는 콩코드가 경이로운 업적이었다. 세계 최초이자 유일한 초음속 여객기라니! 전기 신호식 비행 통제 시스템이 들어갔고, 이중 삼각익이 설계에 반영되었으며(이게 다 선구적이었다) '드룹 스눕 노우즈(droop snoop nose)'라고 하는 숙일 수 있는 기수도 유명했다. 이착륙 시에 조종사의 시야를 개선해 주는 것이다.

△ 쇼트 330 (SD3-30) 1974년
Short 330 (SD3-30) 1974

제조국 영국/북아일랜드

엔진 2×1,198마력 프랫앤휘트니 캐나다 PT6A-45-R 터보프롭

최고 속도 356km/h(221mph)

330은 스카이밴(Skyvan)을 개량한 수송기로, 저비용으로 간편하게 유지 관리할 수 있다는 특징이 있었다. 뭐, 여압 구조가 아니었고, 경쟁기들보다 느렸지만, 튼튼하고 조용하며 편안했다. 125대가 제작되었다.

▽ 에어버스 A300 1972년
Airbus A300 1972

제조국 프랑스/독일/영국/에스파냐

엔진 2×23,103~27,633kg(51,000~61,000 lb) 스러스트 제너럴 일렉트릭 CF6-50C 터보팬

최고 속도 919km/h(571mph)

1970년 유럽이 뭉쳤고, 그렇게 탄생한 에어버스 인더스트리(Airbus Industrie) 의 첫 작품이 A300이다. 첨단의 날개, 정교한 자동 조종 장치, 여덟 사람을 나란히 앉히는 좌석 시스템을 자랑했다. 에어버스에는 머잖아 항공 기관사(flight engineer)가 탑승한다. 수많은 전자 장비를 관리, 제어해야 했기 때문이다.

▷ 드 하빌랜드 캐나다 DHC7 대시 7 1975년
de Havilland Canada DHC7 Dash 7 1975

제조국 캐나다

엔진 4×1,120마력 프랫앤휘트니 캐나다 PT6A-50 터보프롭

최고 속도 436km/h(271mph)

도심 공항과 원격지의 가설 활주로 모두에 적합한, 더 크고 정숙한 단거리 이착륙 항공기를 원하는 틈새 시장이 새롭게 등장했다. 대시 7이 여기에 부응했고, 제한적이나마 성공을 거뒀다. 113대 팔렸다.

콩코드

세계 최초이자 세계 유일의 초음속 여객기이다. 콩코드는 영국과 프랑스 두 나라의 항공 공학 능력이 최정점으로 발휘된 결과물이었다. 첫 비행을 하고서 50년 이상이 지났지만 이 세상 물건이 아닌 것처럼 느껴질 정도로 매우 미려한데다 실제로도 오직 기능에만 주안을 두고서 설계되었다. 콩코드는 음속의 두 배로 순항할 수 있었고, 기존의 대서양 횡단 여행 시간이 절반으로 단축되었다. 항공 여행이 한 번 더 우아하고도 매혹적인 활동으로 각인된 것이다.

콩코드는 영국과 프랑스가 1962년 서명 조인한 협약의 결과물이다. 아에로스파시엘 프로토타입 001이 툴루즈에서 제작되었고, 1969년 3월 2일 처음으로 하늘을 날았다. 브리티시 에어크래프트 코퍼레이션의 프로토타입 002가 글로스터셔의 필튼 비행장에서 하늘로 날아오른 것은 그로부터 불과 한 달 후인 4월 9일이었다. 양산이 시작되었을 1970년대 중반 즈음, 환경에 대한 걱정이 급증했고, 석유 파동이 심화되었다. 미국 항공사들인 팬 아메리카와 TWA가 결국 구매 계약을 취소하기

에 이른다. 결국 제작 대수가 16대에 불과하게 되었다. BA와 에어 프랑스가 그 대부분을 운용했다. 1976년 최초로 정기 운항 서비스를 시작한 이래, 2000년의 그 악명 높은 추락 사고 때까지 단 한 대의 항공기 손실이나 여객 부상도 발생하지 않았다. 2000년 7월 에어 프랑스 4590편이 추락하면서 탑승객 전원이 사망했다. 후반기에는 성공했음에도, 콩코드는 2003년 상업 운항을 중단했다.

복원된 전설

시험 비행 등에 쓰이던 콩코드 G-BBDG는 운항 중인 기종의 예비 부품 공급원으로 1981년부터 여러 해 동안 필튼 비행장에 남겨져 있었다. 거의 고철 덩어리가 된 상태에서 서리 주 위브리지에 있는 브루클랜즈 박물관까지 차로 옮겨져 간신히 복원되었다.

꼬리 날개의 수직 안정판과 동력 방향타

동체가 좁았고, 승객은 128명까지 탄다.

비상구 (양쪽으로 두 개)

인입식 대형 바퀴가 이륙 시 꼬리 날개를 지켜준다.

G-BBDG

Bri

엘러본 (elevon)은 승강타(elevation control)와 보조 날개(aileron) 역할을 겸한다.

애프터버너 엔진이 쌍으로 장착됨

엔진 사양을 적어 놓은 **패널**

연료 시스템 제어반

주 착륙 기어는 바퀴 네 개의 보기(臺車, bogie) 한 쌍이다.

아래 부위 **안테나**로 지상 신호를 잡는다.

앞바퀴는 이륙 직전과 착륙 직후 움직여야 할 거리가 상당하다.

제원			
모델	BAe 콩코드 타입 1 배리언트 100, 1976년		(3만 2000~3만 8050파운드) 스러스트 롤스로이스/ SNECMA 올림푸스 593 마크610 애프터버너 터보제트
제조국	영국/프랑스		
생산	16대	날개 스팬	25.6미터
구조	금속	길이	61.7미터
최대 무게	18만 7000킬로그램(41만 2000파운드)	항속 거리	7,250킬로미터(4,500마일)
엔진	4×1만 4496~1만 7259킬로그램	최고 속도	시속 2,179킬로미터(시속 1,354마일)

앞에서 본 모습

뒤에서 본 모습

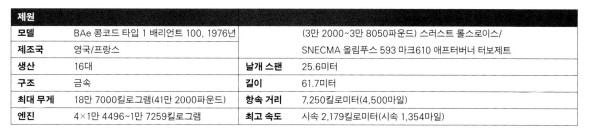

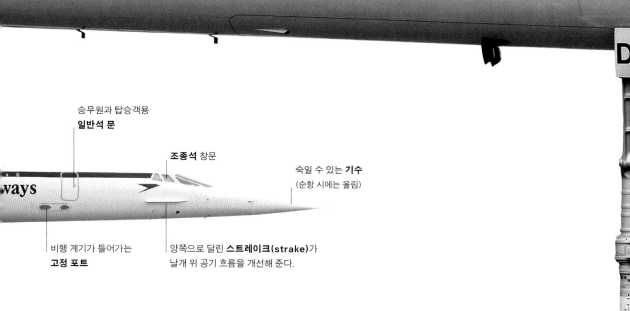

승무원과 탑승객용
일반석 문

조종석 창문

숙일 수 있는 **기수**
(순항 시에는 올림)

비행 계기가 들어가는
고정 포트

양쪽으로 달린 **스트레이크(strake)**가
날개 위 공기 흐름을 개선해 준다.

외장

콩코드는 초음속으로 날았고, 가해지는 압력뿐만 아니라 엄청난 온도 변화도 견뎌 내야만 했다. 기체의 대부분을 알루미늄 합금으로 제작했는데, 사실 이것은 1920년대에 엔진 부품을 만들려고 개발한 것이다. 엔진은 나셀(nacelle)이라고 하는 엔진실에 들어가 있는데, 그 나셀이 날개의 움직임에 따라 움직인다.

1. 승객 출입문 2. 플러그형 밖여닫이 출입문 걸쇠 3. 왼쪽 항행등 4. 왼쪽 날개 이음각 5. 앞바퀴 착륙등 6. 계기 장비 점검판 7. 주 이착륙 장치 인입 잭 8. 특수 제작된 복합 적층 타이어(공기압: 1제곱센티미터당 13킬로그램) 9. 기하학적 구조를 바꿀 수 있는 엔진 공기 흡입구 10. 램 에어 터빈(ram-air turbine) 11. 동체 하부 통풍구 12. 꼬리 부분의 정교한 리베팅 13. 엔진 역추진 버킷(닫혔음) 14. 뒷바퀴 (이륙시 과회전으로 몹시 닳은 상태)

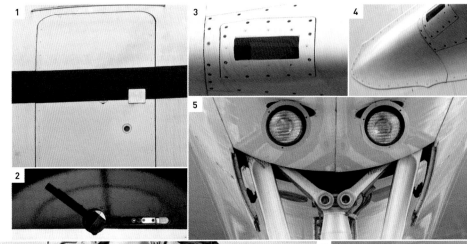

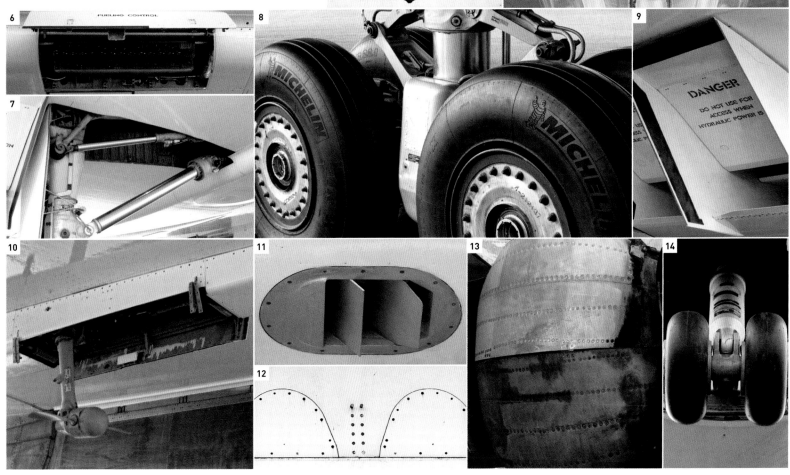

내부

디자이너들은 객실을 설계하면서 구체적이고 특별한 도전 과제에 직면했다. 내부가 안락하고 고급스러운 느낌을 주면서도, 초음속 여객기로서 첨단의 기술 요구에 부응해야 했기 때문이다. 표준적인 정기 운항 여객기와 비교할 때, 창문이 작았음에도 불구하고, 객실 비품에 많은 주의를 기울였다. 취역 기간 내내 주기적으로 내부 설비가 갱신된 것이다.

22. 승객 출입문 안쪽 23. 조리실의 콩코드 로고 24. 제1조리실의 오븐 제어 장치 25. 콩코드의 화장실, 세 개 중의 하나다. 26. 승객 객실 27. 개인 물품 보관 선반(잠금 장치 있음) 28. 승객 천장 패널 29. 승객 좌석, 1996~2000년에 이 직물이 사용되었다. 30. 승객 좌석 팔걸이부 제어 장치 31. 수납함이 제1열 승객 좌석의 경우 벽에 착장되었다. 32. 객실 창문

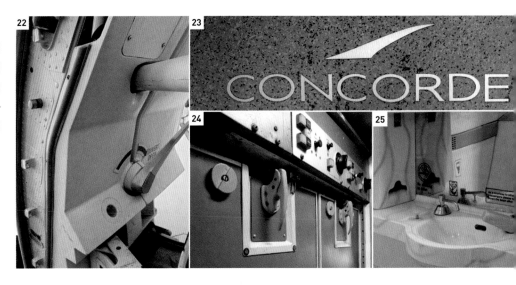

조종석

콩코드가 운용되는 환경은 매우 힘겨웠다. 기체 주변 온도가 섭씨 90도까지 치솟았고, 속도가 무려 시속 2,450킬로미터였다. 콩코드는 초음속 비행 중에 약 20센티미터 팽창했다. 조종석도 이 항공기의 정교한 비행 시스템을 점검하는 계기 장비로 가득했다. 비행 제어는 전부 전기 신호식이었다. 유압식 비행 제어 장치와 연결된 개별 시스템이 두 개였다.

15. 조종석. 기장, 부기장, 항공 기관사, 이렇게 세 명이 조종 승무원을 구성했다. **16.** 머리 위쪽 제어반의 소화 장치 **17.** 항공 기관사 계기반 **18.** 기수 올리기/내리기 선택기 **19.** 부기장 조종간과 제어 장비 **20.** 엔진 스로틀 **21.** 엔진 재가열 선택기

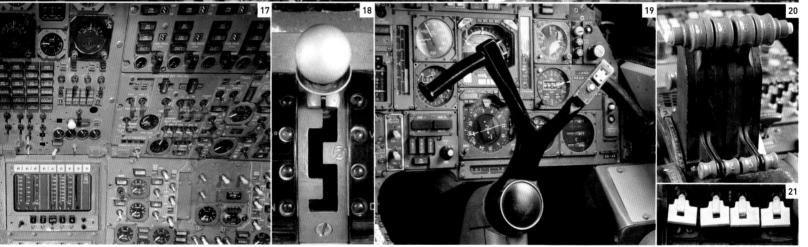

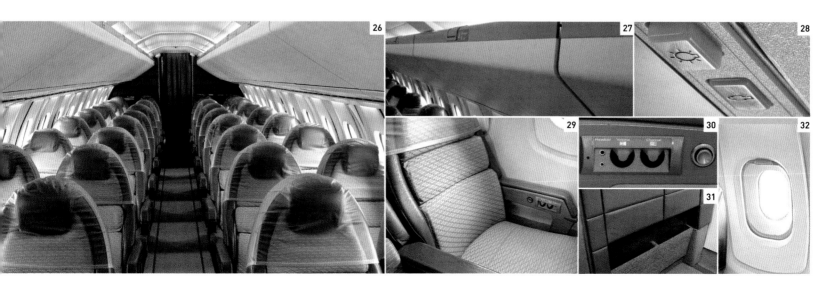

유럽 우주 기구(European Space Agency)의 에어버스 A300(2004년)

에어버스

1970년에 수립된 에어버스는 미국의 보잉과 경쟁하기 위해서였다. 그렇게 탄생한 에어버스에서 민간 및 군용 항공기가 다수 생산되었다. 소형 단거리 항공기부터 세계 최대의 여객기 등 그 종류도 다양하다. 군사 부문도 보면, 전략 급유기와 수송기를 만들었고, 전술 화물 수송기가 걸작이다.

에어버스 이야기는 1960년대로 거슬러 올라간다. 프랑스, 영국, 독일의 정책 입안자들이 힘을 합쳐 여객기를 만들고, 성장 중이던 패키지 휴가 여행 시장에서 보잉과 맞붙기로 한 것이다. 1967년 마침내 체결된 양해 각서의 핵심 조항 하나는, 프랑스 기업 쉬드 아비아스용(Sud Aviation, Southern Aviation)이 "프로젝트를 선도"한다는 것이었다.

로제르 베테유 (1921년~)

3년 후 에어버스 인더스트리(Airbus Industrie)가 출범했고, 쌍발 엔진의 광폭 동체 항공기를 새로 만드는 데 착수했다. 영국 정부가 지원을 끊자 에어버스는 어쩔 수 없이 엔진 제조업체를 새로 물색해야 했고 선택된 것이 제너럴 일렉트릭이다. 호커 시들리는 날개 설계의 강자로 인식돼, 계속 주요 계약자로 남았다. 에어버스 인더스트리는 1971년 에스파냐가 일원으로 참여할 때까지, 그 지분을 프랑스와 서독이 똑같이 나누어 가졌다. 툴루즈 공장에서 첫 번째 에어버스 A300B1이 조립되었고, 1972년 10월 28일 첫 비행에 성공했

다. 1974년 5월 드디어 에어 프랑스가 에어버스 A300B2(최초의 양산 모델)로 여객을 실어나르기 시작했다. 주문량이 저조했던 첫해 A300이 네 대 공급되었을 뿐이던 것이 1978년 말 58대로 늘어난다. 1970년대 말과 1980년대 초 운송 수준이 향상된 결과 1982년 무려 46대의 항공기를 인도하는 기염을 토한다. 양산이 중단된 2007년 3월까지 에어버스 A300은 총 561대가 제작돼, 승객과 화물을 실어나르는 전 세계의 항공사에서 활약했다. 후대의 변형 모델인 A300-600은 다섯 대가 개조돼, 에어버스의 주요 기체 부품을 실어날랐다. 이 A300-600ST 벨루가(A300-600ST Beluga)의 적하 능력은 초대형 군용 수송기와 흡사하다.

에어버스 A310은 1978년 개발에 착수했다. 소형에, 날개를 다시 붙였고, 다른 엔진을 쓴 것은, 여객사들이 A300으로는 단거리 노선을 운항할 수 없다고 투덜거렸기 때문이다. 에어버스 A310 프로젝트에는 일찍부터 영국이 합세해, 개발을 주도했다. A310은 A300을 크게 수정했는데, 가장 두드러지는 지점은 동체가 더 짧다는 사실이다. 그 A310이 1982년 4월 첫 비행에 성공했다. 항공사의 지지가 열화와 같았고, A310의 바퀴가 툴루즈의 활주로를 뜨자마자, 무려 15군데의 고객사가 주문을 넣은 상태였다. 에어버스 A310은 상업 운항에 광범위하게 이용되었을 뿐만 아니라, 전 세계의 여러 공군이 수송기로도 구매했다. A310이 도입된 지 20년이 넘게 지난 2003년에, 공중 급유

중국 소재 에어버스 공장
중국의 톈진 공장에서 제작된 날개가 에어버스 A320에 부착되는 광경(2010년). 중국 공장은 유럽 이외 지역에서 가동되는 에어버스 사 최초의 최종 조립 라인이다. 2008년부터 운영되었다.

특화 모델이 하늘을 날았다. 이 에어버스 A310 MRTT(다복적 공중 급유기)를 사용하는 곳이 독일 공군과 캐나다 공군이다.

에어버스 A310이 잘 팔리자, 에어버스 인더스트리는 협폭 동체 쌍발 제트 엔진 여객기 개발에 착수한다. 디지털 전기 신호식 비행 조종 제어 시스템이 사상 최초로 채택되었는데, 그 전까지 군용 항공기에나 적용되던 것이었다. 그렇게 제작된 A320이 1987년 2월 첫 비행을 했고, 주문이 400대 이상이었다. 150/180석의 A320이 여전히 생산 중이며, 일련의 후속 모델을 낳았다. 수용 능력이 더 큰 팽대형 A321, 124/156석의 A319, 107/117석으로 더 짧은 A318이 대표적이다.

에어버스가 내놓은 다음 여객기는 엔진을 넷 단 A340과 쌍발 제트 엔진의 A330이다. 둘 다 A300보다 더 큰데, 장

거리 노선을 운항하기 위해서였다. 에어버스 A310처럼 A330도 군용 버전으로 개조되었다. A330 MRTT는 수송기 겸 공중 급유기로, 현재까지 네 나라 공군이 주문했다. A330 MRTT가 영국 공군에서는 보이저 KC2로 취역 중이다.

1994년 시장을 석권 중이던 보잉의 747과 대결하려는 계획이 입안되었고,

협동
1988년 발행된 독일 우표. 에어버스 A320이 비행 중이다. 프랑스, 서독, 영국의 협력이 성공했고, 이 비행기가 그 결과물임을 알 수 있다.

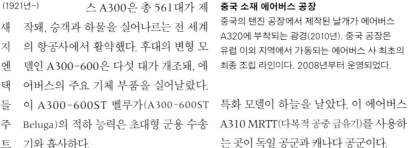

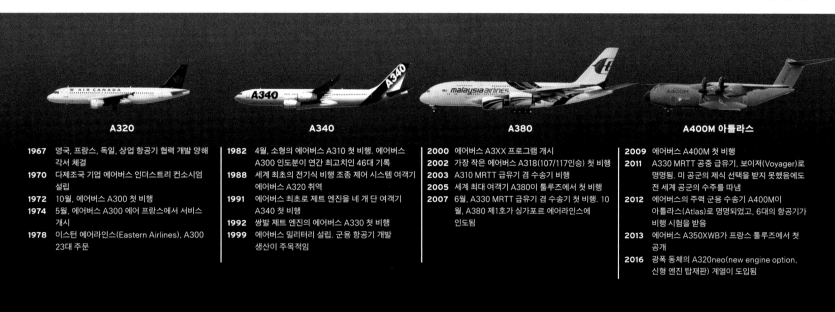

A320

1967	영국, 프랑스, 독일, 상업 항공기 협력 개발 양해 각서 체결
1970	다제조국 기업 에어버스 인더스트리 컨소시엄 설립
1972	10월, 에어버스 A300 첫 비행
1974	5월, 에어버스 A300 에어 프랑스에서 서비스 개시
1978	이스턴 에어라인스(Eastern Airlines), A300 23대 주문

A340

1982	4월, 소형의 에어버스 A310 첫 비행. 에어버스 A300 인도분이 연간 최고치인 46대 기록
1988	세계 최초의 전기식 비행 조종 제어 시스템 여객기 에어버스 A320 취역
1991	에어버스 최초로 제트 엔진을 네 개 단 여객기 A340 첫 비행
1992	쌍발 제트 엔진의 에어버스 A330 첫 비행
1999	에어버스 밀리터리 설립. 군용 항공기 개발 생산이 주목적임

A380

2000	에어버스 A3XX 프로그램 개시
2002	가장 작은 에어버스 A318(107/117인승) 첫 비행
2003	A310 MRTT 급유기 겸 수송기 비행
2005	세계 최대 여객기 A380이 툴루즈에서 첫 비행
2007	6월, A330 MRTT 급유기 겸 수송기 첫 비행. 10월, A380 제1호가 싱가포르 에어라인스에 인도됨

A400M 아틀라스

2009	에어버스 A400M 첫 비행
2011	A330 MRTT 공중 급유기, 보이저(Voyager)로 명명됨. 미 공군의 제식 선택을 받지 못했음에도 전 세계 공군의 수주를 따냄
2012	에어버스의 주력 군용 수송기 A400M이 아틀라스(Atlas)로 명명되었고, 6대의 항공기가 비행 시험을 받음
2013	에어버스 A350XWB가 프랑스 툴루즈에서 첫 공개
2016	광폭 동체의 A320neo(new engine option, 신형 엔진 탑재판) 계열이 도입됨

"우리가 대충 열광했다가 그만두는 사람들이 아님을 세상에 보여 줬다."

장 로데르, 독일 에어버스 CEO가 A310을 두고서 한 말

2000년 말 드디어 객실을 2층으로 구획한 555/853석의 A380 프로그램이 공식 출범했다. 2005년 4월은 프로토타입이 하늘로 날아오른 날이다. 그즈음 에어버스 인더스트리가 에어버스 SAS로 바뀌었는데, 에어버스 SAS는 EADS(유럽 항공 방어 및 우주 회사, European Aeronautic Defence and Space Company)의 자회사다. BAE 시스템스가 2006년 에어버스 지분을 EADS에 매각했고, 이제 에어버스는 온전히 EADS 소유가 되었다. A380이 싱가포르 항공사 소속으로 2007년 10월

에어버스 A380-800
'슈퍼 점보(superjumbo)' 에어버스 A380이 2007년 서비스를 개시했다. 2층으로 구획된 객실에 승객이 853명까지 탈 수 있다.

상업 여객을 실어나르며 세계 최대 여객기로 자리매김했다.

보잉 787 드림라이너에 도전장을 내민 에어버스는 A350XWB로 2013년 첫 비행을 했다. 그즈음 에어버스 A400M 아틀라스도 군에 채택되었다. 터보프롭이 넷 달린 이 항공기는 에어버스 밀리터리의 대표 상품이다. 개발 기간이 늘어지기는 했어도, 2009년 12월 첫 비행에 성공해 2012년 8월 아틀라스라는 이름을 부여 받았으며, 7개국 공군이 174대를 주문했다.

창사 약 50년이 지난 2019년 에어버스가 마침내 보잉을 추월해 세계 최대 항공기 제조업체로 등극했다. A380이 성공하지 못해 2020년 생산 대수가 줄어들어도 A320 시리즈가 승승장구 중이다.

A380의 프리미엄 객실
호화로움을 원하는 승객이라면 노출을 제한한 구역에서 안락함을 누릴 수 있다. 가죽 좌석과 싱글 베드(single bed)를 선택할 수 있는 것이다. 샤워 시설과 라운지를 갖춘 A380도 있다.

군사 지원 항공기

수송기와 훈련기가 최고 수준의 항공기처럼 안 보일 수도 있겠지만, 그럼에도 불구하고 1970년대에 군사 지원을 목표로 다양한 항공기가 새로 개발되었다. 다수가 40년이 지난 지금도 여전히 취역 중이며 양산되는 것까지 있을 정도다. 제트 엔진 연습기가 단연 돋보이는데, 경공격기로 변신해 수십 년간 실전에 투입되기도 했다.

◁ **레트 L-410 터보렛 1970년**
Let L-410 Turbolet 1970

제조국 체코슬로바키아
엔진 2×740마력 발터 M-601B 터보프롭
최고 속도 365km/h(227mph)

동유럽에서 주로 승객 이송에 사용된 단거리 수송기였다가 전 세계에 판촉되었다. 이후 수십 년간 업그레이드되면서 여전히 취역 중이다.

◁ **BAC 제트 프로보스트 T4 1970년**
BAC Jet Provost T4 1970

제조국 영국
엔진 1,134kg(2,500lb) 스러스트 암스트롱 시들리 ASV2 바이퍼 터보제트
최고 속도 708km/h(440mph)

퍼시벌(Percival)이 1950년대에 제트 프로보스트를 개발했다. 1960년대에는 BAC가 더 강력한 T4를 만들었다. 1970년대에는 믿음직한 영국 공군의 훈련기로 인기를 누렸다. 고등 비행은 물론이고, 무기 훈련이 가능했다.

△ **아에리탈리아 G.222 1970년**
Aeritalia G.222 1970

제조국 이탈리아
엔진 2×3,400마력 제너럴 일렉트릭 T64-GE-P4D 터보프롭
최고 속도 540km/h(336mph)

나토가 수직 및 단거리 이착륙 수송 항공기를 만들어 달라고 주문해 피아트(Fiat)가 설계했다. G.222가 양산되어 이탈리아 공군에 배치되었고, 전 세계의 고객도 이를 채택했다. 111대 제작되었다.

△ **아에로 L-39 알바트로스 1971년**
Aero L-39 Albatros 1971

제조국 체코슬로바키아
엔진 1,720kg(3,792lb) 스러스트 이브첸코 AI-25TL 터보팬
최고 속도 750km/h(466mph)

고성능의 2인승 제트 엔진 훈련기이다. 얀 블첵(Jan Vlcek)이 설계했고, 경무장을 할 수도 있었다. 알바트로스는 30개국 이상의 공군에서 활약했는데 대부분 과거 동구권 국가였다.

◁ **AESL CT/4 에어트레이너 1972년**
AESL CT/4 Airtrainer 1972

제조국 뉴질랜드
엔진 210마력 텔레다인 컨티넨털 IO-360-HB9 공랭식 플랫-6
최고 속도 424km/h(264mph)

좌석이 옆으로 나란히 앉을 수 있었던 이 2인승 연습기는 설계 용도가 기본 군사 훈련과 고등 비행이었다. 뉴질랜드, 오스트레일리아, 타이 공군에서 인기리에 근무했고, 이후 갱신 버전으로 교체되었다.

◁ **다소-브레게/도르니에 알파 제트 1973년**
Dassault-Breguet/Dornier Alpha Jet 1973

제조국 프랑스/독일
엔진 1,350kg(2,976lb) 스러스트 스네크마 터보메카 라르자크 04-C5 터보팬
최고 속도 1,000km/h(621mph)

프랑스와 독일이 공동 개발했는데, 주안은 서로 달랐다. 독일은 경공격 제트기를, 프랑스는 고등 훈련기를 원했던 것이다. 그렇게 탄생한 알파 제트가 브리티시 에어로스페이스의 호크(Hawk)와 시장에서 경합했다. 전 세계적으로 480대 팔렸다.

▷ **다소 팰컨 10MER 1975년**
Dassault Falcon 10MER 1975

제조국 프랑스
엔진 2×1,465kg(3,230lb) 스러스트 가렛 TFE731-2 터보팬
최고 속도 912km/h(566mph)

프랑스 해군이 다소에 주문한 내용은 비즈니스 제트기를 소수 개조해 달라는 것이었다. 그렇게 해서 팰컨 10MER가 탄생했다. 훈련기, 전자 신호의 역탐지 및 방해 교란, 통신, 수송 등의 임무를 수행했다.

△ 스코티시 에이비에이션 제트스트림 201 T 마크 1 1973년
Scottish Aviation Jetstream 201 T Mk1 1973
제조국 영국
엔진 2×965마력 터보메카 아스타주 16 터보프롭
최고 속도 454km/h(638mph)
핸들리 페이지는 확장이 늦어지다 결국 1970년 사업을 접고 이어받은 것이 스코티시 에이비에이션(Scottish Aviation)이다. 그들이 영국 공군 최초의 다발 엔진 훈련기를 제작해, 이후 30년간 납품한다. 제트스트림은 해군도 관측 훈련기로 사용했다.

△ 보잉 E-3 센트리 1975년
Boeing E-3 Sentry 1975
제조국 미국
엔진 4×9,752kg(21,500lb) 스러스트 프랫앤휘트니 TF33-PW-100 터보팬
최고 속도 855km/h(530mph)
미국, 영국, 프랑스, 사우디 공군이 운용하는 이 항공기는 공중 경보 및 제어 시스템(airborne warning and codntrol system, AWACS)을 사용한다. 707 개조기에 접시 안테나를 장착했는데, 이것이 회전했다. 시속 394킬로미터(시속 245마일) 이내면 저공 비행 항공기도 탐지해 낼 수 있다.

▷ 야코블레프 야크-52 1976년
Yakovlev Yak-52 1976
제조국 소련/루마니아
엔진 360마력 베데네예프 M-14P 슈퍼차저 공랭식 성형 9기통
최고 속도 285km/h(177mph)
소련의 주력 연습기로, 성형 엔진에 전부 금속제, 앞뒤 2인승이었다. 여기 소개한 사진은 후에 루마니아에서 제작된 것이다. 곡예비행이 능란했고, 거친 환경에서도 잘 운용되었으며, 유지 관리도 간단했다.

▽ 브리티시 에어로스페이스 호크 T1 1976년
British Aerospace Hawk T1 1976
제조국 영국
엔진 2,560kg(5,643lb) 스러스트 롤스로이스 아두르 마크 151 터보팬
최고 속도 1,028km/h(1,028mph)
호커 시들리(Hawker Siddeley)의 주문 의뢰 내용은 영국 공군의 제트 훈련기 폴란드 나트(Folland Gnat)를 대체해 달라는 것이었다. 그렇게 탄생한 호크는 경무장 능력 때문에도 판매가 되었다. 많은 요소가 업그레이드되면서 여전히 생산 중이다. 900대 이상 제작되었다.

△ 아에르마키 MB-339 1976년
Aermacchi MB-339 1976
제조국 이탈리아
엔진 1,814kg(4,000lb) 스러스트 롤스로이스 바이퍼 마크632 터보제트
최고 속도 898km/h(558mph)
이 앞뒤 2인승 훈련기는 경공격기로도 활용되었고, 40년째 생산 중이다. 무려 9개국에서 취역 중이며 포클랜드 전쟁과 에티오피아에서 작전 운용되었다. 최소 213대 제작되었다.

▷ 트랜스올 C-160NG 1977
Transall C-160NG 1977
제조국 프랑스/독일
엔진 2×6,100마력 롤스로이스 타인 Rty.20 마크 22 터보프롭
최고 속도 593km/h(368mph)
프랑스와 독일이 공동 제작한 군용 수송기이다. 남아프리카에도 팔렸다. C-160이 처음 하늘을 난 것이 1963년이다. 1977년 NG(new-generation)로 업그레이드되어 프랑스 공군이 사용했다.

전투기

전투기가 1970년대에 엄청나게 발전했다. 1960년대에 기술이 크게 발달했고, 터보제트 엔진의 출력도 향상되었기 때문에, 이를 발판으로 1970년대에 하늘로 날아오른 전투 항공기들은 50년이 지났음에도 여전히 주요 국가를 최전선에서 방어하고 있다. 무기, 엔진, 기술이 적절하게 업그레이드되었다.

△ 미코얀-구레비치 미그-25 '폭스배트' 1970년
Mikoyan-Gurevich MiG-25 "Foxbat" 1970

제조국 소련

엔진 2×11,200kg(24,685lb) 스러스트 투만스키 R-15B-300 애프터버너 터보제트

최고 속도 3,600km/h(2,170mph)

거대한 터보제트 엔진 두 개가 달린 미그-25가 1967~1977년에 걸쳐 속도 및 고도 세계 신기록을 수립했다. 서방은 깜짝 놀랐다. 미그-25는 세계에서 가장 빠른 전투 항공기이다. 물론 마하 2.7에서 장착 엔진이 손상되기는 한다.

△ 미코얀-구레비치 미그-23 1970년
Mikoyan-Gurevich MiG-23 1970

제조국 소련

엔진 9,979~12,474kg(22,000~27,500lb) 스러스트 투만스키 R-29 애프터버너 터보제트

최고 속도 2445km/h(1,519mph)

이 가변익 요격기에는 정교한 레이다 추적 장비와 가시 거리 밖(beyond-visual-range) 장거리 미사일이 장비되었고, 미그-21의 약점을 효과적으로 개선했다. 경쟁기와 비교해 값도 쌌다. 5,047대가 제작되었다.

△ 그러먼 F-14 톰캣 1974년
Grumman F-14 Tomcat 1974

제조국 미국

엔진 2×9,480kg(20,900lb) 스러스트 프랫앤휘트니 TF-30-P-414A 애프터버너 터보팬

최고 속도 2485km/h(1,544mph)

이 가변익 톰캣은 1974년부터 2006년까지 근무했다. 엔진과 무기와 레이다가 계속 업그레이드되었음은 물론이다. 미 해군 함선을 적 항공기와 미사일로부터 보호하는 것이 톰캣의 임무였다.

△ 잉글리시 일렉트릭 라이트닝 F53 1970년
English Electric Lightning F53 1970

제조국 영국

엔진 2×5,684~7,394kg(12,530~16,300lb) 스러스트 롤스로이스 에이번 RA24 마크 302C 애프터버너 터보제트

최고 속도 2,446km/h(1,520mph)

이 초음속 전투기는 엔진을 수직으로 쌓았고, 경이로운 성능을 보여 줬다. 1967년 F53 수출용 버전에는 지상 공격 능력이 추가되었다. 사우디아라비아 공군이 이 모델을 도입, 사용했다.

△ 호커 시들리 해리어 1970년
Hawker Siddeley Harrier 1970

제조국 영국

엔진 9,752kg(21,500lb) 스러스트 롤스로이스 페가수스 103 터보팬

최고 속도 1,176km/h(730mph)

1960년대에 개발된 일명 '점프 제트(Jump Jet)'는 최초의 수직 이착륙 전투기였다. 대단히 민첩했고, 갑판이나 작은 개활지 따위에서도 이착륙할 수 있었지만, 조종사의 기술이 대단히 탁월해야 했다.

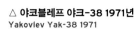

△ 야코블레프 야크-38 1971년
Yakovlev Yak-38 1971

제조국 소련

엔진 6,804kg(15,000lb) 스러스트 투만스키 R-28 V-300 터보제트 +2×3,568kg(7,870lb) 스러스트 리빈스크 RD-38 터보제트

최고 속도 1,280km/h(795mph)

소련 해군 유일의 수직 이착륙 전투기다. 모함의 컴퓨터가 수 킬로미터 밖에서부터 자동으로 착륙을 유도한다. 이륙 시에 엔진을 두 개 더 썼다. 하지만 동력이 부족했던 것으로 전해진다.

▷ 사브 37 비겐 1971년
Saab 37 Viggen 1971

제조국 스웨덴

엔진 7,348~12,750kg(16,200~28,110lb) 스러스트 볼보 RM 8A/B 애프터버너 터보팬

최고 속도 2231km/h(1,386mph)

애프터버너와 역추진 장치를 모두 갖춘 최초의 항공기였다. 조종 제어가 쉬웠고, 도로처럼 짧은 활주로에서도 띄울 수 있었다. 집적 회로를 쓴 세계 최초의 항공기 컴퓨터가 들어갔다.

△ 페어차일드 리퍼블릭 A-10 선더볼트 2 1972년
Fairchild Republic A-10 Thunderbolt II 1972

제조국 미국

엔진 2×4,112kg(9,065lb) 스러스트 제너럴 일렉트릭 TF34-GE-100 터보팬

최고 속도 706km/h(439mph)

지상군을 돕는 근접 공중 지원 항공기로, 조종사를 보호하는 무장이 엄청났다. 30밀리미터 발칸포는 전차를 파괴할 수 있다. 미군은 이 항공기를 적어도 2028년까지 계속 취역시킬 예정이다.

△ 록히드 S-3 바이킹 1972년
Lockheed S-3 Viking 1972

제조국 미국

엔진 2×4,207kg(9,275lb) 스러스트 제너럴 일렉트릭 TF34-GE-2 터보팬

최고 속도 795km/h(493mph)

바이킹은 항공 모함에서 출격하는 장거리 전천후 항공기로, 미 해군이 잠수함 탐지 및 감시, 수상 전투, 공중 급유 등에 2009년까지 사용했다.

△ 맥도넬 더글러스 F-15 이글 1972년
McDonnell Douglas F-15 Eagle 1972

제조국 미국

엔진 2×7,915~1,1340kg(17,450~25,000lb) 스러스트 프랫앤휘트니 F100-100/-220 애프터버너 터보팬 이상

최고 속도 2,660km/h(1,650mph) 이상

이글은 전술 전투기로서 큰 성공을 거두었다. 100차례 이상의 공중전에서 승리했고, 손실도 전혀 없었다. 첨단 항공 전자 공학, 엄청난 힘과 성능의 결과였다. 미 공군은 2025년까지 이글을 업그레이드해 취역시킬 예정이다.

△ 세페카트 재규어 GR 마크 1 1973년
SEPECAT Jaguar GR Mk1 1973

제조국 영국/프랑스

엔진 2×2,320~3,313kg(5,115~7,305lb) 스러스트 롤스로이스/터보메카 아두르 마크 102 터보팬

최고 속도 1,699km/h(1,056mph)

프랑스와 영국의 합작 프로젝트로 탄생한 재규어는 핵타격 능력을 갖춘 지상 공격기로 걸프전에서 탁월한 성공을 거두며, 믿음직한 기종으로 거듭났다. 프랑스와 영국은 2005~2007년에 퇴역시켰지만, 아직 근무 중인 데가 있다.

△ 제너럴 다이내믹스 F-16 파이팅 팰컨 1974년
General Dynamics F-16 Fighting Falcon 1974

제조국 미국

엔진 7,781~12,973kg(17,155~28,600lb) 스러스트 F110-GE-100 애프터버너 터보팬

최고 속도 2,414km/h(1,500mph)

미 공군이 최고 성능의 주간 전투기를 만들고자 했고, 이 항공기가 여전히 생산되며(4,500대 이상 제작) 다용도로 쓰이고 있다. 빠르고 조종성이 뛰어나다. 전기 신호식 비행 조종 제어를 활용한 최초의 항공기 중 하나다.

◁ 투폴레프 Tu-22M3 1978년
Tupolev Tu-22M3 1978

제조국 소련

엔진 2×24,992kg(55,100lb) 스러스트 쿠즈네초프 NK-25 터보팬

최고 속도 2,000km/h(1,240mph, 마하 1.88)

지금까지 등장한 것 중 가장 큰 가변익 항공기 중 하나다. Tu-22M 장거리 전략 폭격기가 처음 하늘을 난 것은 1969년이다. 꾸준히 개량되었고, 오늘날도 여전히 취역 중이다. 이 M3은 1978년 제작되었다.

앨리슨
250/T63 터보샤프트

앨리슨 250/T63 터보샤프트(Allison 250/T63 turboshaft)는 지금까지 생산된 것 중 가장 크게 성공한 가스 터빈 엔진이다. 무려 2억 시간을 날았으니 정말이지 대단한 기록이다. 현재 롤스로이스가 생산 중인 이 엔진은 그 연원이 1959년으로 거슬러 올라간다. 벨 206 제트레인저(Bell 206 JetRanger), 아구스타 A109(Agusta A109), MD500 같은 헬리콥터에 이 엔진이 달렸다. 250/T63은 BN-2T 아일랜더(BN-2T Islander), 엑스트라 EA-500(Extra EA-500) 같은 고정익 항공기에도 들어간다.

가스 터빈 엔진의 베스트셀러

엔진 제조업체들은 1950년대 후반에 더 크고 강력한 터빈 엔진을 만드는 추세였다. 하지만 앨리슨(Allison)은 250마력(310킬로와트)짜리 소형 엔진의 잠재력을 알아 보았다. 후속 모델 250(군용 버전 T63)이 계속해서 전 세계를 강타한다. 현재까지 3만 대 이상 생산되었고, 1만 6000대 이상이 상용 중인 것으로 추정된다.

엔진 제원	
생산 연한	1959년~
형식	쌍축 터보샤프트
연료	휘발유
동력 출력	250마력(310킬로와트)~715마력(533킬로와트)
중량	비급유 시 78.5킬로그램(173파운드)
압축기	원심 압축기
터빈	6단 축류
연소기	싱글버너

▷ 304~305쪽 제트 엔진 참조

베어링 급유관

연소실

고주파 전기로 점화한다.

연소실 케이스

열전대 연장선

연료 분사관
연료가 필터를 거쳐 연소실로 주입된다.

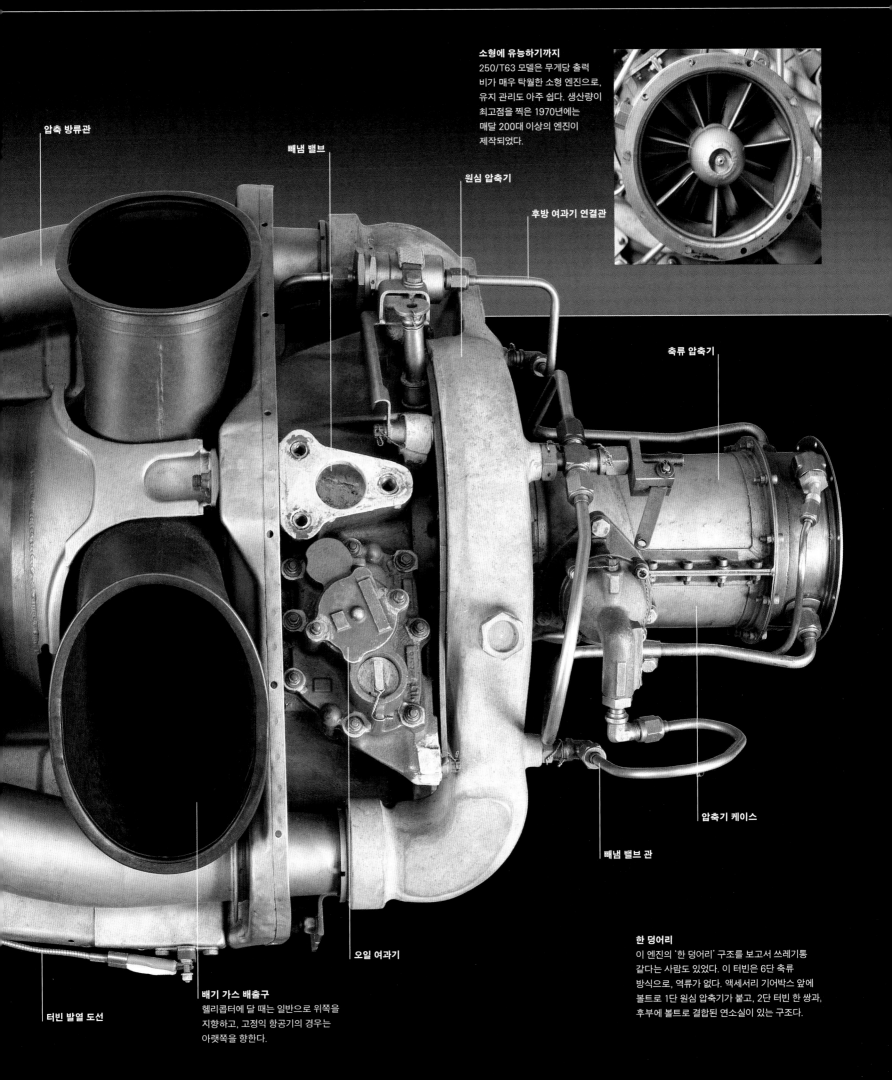

소형에 유능하기까지
250/T63 모델은 무게당 출력 비가 매우 탁월한 소형 엔진으로, 유지 관리도 아주 쉽다. 생산량이 최고점을 찍은 1970년에는 매달 200대 이상의 엔진이 제작되었다.

압축 방류관

빼냄 밸브

원심 압축기

후방 여과기 연결관

축류 압축기

압축기 케이스

빼냄 밸브 관

오일 여과기

터빈 발열 도선

배기 가스 배출구
헬리콥터에 달 때는 일반으로 위쪽을 지향하고, 고정익 항공기의 경우는 아랫쪽을 향한다.

한 덩어리
이 엔진의 '한 덩어리' 구조를 보고서 쓰레기통 같다는 사람도 있었다. 이 터빈은 6단 축류 방식으로, 역류가 없다. 액세서리 기어박스 앞에 볼트로 1단 원심 압축기가 붙고, 2단 터빈 한 쌍과, 후부에 볼트로 결합된 연소실이 있는 구조다.

유럽의 도전

베트남 전쟁이 종결되었고, 헬리콥터 업계는 군살을 빼야 했다. 이 부문은 북해의 석유 산업이 팽창하면서 민간용 기계 분야에서 유지되었다. 그래도 거의 모든 민수 헬기가 군용 헬리콥터의 파생품이었다. 피스톤 엔진을 장착한 소형 개인 헬리콥터를 만든 엥스트롬(Engstrom)은 예외다. 유럽의 경우, 다섯 개 나라의 제조업체가 협소한 시장을 놓고 경쟁을 벌였다.

△ 메서슈미트-뵐코프블롬 MBB 보105A 1970년
Messerschmitt-BöelkowBlohm MBB Bo105A 1970

제조국 독일

엔진 2×406축마력 롤스로이스 250-C20B 터보샤프트

최고 속도 270km/h(168mph)

보105A는 독일이 2차 세계 대전 이후 설계 양산한 최초의 헬리콥터였다. 최초의 4~5인승 쌍발 다목적 헬기로, 하중을 뒤에 뒀다. 로터 중심대(rotor head)가 견고한 티타늄이었고 회전익 날이 복합재여서 조종성이 놀라웠다.

▷ 밀 미-24A 힌드-A 1971년
Mil Mi-24A Hind-A 1971

제조국 소련

엔진 2×2,200축마력 이소토프 TV3-117 터보샤프트

최고 속도 270km/h(168mph)

이 헬리콥터는 호위 및 대전차 용이다. 병력이나 사상자를 실을 수 있는 실내 앞으로 유리창이 달린 조종석에 승무원이 탑승했다. 대전차 미사일이나 로켓은 날개에 달린다. 기수에 총포가 있다.

◁ 밀 미-14 BT 1973년
Mil Mi-14 BT 1973

제조국 소련

엔진 2×1,900축마력 이소토프 TV-3 터보샤프트

최고 속도 230km/h(143mph)

소련 해군이 개발한 밀 미-14(Mil Mi-14)는 수륙 양용 대잠수함 헬리콥터이자, 수색 구조기였다. 기뢰 역탐 대책기도 개발 투입되었고, 동독을 포함해 여러 나라가 운용했다.

▽ SA 가젤 1973년
SA Gazelle 1973

제조국 프랑스

엔진 590축마력 터보메카 아스타주 3A 터보샤프트

최고 속도 263km/h(164mph)

페네스트론(fenestron) 개념을 도입한 것이 바로 가젤이다. 날이 여러 개인 회전 꼬리익을 도관으로 싸 추진력을 높인 것을 페네스트론이라고 한다. 1973년 취역했고, 관측 탐지, 연락 통신, 조종사 훈련 용도로 사용되었다.

▽ 아구스타 A109BA 1976년
Agusta A109BA 1976

제조국 이탈리아

엔진 2×420축마력 롤스로이스 250-C20 터보샤프트

최고 속도 310km/h(193mph)

애초 경수송기로 개발된 A109가 처음 하늘을 난 것이 1971년이었고, 1976년 양산에 돌입했다. 후속 모델들은 군사 연락, 정찰, 대전차 임무, 긴급 의료 임무에 투입되었다.

△ 아구스타-벨 AB206C-1 제트레인저 1974년
Agusta-Bell AB206C-1 JetRanger 1974

제조국 미국/이탈리아

엔진 420축마력 앨리슨 250-C20 터보샤프트

최고 속도 220km/h(137mph)

이탈리아에서 면허 생산된 AB206 제트레인저는 다양한 민간 수요 및 군용으로 모두에게 환영을 받았다. 업그레이드 모델 AB206C-1은 특수 장비를 탑재해, 고온 및 고고도 상황에서도 임무를 수행할 수 있다.

▷ **엥스트롬 F280C 터보 샤크 1975년**
Enstrom F280C Turbo Shark 1975

제조국 미국

엔진 250마력 라이코밍 HIO-360-1AD
피스톤 엔진

최고 속도 193km/h(120mph)

1975년 사용 인가를 받은 F280C는 F28을
공기 역학적으로 섬세하게 개량했다. 터보차저
엔진을 바꿔 달 수 있었고, 객실을 세 구획으로
나눈 것도 특징이다. 기업이나 개인이 썼고,
1981년 후반까지 생산되었다.

▷ **웨스트랜드 링크스 1976년**
Westland Lynx 1976

제조국 영국

엔진 2×1,120축마력 롤스로이스 젬 41-1 터빈

최고 속도 281km/h(175mph)

링크스 AH.1/7은 대전차 작전 및 지상군
지원 임무에 투입된다. 대잠수함 작전용의
2/4/8도 있다. 둘 다 1960년대에 가동된
영국과 프랑스의 링크스 프로젝트(Lynx
programme)에서 개발되었다.

◁ **웨스틀랜드 시 킹 HC4 1979년**
Westland Sea King HC4 1979

제조국 영국

엔진 2×1,660축마력 롤스로이스 놈
H.1400-1 터보샤프트

최고 속도 207km/h(129mph)

시 킹 HC4(Sea King HC4)는 시코르스키의
대잠수함 헬리콥터 설계안을 웨스틀랜드가
면허 생산한 것으로, 약간 개조했다. 특수
장비를 달고, 무게를 줄여, 공간을 넓힌
것인데, 전투 장비를 갖춘 병력을 21명까지
태울 수 있었다. 그러고도 방어 무기와 장갑
및 각종 센서를 달 수 있었다.

▷ **아에로스파시알 AS350 스쿼럴
HT1 1977년**
Aerospatiale AS350 Squirrel HT1 1977

제조국 프랑스

엔진 641축마력 터보메카 아리엘 1D1
터보샤프트

최고 속도 272km/h(169mph)

5~6인승 민간 헬리콥터로 1970년대
초에 개발된 스쿼럴은, 제작 방법이
새로웠고, 플라스틱 복합재를
투입되었다. 1977년 양산을 개시했고,
이내 군대에 팔리기 시작했다. 사진의
HT1은 영국 공군이 운용한 훈련
헬리콥터이다.

◁ **아에로스파시알 AS365 도팽 2
1979년**
Aerospatiale AS365 Dauphin 2 1979

제조국 프랑스

엔진 2×838축마력 터보메카 2C
아리엘 터보샤프트

최고 속도 280km/h(174mph)

도팽은 8인승 단발
헬리콥터로, 원래 알루에트
3(Alouette III)를 대체할
요량이었으나 1975년 쌍발
버전이 단발 도팽을 이어받아
도팽 2로 개발되었다.

▷ **AS332 슈퍼 푸마 1978년**
AS332 Super Puma 1978

제조국 프랑스

엔진 2×1,742축마력 터보메카
마킬라 1A1 터보샤프트

최고 속도 262km/h(163mph)

18인승 슈퍼 푸마(Super Puma)는
10년 동안 엄청난 성공을 거뒀다.
해상 원유 채굴을 지원하려면 반드시
선택해야 하는 헬리콥터였던 것이다.
군대도 다재다능한 이 기종을 아주
좋아했다.

◁ **시코르스키 UH-60 블랙 호크 1978년**
Sikorsky UH-60 Black Hawk 1978

제조국 미국

엔진 2×1,543축마력 GE T700 터보샤프트

최고 속도 360km/h(224mph)

UH-60A의 최초 설계는 1960년대
중반으로 거슬러 올라간다. 1976년
양산에 들어갔고, 미 육군에 납품되었는데,
주로는 11인승이었다. 최종 버전 UH-60M
이 2018년까지 생산될 예정이다.

벨 206 제트레인저

상용 시장을 겨냥해 1960년대 중반 설계된 제트레인저는 스타일리시했고, 당장에 큰 성공을 거뒀다. 기업 경영자와 군대 고객 모두가 제트레인저를 마음에 들어했다. 1967년부터 2017년까지 7500대 이상 제작되었는데, 이탈리아에서는 아구스타 (Agusta)가 면허를 받았고 미국에서는 벨 헬리콥터(Bell Helicopter)가 생산했다.

제트레인저의 기원은 1962년 미 육군이 개최한 경연 대회였다. 관측용의 경헬리콥터를 설계해달라는 주문이 있었던 것이다. 벨 헬리콥터가 앨리슨 T-63 터보샤프트를 단 206/OH-4 모델로 입찰을 했다. T-63은 헬리콥터용으로 개조된 최초의 터빈 엔진 가운데 하나였다. 벨은 입찰에서 탈락했지만, 포기하지 않았다. 기존 설계안을 상업 사양으로 개조한 것이다. 그 결과로 1965년 탄생한 것이 제트레인저다.

제트레인저는 동체가 더 유선형으로 바뀌었고, 해서 상당한 이목을 끌었다. 내부 구조도 크게 개선되었으며, 보다 강력한 앨리슨 250 시리즈 엔진이 달렸다. 제트레인저는 처음부터 민간 시장을 목표로 설계된 최초의 터빈 엔진 경헬리콥터였다. 수요가 생산을 앞질렀고, 벨 사는 이탈리아의 아구스타(Agusta)에 면허 생산을 허가했다. 아구스타가 유럽과 중동의 민간 및 군대 고객용 제트레인저를 제작했다. 생산은 1967년부터 시작되었다. 제트레인저는 40년이 넘는 생산 연간 동안 더 강력한 엔진이 장착되는 식으로 여러 차례 업그레이드되었으며, 오늘날도 여전히 널리 사용된다.

제원			
모델	아구스타-벨 AB206C-1 제트레인저, 1974년	**회전익 지름**	10.16미터
제조국	미국/이탈리아	**전장**	11.91미터
생산	7,700대	**엔진**	420축마력 앨리슨 250-C20 터보샤프트
구조	알루미늄과 강철	**항속 거리**	673킬로미터(418마일)
최대 중량	1,451킬로그램(3,198파운드)	**최고 속도**	시속 220킬로미터(시속 137마일)

앞에서 본 모습

뒤에서 본 모습

주 회전 날개가 양력을 생성한다.

주 회전 날개의 축이 깃의 피치 각을 제어해 주고, 헬리콥터는 이를 바탕으로 상승과 하강 및 회전을 할 수 있다.

꼬리 회전 날개는 동체의 회전을 막아주고, 저속 운항시 방향타 역할을 한다.

터빈 엔진 배기구

(엔진용) **공기 흡입구**

사방을 관측 조망할 수 있는 **앞 유리창**

빗물 제거용 **와이퍼**

조종사가 착륙 지점을 볼 수 있도록 아랫쪽에 **유리창**을 달았다.

수직 꼬리 날개는 고속 운항시 방향을 제어해 준다.

테일붐의 소재는 탄소 섬유나 알루미늄이다.

무게를 재기 위해 **고리를 거는 지점**

고장력 강철로 만든 **관형 활대**

무선 교신용 **VHF 안테나**

독특한 자태

헬리콥터의 앞부분에서 유선형 기수에 파노라마 뷰를
제공하는 유리창이 제트레인저의 독특한
디자인이다. 이착륙 장치로 활대를 달아 놨고,
후퇴형 안테나 덕분에, 세련된 이미지를
자랑한다.

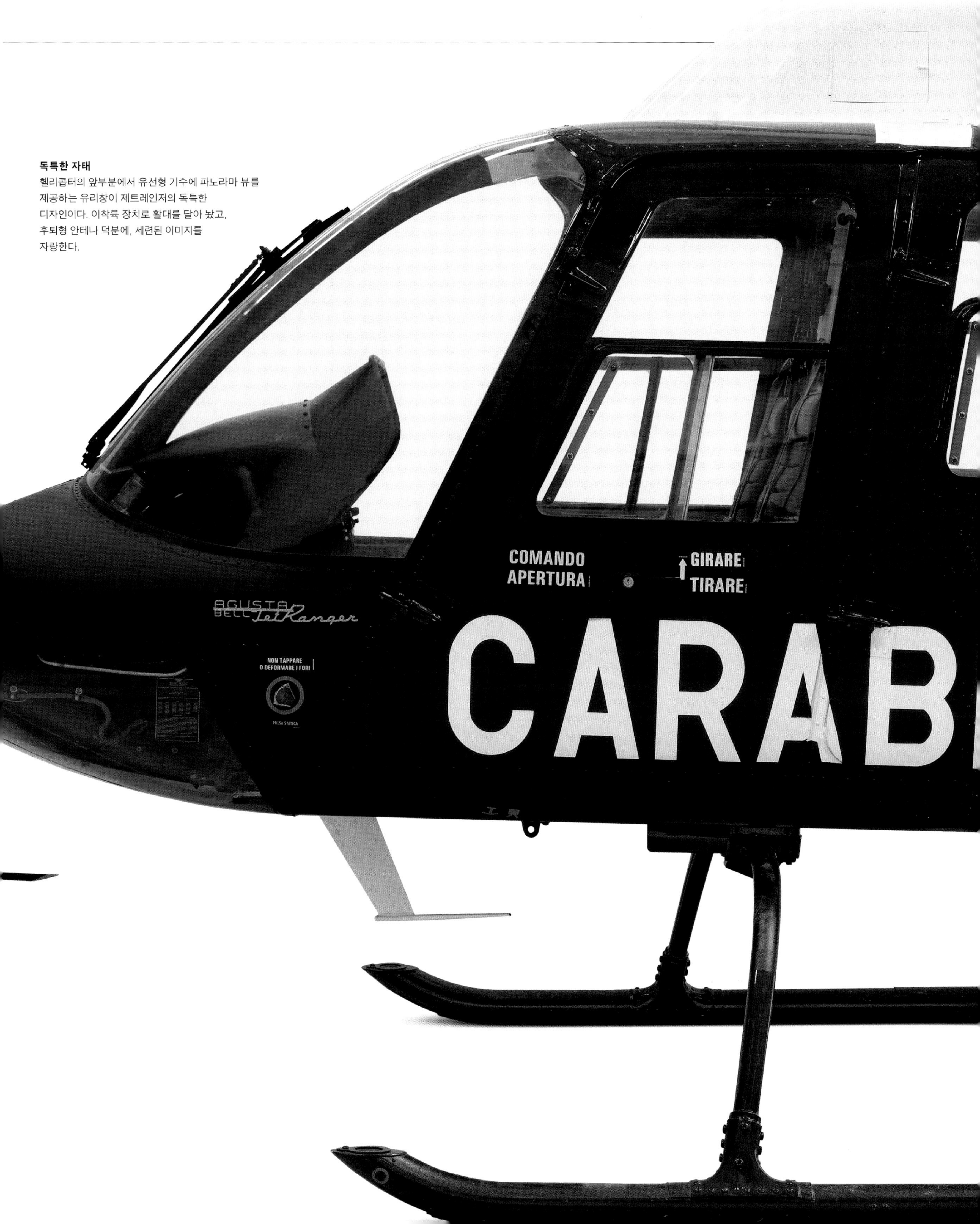

AGUSTA
BELL *JetRanger*

NON TAPPARE
O DEFORMARE I FORI

PRESA STATICA

COMANDO
APERTURA

GIRARE
TIRARE

CARAB

외장

무게를 줄이기 위해 알루미늄으로 제작되었다. 기체에 조종사와 승객과 수하물 모두를 위한 큼지막한 문이 달렸다. 이 제트레인저는 아구스타가 제작한 것으로, 이탈리아 경찰 카라비니에리(Carabinieri)가 사용했다. 보안 임무, 일반적인 법 집행 용도였다.

1. 이탈리아 제작사 로고 **2.** 피토 관(pitot tube)은 대기의 속도를 측정한다. **3.** 기수의 배터리가 시동을 걸어 주고, 축전도 한다. **4.** 착륙등 **5.** 단순한 문 손잡이는 위로 들어 올리면 열린다. **6.** 수하물 창구 **7.** 소화기의 위치를 지정하는 표시 **8.** 구급 상자의 위치를 알리는 표시 **9.** 엔진 공기 흡입구 **10.** 엔진 냉각 환기구 **11.** 경첩형 덮개가 부속된 발판을 통해 기체 위로 올라갈 수 있다. **12.** 충돌 방지 경고등 **13.** 연료 탱크 마개는 유선형을 위해서 매입 설치돼 있다. **14.** 꼬리 회전 날개의 축이 깃의 피치 각을 제어한다.

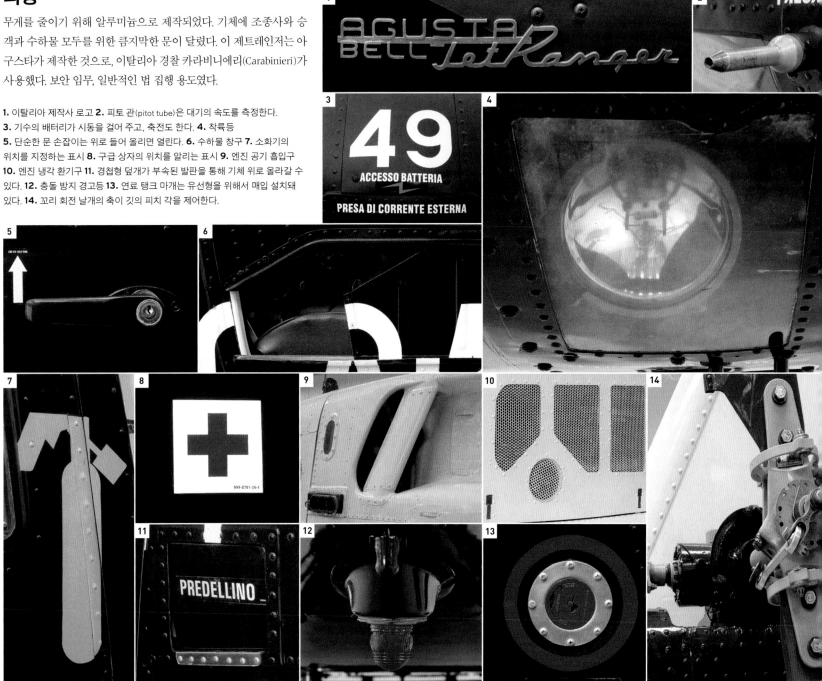

내부

뒤에 좌석이 셋, 앞에 좌석이 둘이다. 모두 개별 안전 벨트가 설치되어 있고, 승객의 다리 여유 공간도 충분하다. 뒷좌석 승객과 조종사를 칸막이 벽이 나눠 준다. 소음 정도는, 동시대 군용 헬리콥터와 비교하면 더 낮다. 헤드폰을 착용하지 않아도 불편하지 않을 정도라고 한다. 진동 역시 최소 수준이다. 군용 헬리콥터를 얼기설기 대충 개량한 부산물이 아닌 최초의 헬리콥터였으므로, 승객 편의가 항상 디자인 철학의 일부가 되었다.

15. 돌리고 비트는 내부 문 손잡이 **16.** 가지런히 말린 미사용 상태의 안전 벨트 **17.** 라디오 **18.** 재털이 **19.** 교신용 헤드폰 소켓 **20.** 헤드폰을 걸어 두는 고리 **21.** 필요시 송풍기를 사용해 실내를 환기할 수 있다. **22.** 세 명이 탈 수 있는 뒷좌석의 안전 벨트는 4점 안전 결속줄이다.

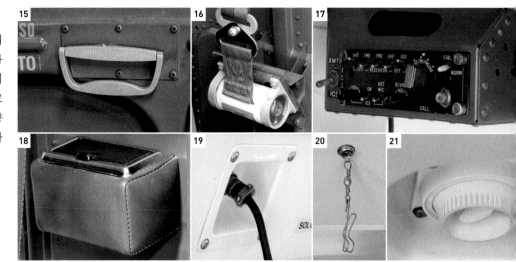

조종석

조종사는 조종석의 오른쪽에 탑승한다. 비행 계
기반 및 엔진 장치가 앞에 있다. 제트레인저는
자동 엔진 제어 장치가 있어서 비행이 즐거운 헬
리콥터다. 동력 출력의 여유분이 많고, (엔진이 꺼
졌을 시) 자동 회전 특성이 양호해, 많은 조종사
가 이 헬리콥터를 좋아한다. 물론 터빈 시동 절
차가 구식이라서 여러 문제가 있기는 해도 말이
다. 제트레인저는 훈련 헬리콥터로 인기가 많았
고, 많은 이가 이 기계로 터빈 엔진 체험을 시작
했다. 제트레인저는 빠르고, 부드럽게 비행했으
며, 40년 넘게 생산되었다.

23. 주 비행 계기반에 필수 장비가 다 들어가 있다.
24. 무기 제어반 **25.** 비행 속도계로, 허용 가능한 최대
속도에 빨간 선이 그어져 있다. **26.** 회전식 조종간,
트림과 교신용 스위치가 달렸다. **27.** 인공 수평의는
항공기의 고도를 알려 준다. **28.** 엔진 토크계와 온도계
29. 엔진 및 연료계 **30.** 조종사는 이 컬렉티브
조종간으로 모든 회전 날개 깃의 피치를 동시에 조절할
수 있다. **31.** 반토크 페달로 꼬리 회전 날개 깃들의
피치각을 제어한다. **32.** 부조종사의 컬렉티브
조종간으로, 수직 운용이다. **33.** 아구스타 모델은
비상 사태 때 사용하는 기계식 승강기 방출기가 머리
위쪽에 있다. **34.** 전기 퓨즈들이 오버 헤드 계기반에
있다.

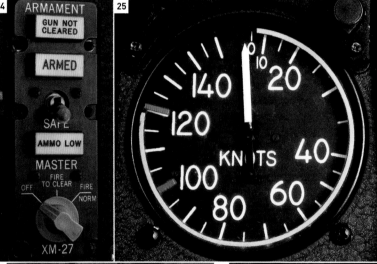

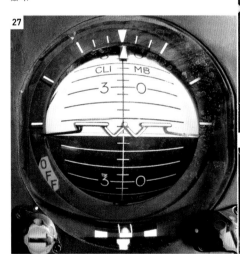

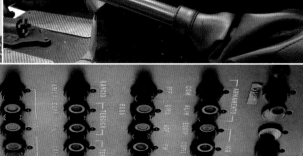

1980 _{년대}

비행이 여러 나라에서 여행 방식의 기본이 되며 여객기 시장이
달아올랐고, 안락함과 크기가 핵심 사안으로 부상했다. 제트 엔진은
성능이 향상되면서도 그 어느 때보다 조용하고 연료 효율성이 높아졌다.
소형 헬리콥터 시장이 엄청나게 성장한 것은, 단순하면서도 유지비가
저렴한 로빈슨 R22 덕택이었다. 군대에서는 재래식 레이다 체계로는
탐지할 수 없는 스텔스 항공기를 개발했다.

1934년 제작된 7인승의
록히드 5C 베가 단엽기

위 대 한 항 공 기 제 조 사
록히드

록히드는 선구적인 설계안과 혁신적인 제작 기술을 뽐냈고, 그렇게 제작된 일련의 항공기는 경쟁 제품을 압도하며 큰 성공을 거두었다. C-130 허큘리스 군용 수송기, F-117 나이트호크 등 록히드의 비행기는 항공술 발달에 크게 기여했다.

록히드의 이야기는 1912년 시작된다. 앨런 로그헤드와 맬컴 로그헤드 형제가 캘리포니아 주 샌터바버라에서 만든 알코 하이드로-에어로플레인 컴퍼니(Alco Hydro-Aeroplane Company)가 후에 로그헤드 에어크래프트 매뉴팩처링 컴퍼니(Loughead Aircraft Manufacturing Company)가 된다. 상업적으로 성공하지는 못했지만 1920년에 만든 S-1 스포츠 바이플레인(S-1 Sports Biplane)은 매우 혁신적인 기종이었다. 맬컴이 1919년 항공업계를 떠나자, 앨런은 잭 노스럽과 협력을 시작해(272~273쪽) 혁신적인 설계를 안출했고, 그 결과물이 록히드 베가(Lockheed Vega, 141대 제작)다. 베가는 동체가 외판만으로 외압을 견

맬컴 로그헤드(1889~1969년), **앨런 로그헤드**(1887~1958년)

더내는, 일명 모노코크 구조였고 날개도 갈빗대처럼 내부를 배열한 다음 베니어 합판 "껍데기"를 붙여서 고정했다. 1927년 첫 비행에 성공한 베가가 오늘날도 여전히 기억되는 이유가 있다. 진정한 항공의 개척자들, 그중에서도 아멜리아 에어하트와 와일리 포스트(Wiley Post)가 이 비행기를 타고 날았기 때문이다. 두 사람이 세운 장거리 기록을 보면서, 사람들은 베가의 인상적인 능력을 떠올렸다. 하지만 사세는 여러 해 동안 실망스럽기만 했다. 그러던 중 앨런이 마침내 결정적 설계를 내놓았다. 이 즈음 록히드 에어크래프트 컴퍼니(Lockheed Aircraft Company)라는 사명을 쓰는데, '로그헤드'가 아니라 '록히드'가 쓰인 것은, 이 형제의 성을 발음하는 방식과 관련이 있다.

록히드 에어크래프트 컴퍼니는 1929년 도산했다. 동업자 잭 노스럽과 앨런 로그헤드도 각각 제 갈 길을 가야 했다. 투자자들이 회사를 살려내기로 하고, 록히드 에어크래프트 코퍼레이션(Lockheed Aircraft Corporation)으로 개명했다. 투자자 그룹은 1931년 오라이언 에어라이너(Orion airliner)의 첫 비행을 지켜보았다. 바로 상업 여객기로서는 접개들이 이착륙 장치를 사용한 최초의 비행기이다.

1934년에는 쌍발의 록히드 10 엘렉트라(Lockheed 10 Electra)가 탄생했다. 설계안이 성공적이어서, 이 항공기는 149대 제작되었다. 엘렉트라는 이후 수많은 설계안의 토대로 사용되었다. 엘렉트라 주니어(Electra Junior), 슈퍼 엘렉트라

록히드의 민간 항공기
1914년 지면 광고다. 록히드 18 로드스타(Lockheed 18 Lodestar)가 승객을 싣고 아프리카 남부 빅토리아 폭포 상공을 날고 있다. 같은 모델을 군대도 사용했다.

"록히드를 잡으려면 록히드가 필요할 거야." 앨런 록히드가 1928년 만든 회사 슬로건

(Super Electra), 록히드 허드슨(Lockheed Hudson) 해양 정찰 항공기. 록히드 허드슨은 단연코 가장 성공한 항공기로 다양한 버전으로 무려 3,000대 가까이 생산되었고, 수많은 공군과 해군에 취역했다. 허드슨을 대체한 벤추라(Ventura)는 더 크고 무거운 항공기로, 역시 다양한 변형 기체가 생산되었다. 계속해서 벤추라를 대체한 주인공은 1947년부터 쓰인 P-2 넵튠(P-2 Neptune)이다.

록히드는 제2차 세계 대전 때 P-38 라이트닝 시리즈를 납품하면서 엄청난 성공을 거두었고 이 시리즈는 무려 1만 대 이상 제작되었는데 일단 설계가 눈에 띄었다. 붐(boom)이라고 하는 통통한 막대 둘을 달아서 눈에 안 띌 수가 없는 P-38은 호위 전투기, 지상 공격기, 야간 전투기, 사진 촬영 정찰기 등 역할과 임무가 참으로

다양했다. 록히드는 미국 항공사인 TWA와 제휴 협력했고, 엔진을 네 개 단 L-049 컨스틸레이션(L-049 Constellation) 여객기를 생산했다. 속도, 내구성, 수용력을 탁월하게 겸비한 L-049 컨스틸레이션으로 항공 여행에 대변혁이 일어났다. 미 공군 최초의 작전용 제트 전투기 P-80 슈팅스타(P-80 Shooting Star)를 생산한 것도

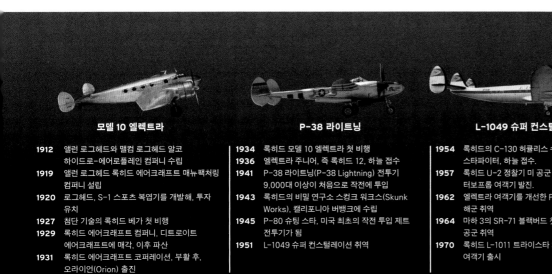

모델 10 엘렉트라

1912	앨런 로그헤드와 맬컴 로그헤드 알코 하이드로-에어로플레인 컴퍼니 수립
1919	앨런 로그헤드 록히드 에어크래프트 매뉴팩처링 컴퍼니 설립
1920	로그헤드, S-1 스포츠 복엽기를 개발해, 투자 유치
1927	첨단 기술의 록히드 베가 첫 비행
1929	록히드 에어크래프트 컴퍼니, 디트로이트 에어크래프트에 매각, 이후 파산
1931	록히드 에어크래프트 코퍼레이션, 부활 후, 오라이언(Orion) 출진

P-38 라이트닝

1934	록히드 모델 10 엘렉트라 첫 비행
1936	엘렉트라 주니어, 즉 록히드 12, 하늘 접수
1941	P-38 라이트닝(P-38 Lightning) 전투기 9,000대 이상이 처음으로 작전에 투입
1943	록히드의 비밀 연구소 스컹크 워크스(Skunk Works), 캘리포니아 버뱅크에 수립
1945	P-80 슈팅 스타, 미국 최초의 작전 투입 제트 전투기가 됨
1951	L-1049 슈퍼 컨스털레이션 취역

L-1049 슈퍼 컨스털레이션

1954	록히드의 C-130 허큘리스 수송기와 F-104 스타파이터, 하늘 접수
1957	록히드 U-2 정찰기 미 공군 취역, 엘렉트라 터보프롭 여객기 발진
1962	엘렉트라 여객기를 개선한 P-3A 오라이언 미 해군 취역
1964	마하 3의 SR-71 블랙버드 첫 비행. 2년 후 미 공군 취역
1970	록히드 L-1011 트라이스타 3발 광폭 동체 제트 여객기 출시

F-22 랩터

1977	사명을 록히드 코퍼레이션으로 개명(기타의 관심사와 주안을 담으려는 의지였음)
1981	F-117 나이트호크 '스텔스 전투기' 첫 비행
1986	C-5B 갤럭시(C-5B Galaxy) 초특급 수송기 미 공군 취역
1991	F-22 랩터 생산 개시. 보잉과 제너럴 다이내믹스 참여
1995	마틴 마리에타와 합병해, 록히드 마틴으로 재탄생
1996	신형 C-130J 허큘리스 비행

이 회사다. 슈팅 스타는 1944년 1월 처음 하늘을 날았고, 이후 한국 전쟁에 참여했다. 록히드가 신설한 일급 비밀 조직인 고등 개발 부서(Advanced Development Division)가 내놓은 최초의 항공기가 P-80이기도 했다. 록히드의 고등 개발 부서는 일명 스컹크 워크스로 더 잘 알려져 있고, 스컹크 워크스는 일련의 비밀 개발 프로젝트를 추진했다. 미 공군은 한국전 경험을 통해 필요한 것이 투입 중이던 것보다 수용력이 더 큰 수송기임을 깨달았다. 록히드가 들고 나온 해결책 C-130 허큘리스는 1957년 취역했고, 여러 번 업그레이드되었으며, 오늘날도 여전히 복무 중이다. 허큘리스의 기록에 버금가는 항공기는 몇 종 없다. 1955년 공개된 스컹크 워크스의 비전을 담은 새 설계안 U-2의 기본 개념은 초고고도 정찰 비행기이다. U-2는 냉전 시기 소련 상공을 날았으며, 오늘날도 여전히 정찰 비행을 수행하고 있다.

후속의 SR-71 블랙버드에 항공업계는 깜짝 놀랐다. 고등 전략 정찰기인 SR-71은 최고 속도가 시속 3,675킬로미터 이상으로, 미 공군이 30년 넘게 작전 투입했다. 록히드의 다음 두 프로젝트는 군용 수송기와 민간 여객기다. 첫째, 미 공군은 육중한 C-5A 갤럭시(C-5A Galaxy)를 공급받았고, 이루 말로 다할 수 없는 공수 능력을 확보했다. C-5A 갤럭시는 오늘날에도 여전히 취역 중이다. 둘째, 광폭 동체 여객기 L-1011 트라이스타(L-1011 Tristar)는 소개된 지 2년 후인 1970년, 상업 운항에 투입된다. 하지만 록히드는 1986년 마지막 트라이스타를 인도하며 상업 항공에서 손을 뗀다. 그럼에도 스컹크 워크스한테는 깜짝 놀랄 것이 하나 더 남아 있었다. '스텔스 전투기' F-117A 나이트호크(F-117A Nighthawk)가 바로 그

록히드 P-38 라이트닝
P-38은 미 육군 항공대가 제2차 세계 대전 때 사용한 쌍발 단좌 전투기로, 기체가 컸다. 장거리 전투기로서, 태평양 지역 교전에서 혁혁한 전과를 올렸다.

SR-71 블랙버드
록히드 SR-71은 미 공군이 보유한 것 중 가장 강력한 정찰기였을 것이다. 고고도에서 아주 빨리 날기 때문에 요격이 불가했다. 1966년부터 미 공군과 NASA에서 근무하다가, 1999년 퇴역했다.

주인공이다. 1980년대 말 공개된 F-117A의 기체는 스텔스, 다시 말해 레이다 불탐지 기술을 대거 채택했고, 혁명적인 성과였다. 나이트호크는 2008년 퇴역했다. 파나마, 페르시아만(1991년과 1998년의 제 1, 2차 걸프전), 발칸 반도 상공에서 일련의 작전을 수행하고서였다. 록히드 이야기는 1995년 마무리된다. 마틴 마리에타(Martin Marietta)와 합병해 록히드 마틴(Lockheed Martin)이 탄생한 것이다.

록히드의 미래
그림의 초음속 항공기는 록히드가 설계하고 NASA가 자금을 지원했다. 이런 종류의 여객기를 2025년쯤 록히드가 생산할 수도 있다.

군용 항공기

국제 사회의 갈등이 퇴조했다. 새로운 군용 항공기 개발 비용도 기하급수적으로 증가했다. 이제는 대단히 복잡한 기술이 요구되었던 것이다. 1980년대에 항공기 도입이 감소한 것은 이 때문이다. 다수의 신형 항공기는 이전 모델을 개량한 것이었다. 물론 예외도 있다. 전투기 유러피언 토네이도(European Tornado)와 미국의 F-117 나이트호크 '스텔스 파이터'(F-117 Nighthawk "Stealth Fighter")가 대표적이다.

△ **시 해리어 FRS.1 1980년**
Sea Harrier FRS.1 1980

제조국	영국
엔진	9,751kg(21,498lb) 스러스트 롤스로이스 페가수스-마크104 터보팬
최고 속도	1,200km/h(746mph)

호커 해리어의 해군 버전으로, 1980년 취역했다. 항공 모함의 공중 방어용으로 포클랜드 전쟁에서 인상적인 활약을 펼쳤다. 이때 영국 유일의 고정익 전투기였다.

△ **파나비아 토네이도 GR1 1980년**
Panavia Tornado GR1 1980

제조국	영국/독일/이탈리아
엔진	2×7,167kg(15,800lb) 스러스트 롤스로이스 터보 유니언 RB199-103 터보팬
최고 속도	2,337km/h(1,452mph)

유럽은 1970년대부터 공동으로 항공기를 개발했고, 그렇게 해서 탄생한 것이 이 다용도의 가변익 전투기이다. 전기 신호식 비행 조종 제어 시스템이 폭넓게 채택돼, 매우 효율적이었다. 적진에 저공 침투하는 것이 장기이다.

△ **FMA IA 58 푸카라 1980년**
FMA IA 58 Pucará 1980

제조국	아르헨티나
엔진	2×1,022마력 터보메카 아스타스푸 XVIG 터보프롭
최고 속도	499km/h(310mph)

1960년대와 1970년대에 개발된 이 지상 공격용의 아르헨티나 항공기는 반란을 진압하는 것이 그 목표였다. 포클랜드 전쟁 때도 폭넓게 쓰였는데, 이 항공기의 단거리 이착륙 성능 때문이었다. 여전히 사용 중이다.

▽ **보잉 KC-135R 스트래토탱커 1980년**
Boeing KC-135R Stratotanker 1980

제조국	미국
엔진	4×9,813kg(21,634lb) 스러스트 CFM 인터내셔널 CFM56 터보팬
최고 속도	933km/h(580mph)

707과 더불어 1950년대에 개발된 이 항공기는 여전히 취역 중으로 폭격기와 전투기 공중 급유를 하고 있다. 1980년부터 터보팬 엔진이 장착돼, 훨씬 경제적으로 바뀌었고, 적하 능력도 향상되었다.

△ **투폴레프 Tu-134 UBL 1981년**
Tupolev Tu-134 UBL 1981

제조국	소련
엔진	2×6,799kg(14,990lb) 스러스트 솔로비에프 D-30-II 터보팬
최고 속도	860km/h(534mph)

1963년 첫 비행을 했다. Tu-134는 서양 공항이 널리 받아들여 준 최초의 러시아 여객기이다. 이 UBL 군용 버전은 폭격기 승무원 훈련용이었다. 우크라이나에서 90대 제작되었다.

▽ **록히드 F-117 나이트호크 1981년**
Lockheed F-117 Nighthawk 1981

제조국	미국
엔진	2×4,989kg(10,800lb) 스러스트 제너럴 일렉트릭 F404-F1D2 터보팬
최고 속도	993km/h(617mph)

1988년까지 기밀로 유지된 F-117은 레이다에 안 잡히는 설계가 특징이다. 야간 공격용으로 제작되었고, 계기 비행만 했다. 나이트호크는 '스마트 무기(smart weapon)'를 써서 지상을 공격했다.

△ **다소-브레게 아틀란티크 ATL2 1981년**
Dassault-Breguet Atlantique ATL2 1981

제조국 프랑스

엔진 2×6,100마력 롤스로이스 타인 RTy.20
마크 21 터보프롭

최고 속도 648km/h(402mph)

이 장거리 정찰 및 해양 순찰
항공기는 무려 18시간 비행 능력을
자랑했다. 애초 1960년대의
아틀란티크를 개량한 것이다.
미사일을 장착할 수 있었고, 레이다
시스템도 개선되었다.

△ **미코얀-구레비치 미그-29 1982년**
Mikoyan-Gurevich MiG-29 1982

제조국 소련

엔진 2×8,300kg(18,300lb) 스러스트
클리모프 RD-33 애프터버너 터보팬

최고 속도 2,450km/h(1,522mph)

F-15 및 F-16에 대항해 개발되었다.
헬멧에 무기 체계를 띄워 주는 장치가
효율성을 더했다. 가벼운 전투기로
공중전에서 확실히 우위를 점했다.
1970년대에 설계되었고, 여전히
최전선에서 복무 중이다. 1,600대
이상 제작되었다.

▷ **다소 미라주 2,000 1982년**
Dassault Mirage 2,000 1982

제조국 프랑스

엔진 9,700kg(21,385lb) 스러스트 스네크마
M53-P2 애프터버너 터보팬

최고 속도 2,414km/h(1,500mph, 마하 2.2)

다소는, 꼬리부가 없는 삼각익
설계로 인한 형편없는 선회 능력
때문에 골머리를 앓았고, 컴퓨터
제어로 이를 극복했다. 비싸지 않은
요격기로, 웬만큼 성공을 거뒀고,
여전히 전 세계에서 근무 중이다.

△ **수호이 Su-27 1984년**
Sukhoi Su-27 1984

제조국 소련

엔진 2×7,670~12,500kg(16,910~27,560lb)
스러스트 새턴/륫카 AL-31F 애프터버너 터보팬

최고 속도 2,500km/h(1,550mph)

미국의 최신 전투기들에 소련이 대응해 내놓은
것이 수호이다. 최고의 조종성을 자랑하는 Su-27
은 항속 거리가 충분했고 중무장이 가능하며
첨단의 항공 전자 기술을 구현했다. 성능 기록을
여럿 수립했고, 여전히 생산 중이다.

▷ **록웰 B-1B 랜서 1983년**
Rockwell B-1B Lancer 1983

제조국 미국

엔진 4×제너럴 일렉트릭 F101-
GE-102 애프터버너 터보팬

최고 속도 1,530km/h(950mph)

1970년대 초반에 개발되었지만
사용되지 않다가, 1980년대에 부활했다.
가변익의 랜서는 장거리 저고도 비행
폭격기로, 핵타격 능력도 보유했다.
2030년까지 근무할 예정이다.

△ **록히드 C-5B 갤럭시 1985년**
Lockheed C-5B Galaxy 1985

제조국 미국

엔진 4×19,641kg(43,300lb) 스러스트
제너럴 일렉트릭 TF39-GE-1C 터보팬

최고 속도 932km/h(579mph)

미군 대형 장비의 대륙 간 이동을 위해,
바이패스비가 높은 특수 터보팬 엔진을
장착했고, 가장 커다란 군용 항공기란 위용을
뽐낸다. 1960년대 C-5A의 계보를 이으며,
2040년까지 근무할 예정이다.

▷ **맥도넬 더글러스 F-15E 스트라이크 이글 1986년**
McDonnell Douglas F-15E Strike Eagle 1986

제조국 미국

엔진 2×13,154kg(29,000lb) 스러스트 프랫앤휘트니
F100-229 애프터버너 터보팬

최고 속도 2,660km/h(1,6550mph, 마하 2.5) 이상

다목적 전투기로, 적진 깊숙히 들어가 타격하는 임무를
수행했다. 장거리 비행을 위해 연료 탱크가 많았고, 전술
전자 전투 시스템(Tactical Electronic Warfare System)이
첨단이었다. 부조종사석에서도 조종을 할 수 있었다.

미코얀 미그-29

소련의 미그-29는 1980년대와 1990년대 초를 풍미한 가장 강력한 전폭기 중의 하나다. 놀랄 만큼 민첩하고, 세계 최고의 단거리 미사일을 장착한 이 비행기는, 각종 시험을 통해, 저속 공중전에서 거의 무적임이 입증되었다. 미코얀 미그-29는 튼튼하고, 값이 쌌으며, 원초적 성능을 도모해, 첨단 전자 장비를 일부러 채택하지 않았다. 1,650대 이상 생산되었고, 전 세계 40개국 이상의 공군에 취역 중이다.

미그-29는 미국의 F-15 및 F-16과 맞서기 위해 설계·제작되었고, 1983년부터 취역해 미그-23을 대체하며 소련 공군의 주력 전술 전투기로 자리를 잡았다. 초기의 미그-29에 전기 신호식 비행 조종 제어 시스템(fly-by-wire system, 조종사와 비행 제어를 중재해 주는 전기전자 인터페이스)이 없었다는 게 특이하다. 기동성이 강조된 당대의 다른 모든 날쌘 전투기에는 전기 신호식 비행 조종 제어 시스템이 들어갔기 때문이다. 미그-29는 조종사 헬멧을 사용해 무기를 조준한 최초의 주요 전투기로, 이 특장 덕택에 공중전에서 거의 무적이었다. 가장 놀라운 운용자는 미 공군으로, 미그-29를 장비한 비밀 훈련 비행대를 띄웠다. 오늘날은 항공 모함 탑재형이 인도 해군에서 비행 중이다. 이 항공기의 최상급 버전은 2007년 도입된 미그-35다. 미그-35의 경우 추력 방향 제어가 가능하고, 덕분에 전 세계에서 가장 방향 조종이 쉬운 전투기로 자리매김했다.

최상의 성능

날개 뿌리의 앞전 부분을 크게 확장하고 엔진을 동체 아래에 장착했다. 이 전폭기가 최상의 높은 받음각 성능(기수를 높은 받음각으로 들어올릴 때 제어할 수 있는 능력)을 뽐낼 수 있는 이유다.

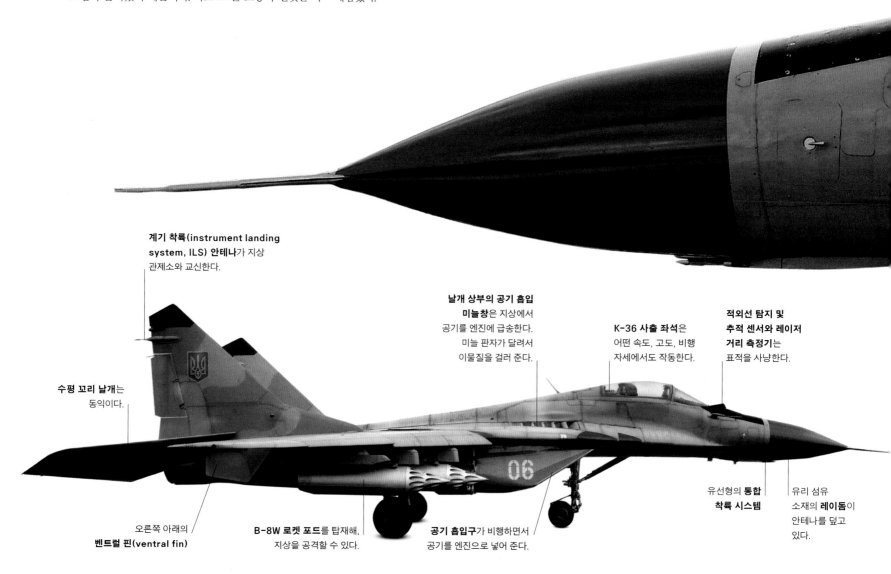

계기 착륙(instrument landing system, ILS) 안테나가 지상 관제소와 교신한다.

날개 상부의 공기 흡입 미늘창은 지상에서 공기를 엔진에 급송한다. 미늘 판자가 달려서 이물질을 걸러 준다.

K-36 사출 좌석은 어떤 속도, 고도, 비행 자세에서도 작동한다.

적외선 탐지 및 추적 센서와 레이저 거리 측정기는 표적을 사냥한다.

수평 꼬리 날개는 동익이다.

오른쪽 아래의 **벤트럴 핀(ventral fin)**

B-8W 로켓 포드를 탑재해, 지상을 공격할 수 있다.

공기 흡입구가 비행하면서 공기를 엔진으로 넣어 준다.

유선형의 **통합 착륙 시스템**

유리 섬유 소재의 **레이돔**이 안테나를 덮고 있다.

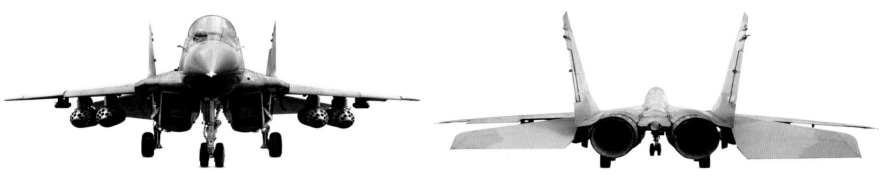

앞에서 본 모습   뒤에서 본 모습

제원			
모델	미코얀-구레비치 미그-29, 1982년		스러스트 클리모프 RD-33 애프터버너 터보팬
제조국	소련	날개 스팬	11.4미터
생산	1,650대	전장	17.37미터
구조	주로 알루미늄, 일부 복합재	항속 거리	2,100킬로미터(1,300마일)(페리 항속 거리)
최대 중량	2만 킬로그램(4만 4100파운드)	최고 속도	시속 2,450킬로미터(시속 1,522마일)
엔진	2×8,300킬로그램(1만 8300파운드)		

외장

미그-29를 나토는 암호명 '펄크럼(Fulcrum)'으로 불렀다. 날개를 중간에 붙였는데, 뿌리 쪽 앞전을 확대(leading-edge root extension)했다. 엔진 두 개가 현수식으로 달렸고, 대형 흡입구로 분리되었다. 미그-29는 구조가 매우 튼튼했다. 우람하고, 거의 '농기계스러운' 외양에서 이를 또렷이 확인할 수 있다. 수직 꼬리 날개 두 개는 미그-25에서 계승한 특징이다. 더 이른 시기의 항공기 설계는 속도에 주안을 두었지만, 미그-29의 설계는 민첩성에 우위를 두었다.

1. 꼬리 날개에 그려진 배지 2. 유선형으로 된 통합 착륙 시스템(ILS) 안테나 3. 적외선 탐지 및 추적 센서/레이저 거리 측정기 4. 열린 조종석 부분 5. GSh-301 30밀리미터 기관포 총구 발열 구멍 6. UHF 안테나 7. 받침 부분 착륙등 8. 공기 흡입구 9. 흰색으로 도장된 항공기 번호 '06' 10. 날개 아래 달린 등 11. 착륙 기어 12. 구경 80밀리미터 20 발들이 B-8W 로켓 포드 13. 날개 아래 로켓 포드 결합부 14. 로켓 포드 장전부를 뒤에서 본 모습 15. 좁혔다 넓혔다 할 수 있는 애프터버너 분사구 16. 왼쪽 방향타

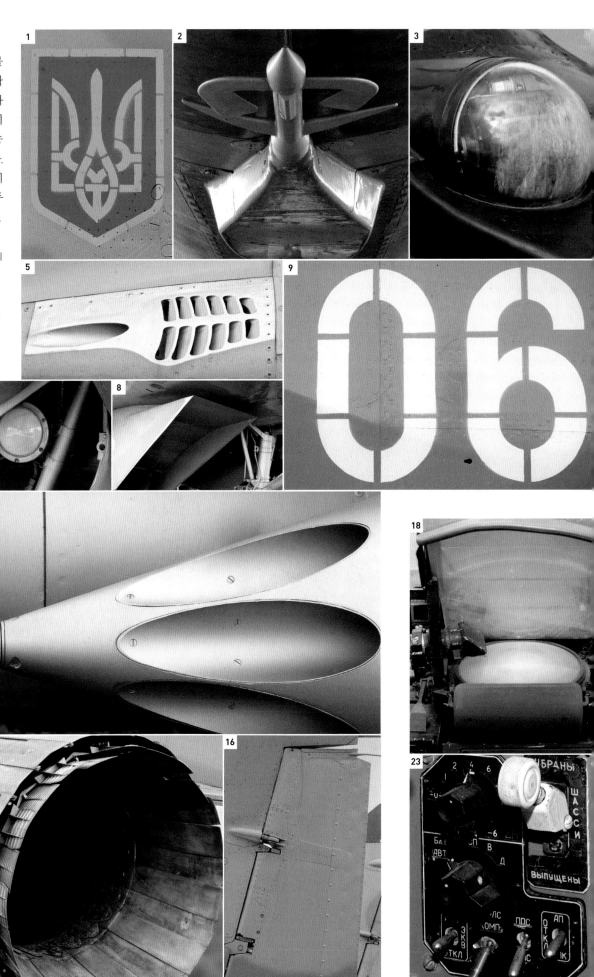

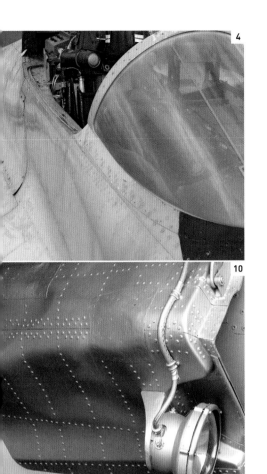

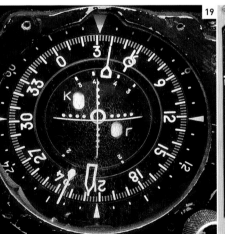

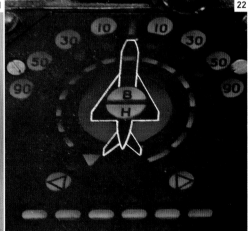

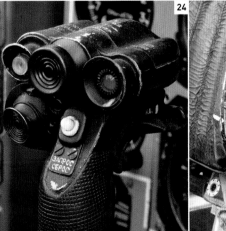

조종석

F/A-18 호넷과 달리 액정 전자 장치가 없었다. 영상 표시 장치가 전통의 아날로그 다이얼로, 조종사가 착용한 쉬첼-3UM(Shchel-3UM) 헬멧 표시 장치(helmet mounted display)가 유일한 예외였다. 주 조종간이 가운데 있었고, 핸즈 온 스로틀-앤드-스틱(스로틀과 조종간을 한꺼번에 조작할 수 있는 일체형 조종간 ― 옮긴이) 기술은 채택하지 않았다. 조종석은 꽤 넓었고, (소련 기준으로) 가시성도 좋은 편이었다. 사진은 우크라이나 공군이 운용한 초기 9.12 미그-29다. 이 계통의 최신 모델은 미그-35로, 아날로그 장비가 대체되었고, 다용도 디스플레이 장치가 셋(2인승의 미그-35D은 뒤쪽 조종석 포함 넷) 있다.

17. 조종석 18. 레이다 19. 방향 설정 지시계 20. 연료량 지시계 21. 산소 계기반 22. 레이다 경보 수신기 23. 착륙 장치 선택 스위치와 레이다 제어반 24. 조종간 25. K-36 사출 좌석 머리받이

스텔스 폭격기

스텔스 기술이 적용된 최초의 군용기 록히드 F-117 나이트호크가 제작된 것은 1982년이었지만, 1988년까지 기밀로 유지되었다. 베트남전 때 정교한 지대공 미사일이 사용되자 레이다에 잘 안 걸릴 필요성이 분명하게 드러났다. F-117이 개발된 이유다. 소위 '블랙 프로젝트'란 1급 기밀로 다년간의 연구와 개발이 이루어져, 마침내 1981년 6월 18일 네바다에서 F-117이 첫 비행을 했다. 파이터, 곧 전투기의 'F' 기호를 달고는 있지만, F-117은 공대공 전투 능력이 전무해 910킬로그램짜리 레이저 유도 폭탄 두 발이 전부다. 1991년 1차 걸프 전쟁 당시 전략 폭격의 40퍼센트 이상을 담당함으로써, 치명적인 무기임을 입증했다.

스텔스 기술

전장 약 20.1미터, 전폭 13.2미터로 레이다에 작은 새 정도로만 표시되었다. 각잡힌 표면들이 레이다 전파를 되튀기지 않고 흐트러뜨리는 것이다. 표면은 레이다 전파를 흡수하는 재료로 도색해, 무광 검정색이다. 적외선 자취를 줄이기 위해, 재연소 장치가 없고 배기 가스는 기다란 열 흡수 도관을 거쳐 배출된다. '와블링 고블린(Wobblin' Goblin, 뒤뚱거리는 도깨비―옮긴이)'이란 별명이 붙은 것은, 운항 중 기체가 불안정했기 때문이다. F-117은 컴퓨터로 제어되는 플라이-바이-와이어 체계(조종 계통을 컴퓨터를 통해 전기 신호로 바꾸는 체계. 전기 신호식 비행 조종 제어)로만 띄울 수 있다. 지금까지 전투로 잃은 F-117은 1999년 코소보 전쟁 때 격추된 딱 한 대뿐이다.

느리지만 비밀스럽게 F-117도 다른 모든 공격기처럼 아음속으로 난다. 음속 폭음을 내면 위치가 발각되기 때문이다.

헬리콥터의 발전

헬리콥터는 병력 수송에도 사용되었지만, 환자 수송 산업에서도 핵심적인 역할을 맡았다. 미국에서의 시작은 미미했으나 전 세계로 확대된 것이다. 영국의 한 연구 조사에 따르면, 헬리콥터 한 대가 지상 구급차 17대와 맞먹으며, 이를 바탕으로 계산하면 1980년대 말까지 전시와 평시를 포괄해 헬리콥터가 100만 명의 목숨을 구했다고 한다.

◁ ▷ **벨 206B 제트레인저 3 1980년**
Bell 206B JetRanger III 1980

제조국 미국

엔진 450축마력 롤스로이스 250-C20J 터보샤프트

최고 속도 223km/h(139mph)

1967년의 원본을 개량한 제트레인저 2가 도입된 것은 1971년이었다. 1977년경 등장한 제트레인저 3은 더 큰 꼬리 회전 날개와 엔진이 달렸다.

◁ **아구스타웨스트랜드 AW109 1980년**
AgustaWestland AW109 1980

제조국 이탈리아

엔진 2×420축마력 롤스로이스 250-C20 터보샤프트

최고 속도 310km/h(193mph)

쌍발 경량 헬기 AW109가 1976년 출고되었고, 아르헨티나가 1982년 포클랜드 전쟁 때 연락, 수송, 무장 호위 임무에 여러 대를 투입했다. 후에 일부가 영국으로 선적되었는데, 전시 및 추가 작전 용도였다.

▷ **보잉 CH-47D 치누크 1982년**
Boeing CH-47D Chinook 1982

제조국 미국

엔진 2×3,750축마력 허니웰 T55-L-712 터보샤프트

최고 속도 294km/h(183mph)

중량화물 인양 헬리콥터 CH-47 치누크는 1962년 미 육군에 취역했고, 장수 기계로 유명하다. CH-47D와 CH-47F도 여전히 근무 중이다.

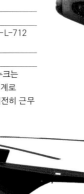

◁ **휴즈 MD 500E/휴즈 369 1982년**
Hughes MD 500E/Hughes 369 1982

제조국 미국

엔진 420축마력 롤스로이스 250-CB0B

최고 속도 281km/h(175mph)

휴즈 MD 500E는 휴즈 OH-6/500을 개량한 것으로, 경량의 다목적 헬리콥터이다. 주 고객은 개인 및 기업, 미국의 법률 집행 기관들도 이 헬리콥터를 구매했다.

▽ **보잉 아파치 AH-64 1984년**
Boeing Apache AH-64 1984

제조국 미국

엔진 2×1,690축마력 제너럴 일렉트릭 T700-GE-701 터보샤프트

최고 속도 378km/h(235mph)

이 공격 헬기는 전천후 및 주야 작전 능력을 뽐냈다. 자체 방어 체계를 갖추었음은 물론, 중무장 상태에서 자유롭게 병력을 기동할 수 있었다.

로빈슨 R22 베타 1985년
Robinson R22 Beta 1985

제조국 미국

엔진 160마력 라이코밍 O-320-B2C 피스톤 엔진

최고 속도 177km/h(110mph)

1979년 출고된 R22는 2인승 경량 헬리콥터로 개인용이었다. 1985년 개량형 R22B가 출시되었다. 엔진 회전 속도 조절기, 주 회전익 브레이크, 보조 연료 탱크를 선택할 수도 있었다.

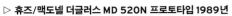

▷ **휴즈/맥도넬 더글러스 MD 520N 프로토타입 1989년**
Hughes/McDonnell Douglas MD 520N prototype 1989

제조국 미국

엔진 650축마력 롤스로이스 250-C30 터보샤프트

최고 속도 281km/h(175mph)

MD 520N은 일명 '노타(notar)' 시스템이 특징이다. 꼬리 회전 날개가 없는 것인데, 테일붐(tailboom)의 구멍에서 나오는 기류와 주 회전 날개의 내려씻음(down wash)을 이용해 회전 토크에 대응한다.

◁ **벨-보잉 V22 프로토타입 1989년**
Bell-Boeing V22 prototype 1989
제조국 미국
엔진 2×6,150축마력 롤스로이스 T406 터보샤프트
최고 속도 508km/h(316mph)

V22는 가동 운영된 최초의 틸트로터(tiltrotor) 항공기다. 다목적 돌격 수송기로 개발되었고, 미 해병 특수부대가 전투 탐색과 구조 작전에 활용했다.

▷ **EH101 멀린 HM1 프로토타입 1987년**
EH101 Merlin HM1 prototype 1987
제조국 영국/이탈리아
엔진 3×2,100축마력 롤스로이스 터보메카 RTM322-01
최고 속도 268km/h(167mph)

멀린 HM1은 특수 제작된 블루 케스트럴 (Blue Kestrel) 레이더가 장착되었고, 수중 음파 탐지기를 내릴 수 있었으며, 방어 체계도 탁월했다. 2000년부터 영국 해군에 복무했다. HM2 개조형은 2013년 취역 예정이다.

◁ **메서슈미트-뵐코프-블롬 MBB 보108 1988년**
Messerschmitt-Böelkow-Blohm MBB Bo108 1988
제조국 독일
엔진 2×450축마력 앨리슨 250-C20R-3 터보샤프트
최고 속도 254km/h(158mph)

메서슈미트-뵐코프-블롬이 1980년대에 보105(Bo105)를 계승할 새로운 중형 헬리콥터 개발에 나섰고, 그 결과물이 보108이다. 5~6인승의 이 헬기는 엔진과 첨단 기술의 무힌지 로터(hingeless rotor)를 선택할 수 있었다.

△ **시코르스키 HH-60G 페이브 호크 1988년**
Sikorsky HH-60G Pave Hawk 1988
제조국 미국
엔진 2×1,630축마력 GE T700-GE-701 터보샤프트
최고 속도 360km/h(224mph)

미 육군이 운용한 UH-60 블랙 호크를 개량한 이 기계는 미 공군의 전투 탐색과 구조 작전(combat search and rescue) 용으로 개발되었다. 적대적인 환경에서 주야를 불문하고 인원을 구해 오는 것이다.

△ **슈와이저 269C 1989년**
Schweizer 269C 1989
제조국 미국
엔진 190마력 라이코밍 HIO-360-D1A 피스톤 엔진
최고 속도 175km/h(109mph)

휴즈 헬리콥터(Hughes Helicopters)가 1950년대에 2인승 경량 헬리콥터를 개발했다. 1960년대에 군대에서 관심을 보이자, 3인승의 269C가 개발되었다. 여기에는 상급의 엔진이 들어갔고, 회전 직경도 커졌다. 미국의 소유권이 1983년 슈와이저에게 팔렸다.

**비행 중인 R22
프로토타입(1975년)**

위대한 항공기 제조사
로빈슨

프랭크 로빈슨이 헬리콥터 회사를 설립한 것이 1973년. 그는 대중이 쉽게 탈 수 있는 경량 헬리콥터를 설계 제작한다는 목표를 분명히 했다. 전 세계적으로 R22와 R44가 각각 4,500대, 5,000대 이상 판매되었다. 2011년 말 기준으로 이 회사는 그 어떤 헬리콥터 제조사보다 더 많은 항공기를 생산했다.

한 사람의 소망이 로빈슨 헬리콥터 컴퍼니(Robinson Helicopter Company)를 탄생시켰다. 대중이 자가 회전익 항공기를 이용해 비행하기를 바란 프랭크 로빈슨은 1930년 미국 워싱턴 주 위드비 섬에서 태어나 워싱턴 대학교에서 공학 학위를 받고 위치타 대학교 항공 공학 대학원 과정까지 마친다. 이렇게 준비를 갖추고 1957년 세스나 에어크래프트 컴퍼니(Cessna Aircraft Company)에 입사했고, 이 회사의 첫 번째 헬리콥터인 CH-1 스카이후크(CH-1 Skyhook)를 개발했다.

프랭크 로빈슨
(1930년~)

CH-1은 세스나가 만든 유일한 헬리콥터로, 찰스 시벨(Charles Siebel)의 설계에 토대를 두었다. 1952년에 이미 수석 헬리콥터 엔지니어로 세스나에 합류한 시벨도 로빈슨과 꿈이 비슷했다. 자신의 공학 지식과 세스나의 축적된 역량을 결합해 경항공기를 개발하면, 성과를 낼 수 있으리라는 것이었다. 1957년 로빈슨이 합류했을 때, CH-1은 제한적이나마 이미 군용 헬리콥터로 생산 중이었는데 세스나가 1962년에 이를 중단했다. 로빈슨은 또 다른 제조업체 엄바우(Umbaugh)로 옮

겨간 상태였다. 여기서 12개월 동안 근무하면서 그가 만든 것이 2인승의 U-17/U-18 오토자이로(autogyro)였다. 매컬로크 에어크래프트 코퍼레이션(McCulloch Aircraft Corporation)에서 4년 동안 그는 J2 오토자이로를 설계했다. 실상 이 모든 경험이, 소형의 회전 날개 항공기 관련 연구였다. 로빈슨은 1969년에 자신의 회전익 항공기 이력서에 케이먼 에어크래프트(Kaman Aircraft)와 벨 헬리콥터(Bell Helicopter)를 추가했고, 계속해서 캘리포니아의 휴즈 헬리콥터 컴퍼니(Hughes Helicopter Company)에 합류해 여러 프로젝트를 진행했다. 터빈 헬리콥터로 큰 성공을 거둔 휴즈 500의 신형 꼬리 회전 날개가 대표적이다. 그 즈음 로빈슨은 그간의 갖은 경험을 바탕으로 2인승의 경 헬리콥터 구상을 구체화한다. 그는 이 발안의 잠재력을 확신했지만, 고용주가 전혀 흥미를 보이지 않았고, 1973년 휴즈를 떠나 자기 회사를 세웠다.

로빈슨 헬리콥터 컴퍼니의 주소지는 로빈슨의 자택이었다. 향후 2년에 걸쳐 R22가 그의 집에서 개발되었다. 시제품이 제작된 곳도 임대 격납고였다. 1975년 8월 로스앤젤레스 남쪽에 있는 토런스 공항의 격납고를 빠져나온 R22가 첫 비행을 시도했다. 조종사는 프랭크 자신이었다.

R22에는 더 이른 시기의 회전익 항공

비행 학교
로빈슨이 설계한 헬리콥터 안전 과정은 업계 표준으로 자리 잡았으며, 이 과정은 로빈슨 헬리콥터를 조종하려는 사람들 누구에게나 전 세계에서 추천되고 있다.

flying

Explanations cannot come close to the **amazing experience of actually flying a helicopter.**

> ## "최대한 간단하게. 단순성은 비용을 낮추고, 신뢰를 높인다."
> 프랭크 로빈슨

기에서 배운 각종 교훈이 배어 있었다. 주익과 꼬리 날개가 격납 보관이 용이하도록 날을 두 개만 붙였다. 쉽게 구할 수 있는 항공유(가솔린)로 가동되는 안정적인 피스톤 엔진을 달았고, 좌석은 2인승이었으며, 동체는 유리섬유와 알루미늄을 써서 가벼우면서도 구조가 미려했다. 다수의 안전 장치 중 컬렉티브 피치 제어기(collective pitch control, 헬리콥터의 수직 상승 및 하강 비행 시 블레이드의 피치를 동시에 증가 또는 감소시켜 주는 링키지—옮긴이)를 당기거나 내릴 때 자동으로 스로틀이 조정되는 시스템이 대표적이다. 이 체계 덕택에 비행 중 회전 날개 속도를 제어하지 못할 위험이 대폭 감소했다. (회전 날개 속도를 통제하지 못하면, 흔히 대형 사고가 발생한다) 로빈슨 기계의 새로운 특장은 조종석 중앙에 원형으로 돌릴 수 있는 T자형의 막대인데 조종간이 중앙에 설치되었으므로, 앞좌석에 탑승한 사람이면 누가 되었든 헬기를 조종할 수 있었고, 각 좌석 앞의 개별 조종간(타고 내릴 때 상당히 귀찮았다)은 사라졌다. 회전식 T자 조종간은 로빈슨의 트레이드마크가 되었고, 로빈슨 사의 모든 헬리콥터에 채택되고 있다.

1979년 토런스에서 양산을 시작한 이 작은 헬리콥터는 즉시 성공했는데 로빈슨이 의도한 방식이 아니었다는 것이 기묘하다. 비행 학교들은 각종 헬리콥터 조종사를 양성하는 데서 R22가 가장 경제적

으로 사용할 수 있음을 깨달았다. 순식간에 시장이 팽창했다. 처음에는 사고가 폭증했고, 사망자도 많이 발생해 로빈슨은 대책을 강구해야 했고, 직접 안전 지침을 만들어 훈련생과 교관에게 배포했다. 이 안전 규정이 전 세계에서 지금도 사용되고 있다. 기본 헬리콥터를 개량하는 조치가 이루어져, 로빈슨 사는 구매 후 2,200시간을 비행한 헬리콥터를 공장에서 점검 수리 및 재조립해 주었다.

R22가 자리를 잡았고, 로빈슨은 1980

플로트를 단 R44
4인승의 R44는 1990년대 초에 출고되었고, 오늘날 전 세계에서 사용 중이다. 사진의 R44에는 플로트가 장착되어 있고, 수상이나 육상 모두에서 운용할 수 있다.

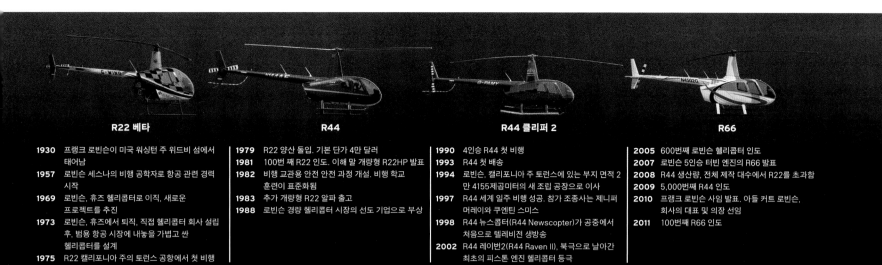

R22 베타

1930	프랭크 로빈슨이 미국 워싱턴 주 위드비 섬에서 태어남
1957	로빈슨 세스나의 비행 공학자로 항공 관련 경력 시작
1969	로빈슨, 휴즈 헬리콥터로 이직, 새로운 프로젝트를 추진
1973	로빈슨, 휴즈에서 퇴직, 직접 헬리콥터 회사 설립 후, 범용 항공 시장에 내놓을 가볍고 싼 헬리콥터를 설계
1975	R22 캘리포니아 주의 토런스 공항에서 첫 비행

R44

1979	R22 양산 돌입. 기본 단가 4만 달러
1981	100번 째 R22 인도. 이해 말 개량형 R22HP 발표
1982	비행 교관용 안전 안전 과정 개설. 비행 학교 훈련이 표준화됨
1983	추가 개량형 R22 알파 출고
1988	로빈슨 경량 헬리콥터 시장의 선도 기업으로 부상

R44 클리퍼 2

1990	4인승 R44 첫 비행
1993	R44 첫 배송
1994	로빈슨, 캘리포니아 주 토런스에 있는 부지 면적 2만 4155제곱미터의 새 조립 공장으로 이사
1997	R44 세계 일주 비행 성공. 참가 조종사는 제니퍼 머레이와 쿠엔틴 스미스
1998	R44 뉴스콥터(R44 Newscopter)가 공중에서 처음으로 텔레비전 생방송
2002	R44 레이번2(R44 Raven II), 북극으로 날아간 최초의 피스톤 엔진 헬리콥터 등극

R66

2005	600번째 로빈슨 헬리콥터 인도
2007	로빈슨 5인승 터빈 엔진의 R66 발표
2008	R44 생산량, 전체 제작 대수에서 R22를 초과함
2009	5,000번째 R44 인도
2010	프랭크 로빈슨 사임 발표. 아들 커트 로빈슨, 회사의 대표 및 의장 선임
2011	100번째 R66 인도

헬리콥터 생산 라인
캘리포니아 주 토런스 공장. 설립 이래 1만 대 이상이 만들어졌다.

년대 말에 새로운 모델을 개발했다. R22 보유자들이 가족 여흥이나 사업 활동에 관심을 보였기에 대형의 4인승이나 5인승 헬리콥터로 갈아타고 싶어 한다는 걸 꿰뚫어 보았던 것이다. 4인승의 R44는 R22를 바탕으로 유압 보조 비행 제어기와 팽대형 기체를 채택했다. R44 초창기 모델이 1993년 초에 소비자들에게 인도되고 회사는 엄청난 성공을 거두었고, 양산 대수가 R22를 추월했다. 개량이 거듭되었고, 경찰, 텔레비전 방송국, 수상 작전, 기타 임무용 특수 버전이 제작되기도 했는데, 결국 두 모델에 대한 수요였다.

한편 로빈슨의 일부 팬들이 터빈 엔진을 요구하고 있었다. 전통의 피스톤 동력부를 대체해 출력을 증대해 달라는 탄원이었던 셈이다. 로빈슨은 부득이 R44를 재설계했다. 객실을 좀 더 키우고, 롤스로이스 터빈 엔진을 달았으며, 별도의 화물실을 마련한 R66이 2010년에 출시되었다.

프랭크 로빈슨은 2010년 은퇴를 발표했다. 회사는 아들 커트 로빈슨(Kurt Robinson)과 이사회가 넘겨받았다. 그가 꿈꾼 헬리콥터는 여전히 생산 중이다.

비행 중인 R66
2011년 본격 생산에 들어간 R66은 로빈슨이 제작한 것 중 가장 크고 강력한 헬리콥터이다. 5명이 탈 수 있고, 화물 적재 공간이 있는 로빈슨 사 최초의 헬리콥터이기도 하다.

영국식 확산

이 10년간에 보다 저렴한 가격에 항공을 수행하려는 노력이 이루어졌다. 조립 항공기 분야가 성장했고, 행글라이더 기반의 초경량 항공기까지 등장한 것이다. 동체와 날개 제작에 복합재가 사용되었고, 엔진 튜닝도 늘어났다. 시장의 다른 쪽에 보이저(Voyager) 같은 특수 항공기가 등장했고, 호화로운 항공기는 퇴조했다.

▷ **소카타 TB-20 트리니다드 1980년**
Socata TB-20 Trinidad 1980
제조국 프랑스
엔진 250마력 라이코밍 O-540 공랭식 플랫-6
최고 속도 309km/h(192mph)

프랑스가 만든 이 4인승 비행기는 안락함을 도모해서 속도를 포기했다. 객실이 널찍하고, 현대적이어서, 관광기로 인기가 많았다. 다양한 성능의 엔진을 바꿔 장착할 수도 있었다.

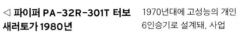

◁ **파이퍼 PA-32R-301T 터보 새러토가 1980년**
Piper PA-32R-301T Turbo Saratoga 1980
제조국 미국
엔진 300마력 라이코밍 IO-540-K1G5 터보차저 플랫-6
최고 속도 346km/h(215mph)

1970년대에 고성능의 개인 6인승기로 설계돼, 사업 활동과 항공 택시 분야에서 큰 인기를 누렸다. 그 파이퍼(Piper)가 1980년에 업그레이드된 것이 바로 터보 새러토가이다. 2009년까지 계속 제작된다.

◁ **파이퍼 PA-46 말리부 1982년**
Piper PA-46 Malibu 1982
제조국 미국
엔진 310마력 텔레다인 컨티넨털 모터스 TSIO-520BE 터보차저 플랫-6
최고 속도 433km/h(269mph)

말리부는 여압 구조를 채택한 최초의 6인승기 가운데 하나다. 항속 거리는 2,871킬로미터이다. 값비싼 엔진이 망한 후, 라이코밍 엔진을 단 말리부 미라주(Malibu Mirage)가 나왔다.

△ **슬링스비 T67A 파이어플라이 1981년**
Slingsby T67A Firefly 1981
제조국 영국
엔진 120마력 라이코밍 O-235-L2A 공랭식 플랫-4
최고 속도 209km/h(130mph)

르네 푸르니에(René Fournier)가 1974년 자신의 RF-6으로 처음 하늘을 날았고, 1981년까지 프랑스에서 제작 활동을 했다. 이 설계안은 동년에 슬링스비에 팔렸다. 슬링스비의 고등 비행 훈련기로 거듭난 이 항공기는 미국과 영국과 기타 여러 나라 군대에서 큰 인기를 누렸다.

◁ **세스나 172Q 커틀래스 1983년**
Cessna 172Q Cutlass 1983
제조국 미국
엔진 180마력 라이코밍 O-360-A4N 공랭식 플랫-4
최고 속도 225km/h(140mph)

172는 4인승기로서 대단히 실용적이며, 값도 저렴했다. 제작 대수가 4만 3000대 이상으로, 세상에서 가장 많이 생산된 비행기다. 성능을 강화한 172Q는 표준 모델보다 약간 더 빨랐다.

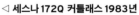

▷ **루탄 보이저 1984년**
Rutan Voyager 1984
제조국 미국
엔진 130마력 텔레다인 컨티넨털 O-240/110마력 텔레다인 컨티넨털 IOL-200
최고 속도 196km/h(122mph)

이 초경량 항공기는 세 명의 열정가가 고안하고, 자원자들이 직접 만들었다. 공중량이 1,021킬로그램에 불과했다. 루탄 보이저 비행기는 9일 만에 4만 2432킬로미터(2만 6366마일)를 날아 무기착 세계 일주 비행을 성공했다.

△ **비치크래프트 A36 보난자 1987년**
Beechcraft A36 Bonanza 1987
제조국 미국
엔진 300마력 컨티넨털 IO-550-BB 공랭식 플랫-6
최고 속도 326km/h(203mph)

많은 이가 경량 항공기의 롤스로이스라고 생각한다. 이 미려한 보난자가 처음 하늘을 난 것이 1945년이다. 1980년대의 A36은 동체가 꾸준히 생산되었다. A36은 동체가 25 센티미터 더 컸고, 꼬리 날개는 여전했다.

N5ZY

◁ **그롭 G109B/비질런트 T1 1984년**
Grob G109B/Vigilant T1 1984

제조국 독일
엔진 95마력 그롭 2500E1 공랭식 플랫-4
최고 속도 225km/h(140mph)

이 글라이더는 1980년에 처음 하늘을
날았다. 폭스바겐 자동차 엔진을 가동하면
대단히 빨랐고, 따라서 정확히는 글라이더가
아니다. 영국 공군이 비질런트 T1 형태로
채택해 공군 사관 후보생 훈련에 사용했다.

△ **ARV 슈퍼2 1985년**
ARV Super2 1985

제조국 영국
엔진 77마력 휴랜드 AE75
2-행정 수랭식 도립 3-기통 직렬
최고 속도 190km/h(118mph)

전 세계 지상 속도 신기록 수립자인
리처드 노블(Richard Noble)이 저가의
2인승 훈련기를 고안했다. 설계자는
브루스 기딩스(Bruce Giddings)이다.
2행정 엔진을 달았고, 이미 제작된
부품을 조립하는 형태였으며, 딱 35대
생산되었다.

△ **밴스 RV-6 1986년**
Van's RV-6 1986

제조국 미국
엔진 150~180마력 라이코밍
AEIO-360-A1A 공랭식 플랫-4
최고 속도 338km/h(210mph)

1985년 첫 비행을 한 이래, 약 2,500
대가 조립 부품 형태로 팔렸다.
알루미늄 재질의 2인승 경 비행기로,
설계자 리처드 반그런스번(Richard
VanGrunsven)은 탁월한 조종성,
고속 순항, 단거리 이착륙 능력(STOL)
을 목표로 삼았다.

▷ **랭케어 235 1986년**
Lancair 235 1986

제조국 미국
엔진 118마력 라이코밍
O-235-L2A 공랭식 플랫-4
최고 속도 389km/h(242mph)

랜스 니바우어(Lance Neibauer)
의 이 복합재 주물 기계는 고속
주항의 2인승 개인 항공기이며,
조립 부품의 형태로 판매되었다.
경량에다가 최신의 기체 역학이
적용되었고, 성능이 뛰어나,
판매도 호조를 보였다.

▷ **페가수스 XL-R 마이크로라이트 1989년**
Pegasus XL-R Microlight 1989

제조국 영국
엔진 39마력 로탁스 447/462 2-행정 수랭식
2-기통 직렬
최고 속도 108km/h(67mph)

접을 수 있는 삼각형 천 날개를 장착한 이 초경량
항공기는 혼자서, 또는 둘이서도 탈 수 있고,
좋아하는 사람이 많았다. 맞바람을 맞으면 다소
느려지긴 했지만, 그래도 비행이 쉽다고 생각했던
것이다. 순항 속도는 시속 약 72킬로미터이다.

△ **세쿼이아 팰코 F8L 1987년**
Sequoia Falco F8L 1987

제조국 영국 제작/이탈리아 설계
엔진 160마력 라이코밍
O-320-B3B 공랭식 플랫-4
최고 속도 325km/h(202mph)

1955년 이탈리아 인 스텔리오 프라티
(Stelio Frati)가 설계한 팰코가 1980년대에
미국에서 부활했다. 조립 부품 형태로
판매되었고, 자가제 항공기 중에서 가장
빠르고, 또 가장 비싼 축에 들어갔다.
조종성이 탁월한 것으로 유명하다.

로탁스
UL-1V

오스트리아의 로탁스는 초경량 항공기와 경량 스포츠 항공기(Light Sport Aircraft, LSA)에 엔진을 공급하는 회사다. 로탁스 UL-1V 같은 2행정 엔진의 경우, 고고도에서 나는 법이 없는 초경량 항공기에서 틈새 시장을 찾아낼 수 있었다. UL-1V는 2행정 공랭식 2기통 엔진이며, 출력도 40마력으로 버젓하다.

실린더 헤드
냉각핀이 달린 실린더
헤드가 실린더 동체에
결합되어 있다.

2행정 기관

2행정 엔진은 4행정 엔진에 비해 특장이 몇 있다. 더 가볍고, 구조가 간단하며, 일반으로 가격도 훨씬 싸다. 하지만 단점도 있으니, 그것은 믿음성이 부족하다는 것이다. 기화와 관련해 고도 변화에 더 민감하고, 더 효과적인 냉각 체계도 필요하다. 항공 산업계에서는 4행정 엔진이 더 널리 사용되지만, 초경량 항공기에 2행정 엔진을 달면 가격을 낮출 수 있으므로 예산이 빠듯한 조종사들은 여기 끌린다.

프로펠러 구동 플랜지
프로펠러 구동
플랜지 주변의 볼트
구멍을 이용해 엔진에
프로펠러를 단다.

감속 기어 덮개
감속을 해 주지 않으면
프로펠러 끝부분이 음속을
초과해 프로펠러의 효율이
떨어지고 만다.

실린더 동체
2행정 기관의 경우, 방열
요구가 혹심하고 냉각핀이
깊게 패인 것도 이 때문이다.

감속 기어박스
감속 기어가 없으면
프로펠러 끝단이 음속을
초과하여 프로펠러의
효율에도 영향을 미친다.

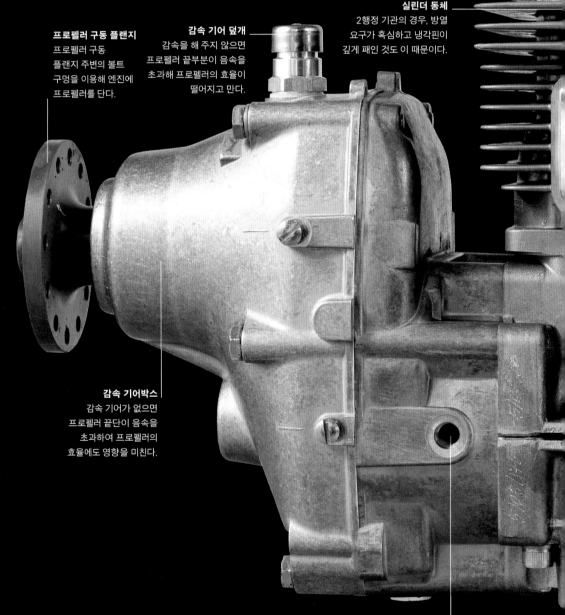

엔진 제원	
생산 연한	확인 불가
형식	공랭식 직렬 2기통 2행정
연료	규정식 자동차 연료
동력 출력	39.6마력에서 6800rpm
중량	비급유 시 26.8킬로그램(59파운드)
배기량	426.5세제곱센티미터(26.64세제곱인치)
구경과 행정비	67.5×61밀리미터(2.66×2.4인치)
압축비	9.6:1

▷ 302~303쪽 피스톤 엔진 참조

출력 향상
엔진으로 구동되는 팬을 쓰면 냉각
능력을 향상할 수도 있다. 기화기를 하나
말고 둘 장착하면 동력 출력도 향상된다.

엔진 거치 돌기
장착 지점들과 아귀가 맞는 돌기가
엔진 여기저기에 달려 있다.

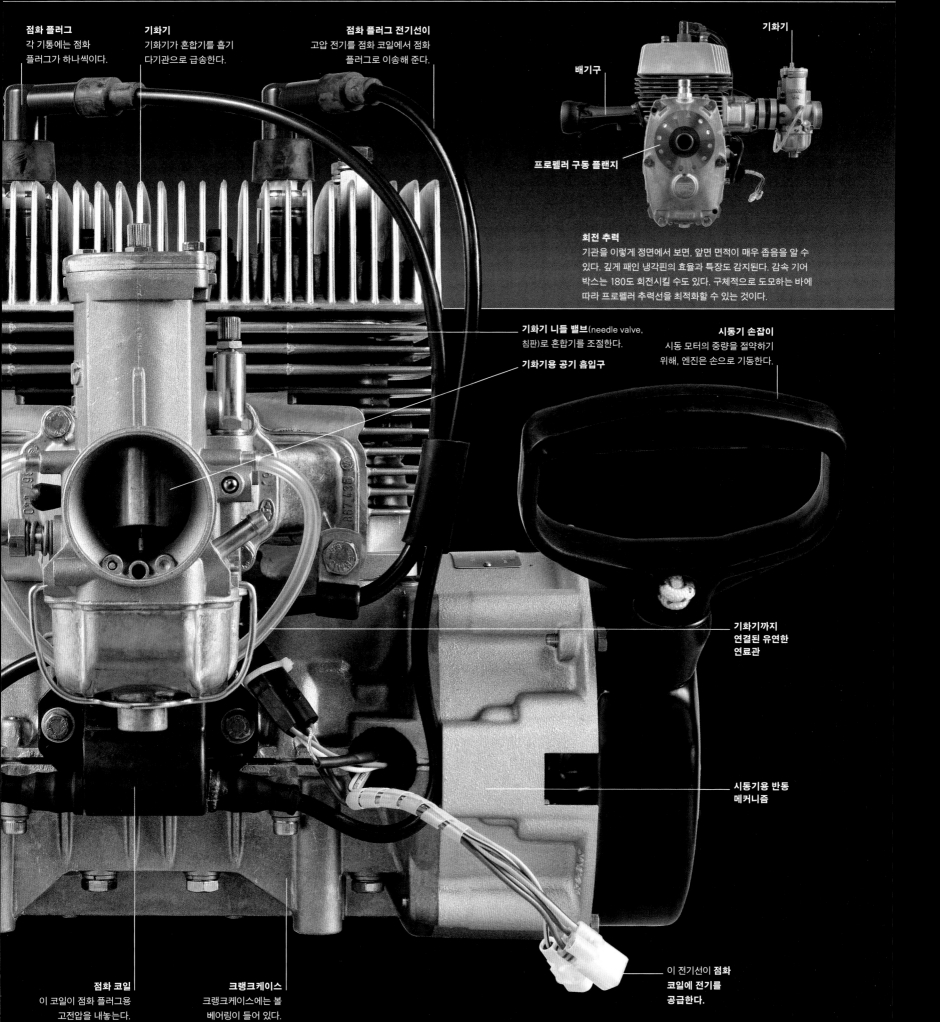

점화 플러그
각 기통에는 점화
플러그가 하나씩이다.

기화기
기화기가 혼합기를 흡기
다기관으로 급송한다.

점화 플러그 전기선이
고압 전기를 점화 코일에서 점화
플러그로 이송해 준다.

기화기

배기구

프로펠러 구동 플랜지

회전 추력
기관을 이렇게 정면에서 보면, 앞면 면적이 매우 좁음을 알 수
있다. 깊게 패인 냉각핀의 효율과 특장도 감지된다. 감속 기어
박스는 180도 회전시킬 수도 있다. 구체적으로 도모하는 바에
따라 프로펠러 추력선을 최적화할 수 있는 것이다.

기화기 니들 밸브(needle valve,
침판)로 혼합기를 조절한다.

기화기용 공기 흡입구

시동기 손잡이
시동 모터의 중량을 절약하기
위해, 엔진은 손으로 기동한다.

**기화기까지
연결된 유연한
연료관**

**시동기용 반동
메커니즘**

점화 코일
이 코일이 점화 플러그용
고전압을 내놓는다.

크랭크케이스
크랭크케이스에는 볼
베어링이 들어 있다.

**이 전기선이 점화
코일에 전기를
공급한다.**

비즈니스 제트기와
터보프롭의 도전

1980년대에는 비즈니스 항공기가 본 궤도에 올랐다. 말 그대로 수십 종류의 설계안이 시장에 나왔고, 제트 엔진과 터보프롭 엔진이 모두 동력을 제공했다. 비치크래프트의 킹 에어 시리즈 같은 항공기가 군용 및 민간 부문 사이의 다양한 틈새 시장을 메워 줬다. (페덱스처럼) 다음 날 배송을 캐치프레이즈로 한 항공 화물 회사들이 단발 엔진 캐러밴을 수백 대씩 구매했다.

△ **BAe 제트스트림 31 1980년 (제트스트림)**
BAe Jetstream 31 1980 (Jetstream)
제조국 영국
엔진 2×940마력 가렛 TPE331 터보프롭
최고 속도 488km/h(303mph)

제트스트림 초기 모델들은 터보메카 터보프롭이 동력을 댔지만, 31은 더 강력한 가렛 엔진이 장착되었다. 물-메탄올 분사 방식을 선택할 수 있었는데, 이 시스템을 장착하면 '핫-앤-하이(hot-and-high, 주변 온도가 높고 공항의 고도가 높아서 공기의 밀도가 낮은 조건)' 운용 때 성능이 크게 개선되었다. 미국에서 아주 잘 팔렸다.

△ **미쓰비시 다이아몬드/호커 비치제트 400A
1980년**
Mitsubishi Diamond/Hawker Beechjet 400A 1980
제조국 일본/미국
엔진 2×1,336kg(2,950lb) 스러스트 프랫앤휘트니 캐나다 JT15D 터보팬
최고 속도 866km/h(539mph)

원래 이름은 미쓰비시 Mu-300 다이아몬드였는데, 비치가 권리를 매수하면서 비치제트 400으로 재명명되었다. 그러던 것이 비치가 또 호커를 매수하면서 호커 4000이 되었다. 개인 소유자, 항공 택시 사업자, 전세기 회사가 이 비행기를 좋아했다. 미 공군도 훈련기로 180대가량을 운용했다. 미 공군은 이 비행기를 T.1 제이호크(T.1 Jayhawk)라고 불렀다.

◁ **다소 팰콘 200 1980년**
Dassault Falcon 200 1980
제조국 프랑스
엔진 2×2466kg(5,440lb) 스러스트 가렛 ATF-3 터보팬
최고 속도 862km/h(536mph)

원래 이름이 다소-브레게 미스테르 20(Dassault-Breguet Mystère 20)인 이 비행기를 미국에서는 팬 제트 팰콘(Fan Jet Falcon), 이어서 팰콘 20(Falcon 20)으로 불렀다. 2000이 최종 버전으로, 여러 성능 개선 조치가 이루어졌다. 대표적인 예가 더 강력해진 엔진이다. 20/200 시리즈 팰콘 약 500대가 1965~1988년 사이에 제작되었다. 미 연안 경비대(USCG)가 이 타입을 HU-25 가디언(HU-25 Guardian)이라는 이름으로 운용한다.

▽ **세스나 421C 골든 이글 1981년**
Cessna 421C Golden Eagle 1981
제조국 미국
엔진 2×375마력 컨티넨털 GTSIO-520 공랭식 플랫-6
최고 속도 475km/h(295mph)

더 이른 시기의 세스나 411을 바탕으로 했지만, 가장 커다란 차이점은 골든 이글이 여압 구조라는 것이다. (둘 다 형식 증명(Type Certificate)은 같다) 소규모 여객사와 개인 소유자들이 좋아했다. 1985년 생산이 중단되기까지 1,900대 이상 제작되었다.

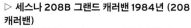

▷ **세스나 208B 그랜드 캐러밴 1984년 (208 캐러밴)**
Cessna 208B Grand Caravan 1984 (208 Caravan)
제조국 미국
엔진 677마력 프랫앤휘트니 캐나다 PT6A 터보프롭
최고 속도 317km/h(197mph)

캐러밴은 전 세계 수십 개 나라의 공군, 정부 기관, 민간 운용자들이 사용하는, 엄청난 성공을 거둔 비행기이다. 이착륙 장치로 바퀴, 스키, 플로트를 모두 달 수 있고, 단거리 지선 운항 여객기, 화물기, 항공 앰뷸런스, 낙하산 투하 비행기 등 그야말로 목적과 용도가 다양, 다재다능하다.

▷ 비치크래프트 킹 에어 350 1983년
Beechcraft King Air 350 1983

제조국 미국

엔진 2×1,050마력 프랫앤휘트니 캐나다 PT6A 터보프롭

최고 속도 580km/h(360mph)

원래 명칭은 슈퍼 킹 에어(Super King Air)였다. (몇 년 전에 '슈퍼'는 제외되었다) 350이 킹 에어 시리즈 중에서 가장 크고 강력한 비행기이다. 킹 에어 시리즈는 비즈니스 항공기 중에서 가장 많이 팔린다. T자형 꼬리 날개가 달린 것을 보면 더 작은 킹 에어들과 다르다는 것을 뚜렷하게 알 수 있다. 350은 350i로 여전히 생산되고 있다.

◁ 비치크래프트 모델 2000 스타십 1986년
Beechcraft Model 2000 Starship 1986

제조국 미국

엔진 2×1,200마력 프랫앤휘트니 캐나다 PT6A 터보프롭

최고 속도 620km/h(385mph)

혁신적 디자인에, 소재는 모두 복합재였고 커나드까지 단 스타십은 많은 것을 약속했지만 실제 인도량은 매우 적었다. 대체 목표로 삼은 킹 에어 시리즈보다 더 무겁고, 더 비쌌기 때문이다. 딱 53대 제작되었다. 그마저도 대다수가 반환, 폐기되었다.

▷ 비치크래프트 1900D 1987년
Beechcraft 1900D 1987

제조국 미국

엔진 2×1279마력 프랫앤휘트니 캐나다 PT6A 터보프롭

최고 속도 518km/h(322mph)

킹 에어 시리즈를 토대로 한 1900D는 조종사 한 명이 비행하도록 설계되었다. 하지만 여객기 운항 규정에 의하면 반드시 2명이 탑승해야 한다. 승객을 19명 태울 수 있었고, 동급 최고의 베스트셀러.

△ 걸프스트림 G-4 1985년
Gulfstream G-IV 1985

제조국 미국

엔진 2×6,274kg(13,850lb) 스러스트 롤스로이스 테이 611 터보팬

최고 속도 935km/h(581mph)

G-4는 큰 객실과 긴 항속 거리로 유명하다. 사업 활동에 널리 쓰인다. 많은 공군도 이 기종을 요인 수송에 사용한다.

▷ NDN.6 필드마스터 1987년
NDN.6 Fieldmaster 1987

제조국 영국

엔진 750마력 프랫앤휘트니 캐나다 PT6A 터보프롭

최고 속도 266km/h(165mph)

서구의 농업 항공기 중에서 터보프롭을 단 것으로는 최초이다. 필드마스터의 설계자는 브리튼-노먼 창립자 데스먼드 노먼(Desmond Norman)이다. 혁신적인 특장이 몇 있었지만, 그렇다고 성공하지는 못했다.

▽ 소카타 TBM 700 1988년
Socata TBM 700 1988

제조국 프랑스

엔진 700마력 프랫앤휘트니 캐나다 PT6A 터보프롭

최고 속도 555km/h(344mph)

TBM 700은 무니(Mooney)의 설계안을 바탕으로 했다. 요컨대, 소카타와 무니의 합작 투자물이었던 것이다. (TB는 소카타가 위치한 타르브(Tarbes)를 가리키고, M은 무니의 M) 애초 기계보다 동력 출력이 두 배 이상이었다.

2인 조종석 항공기

1980년대에 항공 여행이 다시 한 번 바뀌었다. 산업계의 여러 전문가들이 프로펠러의 시대는 끝났다고 생각했지만, 1973년 석유 파동이 일어났고, 항공사 운영진은 단거리, 심지어 중거리 노선의 경우도, 터보프롭이 아직 할 일이 있음을 깨달았다. 제트 비행기도 바뀌었는데, 이제는 자이언트 747의 경우도 승무원이 두 명이면 족했다.

△ **BAe 146/에이브로 RJ 1983년**
BAe 146/Avro RJ 1983
제조국 영국
엔진 4×3,157kg(6,970lb) 스러스트 텍스트론-라이코밍 ALF 502R 터보팬
최고 속도 801km/h(498mph)

영국에서 만든 것 중 가장 큰 성공을 거둔 제트 여객기이다. 유럽에서는 146이 단거리 운항 여객기로 여전히 폭넓게 사용 중이다. 이 항공기의 인기는 어느 정도는 저소음에서 기인한다. 엔진이 네 개나 돼서 (이렇게 작은 제트 여객기 치고는 특이하다), 유지비가 많이 든다.

△ **보잉 757 1983년**
Boeing 757 1983
제조국 미국
엔진 2×19,524kg(43,100lb) 스러스트 롤스로이스 RB-211
최고 속도 853km/h(530mph)

협폭 동체 757이 흥미로운 점은, 광폭 동체 767과 동시에 개발되었다는 사실이다. 조종석 배열을 비롯해 두 비행기가 공통점이 많으므로 조종사들은 같은 조건에서 두 항공기를 운용할 수 있다.

▷ **보잉 747-400 1989년**
Boeing 747-400 1989
제조국 미국
엔진 4×26,954kg(59,500lb) 스러스트 롤스로이스 RB-211-524 터보팬
최고 속도 988km/h(613mph)
747-400은 독창적인 '점보 제트'로 747 '클래식'과 상당히 비슷하지만 이전 모델과 많이 다르고, 가장 많이 팔렸다. 2인이 승무했고, 작은 날개를 붙였으며, 더 효율적인 엔진을 달았다.

△ **CASA C212-300 1984년**
CASA C212-300 1984
제조국 에스파냐
엔진 2×900마력 가렛 TPE331 터보프롭
최고 속도 370km/h(230mph)

C212는 1974년 도입되었는데, 오늘날에도 유럽과 인도네시아에서 여전히 생산된다. 터빈 동력 항공기임에도 불구하고, 가압을 하지 않고, 이착륙 장치가 고정식이어서 특이하다. 덕분에 구매해서 유지·관리하는 데 상대적으로 비용이 적게 들어가며, 신뢰성 또한 매우 높다.

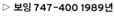

▷ **도르니에 Do228-101 1985년**
Dornier Do228-101 1985
제조국 독일
엔진 2×770마력 가렛 TPE331 터보프롭
최고 속도 433km/h(269mph)
터보프롭 엔진을 두 개 단 이 다목적 항공기는 도르니에의 단거리 이착륙 설계 경험이 큰 힘이 되었다. Do28 스카이서번트(Do28 Skyservant)를 바탕으로 한 것이다. 독일과, 인도에서는 할(HAL)이 제작했으며, 240대가량 생산되었고, 여전히 100대 이상이 취역 중이다.

◁ **EMB120 브라질리아 1985년**
EMB120 Brasilia 1985
제조국 브라질
엔진 2×1,800마력 프랫앤휘트니 캐나다 PW118 터보프롭
최고 속도 608km/h(378mph)

브라질의 항공기 제조업체 엠브라에르가 반데이란테(Bandeirante)로 큰 성공을 거두자, 더 큰 터보프롭을 만드는 데 나섰다. 국내 여객사들이 그렇게 탄생한 브라질리아를 좋아했고, 이 비행기는 현대식 DC-3으로 불렸다.

△ **사브 페어차일드 SF340 1987년**
Saab Fairchild SF340 1987
제조국 스웨덴/미국
엔진 2×1,750마력 제너럴 일렉트릭
CT7-9B
최고 속도 463km/h(288mph)

페어차일드와 사브의 합작품인 340
은 원래 통근 여객기로 설계되었지만,
다양한 용도로 사용되었다. 요인 수송과
해양 순찰은 물론이고, 네 나라 공군이
공중 조기 경보기로도 운용한 것이다.

△ **쇼트 360 1987년**
Short 360 1987
제조국 영국
엔진 2×1,424마력 프랫앤휘트니
캐나다 PT6A 터보프롭
최고 속도 450km/h(280mph)

더 이른 시기의 약간 작은 330에서
유래했지만 다수의 특장을 공유한 360은
엄청난 저소음으로 유명하다. 가장 빠른
터보프롭은 아니지만, 비교적 작은
공항에서도 운용이 가능했고, 이 다부진
항공기의 인기가 높았다.

◁ **ATR 72-500 1988년**
ATR 72-500 1988
제조국 프랑스/이탈리아
엔진 2×2,475마력 프랫앤휘트니 PW127F
터보프롭
최고 속도 511km/h(318mph)

ATR 72는 기본적으로 ATR 42의 팽대
모델로서, 약 400대가 운항 중이다. 보조 전원
장치(auxiliary power unit, APU)가 없다는
흥미로운 특징이 있다. 대신 오른쪽 프로펠러에
브레이크가 달려 엔진을 가동한 채로 항공기를
지상에 머무르게 하면서 시스템에 전기를
공급할 수 있다.

△ **맥도넬 더글러스 MD-88 1988년**
McDonnell Douglas MD-88 1988
제조국 미국
엔진 2×8,381kg(18,500lb)
프랫앤휘트니 JT8-D 터보팬
최고 속도 811km/h(504mph)

기본적으로 '제2세대' DC-9라 할 수 있다.
MD-88은 MD-80 계열의 마지막 양산
기종이다. 전자 비행 계기 장치가 이른 시기
모델들과 가장 크게 다른 점이다. 첫 항공기가
1987년 델타 에어라인스(Delta Airlines)에
인도되었고, 생산은 10년 후 중단되었다.

△ **안토노프 An-225 1988년**
Antonov An-225 1988
제조국 소련
엔진 6×23,375kg(51,600lb) 스러스트
ZMKB 프로그레스 D-18 터보팬
최고 속도 850km/h(528mph)

부란 우주 왕복선(Buran space shuttle)을
탑재하려고 만든 An-225는 엔진을 여섯 개
단 대형 전략 수송기로, 내부에 25만
킬로그램까지 실을 수 있었다. 단 한 대
제작되었다. 안토노프 에어라인스가
운항했고, 특대형 화물을 취급했다.

▷ **에어버스 A320 1988년**
Airbus A320 1988
제조국 여러 나라
엔진 2×12,231kg(27,000lb) 스러스트
CFM-56 터보팬
최고 속도 864km/h(537mph)

A320은 디지털 전기 신호식
비행 조종 제어와 사이드스틱
(side stick)이 들어간 최초의
항공기로 명성이 드높다.
1988년 소개된 후 경이적인
판매고를 기록했다.

◁ **페어차일드 SA227-AC 메트로 3 1988년**
Fairchild SA227-AC Metro III 1988
제조국 미국
엔진 2×10,000마력 가렛 TPE331 물
주입 터보프롭
최고 속도 572km/h(355mph)

메트로는 스웨어링엔 멀린(Swearingen
Merlin) 터보프롭 비즈니스 항공기에서
진화했다. 승객 19명은 미 연방 항공국이
승무원 없이 운항하는 것을 허용한 인원의
최대치이다. 지역 항공사와 여러 공군이 19
인승으로 설계된 이 항공기를 매우 좋아했다.
미국 공군만 50대 이상 주문했을 정도다.

FIRE ACCESS

1990 년대

여객기가 점점 더 커졌고, 그 어느 때보다 더 유능하고 효율적이었다.
이 10년간에 가장 대담하고 인상적인 항공 위업이 달성되었다. 경량
항공기와 동력 기구가 대표적이었고 원격 통신이나 과학 연구만을 위한
특수 목적 비행기가 등장했으며 비즈니스 제트기 시장도 팽창했다.
군용 항공기가 크게 발달해 1997년 실전 배치된 전익 폭격기 B-2
스피릿은 과연 혁명적이었다.

비즈니스 항공기와 다목적기

1980년대 후반 경기 침체에도 불구하고, 비즈니스 항공기가 1990년대 내내 번창했다. 대다수의 항공기가 1970년대의 설계에서 꾸준히 개량되었고, 비교적 저렴한 단발 엔진 항공기부터 엔진을 세 개 단 항공기까지 온갖 유형을 망라했다. 장거리 비행이 가능한 항공기, 고고도 순항용 항공기, 내부를 호화롭게 단장한 항공기, 연료 효율을 극대화한 항공기, 농부들을 겨냥한 항공기, 고고도 통신용 항공기 등 다양했다.

△ 에어 트랙터 AT-502 1990년
Air Tractor AT-502 1990

제조국 미국

엔진 680마력 프랫앤휘트니 캐나다 PT-6A 터보프롭

최고 속도 225km/h(140mph)

1,893리터를 실을 수 있는 AT-502는 리랜드 스노(Leland Snow)가 내놓은 농약 살포 비행기 중에서 가장 인기가 많았다. 3028리터까지 실을 수 있는 다른 항공기도 있었다. 1986년 첫 비행 후, 여전히 생산 중으로, 600대 이상 제작되었다.

▷ 피아조 P180 아반티 1990년
Piaggio P180 Avanti 1990

제조국 이탈리아

엔진 2×850마력 프랫앤휘트니 캐나다 PT-6A-66 터보프롭

최고 속도 737km/h(458mph)

디자인이 대단히 특이해 전방 날개가 작고, 꼬리 날개는 전통을 따랐는데 주 날개와 터보 추진 프로펠러가 훨씬 뒤에 달렸다. 그 결과, 내부가 조용하고, 연료 효율이 좋다.

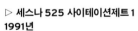

△ 밤바디어 리어제트 60 1991년
Bombardier Learjet 60 1991

제조국 미국

엔진 2×2,087kg(4,600lb) 스러스트 프랫앤휘트니 캐나다 PW305A 터보팬

최고 속도 863km/h(536mph)

빌 리어(Bill Lear)의 비즈니스 제트기 시리즈가 큰 성공을 거둔 것은 1960년대부터였다. 1990년 밤바디어가 회사를 인수했다. 60은 55에 새로운 엔진을 달았고, 진전된 항공 역학을 적용했다. 314대 제작되었다.

▷ 세스나 525 사이테이션제트 1 1991년
Cessna 525 CitationJet I 1991

제조국 미국

엔진 2×862kg(1,900lb) 스러스트 윌리엄스 FJ44 터보팬

최고 속도 719km/h(447mph)

이 경량 제트기는 승객을 6명 태울 수 있도록 설계되었지만, 9명까지도 가능하다. 좌석이 호화롭다. 조종사 1명이 운용하며, 정교한 항공 전자 기기가 탑재되어 있다. 개량형이 여전히 생산된다.

△ 세스나 사이테이션 7 1991년
Cessna Citation VII 1991

제조국 미국

엔진 2×가렛 TFE731-4R 터보팬

최고 속도 888km/h(552mph)

'슬로테이션(slowtation)'이란 모욕에서 벗어나기 위해 7에는 강력한 엔진이 달렸다. 덕분에 경쟁기 리어제트보다 훨씬 빠른 최대 순항 속도를 확보할 수 있었다. 1970년대 후반의 사이테이션 3을 토대로 했다. 119대 팔렸다.

△ 세스나 사이테이션 10 1993년
Cessna Citation X 1993

제조국 미국

엔진 2×2,922kg(6,442lb) 스러스트 롤스로이스 AE 3007C 터보팬

최고 속도 1,127km/h(700mph)

10은 사이테이션 7을 바탕으로 했지만, 날개와 객실 설계가 새로웠고, 강력한 롤스로이스 엔진이 두 개 장착되었다. 10이 세계에서 가장 빠른 비즈니스 제트기로 부상한 이유다. 330대 이상 팔렸다.

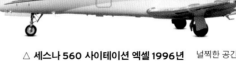

△ 세스나 560 사이테이션 엑셀 1996년
Cessna 560 Citation Excel 1996

제조국 미국

엔진 2×1,793kg(3,952lb) 스러스트 프랫앤휘트니 캐나다 PW545 터보팬

최고 속도 814km/h(506mph)

널찍한 공간의 비즈니스 제트기다. 사람이 똑바로 설 수 있었고, 6~8인승으로 설계되었지만 최대 10명까지 태울 수 있었다. 엑셀은 판매 성적이 아주 좋았고, 안전 운항 기록 역시 매우 탁월했다.

▷ 다소 팰콘 900B 1991년
Dassault Falcon 900B 1991
제조국 프랑스
엔진 3×2,155kg(4,750lb) 스러스트 허니웰 TFE731-5BR-1C 터보팬
최고 속도 1,065km/h(662mph)

1984년 내놓은 비즈니스 제트기에 더 강력한 엔진을 달아, 항속 거리를 늘린 게 900B다. (자매 비행기 팰콘 10과 더불어) 이런 종류로는 엔진을 세 개 단 유일한 항공기였다. 개량 모델이 여전히 제작되고 있다.

▽ 필라투스 PC-12 1994년
Pilatus PC-12 1994
제조국 스위스
엔진 1200마력 프랫앤휘트니 캐나다 PT-6A-67B 터보프롭
최고 속도 504km/h(313mph)

이 비즈니스 수송기는 인기가 높았고, 꾸준히 개량되었으며, 여전히 생산되고 있다. 누적 제작 대수가 1,000대를 넘는다. 단발 엔진이어서 상대적으로 저렴하다.

◁ 걸프스트림 G5 1995년
Gulfstream GV 1995
제조국 미국
엔진 2×6,690kg(14,750lb) 스러스트 롤스로이스 BR710A1-10 터보팬
최고 속도 1084km/h(674mph)

항속 거리가 대폭 늘어난 비즈니스 제트기가 여럿 나왔는데, 그 가운데 하나로 최대 1만 2000킬로미터를 날 수 있었다. G5는 1만 6000미터 고도에서 순항했고, 미 공군, 해군, 해안 경비대는 물론 민간인 구매자들한테까지 팔렸다.

▷ 사이노 스웨어링엔 SJ30-2 1996년
Sino Swearingen SJ30-2 1996
제조국 미국
엔진 2×1,243kg(2,300lb) 스러스트 윌리엄스 인터내셔널 FJ44-2A 터보팬
최고 속도 850km/h(528mph)

별로 알려지지 않은 이 비즈니스 제트기는 동체가 작고 갑갑하지만, 연비가 좋고 항속 거리가 길었다. 순항 속도 역시 빨랐다. 여압 기술이 탁월해 고고도에서 날 수 있었다.

◁ 스케일드 컴포지트 프로테우스 1998년
Scaled Composites Proteus 1998
제조국 미국
엔진 2×1,040kg(2,293lb) 스러스트 윌리엄스 FJ44-2 터보팬
최고 속도 504km/h(313mph)

혁신가 버트 루탄(Burt Ruton)이 설계했다. 기체가 최다 복합재이고, 고고도, 고내구성에, 날개가 두 쌍인 연구용 항공기이다. 조종사가 탈 수도, 원격으로 날릴 수도 있다. 고도 1만 9812미터 궤도를 18시간 이상 날 수 있었다.

전통과 혁신

복합재 사용이 늘어나고, 1989년 출시된 로탁스 912 엔진의 우위가 확고해지면서, 1990년대에 소형 조립식 비행기(kitplane)가 등장해 기존의 일반 2인승 항공기를 성능에서 압도했다. 위성 위치 확인 시스템(Global Positioning System, GPS)이 도입되었고, 항공기 통신과 항행 능력도 혁신적으로 달라졌다.

△ 커맨더 114B 1992년
Commander 114B 1992

제조국 미국

엔진 260마력 라이코밍 IO-540 공랭식 플랫-6

최고 속도 266km/h(165mph)

커맨더 114B는 록웰 112에서 유래했고, 민첩하고 강력한 4인승 여행용 비행기로 착륙 바퀴가 접개들이이다. 커맨더는 원래 우주 왕복선을 연구하던 공학자들이 설계했다고 한다. 주요 경쟁 제품인 비치크래프트 보난자처럼 많이 팔린 적은 없지만, 충성스런 추종자들을 거느리고 있다.

△ 로뱅 DR-400-180 리전트 1992년
Robin DR-400-180 Regent 1992

제조국 프랑스

엔진 180마력 라이코밍 O-360 공랭식 플랫-4

최고 속도 201km/h(125mph)

더 강력한 엔진이 장착되는 등 여러 개선이 이루어지면서, DR-400은 첫 비행 후 수십 년이 지나도 꾸준히 잘 팔렸다. 이전 모델들과 가장 뚜렷하게 구분되는 차별점은, 리전트에 창문이 더 달린 것이다.

△ 스카이 애로 650 TC 1992년
Sky Arrow 650 TC 1992

제조국 이탈리아

엔진 100마력 로탁스 912S 수랭식 플랫-4

최고 속도 186km/h(116mph)

독특한 외관의 이탈리아제 항공기이다. 버팀대가 잡아 주는 구조의 고익기로 직렬형 2인승이다. 동력 출력은 '추진기' 구조의 로탁스 912가 담당한다. 전투기 모양의 투명 덮개 때문에 시야가 탁월하다.

△ 몰 MXT-7-160 스타 로켓 1993년
Maule MXT-7-160 Star Rocket 1993

제조국 미국

엔진 10마력 라이코밍 O-320 공랭식 플랫-4

최고 속도 193km/h(120mph)

스타 로켓은 삼륜 이착륙 장치가 있다는 점에서 부시플레인(bushplane, 프로펠러로 구동되는 경량 항공기로서, 날개가 높고, 초지나 거친 노면에서 이착륙할 수 있도록 설계된다.—옮긴이) 치고는 특이하다. 다른 몰 시리즈 항공기처럼 단거리 이착륙 특성이 탁월하다.

△ 유로파 XS 1994년
Europa XS 1994

제조국 영국

엔진 100마력 로탁스 912S 수랭식 플랫-4

최고 속도 233km/h(145mph)

유로파 XS는 유로파 클래식에서 진화했고, 80마력밖에 안 되는 엔진으로도 인상적인 비행 능력을 선보였다. 단륜이나 삼륜 이착륙 장치를 이용할 수 있었다. 영국에서 가장 성공한 조립 비행기일 것이다.

◁ 몰 M-7-235C 오리온 1997년
Maule M-7-235C Orion 1997

제조국 미국

엔진 235마력 라이코밍 IO-540 공랭식 플랫-6

최고 속도 264km/h(164mph)

몰 시리즈는 단거리 이착륙 특성이 뛰어나서 명성이 높았고, 부시플레인으로서 탁월했다. 올레오형(Oleo-type) 이착륙 장치를 사용한 이전의 몰들과 달리, 오리온은, 플로트(float)가 없을 경우(이 사진은 플로트가 있는 경우), 용수철이 달린 알루미늄 구조체를 사용한다.

▷ 머피 리벨 1994년
Murphy Rebel 1994

제조국 캐나다

엔진 115마력 라이코밍 O-235 공랭식 플랫-4

최고 속도 177km/h(110mph)

'개인용 부시플레인'을 도모한 리벨은 캐나다에서 설계된 조립 비행기이다. 버팀대를 단 이 고익의 단엽 테일드래거(taildragger)는 여러 엔진으로 동력을 공급할 수 있고, 통상 2인승이지만, 3명도 탈 수 있다.

◁ 파이퍼 PA-28R-201 체로키 애로 3 1997년
Piper PA-28R-201 Cherokee Arrow III 1997

제조국 미국

엔진 200마력 라이코밍 IO-360 공랭식 플랫-4

최고 속도 225km/h(140mph)

파이퍼의 크게 성공한 체로키 시리즈인 애로 3은 1976년 인가를 받았다. 애로 1과 다른 점은 더 길어진 동체, 반테이퍼 날개(semi-tapered wing, 날개 뿌리에서 끝으로 갈수록 그 폭이 좁아지는 날개를 테이퍼 날개라 한다— 옮긴이) 더 커진 연료 탱크, 동력 출력 강화가 있다.

△ 세스나 172S 1998년
Cessna 172S 1998

제조국 미국

엔진 180마력 라이코밍 IO-360 공랭식 플랫-4

최고 속도 193km/h(120mph)

172의 생산이 1980년대 중반 중단된 것은, 제조물 책임 보험 액수가 눈덩이처럼 불어났기 때문이다. 세스나는 1998년 이 비행기를 다시 만들기 시작했다. 172S에는 새로운 특장이 여럿 있었는데, 연료 분사 방식 엔진과 전기 신호식 계기 장비가 대표적이다.

△ 젠에어 CH-601 HDS 조디악 1999년
Zenair CH-601 HDS Zodiac 1999

제조국 캐나다

엔진 100마력 로탁스 912S 수랭식 플랫-4

최고 속도 259km/h(161mph)

원래는 크리스 하인츠(Chris Heintz)가 조립식 비행기로 설계했다. CH-601은 여러 버전을 고를 수 있었고, 다양한 엔진이 동력 출력을 제공했다. 사진의 항공기는 601 HDS로, 이전의 601보다 전폭이 짧아졌다.

◁ 무니 M20R 오베이션 1999년
Mooney M20R Ovation 1999

제조국 미국

엔진 280마력 컨티넨털 IO-550 공랭식 플랫-6

최고 속도 277km/h(172mph)

M20 프로토타입이 처음 하늘을 난 것은 1955년으로, 이 기종이 앨 무니의 최후이자 (가장 성공한) 설계이다. 원래는 나무와 직물로 만들었지만, 대다수의 M20은 전부 금속으로 제작되었다. 오베이션은 《플라잉(Flying)》에서 "1994년 올해의 단발 엔진 항공기"로 선정되었다.

△ 글래스에어 슈퍼 2S RG 1999년
Glasair Super IIS RG 1999

제조국 미국

엔진 180마력 라이코밍 IO-360 공랭식 플랫-4

최고 속도 292km/h(182mph)

이 날렵한 복합재 조립식 비행기는 시장에 나온 거의 최초의 자가 조립식 항공기였다. 접개들이 삼륜 이착륙 장치가 돋보인다. 탁월한 곡예비행기이자, 실용적인 여행 목적 항공기였다.

스포츠 항공기와 세일플레인

곡예비행기 설계는 1940년대로 거슬러 올라간다. 하지만 비행 사고 소송이 난무하던 1990년대에 제조 업체의 입장에서 스포츠 항공기의 생산은 위험 부담이 컸다. 다수의 업체는 자가 제조자들이 비행 중 사고가 나도 자신을 탓하길 기대하며 조립 용품 세트 또는 일련의 설계안 더미로 팔았다. 1990년대 글라이더는 더 날렵해지고 더 빨라졌고 초경량 항공기는 보다 먼 거리를 주파하며 더욱 실용적으로 변모했다.

△ 스톨프 SA-300 스타더스터 투 1990년
Stolp SA-300 Starduster Too 1990

제조국 미국

엔진 180마력 라이코밍 O-360 공랭식 플랫-4

최고 속도 290km/h(180mph)

루 스톨프(Lou Stolp)가 1960년대에 설계한 자가 조립식 스포츠 복엽기이다. 통상 두 개의 조종석이 다 개방되어 있다. 나무와 금속으로 된 구조에 직물과 유리 섬유 외피를 씌웠다. 보통 수준의 곡예비행이 가능했다.

△ 글레이저-디르크스 DG-400 1990년
Glaser-Dirks DG-400 1990

제조국 독일

엔진 로탁스 505

최고 속도 270km/h(168mph)

빌헬름 디르크스(Wilhelm Dirks)가 개발한 이 자가 발진형 DG-400은 1981년식의 DG-202 글라이더를 바탕으로 했다. 사진의 모형은 1990년에 제작되었다. 로탁스 엔진과 프로펠러는 조종사 뒤쪽에 올려졌다. 날개 끝은 붙였다 뗐다 할 수 있다.

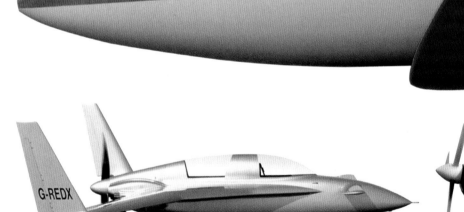

△ 버쿠트 360 1990년
Berkut 360 1990

제조국 미국

엔진 205마력 라이코밍 IO-360 공랭식 플랫-4

최고 속도 399km/h(248mph)

이 앞뒤 2인승의 소형 커나드를 단 항공기는 주재료가 탄소 섬유와 유리 섬유다. 설계자 데이브 론버그(Dave Ronneburg)가 파산하면서, 이 비행기는 여러 제조 업체를 거쳤다. 도합 20대가 제작되었고, 75대는 조립 용품 세트로 판매되었다.

△ 엑스트라 300 1990년
Extra 300 1990

제조국 독일

엔진 300마력 라이코밍 AEIO-540 공랭식 플랫-6

최고 속도 317km/h(197mph)

곡예비행사 발터 엑스트라(Walter Extra)가 설계한 300은 전 세계에서 가장 출중한 곡예기 중의 하나다. 초당 약 400도를 회전할 수 있었고, 중력 가속도 한계(g-limit)가 ±10이다. 에어쇼 조종사와 곡예비행 우승자 들이 여전히 이 비행기를 최고로 친다.

◁ 수호이 Su-29 1991년
Sukhoi Su-29 1991

제조국 소련

엔진 360마력 베데네예프 M-14P 공랭식 성형 9기통

최고 속도 294km/h(183mph)

이 탁월한 곡예기는 1인승 Su-26을 토대로 했다. 거의 수직으로 상승할 수 있을 뿐만 아니라, 중력 가속도 한계를 +12에서 -10까지 할 수도 있다. 복합재를 폭넓게 써서, 가벼우면서도 튼튼하다.

◁ 피츠 스페셜 S-1 1991년
Pitts Special S-1 1991

제조국 미국

엔진 180마력 라이코밍 AEIO-360
공랭식 플랫-4

최고 속도 282km/h(175mph)

커티스 피츠(Curtis Pitts)의 1940년대
설계안을 토대로 한 S-1은 여전히 유능한
곡예기이다. 현재는 와이오밍 소재의
에이비아트 에어크래프트(Aviat Aircraft)
가 만든다. 가장 유명한 곡예기로 전
세계의 수많은 곡예비행 대회에서 우승을
차지했다.

▽ 롤라덴 슈나이더 LS8-18 1994년
Rolladen Schneider LS8-18 1994

제조국 독일

엔진 없음

최고 속도 280km/h(175mph)

볼프 렘케(Wolf Lemke)가 LS8을 타고
최고 곡예비행사 자리를 탈환했다. 더
가볍고 부드러운 날개를 원한 렘케는
플랩을 떼어 버렸고, 그렇게 변신한 LS8이
챔피언 대회에서 우승을 차지한 것이다.
물론, 이 비행기는 부드럽게 날 수 있을
뿐만 아니라 조종도 쉽다.

△ 쉠프-히르트 듀오 디스쿠스 1993년
Schempp-Hirth Duo Discus 1993

제조국 독일

엔진 없음

최고 속도 263km/h(164mph)

듀오 디스쿠스는 2인승의 고성능
글라이더로, 장거리를 주항할 수 있을
뿐만 아니라 경연 대회 성적도 우수하다.
뒤에 앉는 조종사를 무게 중심에 앉히기
위해 날개를 약간 앞으로 전진시켰다.
500대 이상 제작되었다.

△ 페가수스 XL-Q 1990년
Pegasus XL-Q 1990

제조국 영국

엔진 51마력 로탁스 462 수랭식
직렬 2기통 2-행정

최고 속도 129km/h(80mph)

페가수스 XL에는 더 강력한
수랭식 2행정 엔진이 달렸고,
날개도 새로워졌다. 상승 속도가
빠른 고성능 초경량 항공기로
자리매김하면서, 조종사
훈련용으로도 사용되었다.

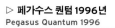

▷ 페가수스 퀀텀 1996년
Pegasus Quantum 1996

제조국 영국

엔진 50마력 로탁스 503-2V
공랭식 직렬 2기통 2행정

최고 속도 125km/h(78mph)

퀀텀은 비쌌고, 부자들에게 팔렸다.
장거리 주항 여행이 목적이었다.
앞뒤로 2인이 탑승할 수 있었다.
1998년 초경량 항공기 최초로
세계 일주에 성공한다. 세계 초경량
항공기 대회 우승권자다.

△ 딘아에로 MCR01 1996년
Dyn'Aéro MCR01 1996

제조국 프랑스

엔진 80마력 로탁스 912 ULS
공/수랭식 플랫-4

최고 속도 300km/h(186mph)

2~4명이 탈 수 있는 복합재
항공기로, 고속 주항 능력 때문에
인기가 많았다. 하지만 추락도
잦았다. 미셸 콜롱방(Michel
Colomban)이 설계한 항공기에
바탕을 두었다.

듀오 디스쿠스 글라이더

'백색 글라이더'라고도 하는 듀오 디스쿠스는 독일의 글라이더 전문 업체 쉠프-히르트가 만들었다. 좌석이 두 개이기 때문에 이 다목적 글라이더를 고등 훈련기로 쓸 수 있다. 하지만 경연 비행을 하려는 유능한 조종사들도 듀오 디스쿠스의 탁월한 성능에 탄복한다. 경험이 풍부한 능숙한 조종사라면 듀오를 타고서 수백 마일을 날 수 있다. 듀오 디스쿠스 XLT(Duo Discus XLT)에는 30마력짜리 소형 '자기 지속' 엔진도 장착되어 있다.

마르틴 쉠프(Martin Schempp)와 볼프 히르트(Wolf Hirth)가 1935년 독일 괴핑엔에 세운 회사가 쉠프-히르트 글라이더스(Schempp-Hirth Gliders)다. 이 기업이 내놓은 것 중 가장 인기있는 글라이더라면, 1인승의 디스쿠스(Discus)일 것이다. 디스쿠스는 1984~95년에 걸쳐 제작 생산되었고, 체코에서는 아직도 생산 중이다. 이 모델을 계승한 것이 1993년의 듀오 디스쿠스(Duo Discus), 1998년의 디스쿠스 2(Discus 2)다.

2인승인 듀오 디스쿠스는 전 모델 디스쿠스와 이름은 같지만 닮은 데가 거의 없다. 전폭이 20미터에 이르는 최신 버전의 날개에는 착륙용 플랩(landing flap)과 에어 브레이크(air brake)라고 하는 공기식 제동기가 장착되어 있다. 유리 섬유와 탄소 섬유로 강화한 플라스틱이 주재료다. 모든 글라이더에는 GPS 비행 기록 장치와 라디오 송수신기, 기본적인 비행 장비가 들어 있다. 전자식 위치 전송기(Electronic Location Transmitter, ELT)는 물론이고, 날개와 꼬리에 배의 바닥짐(ballast) 역할처럼 물을 집어넣을 수 있는 설비가 갖춰져 있다. 이는 경연 레이스의 성능 강화가 목표다. 듀오 디스쿠스는 이런 특장을 바탕으로 6시간 이상 하늘에 머물 수 있다. 지금까지 500대 이상 제작되었고, 미 공군이 TG-15A란 명칭으로 채택해 사용 중이다.

제원	
모델	쉠프-히르트 듀오 디스쿠스, 1993년
제조국	독일
생산	500대 이상
구조	강철 튜브와 유리 섬유 강화 플라스틱
날개 스팬	20미터
전장	8.73미터
최대 중량	700킬로그램(1,543파운드)(평형수 포함)
엔진	없음
항속 거리	조종 기술에 따라 제각각
최고 속도	시속 263킬로미터(시속 164마일)

T자형 꼬리 날개가 승강타 조종기 역할을 한다. 조종 익면을 순조로운 기류 안에 두는 것이다.

2008년부터 영국에서 활공하는 모든 글라이더는 **G표지**를 달아야 한다.

유리 섬유 강화 플라스틱이 강철 튜브를 에워싸고 있다.

일부 버전의 경우, **날개**에 플랩과 에어 브레이크가 장착되어 있다.

기수에는 작은 구멍이 뚫려서, 동력기가 견인한다.

이착륙 장치는 **바퀴**가 하나뿐인데, 접개들이식이다.

앞바퀴는 지상 제어와 발진 시에 쓰인다.

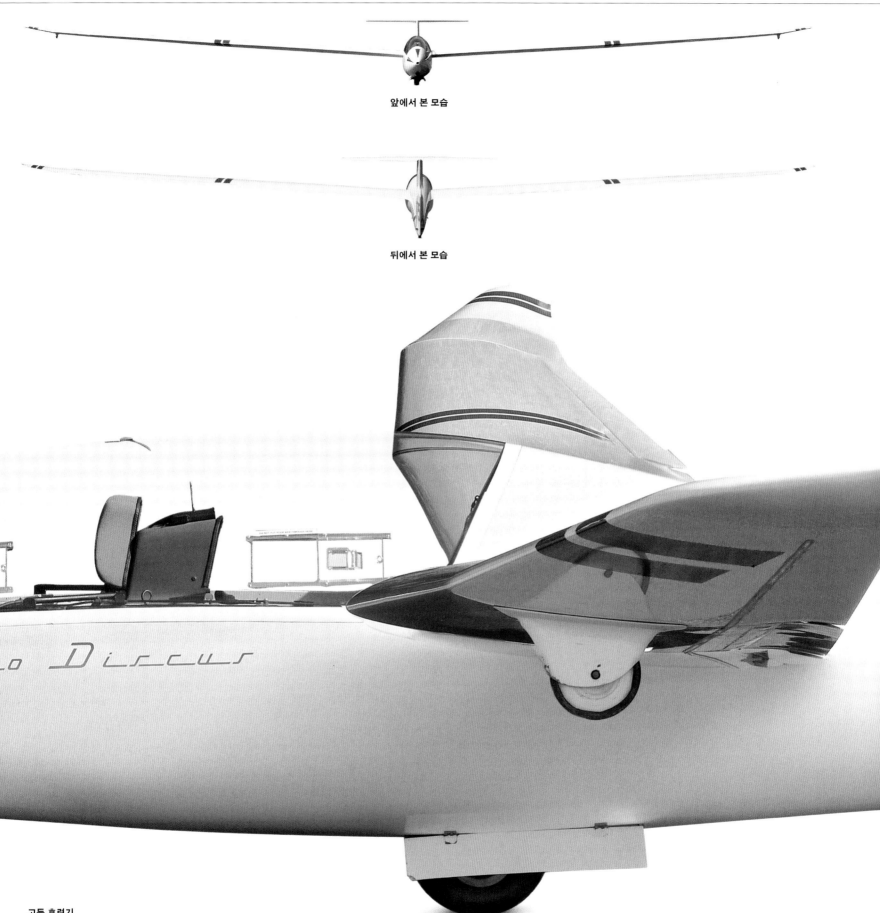

앞에서 본 모습

뒤에서 본 모습

고등 훈련기

듀오 디스쿠스는 고등 훈련기로 고안되었는데,
크로스컨트리 능력도 탁월해서 숙련된
글라이더 조종사들이 아주 좋아했다. 강철
동체에 유리 섬유 강화 플라스틱을 섞어 만든
재질을 사용해, 견고하면서도 탁월한 비행기가
되었다. 동급에서 가장 성능이 탁월한 2인승
글라이더라고 한다.

외장

듀오 디스쿠스는 강철 재질의 튜브 동체를 유리 섬유 강화 플라스틱(GFRP)으로 싼 구조로, 쉠프-히르트의 현대식 글라이더 대다수가 공유하는 특징이기도 하다. 이런 구조로 인해 동체가 아주 튼튼해졌고, 사고 시 탑승자의 안정성도 높아졌다. 또한 GFRP가 재료로 사용되면서, 이 큼직한 비행기의 무게는 공허 중량(empty weight) 기준으로 410킬로그램에 불과했다. 설계자들이 외양을 조각처럼 깎아 세련되게 만들 수 있었던 것도 복합 재질 덕분이었다. 듀오 디스쿠스는 현재 시장에서 가장 매력적이고 인기있는 글라이더 중 하나다. 승강타 역할을 하는 T자형 꼬리 날개, 접개들이 바퀴가 달린 이착륙 장치, 날개 끝 안정판도 자랑거리이다.

1. 1990년대의 로고 **2.** 견인 구멍 겸 고리 **3.** 다이렉트 비전(Direct Vision, DV)판 **4.** 날개 윗면의 에어 브레이크 **5.** 승강계에 연결된 전체 에너지(Total Energy, TE) 보상 프로브(수직 꼬리 날개에 장착) 보정 탐촉기. 승강계와 연결된다. **6.** 왼쪽 날개끝 안정판의 바퀴 **7.** 주 이착륙 장치의 접개들이 단바퀴 **8.** 꼬리 날개에 달린 피토관(pitot tube, 유속 측정에 사용—옮긴이) **9.** 윈치 이륙 케이블 고리 **10.** 덮개 지삭(canopy stay) **11.** 길이 20미터의 날개(축지가 여럿이다) **12.** 평형수를 뺄 수 있는 구멍들과 그 덮개 **13.** 방향타

1
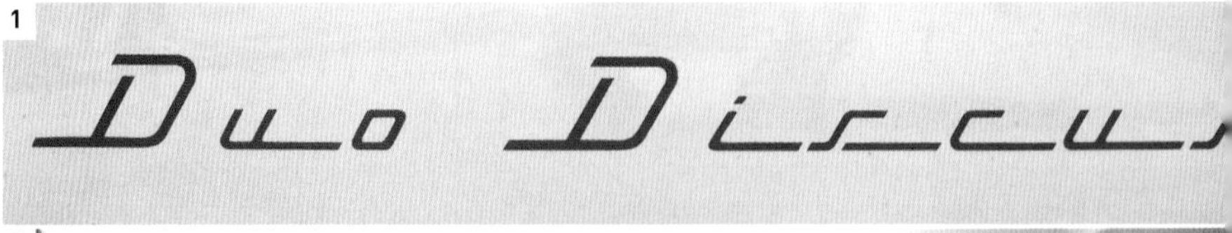

2
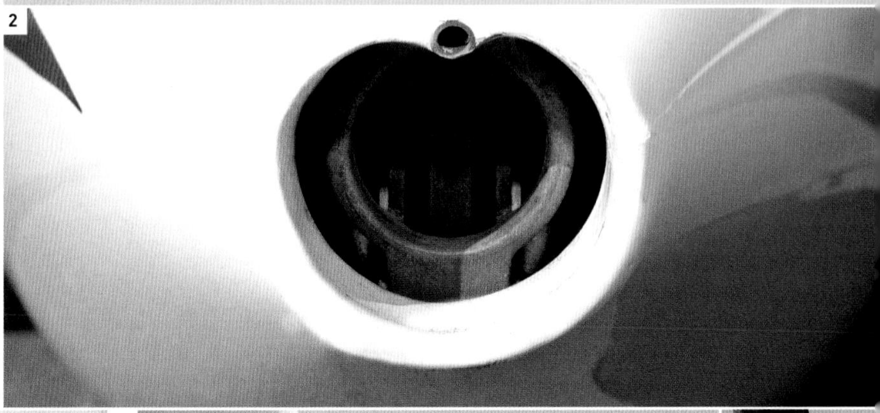

6
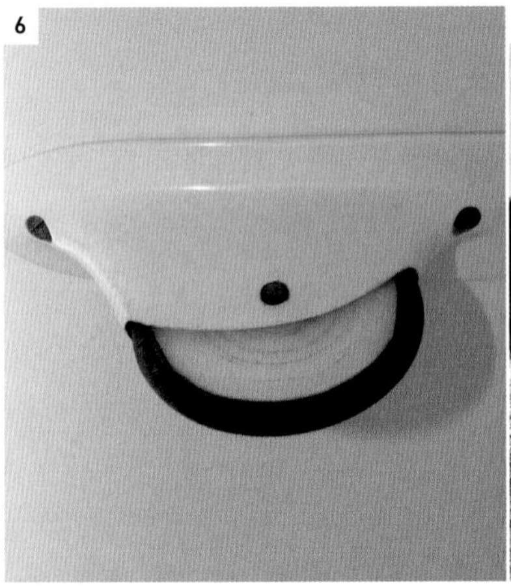

7
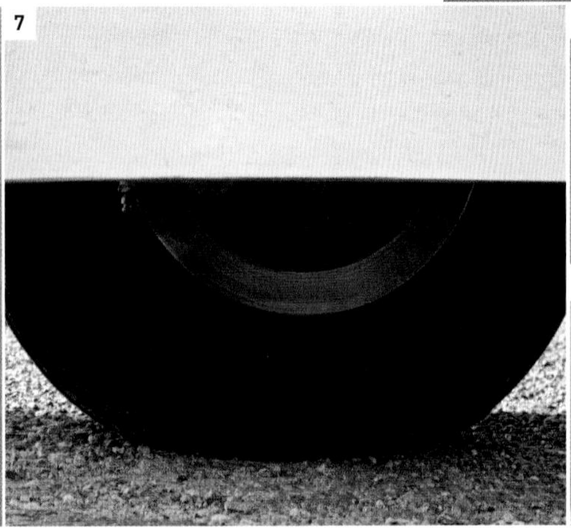

8

9
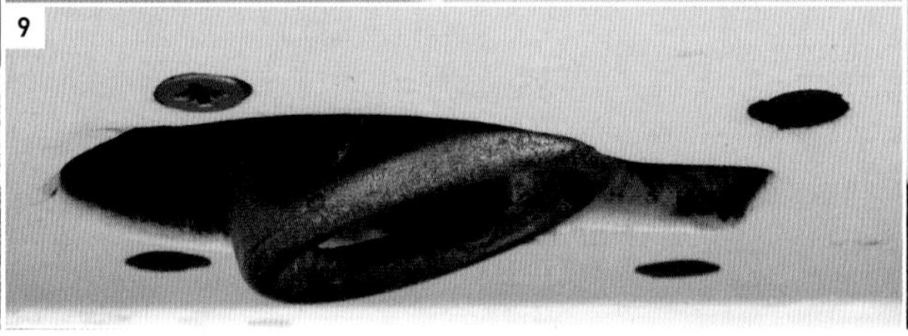

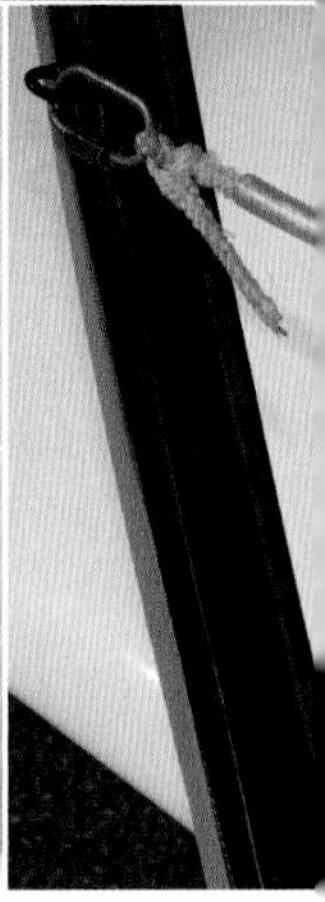

14
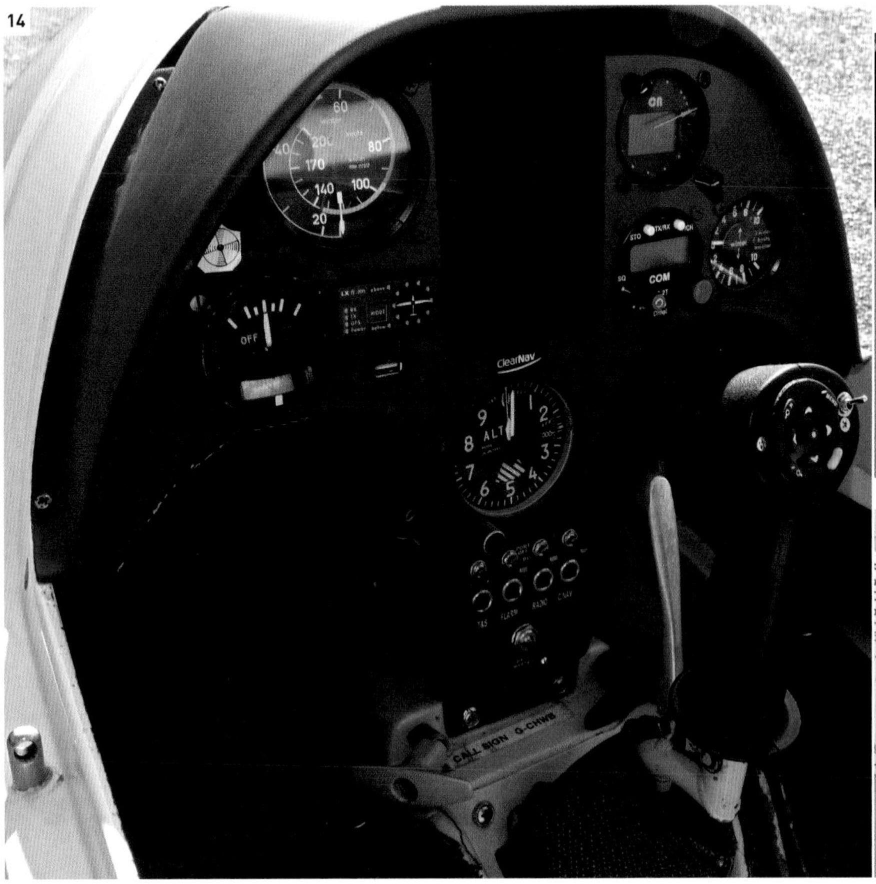

15
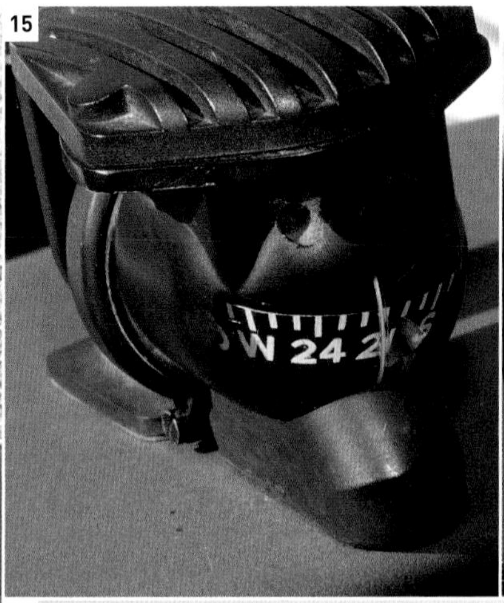

16
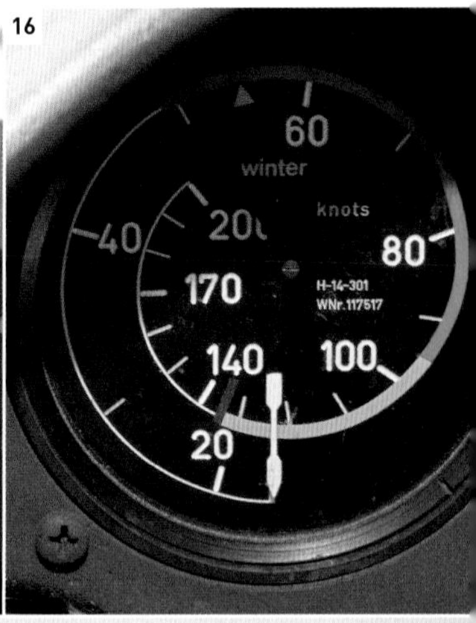

17
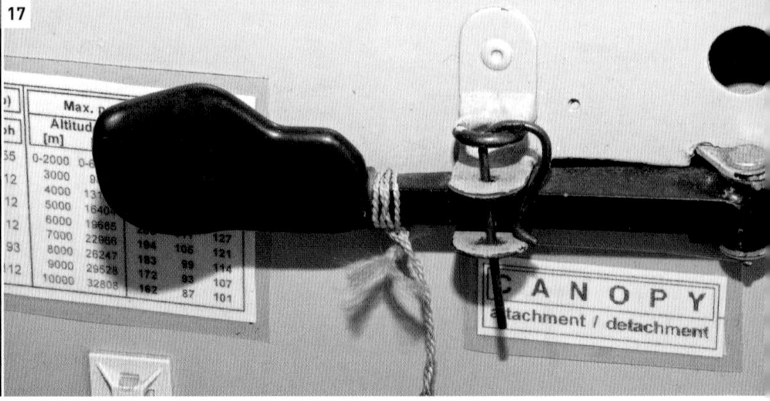

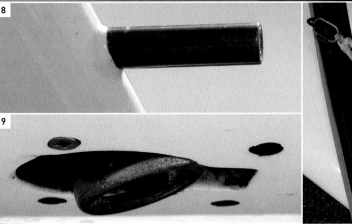

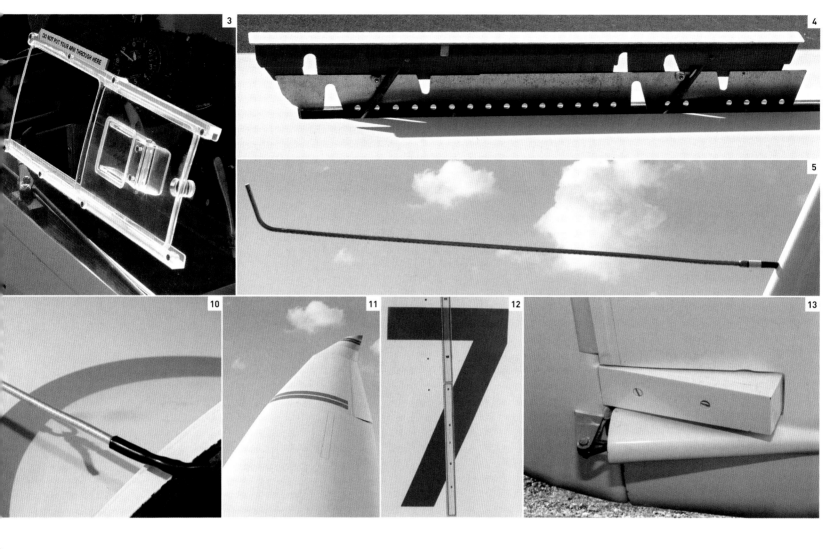

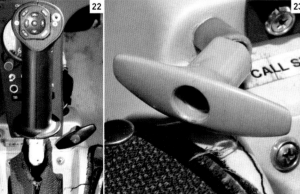

조종석

듀오 디스쿠스의 조종석은 이전의 1인승 디스쿠스에서 진화했고, 구매자들은 조종석의 구조를 맞춤 설계할 수도 있었다. 클럽이 보유한 훈련기의 경우, 경연 비행에 최적화된 글라이더보다 조종석의 배치가 훨씬 간단하지만, 기본 장비는 동일하게 갖추고 있다. 예컨대 대기 속도계, 고도계, 승강계가 그런 것들이다. 승강계는 상승률과 온난 상승 기류의 활용 가능한 양력을 측정한다.

14. 조종석 앞면 **15.** 나침반 **16.** 대기 속도계(airspeed indicator, ASI) **17.** 캐노피를 열 수 있는 손잡이 **18.** 고도계와 비행 제어 장치 **19.** 마이크(두 개가 있다.) **20.** 평형수를 버리는 레버 **21.** 복좌 조종석을 옆에서 본 모습 **22.** 앞좌석 조종간 **23.** 견인용 밧줄 사출기 **24.** 뒷좌석 조종간

미국에 도전하는 유럽

서구의 여객기 시장은 다년간에 걸쳐 미국 제조 업체, 즉 보잉, 맥도넬 더글러스 등이 지배했지만, 1990년대 들어 유럽의 신규 업체 에어버스 인더스트리(Airbus Industrie)가 다양한 항공기를 공급하면서, 판매가 급등했다. 에어버스 사가 성공한 가장 커다란 원인은 공급한 여러 항공기의 조종석이 다 똑같았기 때문이다. 구체적으로 A318, 319, 320, 321, 330, 340의 설계 배치가 아주 흡사했다.

△ **맥도넬 더글러스 MD-11 1990년**
McDonnell Douglas MD-11 1990

제조국 미국

엔진 3×27,180kg(60,000lb) 스러스트 프랫앤휘트니 PW4460 터보팬

최고 속도 945km/h(587mph)

MD-11은 DC-10에서 왔지만, 여러 면에서 아주 달랐다. 디지털 전자 계기 장비가 장착되었고, 조종사 둘이 운용했으며, 동체는 DC-10 보다 더 길었다. 하지만 꼬리 날개는 더 작았다.

△ **BAe 제트스트림 41 1991년**
BAe Jetstream 41 1991

제조국 영국

엔진 2×1,650마력 얼라이드 시그널 TPE331-14 터보프롭

최고 속도 547km/h(340mph)

41은 이전 모델 제트스트림 31의 "팽대" 버전으로, 승객을 30명까지 태울 수 있다. 훨씬 강력한 얼라이드 시그널 엔진을 달았고, 전자 비행 계기 장치도 있다. 100대가량 생산되었다. 이스턴 에어라인 사(Eastern Airlines)가 23대로 가장 많이 보유하고 있다.

△ **BAe 1000 1990년**
BAe 1000 1990

제조국 영국/미국

엔진 2×2,359kg(5,200lb) 스러스트 프랫앤휘트니 PW305 터보팬

최고 속도 840km/h(522mph)

계보 상 1962년식의 DH125 제트 드래곤(DH125 Jet Dragon)에서 시작된, BAe 1000은 특히 비즈니스 제트기의 대륙 간 버전이 아주 인기 있었다.

△ **포커 F100 1990년**
Fokker F100 1990

제조국 네덜란드

엔진 2×6,274kg(13,850lb) 스러스트 롤스로이스 테이 터보팬

최고 속도 845km/h(525mph)

네덜란드 제조 업체 포커(Fokker)가 큰 성공을 거둔 F28의 설계를 기본으로 해 제작한 팽대형 모델이다. 항공 전자 장비가 업그레이드되었고, 더 강력한 엔진을 달았으며, 날개도 재설계되었다. F100은 처음에 꽤 잘 팔렸다. 하지만 제작 대수는 283대에 불과했다.

△ **캐나다에어 리저널 제트 CRJ200 1992년**
Canadair Regional Jet CRJ200 1992

제조국 캐나다

엔진 2×4,177kg(9,220lb) 스러스트 제너럴 일렉트릭 34 터보팬

최고 속도 812km/h(505mph)

CRJ200은 비즈니스 제트기 캐나다에어 챌린저(Canadair Challenger)에 바탕하고 있으며 캐나다 제조 업체 밤바디어(Bombardier)가 제작한 국내선 제트 여객기이다. 1991년 처음 하늘을 날았고, 생산 종료 시까지 1,000대 이상 제작되었다.

△ **에어버스 A340 1993년**
Airbus A340 1993

제조국 다제조국

엔진 4×15,402kg(34,000lb) 스러스트 CFM-56 터보팬

최고 속도 906km/h(563mph)

당시로서는 A340이 에어버스 계열에서 가장 컸다. 동체 길이가 네 가지로 다르게 생산되었고, 엔진도 달랐다. 항속 거리가 엄청나, 장거리 비행 노선에 투입되었다.

◁ **일류신 Il-96-300 1992년**
Ilyushin Il-96-300 1992

제조국 러시아

엔진 4×15,965kg(35,242lb) 스러스트 아비아드비가텔 PS-90A 터보팬

최고 속도 900km/h(559mph)

러시아 최초의 광폭 동체 여객기 Il-86의 축소 버전인 Il-96에는 첨단 기술이 다수 들어가 있다. 초임계 날개(super-critical wing), 윙렛(winglet), 전기 신호식 비행 조종 제어, 디지털 전자 비행 계기 시스템 등이 그 예다.

△ **사브 2000 소드피시 MPA 1994년**
Saab 2000 Swordfish MPA 1994

제조국 스웨덴

엔진 2×4,152마력 앨리슨 AE2100A
터보프롭

최고 속도 682km/h(424mph)

사브 2000이 토대로 했다. 소드피시는 해양 순찰기로 개발되었다. 첨단 감지기가 여럿 실렸고, 아홉 시간 넘게 지속 비행을 할 수 있다.

△ **보잉 777 1995년**
Boeing 777 1995

제조국 미국

엔진 2×42,310kg(93,400lb)
스러스트 롤스로이스 트렌트 터보팬

최고 속도 950km/h(590mph)

보잉이 제작한 최초의 전기 신호식 비행 조종 제어 기종이다. 777의 한 버전인 777-200LR은 여객기 중에서 항속 거리가 가장 길다. 1995년부터 생산되었는데, 현재도 1,000대 이상이 취역 중이다.

▽ **에어버스 A320-214 1995년**
Airbus A320-214 1995

제조국 다제조국

엔진 2×12,231kg(27,000lb) 스러스트
CFM-56 터보팬

최고 속도 864km/h(537mph)

A320-200 시리즈는 더 이른 시기의 -100 모델들과 유사하다. 가장 큰 차이점이 윙렛을 붙였다는 것 정도다. 연료 용량이 커져서 항속 거리가 늘어났다.

▽ **에어버스 A319 1995년**
Airbus A319 1995

제조국 다제조국

엔진 2×12,231kg(27,000lb)
스러스트 CFM-56 터보팬

최고 속도 864km/h(537mph)

저가 항공 시장이 성장하면서 A320의 축소 버전인 A319가 그 시장에서 인기를 누렸다. 조종석 배열, 전기 신호식 비행 조종 제어, 사이드 스틱 조종간 등에 있어서 다른 에어버스 사 항공기와 설계 특징이 동일하다.

롤스로이스
트렌트 800

트렌트 800 터보팬은 더 이른 시기의 RB211 엔진을 바탕으로 개발되었고, 구체적으로 보잉 777에 장착되었다. 터보팬 엔진의 바이패스비(bypass-ratio)를 높이려는 연구는 1993년부터 시작되었고, 그렇게 개발된 트렌트를 장착한 777이 1996년 3월 타이 항공에 취역했다. 현재는 취역 중인 777의 40퍼센트 이상이 트렌트 800 엔진으로 날아다닌다.

777의 심장

보잉이 1980년대 모델인 767을 더 크게 만들겠다고 발표했고, 이에 롤스로이스가 트렌트 760을 쓰라고 제안했다. 777을 미는 바람에 767X 프로젝트가 폐기되자, 훨씬 큰 엔진이 필요하다는 게 명백해졌고, 그 결과 탄생한 것이 트렌트 800이다. 터보팬은 세 개의 개별 축으로 팬, 중간 압축기, 고압 압축기를 구동하며, 이를 통해 블레이드 속도를 최적화할 수 있다. 1994년 1월 공개된 트렌트 800은 471킬로뉴턴의 추력을 내면서, 세계 기록을 세웠다.

엔진 제원

생산 연한	1993년~
형식	고바이패스비 터보팬
연료	제트 연료유
동력 출력	415킬로뉴턴
중량	비급유 시 6,270킬로그램(1만 3825파운드)
압축기	8단 IP, 6단 HP
터빈	1단 HP, 1단 IP, 5단 LP
연소실	환상(고리 모양) 연소실 한 개로, 연료 분사 장치가 24개 달렸음

▷ 302~303쪽 피스톤 엔진 참조

저압 LP 터빈 모듈

테일 콘(tail cone)
터빈 후부로 빠지는
기류를 부드럽게
만들어 준다.

배기가스 케이싱(exhaust casing)

축이 세 개
트렌트 800은 축을 세 개 배치해,
기계는 복잡해졌지만, 엔진이 더 짧고
가벼우면서도 높은 추력을 낼 수 있다.
이전 시기의 터보팬은 축이 두 개 배치된
구조였다.

인기 만점
트렌트 800 엔진들의 비행 시간이 모두
2900만 시간을 넘기며 여러 777 기종에
장착돼 동력을 공급한다. 항속 거리가
더 긴 기종이나 화물기에는 제너럴
일렉트릭의 GE90-115B가 장착된다.

저압 압축기
팬 날개

연료가 냉각되는 오일 냉각기

중간압 터빈 모듈   고압 시스템 모듈

케블라 용기로 싸인
저압 압축기 모듈

연료 분사
장치 노즐

공기/오일 열 교환기   액세서리
기어박스   오일 탱크

개량된 헬리콥터

냉전이 종식된 후 테러와의 전쟁이 시작되기 전까지의 기간은 군용 헬리콥터의 판매 면에서 '잃어버린 10년'이라고 할 수 있다. 소련과 동구권의 제조 업체들에게는 특히나 그렇다. 1990년대 헬리콥터들은 기존 기계를 개량한 것이다. 특수 민간 업무, 가령 석유 산업 분야 같은 곳에서 개량형 헬리콥터를 필요로 했다.

△ **로빈슨 R44 1991년**
Robinson R44 1991
제조국 미국
엔진 라이코밍 IO-540-AE1A5 피스톤
최고 속도 240km/h(149mph)
다른 평균적인 헬리콥터를 기준으로 볼 때, 구입, 유지, 운영 비용이 매우 쌌다. 4인승의 R44가 세계 최고의 베스트셀러인 이유다. 이 기록은 지금까지 깨지지 않았다.

◁ **AS 555 페넥 1992년**
AS 555 Fennec 1992
제조국 프랑스
엔진 2×456축마력 터보메카 TM319 아리우스 1M 터보샤프트
최고 속도 287km/h(178mph)

에큐리얼(Euriel) 시리즈는 전 세계적으로 인기가 대단했고, 이 가경(venerable) 기계에 엔진을 두 개 단 군용 버전이 사진의 항공기이다. 1990년대에 항행, 레이더, 자동 조종, 무기 체계가 업그레이드되었다.

▷ **MD900 익스플로러 1992년**
MD900 Explorer 1992
제조국 미국
엔진 2×550축마력 프랫앤휘트니 PW206E 터보샤프트
최고 속도 259km/h(161mph)
쌍발의 익스플로러 수송기는 특허 시스템 노타(notar)를 사용한다. 주 회전 날개의 세류를 활용해 꼬리 부리에서 비틀림에 대응하는 혁신적인 방식이 노타 시스템이다. 소음이 적고, 안전성도 향상되는 가외 효과도 누린다.

△ **드래곤플라이 333 1993년**
DragonFly 333 1993
제조국 이탈리아
엔진 110마력 히르트 F30A26AK 2행정 피스톤
최고 속도 134km/h(83mph)

이 이탈리아제 헬리콥터는 공허 중량이 282킬로그램에 불과했으니, 과연 초경량 항공기라 할 만했다. 이탈리아 인 형제가 자기들이 쓰려고 만들어서 얼마 생산되지 않았다. 한 명은 고고학자, 다른 한 명은 영화 제작자였다고 한다.

◁ **벨 230 1991년**
Bell 230 1991
제조국 미국
엔진 2×700축마력 앨리슨 250-C30G2 터보샤프트
최고 속도 277km/h(172mph)
벨 222의 동력 출력을 강화한 모델이다. 이착륙 장치로 활대와 바퀴 중 선택할 수 있었다. 4년 후 벨 430에 밀려 제작 대수는 38대에 불과하다.

△ **벨 407 1994년**
Bell 407 1994
제조국 미국
엔진 813축마력 앨리슨 250-C47B 터보샤프트
최고 속도 259km/h(161mph)

널리 사용되나 너무 오래된 벨 206 제트레인저(Bell 206 JetRanger)를 대체하고자, 407이 개발되었다. 주 회전 날개 날이 넷으로 바뀌었고, 성능이 향상되었으며, 내부 공간도 넓어졌다.

△ **유로콥터 EC135 1994년**
Eurocopter EC135 1994

제조국 프랑스
엔진 2×434축마력 터보메카 아리우스
B2B 터보샤프트
최고 속도 287km/h(178mph)
MBB가 설계했지만, 유로콥터(Eurocopter)
가 페네스트론(fenestron)과 프랑스제 터빈을
달아서 개량했고, 그 결과는 성공이었다.
경찰과 응급 진료 기관이 사용했고, 현대
최고의 베스트셀러 경량 헬리콥터이다.

▷ **유로콥터 HH-65 돌핀 1994년**
Eurocopter HH-65 Dolphin 1994

제조국 프랑스 설계/미국 제작
엔진 2×853축마력 터보메카 아리엘
2C2-CG 터보샤프트
최고 속도 306km/h(190mph)
유로콥터 AS365 도팽(Eurocopter AS365
Dauphin)의 미국 버전이다. 미국 해양
순찰대가 해상 구조 활동에 사용했다.
처음에는 미제 엔진을 달았는데, 2004년
프랑스제 터빈으로 교체되었다.

▷ **유로콥터 EC120B 콜리브리 1998년**
Eurocopter EC120B Colibri 1998

제조국 프랑스
엔진 504축마력 터보메카 아리우스 2F
터보샤프트
최고 속도 277km/h(172mph)

콜리브리는 유로콥터의 초심자용
헬리콥터이다. 소음이 적고, 승객
편의성이 좋은 것으로 명성이
높다. 프랑스에서는 군대의 기본
훈련기로 쓰인다. 오스트레일리아 및
중국에서도 제작되고 있다.

△ **메서슈미트-뵐코프-블롬 MBB Bo105LS A3
슈퍼리프터 1995년**
Messerschmitt-Boelkow-Blohm MBB Bo105LS A3
Superlifter 1995

제조국 독일
엔진 2×650축마력 롤스로이스 250-C30 터보샤프트
최고 속도 241km/h(150mph)

105는 EC135의
전신으로, 터빈을 두 개
단 헬리콥터 중에서 가장
작고, 또 가장 쌌다. 1995
년식 모델에는 더 강력한
엔진이 들어갔고, 주 회전
날개도 개량되었다.

△ **카모프 Ka-52 (앨리게이터) 1996년**
Kamov Ka-52 (Alligator) 1996

제조국 러시아
엔진 2×2,200축마력 클리모프
TV3-117VK 터보샤프트
최고 속도 315km/h(196mph)

무장 헬리콥터 미-24(Mi-24)를
대체한 Ka-52는 상반되게 회전하는
동축 로터가 특징이다. 비상 탈출
좌석이 있는 것도 특이하다. 탈출
시에는 빗장이 폭발하면서 로터가
제거된다.

▽ **웨스틀랜드 AH-64D
아파치 롱보 1998년**
Westland AH-64D Apache
Longbow 1998

제조국 영국(미국 면허)
엔진 2×2,100축마력
롤스로이스/터보메카 RTM322
01/12 터보샤프트
최고 속도 293km/h(182mph)
AH-64는 보잉이 제공한
부품으로 영국에서 제작되었고,
아프가니스탄에서 해리 왕자
(Prince Harry)가 조종했다.
영국산 AH-64 일부는 배에 싣고
이동하기 위해 날개 날을 접을 수
있었다.

항공 모함 탑재 항공기

움직이는 배 위로 항공기 착륙을 성공시킨 최초의 인물은 공군 소령 에 드윈 해리스 더닝(Edwin Harris Dunning)이다. 그는 1917년 영국 군함 퓨리어스 호(HMS Furious)에 소프위드 펍(Sopwith Pup)을 착륙시켰다. 안타깝게도, 그는 며칠 후 이를 다시 시도하다가 실패해 죽었다. 이 시 기부터 오늘날의 거대한 전함에 이르기까지 현대식 항공 모함의 발전 은, 육상 기지나 고국에서 멀리 떨어진 세계 곳곳에 항공기를 배치할 수 있게 하면서 해전의 변혁을 이끌었다. 항공 모함이 처음으로 중대한 영 향력을 행사한 것은 제2차 세계 대전 때로 영국, 미국, 일본이 항공 모 함의 온 이점을 누렸다. 항공 모함은 오늘날의 해전에서도 결정적인 무

기다. 사진에서 보는 미 해군 전함 해리 S. 트루먼 호(Harry S. Truman) 는 1996년 진수돼, 2000년에 취역했다. 원자로로 운영되는 미 해군의 항공 모함 10척 중 하나로 항공기를 80대 실을 수 있다. 네 대의 승강 기로 아래 격납고에서 비행 갑판으로 옮겨 출격시킨다. 이 항공 모함은 군사 작전에도 투입되었다. 2005년에는 허리케인 카트리나의 피해자들 에게 구호품을 전달했다.

F/A-18A 호넷 한 대가 해리 S. 트루먼호에 착륙 중이다. 이 항공 모함은 취역 후, 이라크 및 아프가니스탄 전쟁에 투입되었다.

군사 기술

1990년경에는 군용 항공기를 더 빠르게 만드는 것이 더 이상 아무런 이득도 없었다. 대신 최신 기술과 소재를 활용해 기존의 모델을 개량하는 노력이 경주되었다. 효율성과 항속 거리를 증대하고, 항행 시스템을 개선하며, 무기의 성능을 개량하는 것이 목표였다. 연료 소모량이 정치 쟁점으로 부상했고, 더욱 더 효율적인 수송기가 요구되었다. 새롭고 급진적인 항공기를 개발할 수 있는 자원을 지닌 것은 미국뿐이었다. 그렇게 해서 탄생한 것이 바로 스텔스 폭격기이다.

△ **록히드 MC-130P 컴뱃 섀도 1990년**
Lockheed MC-130P Combat Shadow 1990

제조국 미국

엔진 4×4,910마력 앨리슨 T56-A-15 터보프롭

최고 속도 589km/h(366mph)

허큘리스 기반의 항공기들이 1960년대 이래로 미국의 특수 작전 부대를 지원했다. MC-130P 는 비행 중에 헬리콥터 재급유가 가능할 뿐만 아니라, 작전 사령부 및 지원 부대 역할도 할 수 있다.

△ **호커 시들리 부커니어 S2 1991년**
Hawker Siddeley Buccaneer S2 1991

제조국 영국

엔진 2×5,035kg(11,000lb) 스러스트 롤스로이스 스피 101 터보팬

최고 속도 1,110km/h(690mph)

1950년대에 블랙번(Blackburn)이 설계했다. 핵 공격을 가할 수 있는 부커니어는 재급유 없이 대서양을 횡단한 사상 최초의 영국 해군 항공기이다. 1991년 걸프 전쟁 때는 정밀 유도 폭격도 했다.

△ **사브 JAS 39 그리펜 1990년**
Saab JAS 39 Gripen 1990

제조국 스웨덴

엔진 5,488~8,210kg(12,100~18,100lb) 스러스트 볼보 아에로 RM12 애프터버너 터보팬

최고 속도 2,208km/h(1,372mph), 마하 2

이 경량의 마하 2 다용도 전투기는 '안정 이완' 삼각익과 커나드, 전기 신호식 비행 조종 제어 기술, 단거리 이착륙(STOL) 능력을 갖추었다. 2012년 현재 전 세계 공군에 240대가 납품되었다.

△ **노스럽 그러먼 B-2 스피릿 1990년**
Northrop Grumman B-2 Spirit 1990

제조국 미국

엔진 4×7,847kg(17,300lb) 스러스트 제너럴 일렉트릭 F118-GE110 터보팬

최고 속도 1,010km/h(630mph)

전익형 '스텔스 폭격기'는 21대 제작되었다. 대당 가격이 20억 달러를 넘기 때문이다. 적진 깊숙히 들키지 않고 날아가서, 80톤 이상의 폭탄과 17톤 이상의 핵탄두를 투하할 수 있다.

△ **브리티시 에어로스페이스 해리어 2 GR7 1990년**
British Aerospace Harrier II GR7 1990

제조국 영국

엔진 9,866kg(21,750lb) 스러스트 롤스로이스 페가수스 105 벡터-스러스트 터보팬

최고 속도 1,065km/h(1,065mph)

수직 및 단거리 이착륙 능력이 독보적인 해리어는 1980년대에 환골탈태했다. 동체에 복합재가 사용되었고, 출력이 세졌으며, 항공 전자 기기가 개량되었다.

▽ **다소 미라주 2000D 1991년**
Dassault Mirage 2000D 1991

제조국 프랑스

엔진 6,486~9,709kg(14,300~21,400lb) 스러스트 스네크마 M53-P2 애프터버너 터보팬

최고 속도 2,338km/h(1,453mph)

프랑스의 핵 공격기 미라주 2000N이 2000D 로 발전했다. 재래식 무기로 장거리 폭격을 수행하도록 제어, 항행, 방어 시스템을 개선했다.

▽ **록히드 허큘리스 C-130K 마크 3 1992년**
Lockheed Hercules C-130K Mk3 1992

제조국 미국
엔진 4×4,590마력 앨리슨 T56-A-15 터보프롭
최고 속도 589km/h(366mph)

허큘리스는 1954년의 첫 비행 이래로 갖은 주요 분쟁에서 매우 중요한 역할을 수행해 왔다. 매우 튼튼하고 다재다능한 이 수송기는 미래에 대비해 여전히 개량 중이다. 1990년대의 이 케이-스펙(K-spec)은 영국 공군이 걸프전에 대비해 위장 도색을 했다.

◁ **맥도넬 더글러스/보잉 C-17 글로브마스터 3 1991년**
McDonnell Douglas/Boeing C-17 Globemaster III 1991

제조국 미국
엔진 4×18,325kg(40,400lb) 스러스트 프랫앤휘트니 F117-PW-100 터보팬
최고 속도 830km/h(515mph)

이 대형 군용 수송기는 스타리프터(Starlifter)를 대체할 목적으로 1980년대부터 개발되었다. 전투 현장으로 군 장비와 병력을 효과적으로 수송할 수 있는, 유용하고 적응력 있는 항공기였다.

△ **브리튼-노먼 BN-2T-4S 디펜더 4000 1994년**
Britten-Norman BN-2T-4S Defender 4000 1994

제조국 영국
엔진 2×400마력 롤스로이스 250-17F/1 터보프롭
최고 속도 362km/h(225mph)

아일랜더(Islander)를 군사용으로 개조한 이 다목적 항공기는 1990 년대에 항공 감시를 목적으로 대폭 개량되었다. 업데이트된 내용을 보면, 트라이슬랜더(Trislander)의 날개를 썼고, 동체를 키웠으며, 기수에 설치한 레이다도 신형이었다.

△ **파나비아 토네이도 GR4 1997년**
Panavia Tornado GR4 1997

제조국 영국
엔진 2×4,468~7,833kg(9,850~17,270lb) 스러스트 터보 유니언 RB199-34R 마크 103 애프터버너 터보팬
최고 속도 2,431km/h(1,511mph)

GR4는 중년을 맞이한 토네이도를 업데이트한 것이다. 항행 시스템, 항공 전자 기기, 무기 체계가 크게 개선되었는데, 이는 걸프전 당시의 교훈을 따른 것이다. 토네이도가 중고도 작전에서 꽤 고생을 했다.

△ **EADS 카사 C-295M 1997년**
EADS Casa C-295M 1997

제조국 에스파냐
엔진 2×2,645마력 프랫앤휘트니 캐나다 PW127G 해밀턴 스탠더드 터보프롭
최고 속도 576km/h(358mph)

소형이고, 비교적 저가인 군용 수송기이다. 해양 정찰과 공중 조기 경보 능력도 갖추었다. 핀란드와 콜롬비아 등 13개국 군대가 사용 중이다.

◁ **필라투스 PC-9M 1997년**
Pilatus PC-9M 1997

제조국 스위스
엔진 1,149마력 프랫앤휘트니 캐나다 PT6A-62 터보프롭
최고 속도 593km/h(368mph)

이 스위스제 군사 훈련기는 1984년 처음 하늘을 날았고, 전 세계의 무수한 공군에 판매되었다. 개량형인 PC-9M은 60대 이상이 크로아티아, 슬로베니아, 오만, 에이레, 불가리아, 멕시코에 팔렸다.

1936년 남극에 착륙한 노스럽 감마(Northrop Gamma). 왼쪽이 탐험가 링컨 엘스워스이고, 오른쪽은 부조종사다.

위대한 항공기 제조사

노스럽

존 '잭' 노스럽(John 'Jack' Northrop)은 항공기 설계를 그 한계까지 밀어붙였고 일련의 기업들보다 앞선 시각을 견지했다. 미 공군에 투입된 가장 상징적인 항공기로 B-2 스피릿 '스텔스 폭격기'를 꼽을 수 있는데, 이 비행기의 탄생이야말로 꼬리 날개 없는 전익 항공기를 만들겠다는 그의 야망이 실현된 결과였다.

잭 노스럽은 상상력이 넘치는 유능한 항공기 설계자로 1895년 뉴저지에서 태어났고, 더글러스 사와 록히드 사에서 일하다가, 1927년 자신의 첫 번째 회사인 에이비언 코퍼레이션(Avion Corporation)을 공동 설립했다. 자신의 급진적인 설계안을 추구할 수 있었다. 노스럽은 평생에 걸쳐 전익 항공기(flying wing aircraft), 요컨대 꼬리 날개가 없는 고정익 항공기 제작을 꿈꿨다. 이 작업은 1929년부터 시작되었지만 1930년대 초 경제 대공황으로 보류되었다. 같은 시기에 에이비언 코퍼레이션이 유나이티드 항공 운수 회사(United Aircraft & Transport Corporation, UATC)로 합병되었고, 잭 노스럽과 도널드 더글러스(Donald Douglas)는 캘리포니아의 엘세군도로 건너가 노스럽 코퍼레이션(Northrop Corporation)을 세웠다. 노스럽 알파(Northrop Alpha)

존 K. 노스럽
(1895~1981년)

가 이 회사의 첫 번째 제품이었다. 노스럽 알파는 전체가 금속으로 제작되었고, 우편 및 승객 수송용으로 설계되었으며, 응력 외피(stressed skin) 날개와 날개 필레트(wing fillet)라는 두 가지 커다란 혁신을 이루었다. 비록 17대밖에 못 만들었지만, 유력한 항공기 노스럽 감마, 베타, 델타가 전부 여기서 나왔다. 허버트 홀릭케니언(Herbert Hollick-Kenyon)은 감마 기종의 폴라 스타(Polar Star)를 타고서, 1935년 사상 최초로 남극을 횡단했다. 노스럽 감마는 1935년 A-17 공격 항공기로 변형 개발되었다. 노스럽 최초로 접개들이 이착륙 장치를 갖춘 항공기였다. 이 전투기가 1936년 미 육군 항공대(USAAC)에 전격 배치됐다.

1937년 9월 노스럽 코퍼레이션은 사업을 중단했다. 2년 후 노스럽과 모이에 스티븐스(Moye Stephens)가 캘리포니아 주 호손에 노스럽 에어크래프트 인코퍼레이티드(Northrop Aircraft Incorporated)를 설립하고 전익기 개념을 탐구했다. 하지만 유럽에서 전쟁의 기운이 감돌면서 전익 항공기는 우선 순위에서 다시 밀려났고, 회사는 항공기 면허 생산에 돌입했다. 그 편이 수입은 좋았다.

1940년 후반 N-3PB 노마드(N-3PB Nomad)가 A-17을 바탕으로 탄생했다. 바퀴 자리에 플로트(float)를 단 노마드

노스럽 A-17
《포퓰러 에이비에이션(Popular Aviation)》이 표지 특집으로 노스럽 A-17을 소개하고 있다(1936년). 미 공군이 이 비행기를 1944년까지 사용했다.

팔린 곳은 노르웨이뿐이었다. 노르웨이에서 이 비행기는 대잠 항공기 겸 호송 항공기로 사용되었다. 노스럽의 항공기 중 지금까지 가장 큰 성공을 거둔 것은 P-61 블랙 위도(P-61 Black Widow)다. 블랙 위도는 붐(boom, 활대)을 두 개 단 구조의 야간 요격기로, 실전에 투입되어 그 효율성을 입증했다. 블랙 위도가 성공해 재정이 안정되자, 노스럽은 애초의 비전으로 복귀할 수 있었다.

1941년 전익 비행기로 설계된 N-1M이 시험을 성공적으로 통과했다. 후속 모델인 N-9M은 노스럽이 구상한 대형 폭격기의 중간 단계였다. 노스럽은 일련의 장거리 폭격기를 구상했는데, 그는 이것이 전반적으로 성능이 더 좋아서 재래식 폭격기보다 더 효율적이라고 믿었다. N-9M 네 대가 제작, 시험되었다. 그 결과

P-61 블랙 위도(P-61 Black Widow)
P-61은 레이다를 갖춘 야간 전투기란 구체적 콘셉을 가지고 개발된 최초의 항공기이다. 1944년 도입되었고, 제2차 세계 대전의 최후 종결자라 할 만하다.

를 바탕으로, XB-35 프로그램이 출범했고, 미 육군 항공대도 그 프로젝트를 지원했다. 초기의 시험 비행에서 거대 전익 항공기의 경우 엔진이 문제로 드러났다. 미군이 YB-35를 13대 주문했지만, 제트 엔진 기술이 급속히 발달하면서 프로펠러 구동 항공기는 구식이 되었다. 이런 상황을 타개하기 위해 YB-35 세 대가 제트 엔진을 장착한 YB-49로 전환되었다. YB-49 프로젝트는 출발이 좋았으나, 사고로 항공기 두 대를 잃으면서 결국 취소되었고, 그렇게 전익 항공기 개념도 기각되었다.

제트 엔진을 단 노스럽의 요격기 XP-89 프로토타입이 처음 하늘로 날아오른

"신께서 지난 25년 동안 내게 삶을 허락하신 이유를 이제야 알 것 같다."

잭 노스럽이 B-2 스피릿 계획을 살펴보면서 한 말, 1980년

알파(ALPHA)

1895	존 '잭' 크누센 노스럽 출생
1927	노스럽, 에이비언 코퍼레이션 설립
1929	에이비언, 유나이티드 항공 수송 회사의 자회사로 편입
1931	노스럽 에이비에이션 코퍼레이션을 잭 노스럽과 도널드 더글러스가 설립
1935	하워드 휴즈, 노스럽 감마를 타고 속도 신기록 수립
1937	노스럽 코퍼레이션, 영업 중지 후 더글러스 에어크래프트의 자회사로 편입

N-9M 플라잉 윙(N-9M FLYING WING)

1939	잭 노스럽과 모예 스티븐스, 캘리포니아 주 호손에 노스럽 코퍼레이션 설립
1942	소형의 전익 실험기 노스럽 N-9M 첫 비행
1944	P-61 블랙 위도 야간 요격기 미 육군 항공대 취역. 레이다를 사용한 최초의 항공기
1947	제트 엔진을 단 XB-49 전익 폭격기 하늘을 접수
1948	XB-89 스콜피온 요격기 첫 비행

B-2A 스피릿

1950	미 정부, 노스럽의 전익 폭격기를 전부 파괴토록 명령
1955	노스럽 N-156 경량 전투기 개발
1959	미 공군, 록히드 T-33을 N-156T/T-38 고등 훈련기로 대체
1961	초음속의 T-38A 탤론 미 공군 취역
1962	노스럽, N-156F를 제작하며 FX 전투기 프로젝트를 추진하는 미 정부 계약 수주

RQ-4 글로벌 호크(UAV)

1964	군사 원조 계획하에 F-5A와 F-5B 최초 제공
1974	YF-17, 미 공군의 경량 전투기 수주 경쟁에서 YF-16에 완패
1981	2월, 잭 노스럽 사망
1988	11월, 전익기인 B-2 스피릿 대중에 공개
1991	YF-23, 미 공군의 고등 전술 전투기 수주 경쟁에서 패배
1994	노스럽, 그러먼 인수
1998	노스럽 그러먼이 개발한 RQ-4 글로벌 호크(무인 항공기) 첫 비행

것은 1948년 8월이고, 약 2년 후에 이 비행기는 F-89 스콜피온(F-89 Scorpion)으로 취역했다. 이 기업의 다음 도전 과제는 초음속 경량 전투기 N-156이었다. N-156의 설계 목표는 저렴한 구매 및 유지 관리 비용이었고, 새로운 2인승 제트 엔진 훈련기 N-156T와 동시에 개발되었다. 물론 두 항공기는 구조와 외양이 비슷했다. 1959년 미 공군에 의해 록히드 T-33(Lockheed T-33)을 대체할 훈련기로 선정되면서, N-156A는 T-38 탤론(T-38 Talon)으로 세계 최초의 초음속 고등 훈련기로 취역된다. 이후 F-5A, F-5B 프리덤 파이터 등의 전투기 시리즈가 출시되었다.

F-5 시리즈가 상당한 인기를 끌자 노스럽은 비슷한 설계의 경량 전투기를 계속 개발했고, YF-17 코브라(YF-17 Cobra)가 탄생했다. YF-16 파이팅 팰콘(YF-16 Fighting Falcon)과의 경쟁에서 지긴 했지만, 노스럽은 맥도넬 더글러스와 함께 이 디자인을 수정해, 미 해군이 쓸 경량 제트 전투기를 만든다. 그리하여 F/A-18 호넷(F/A-18 Hornet)이 1983년 미 해군에 도입되었다. 노스럽의 마지막 전투기 역시 미 공군 고등 전술 전투기 경쟁 입찰작이었다. 노스럽은 맥도넬 더글러스와 제휴해, YF-23으로 경쟁 입찰에 참여했다. YF-23의 상대는 록히드, 보잉, 제너럴 다이내믹스의 YF-22였고, 승자는 YF-22였다. YF-23이 스텔스 재료를 더 많이 넣었고, 더 빨랐지만, 민첩성이 떨어졌던 것이다. 노스럽이 1994년 그러먼 사(Grumman)를 인수해, 노스럽 그러먼 사(Northrop Grumman)로 거듭났다. 이 회사는 여전히 항공기를 생산하며, 방위 산

업 분야도 개척 중이다.

잭 노스럽은 1980년 B-2 스피릿(B-2 Spirit)의 개요를 선보였는데, 1년 후인 1981년 사망했다. 그는 전익 항공기 개념이 불과 몇 년 안에 결실을 맺을 것을 알았을까? 레이다 장비 탐지를 최소화한 B-2 스피릿이 1988년 마침내 대중에 공개되었다. 이 '스텔스 폭격기'는 노스럽의 비전이 실현된 것으로, 미 공군 지구권 타격 사령부(Global Strike Command)에서 사용 중이다.

스텔스 폭격기
미국 공군이 사용하는 노스럽 그러먼 B-2는 '스텔스 폭격기'라고도 한다. 잭 노스럽 사후에 개발되었음에도, 그의 필생의 역작이다.

2000 년 이후

비행의 역사는 100년 남짓하기 때문에 개척할 영역이 여전히 많다.
2009년 취항한 보잉 787 드림라이너 같은 비행기는 공기 역학적 효율과 연비가
역사상 최고 수준이다. 한편 군대에서도 비싼 유인 항공기보다 무인 전투기
(unmanned combat aerial vehicle, UCAV), 즉 드론이 선호되고 있다.
NASA에 대한 정부 지원이 대폭 삭감되었고, 민간 기업들이 그 뒤를 이어 우주
여행을 목표로, 우주 범선이나 공중 발사 우주선을 시험 중이다.

유럽이 앞서 나가다

21세기에는 일반 항공의 경량 부문에서 많은 발전이 이루어졌다. 디젤 및 전기 엔진 도입, 탄도학적 회수 시스템(ballistic recovery systems, BRS), FAA(미국 연방 항공국)가 승인한 경량 스포츠 항공기(Light Sport Aircraft, LSA) 같은 완전히 새로운 항공기의 승인을 예로 들 수 있다. 하지만 가장 큰 변화는 항공 전자 공학 분야에서 있었다. 2인승 소형 항공기에도 첨단 자동 조종 장치, 충돌 회피 시스템(traffic collision avoidance systems, TCAS), 시계 합성 장비 등 에어버스나 보잉의 대형 항공기에서나 어울릴 법한 장비들이 장착되었다.

△ 시러스 SR22 2000년
Cirrus SR22 2000

제조국 미국

엔진 310마력 컨티넨털 모터스 IO-550 터보차저 공랭식 플랫-6

최고 속도 372km/h(231mph)

22는 시러스 SR20(Cirrus SR20)을 바탕으로 삼은 항공기로, 터보차저 엔진을 달았기 때문에 훨씬 강력하다. SR20처럼 탄도학적 회수 시스템도 있고, 항공 전자 장비도 매우 훌륭하다.

◁ 다이아몬드 DA42 트윈 스타 2002년
Diamond DA42 Twin Star 2002

제조국 오스트리아

엔진 2×165마력 오스트로 터보차저 수랭식 디젤 직렬 4기통

최고 속도 356km/h(222mph)

주재료가 복합재인 DA42는 성능이 매우 탁월했다. 항속 거리와 지속 비행 능력이 특히 좋다. 디젤 엔진의 높은 연료 효율과 첨단 항공 역학 기술이 적용된 덕분이었다.

▷ 알피 파이오니어 300 2006년
Alpi Pioneer 300 2006

제조국 이탈리아

엔진 100마력 로탁스 912 ULS 수랭식 플랫-4

최고 속도 270km/h(168mph)

시아이 마르케티 SF-260(Siai Marchetti SF-260)의 축소 버전이다. 알피 에이비에이션(Alpi Aviation)의 이 2인승 조립 비행기는 엔진이 불과 100마력임에도 착륙 바퀴도 인입식이다. 인상적인 순항 속도를 자랑한다.

◁ 알피 파이오니어 400 2010년
Alpi Pioneer 400 2010

제조국 이탈리아

엔진 115마력 로탁스 914 터보차저 수랭식 플랫-4

최고 속도 296km/h(184mph)

성공작 2인승 파이오니어 300을 개량해 인입식 삼륜 이착륙 장치와 터보차저 엔진으로 고속 주항이 가능하다. 디자인이 매우 현대적이나 21세기 항공기로는 독특하게도 주재료가 나무다.

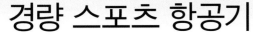

경량 스포츠 항공기

경량 스포츠 항공기, 즉 LSA라는 새로운 범주가 도입되자, 미국의 스포츠 항공 부문이 활기를 되찾았다. LSA 항공기의 경우, 새로운 면허 유형인 스포츠 파일럿 면허(Sport Pilot Certificate)로 비행이 가능하다. 스포츠 파일럿 면허는 의료적 요구 사항이 덜 엄격하다. 경량 스포츠 항공기는 객실이 여압되지 않으며, 착륙 장치가 고정식이고, 좌석도 두 개뿐이다. 규정에 따르면, 최대 중량은 599킬로그램까지, 실속 속도는 시속 83킬로미터까지만 허용된다.

△ 아메리칸 레전드 컵 2004년
American Legend Cub 2004

제조국 미국

엔진 100마력 컨티넨털 O-200 공랭식 플랫-4

최고 속도 174km/h(108mph)

FAA가 LSA 기종을 승인하자, 다수의 신형 항공기가 시장에 등장했다. '복고풍' 디자인도 일부 볼 수 있다. 사진의 레전드 컵은 파이퍼 J3 컵(Piper J3 Cup)에 바탕을 두고, 현대적 소재와 방법으로 제작되었다. 첨단 장비와 항공 전자 기기가 장착되었다.

▷ **테크남 P2002-EA 시에라 2006년**
Tecnam P2002-EA Sierra 2006
제조국 이탈리아
엔진 100마력 로탁스 912 ULS 수랭식 플랫-4
최고 속도 290km/h(192mph)
재료가 전부 금속이고, 날개가 동체 아랫부분에 달린 2인승 저익 항공기이다. 개인과 비행 훈련 학교에서 인기가 좋다. 좌석은 옆으로 나란히 앉을 수 있고, 미닫이식 조종석 덮개는 비행 중에 열 수도 있다.

▷ **테크남 P2006T 2007년**
Tecnam P2006T 2007
제조국 이탈리아
엔진 2×100마력 로탁스 912-S3 수랭식 플랫-4
최고 속도 309km/h(180mph)

기존의 미제 항공기보다 운영비가 적은 쌍발 경량 항공기를 만들겠다는 테크남(Tecnam)의 혁신으로 탄생했다. 100마력의 로탁스 엔진 한 쌍이 동력을 제공한다. 현재 구입 가능한 가장 가벼운 다발 항공기이다.

◁ **익스트림 스바흐 342 2011년**
Xtreme Sbach 342 2011
제조국 독일
엔진 315마력 라이코밍 AEIO-580 공랭식 플랫-6
최고 속도 412km/h(256mph)
고성능 곡예기로 재료가 전부 복합재이다. 1인승의 익스트림 3000(Xtreme 3000)을 바탕으로 했다. 최신의 곡예비행이 가능하고, 중력 가속도 한계가 ±10이다.

▷ **랑베르 미션 M108 2012년**
Lambert Mission M108 2012
제조국 벨기에
엔진 100마력 로탁스 912iS 수랭식 플랫-4
최고 속도 210km/h(130mph)
랑베르 미션 M108은 병렬형 2인승의 고익 비행기로, 미륜식 또는 삼륜 이착륙 장치를 선택할 수 있다. 에이비드 플라이어(Avid Flyer)와 키트폭스(Kitfox) 자가 조립식 항공기에서 날개만 바꾼 디자인이다.

△ **밴스 RV-9A 2011년**
Van's RV-9A 2011
제조국 미국
엔진 160마력 라이코밍 O-320 공랭식 플랫-4
최고 속도 274km/h(170mph)

탁월한 설계자 리처드 반 그런스번(Richard Van Grunsven)이 제작한 RV-9는 반 그런스번 계열에서 고등 비행이 목적이 아닌 첫째 비행기이다. 금속재 조립 부품을 구멍에 맞춰 끼우는 방식으로 제작하는 자가 조립식 항공기로, 118~160마력에 이르는 여러 엔진을 장착할 수 있다.

▽ **체크 에어크래프트 워크스 스포트크루저 2005년**
Czech Aircraft Works SportCruiser 2005
제조국 체코 공화국
엔진 100마력 로탁스 912 ULS 수랭식 플랫-4
최고 속도 258km/h(160mph)

2인승의 금속제 항공기로 미국 시장을 겨냥했다. 인기 있는 LSA이다. 스포트크루저는 로탁스 912가 동력을 제공한다. 엔진이 100마력이지만 항공기로서는 성능이 좋은 편이다. 파이퍼에 의해 파이퍼스포트(PiperSport)로 판촉되었다.

△ **플라이트 디자인 CTSW 2008년**
Flight Design CTSW 2008
제조국 독일
엔진 100마력 로탁스 912 ULS 수랭식 플랫-4년
최고 속도 301km/h(187mph)

플라이트 디자인 CTSW는 주재료가 복합재인 고익 비행기로 항공 역학적으로 우수하다(플랩이 반응형이다). 게다가 연료 탱크가 아주 커서 1,287킬로미터(800마일)까지 날 수 있다.

로 탁 스

912ULS

로탁스는 오스트리아 업체로, 1989년 80마력짜리 912를 출시하면서 경량 항공기 엔진의 고정 관념을 깨 버렸다. 생김새는 항공기용으로도 자주 쓰이는 공랭식의 폭스바겐 비틀 엔진과 상당히 비슷하다. 그러나 912는 회전 속도가 더 높았고, 실린더 헤드가 개별 수랭식이어서 무게로 인한 불리함이 거의 없었기 때문에 훨씬 출력이 좋았다.

열쇠는 기어 구동

1980년대 후반까지만 해도 경량 항공기에서 대세는 공랭식 엔진이었다. 액체를 채워서 냉각하는 시스템을 적용하면 무게가 늘었고, 새는 일도 잦았기 때문이다. 미국 제조사들이 1930년대부터 이 엔진 분야를 지배했다. 그들이 제작한 엔진은 단순하면서 느리게 돌아갔지만 직접 구동 방식을 써서 충분한 동력을 산출했다. 요컨대, 비교적 고출력에 고성능이라고 할 수 있었다. 100마력으로 인기가 많았던 컨티넨털 O-200(Continental O-200)은 2,750rpm에, 배기량이 3.29리터다. 로탁스는 확실한 프로펠러 기어 구동 방식을 개발함으로써, 고속으로 회전하는 훨씬 작은 엔진으로도 동일한 출력을 낼 수 있게 만들었다. 그렇게 해서 훨씬 효율적인 종합 패키지가 탄생했다.

엔진 제원	
생산 연한	1989년~
형식	액체 및 공기 냉각식 4기통 4행정 대향 엔진
연료	무연 휘발유 또는 항공용 휘발유
동력 출력	5800rpm에서 100마력
중량	비급유 시 60킬로그램(132파운드)
배기량	1.35리터
구경과 행정비	84밀리미터×61밀리미터
압축비	10:5:1

▷ 302~303쪽 피스톤 엔진 참조

기화기

기계식 연료 펌프가 기화기 두 개에 저압으로 연료를 공급한다.

흡입 매니폴드 알루미늄 캐스트

로커 박스

점화 플러그 실린더 하나당 두 개씩 있다.

유압 지시기

연료 효율(연비) 유럽의 초경량 항공기와 미국의 경량 스포츠 항공기에 912가 널리 사용된다. 912는 비슷한 크기의 재래식 엔진보다 연비가 더 좋다. 연료를 적게 사용하는 게 다가 아니다. 912는 종래의 무연 휘발유를 넣어도 되므로 운항비가 더 줄어든다.

냉각핀 실린더 헤드를 통해 더 많은 열이 방출되기 때문에, 기통을 공기로 냉각할 수 있어 무게가 줄어든다.

고무 호스 개별 헤드에 냉각수를 운반해 준다.

프로펠러 구동 플랜지

흡입 매니폴드

항용 저압 기화기
탁월한 연비를 제공한다.

보정 튜브
기화 과정에 문제가 생기지 않도록 압력 충격을 잡아준다.

점화선
전기식 점화 모듈의 위치는 뒤쪽으로, 오른쪽 기화기 근처다.

감속 기어 상자

물 펌프와 냉각관

조합 냉각 시스템
로탁스 912가 재래식 항공기 엔진과 다른 점은 실린더 헤드는 수랭식으로, 기통 몸체는 공랭식으로, 섞어 쓴다는 점이다.

실린더 헤드 냉각수 파이프

점화 플러그 상부

배기구
앞쪽 헤드는 앞으로, 뒤쪽 헤드는 뒤로 파이프가 나 있다.

밀대 튜브
자기 조절식 유압 태핏으로 밸브가 여닫힌다.

오일 여과기
자동차 엔진에서처럼 사용 후 버리는 일회용이다.

급유 연결부
드라이 섬프(dry sump, 엔진 본체 외부에 오일통을 비치하는 윤활 방식—옮긴이) 식으로, 별도의 3리터짜리 오일통이 있다.

오일 펌프
캠축 끝으로 구동된다.

엔진 거치대
(전시용)

초고효율 민간 수송기

21세기의 인류는 화석 연료를 살뜰히 사용할 필요성을 절감했다. 지금으로서는 승객을 850명 이상 수용하는 초대형 여객기가 하나의 방안일 수 있다. 또 다른 방안은 복합재를 써서 경량과 내구성을 확보하는 것이다. 비용 절감과 효율 향상을 도모할 수 있다면, 정규 항공기든 비즈니스 제트기든 조종사 한 명이 타도 합법일 것이다.

▷ **파이퍼 PA-46-500TP 말리부 메리디언 2000년**
Piper PA-46-500TP Malibu Meridian 2000
제조국 미국
엔진 500마력 프랫앤휘트니 캐나다 PT6A-42A 터보프롭
최고 속도 484km/h(301mph)
파이퍼의 1979년식 피스톤 엔진 말리부를 2000년 터보프롭으로 개조한 메리디언은 날개와 꼬리 날개 표면을 넓혔고, 계기 장비도 새로 달았다. 2012년 판매가가 미화 213만 달러였다.

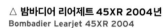

◁ **비치크래프트 프리미어 1 2001년**
Beechcraft Premier I 2001
제조국 미국
엔진 2×1,043kg(2,300lb) 윌리엄스 인터내셔널 FJ44-2A 터보팬
최고 속도 853km/h(530mph)
비치크래프트 프리미어 1은 객실이 넓고, 안락했다. 탄소 섬유/에폭시 수지 벌집 구조 동체여서, 조종사 한 명만으로도 운용할 수 있을 만큼 가벼웠다. 고속 주항에 장기를 보였다.

△ **밤바디어 리어제트 45XR 2004년**
Bombadier Learjet 45XR 2004
제조국 캐나다/미국
엔진 2×1,586kg(3,500lb) 스러스트 허니웰 TFE731-20BR 터보팬
최고 속도 861km/h(535mph)
밤바디어가 1990년대의 성공작 리어제트 45 중형 비행기를, 2004년 XR 사양으로 업그레이드했다. 더 강력한 엔진이 장착되어 상승 속도가 빨라졌고, 적재 중량이 늘어났으며, 순항 속도도 증가했다.

△ **다소 팰콘 900C 2000년**
Dassault Falcon 900C 2000
제조국 프랑스
엔진 3×2,155kg(4,750lb) 스러스트 얼라이드 시그널 TFE731-5BR-1C 터보팬
최고 속도 950km/h(590mph)
다소가 21기를 맞이해 대륙 간 운항하는 비즈니스 제트기를 내놓았다. 이 제트기에는 엔진이 세 개 달렸다. 최신 허니웰 (Honeywell) 항공 전자 기기가 장착돼, 탁월한 성능을 자랑하며, 항속 거리도 늘어났다.

▷ **걸프스트림 G150 2002년**
Gulfstream G150 2002
제조국 미국
엔진 2×2,005kg(4,420lb) 스러스트 허니웰 TFE731-40AR 터보팬
최고 속도 1,015km/h(631mph)
걸프스트림이 중형 항공기 시장에 재진입했다. G150의 경우, 동체의 수직 단면이 거의 사각형에 가깝다. 그래서 원형 객실보다 공간 활용도가 좋다. G100에 비해 모든 면이 크게 향상되었다.

△ **에어버스 A380 2005년**
Airbus A380 2005
제조국 유럽 컨소시엄
엔진 4×38,102kg(84,000lb) 스러스트 롤스로이스 트렌트 900 또는 36,968kg(81,500lb) 스러스트 엔진 얼라이언스 GP7000 터보팬
최고 속도 945km/h(587mph)
21세기 초 현재 세상에서 가장 큰 여객기이다. A380의 경우 객실이 2층으로 되어 있고, 공항은 이를 수용하기 위해 시설을 확장해야 했다. 싱가포르 항공사(Singapore Airlines)가 2007년 처음 여객 운송에 투입했다.

◁ **걸프스트림 G550 2003년**
Gulfstream G550 2003
제조국 미국
엔진 2×6,978kg(15,385lb) 스러스트 롤스로이스 BR710 터보팬
최고 속도 941km/h(585mph)
공기 역학적 항력을 줄여서, 걸프스트림 V보다 항속 거리와 성능이 향상되었다. 550은 항속 거리가 1만 2500킬로미터(7,767마일)로 동급 최장이다. 안개 속에서도 착륙할 수 있는 인핸스 비전(Enhance Vision)도 장착되었다.

◁ **이클립스 500 2002년**
Eclipse 500 2002
제조국 미국
엔진 2×408kg(900lb) 스러스트
프랫앤휘트니 캐나다 PW610F
터보팬
최고 속도 684km/h(425mph)

소형 제트 항공기(Very Light Jet, VLJ)
라는 새로운 유형으로 2006년 처음
승인을 받았다. 경량의 이 6인승 항공기는
"지구상에서 가장 효율적인 제트기"
라는 광고를 했다. 2008년 생산이
중단되었다가, 2012년
재개되었다.

△ **엠브라에르 페놈 100 2007년**
Embraer Phenom 100 2007
제조국 브라질
엔진 2×768kg(1,695lb) 스러스트
프랫앤휘트니 캐나다 PW617-F 터보팬
최고 속도 723km/h(449mph)

브라질이 소형 제트 항공기 시장에 내놓은
이 비행기는 가격 경쟁력이 우수해, 2019
년 현재 전 세계 판매 대수가 370대를
넘었다. 페놈은 조종이 쉽고 단순하며,
내구성이 좋아 경쟁기들보다 점검 사항이
70퍼센트 더 적다.

△ **세스나 사이테이션 머스탱 510
2005년**
Cessna Citation Mustang 510 2005
제조국 미국
엔진 2×662kg(1,460lb) 스러스트 파덱
프랫앤휘트니 캐나다 PW615F 터보팬
최고 속도 629km/h(391mph)

소형 제트 항공기(VLJ)로,
조종사 한 명이면 충분하다.
머스탱은 소형이지만 제대로
만든 비즈니스 제트기로, 기체가
알루미늄 합금이고, 생산량도
479대나 된다.

▽ **보잉 787-8 드림라이너 2009년**
Boeing 787-8 Dreamliner 2009
제조국 미국
엔진 2×29,030kg(64,000lb)
스러스트 제너럴 일렉트릭 GEnx 또는
롤스로이스 트렌트 1000
최고 속도 954km/h(593mph)

2011년 전일본 공수(All Nippon Airways)가
투입하면서 서비스를 개시했다. 드림라이너는
보잉 제품 중 가장 효율적인 여객기이자,
구조 대부분에 복합재가 사용된 세계 최초의
여객기이다. 소음을 대폭 줄여 조용하다는
것도 자랑거리이다.

△ **소카타 TBM 850 2006년**
SOCATA TBM 850 2006
제조국 프랑스
엔진 850마력 프랫앤휘트니 캐나다
PT6A-66D 터보프롭
최고 속도 592km/h(368mph)

소카타와 무니가 공동 설계한 이 최고급의
단발 터보프롭은 저가의 비즈니스 제트기에
대해 가성비 좋은 대체물이다. 조종실이
가민 G1000(Garmin G1000)과 같다.

회전익 항공기의 항속 거리 증대

이라크와 아프가니스탄 전쟁 때문에, 군용 헬리콥터의 수요가 많았고, 연안의 원유 채굴 산업도 활황이어서 민간 제조사들이 이익을 누렸다. 그러다가 2008년 경기 침체로 헬리콥터 산업이 휘청거렸다. 개인 구매자들이 사라지고, 국방 예산은 삭감되었으며, 개발 프로젝트가 연기되었다. 그래도 기업들은 기존 항공기를 업그레이드했다. 석유 탐사 활동이 먼 바다로 이동해 깊은 수심을 더듬게 되자, 제조사들이 새로운 수요에 발맞춰 헬리콥터의 항속 거리를 늘렸다.

▷ **슈와이저 333 2000년**
Schweizer 333 2000

제조국 미국

엔진 420축마력 앨리슨 250-C20W 터보샤프트, 220마력으로 출력 감속 가능

최고 속도 222km/h(138mph)

터빈 동력을 채택한 슈와이저 330 계열의 결정판이다. 적재량이 30퍼센트 더 늘어났다. 현재는 모기업 시코르스키 (Sikorsky)가 제작한다.

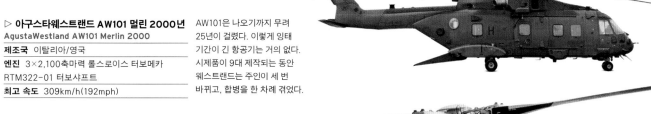

▷ **아구스타웨스트랜드 AW101 멀린 2000년**
AgustaWestland AW101 Merlin 2000

제조국 이탈리아/영국

엔진 3×2,100축마력 롤스로이스 터보메카 RTM322-01 터보샤프트

최고 속도 309km/h(192mph)

AW101은 나오기까지 무려 25년이 걸렸다. 이렇게 잉태 기간이 긴 항공기는 거의 없다. 시제품이 9대 제작되는 동안 웨스트랜드는 주인이 세 번 바뀌고, 합병을 한 차례 겪었다.

▷ **아구스타웨스트랜드 AW109E 2005년**
AgustaWestland AW109E 2005

제조국 이탈리아

엔진 2×571축마력 터보메카 아리우스 2K1 터보샤프트

최고 속도 311km/h(193mph)

디자인이 멋진 이 헬리콥터는 2005년 새로운 엔진과 항공 전자 기기를 장착해 109 '파워'란 별명을 얻었다. 헬리콥터 세계 일주 기록(11일)도 보유하고 있다.

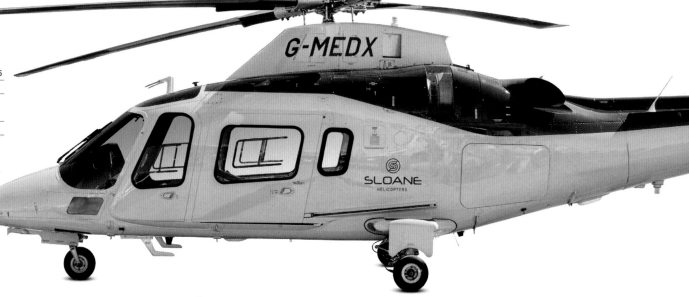

△ **아구스타웨스트랜드 AW189 2011년**
AgustaWestland AW189 2011

제조국 영국/이탈리아

엔진 2×2,000축마력 제너럴 일렉트릭 GE CT7-2E1 터보샤프트

최고 속도 294km/h(183mph)

군수용 AW149의 민간 버전인 AW189는 석유 채굴 시장을 염두하고서 설계되었다. 승객 12명을 태우고, 연안에서 370 킬로미터 떨어진 석유 굴착 플랫폼까지 날아갈 수 있다.

△ **유로콥터 EC225 슈퍼 푸마 2000년**
Eurocopter EC225 Super Puma 2000

제조국 프랑스

엔진 2×2,382축마력 터보메카 마킬라 2A1 터보샤프트

최고 속도 275km/h(171mph)

EC225 슈퍼 푸마는 5시간 30분 동안 날 수 있고, 심해 석유 굴착 시설까지 닿을 수 있다.

◁ **유로콥터 UH-72 라코타 2004년**
Eurocopter UH-72 Lakota 2004

제조국 프랑스

엔진 2×738축마력 터보메카 아리엘 1E2 터보샤프트

최고 속도 268km/h(167mph)

유로콥터가 미국의 제조 업체를 그들의 홈그라운드에서 압도했다. EC-145의 군용 버전인 이 항공기는 미국 육군의 다목적 경량 헬리콥터 수주를 따냈다.

▽ **벨 보잉 MV-22B 오스프리 2007년**
Bell Boeing MV-22B Osprey 2007
제조국 미국
엔진 2×6,150축마력 롤스로이스 앨리슨 T406/
AE 1107C 터보샤프트
최고 속도 508km/h(316mph)
헬리콥터와 고정익 항공기를 섞는다는 시도는
용감했다. 오스프리는 대단히 복잡한 기계로,
개발이 지연되었으며, 비용이 엄청나게 치솟았다.
MV-22의 대당 가격은 1억 1000만 달러이다.

△ **마니 자이로플레인 M16 2006년**
Magni Gyroplane M16 2006
제조국 이탈리아
엔진 115마력 로탁스 914 터보
최고 속도 185km/h(115mph)
마니는 1인승 자이로플레인과 2인승
훈련기를 25년 넘게 만들어 왔고, 그
안전성과 신뢰도로 명성이 높다.

◁ **로빈슨 R66 2011년**
Robinson R66 2011
제조국 미국
엔진 300축마력 롤스로이스
RR250-C300 터빈
최고 속도 232km/h(144mph)
프랭크 로빈슨(Frank Robinson)은
R22와 R44로 피스톤 엔진 시장을
장악했듯이, R66으로 터빈 헬리콥터
시장을 손에 넣고자 한다. 비용 절감과
판매 증진을 노리는 것이다.

▷ **귐발 G2 카브리 2008년**
Guimbal G2 Cabri 2008
제조국 프랑스
엔진 180마력 라이코밍 O-360 피스톤
최고 속도 185km/h(115mph)
유로콥터 엔지니어 출신인 브뤼노 귐발(Bruno
Guimbal)의 이 2인승 헬리콥터는 옛 회사의
지원으로 제작되었다. 유로콥터가 개인 운송
시장에서 로빈슨을 따라잡고자 한 것이다.

◁ **시코르스키 S-92 2002년**
Sikorsky S-92 2002
제조국 미국
엔진 2×2,520축마력 제너럴 일렉트릭
GE CT7-8A 터빈
최고 속도 306km/h(190mph)

블랙 호크의 동력부를 사용해
제작된 민간 수송기이다. S-92
는 1990년대에 설계되었지만,
석유 가격이 낮게 형성된 10년
동안 생산되지 못했다.

◁ **시코르스키 S-70i 블랙
호크 2011년**
Sikorsky S-70i Black Hawk
2011
제조국 미국 설계/폴란드 제작
엔진 2×2,000축마력 제너럴
일렉트릭 T700-GE-701D 터빈
최고 속도 294km/h(183mph)
사진은 시코르스키의 베스트셀러
헬리콥터인 블랙 호크의
최신형이다. 2007년 시코르스키가
인수한, 폴란드의 PZL 미엘레치
사(PZL Mielec)에서 제작되었다.
세계 시장에 공급되고 있다.

유인 전투기의 종말?

새로운 열강으로 부상한 중국과 인도는 첨단 유인 전투기를 꾸준히 독자 개발하고 있다. 반면 서방에서는 비용 지출에 대한 정치권의 압력이 거세서 완료된 프로그램은 종결되었고, 현재의 비행대가 향후 수십 년간 계속 근무할 예정이다. 무인 항공기 개발은 빠른 속도로 진행돼 왔다. 처음에는 감시용으로만 쓰였던 이런 항공기가 공중전을 포함해 향후 분쟁 상황에서 폭넓은 역할을 수행할 것으로 기대된다.

△ 보잉 F/A-18E 슈퍼 호넷 2000년
Boeing F/A-18E Super Hornet 2000

제조국 미국

엔진 2×5,896~9,979kg(13,000~22,000lb) 스러스트 제너럴 일렉트릭 F414-GE-400 애프터버너 터보팬

최고 속도 1,915km/h(1,190mph)

호넷을 더 키우고 강화한 슈퍼 호넷은 오랫동안 계획되었고, 마침내 2000년 미국 해군에, 2010년 오스트레일리아 공군에 취역했다. 비행 시간이 50퍼센트 늘어났다.

▷ BAe 해리어 GR. 9A 2003년
BAe Harrier GR.9A 2003

제조국 영국

엔진 10,795kg(23,800lb) 스러스트 롤스로이스 페가수스 107 터보팬

최고 속도 1,065km/h(662mph)

GR.9A는 수직 이착륙 부문을 선도해 온 BAe의 최종 항공기이다. 페가수스 엔진 최신형이 장착되었고, 항공 전자 기기와 무기 체계도 업그레이드되었다. 2011년 경비 문제로 퇴역했다.

▽ 수호이 Su-30 마크 1 2000년
Sukhoi Su-30 MkI 2000

제조국 러시아

엔진 2×12,474kg(27,500lb) 스러스트 률카 AL-31FP 벡터 터보팬

최고 속도 2,124km/h(1,320mph)

Su-30은 러시아와 인도의 공동 작품이다. 이 고성능 항공기가 인도 공군에 취역한 이유이다. 커나더를 사용해 대단히 민첩하다. 150대 이상 제작되었다.

△ 유로파이터 타이푼 FGR4 2007년
Eurofighter Typhoon FGR4 2007

제조국 영국, 독일, 이탈리아, 에스파냐

엔진 2×9,071kg(20,000lb) 스러스트 EJ200 터보제트

최고 속도 2,475km/h(1,538mph)

FGR4는 Fighter(전투), Ground Attack (지상 공격), Reconnaissance(정찰), Mk4(마크4)의 머리 글자를 땄다. 2007년 도입되었다. 영국 공군에 배속된 타이푼은 임무를 위해 개조되거나 새로 만들어졌다.

▷ 록히드 마틴 보잉 F-22 랩터 2005년
Lockheed Martin Boeing F-22 Raptor 2005

제조국 미국

엔진 2×10,659~15,876kg(23,500~35,000lb) 스러스트 프랫앤휘트니 F119-PW-100 피치 스러스트 벡터 터보팬

최고 속도 2,686km/h(1,669mph)

대단히 비싸지만, 세계 최고의 전투기인 F-22는 스텔스 기술을 바탕으로 공중전은 물론 지상 공격, 전자전에 능하고 신호 정보 능력도 발휘한다. 195대 제작되었다.

무인 항공기

무인 항공기(unmanned aerial vehicle, UAV), 곧 '드론(drone)'이 항공 전쟁의 미래일까? 과연 드론이 치열한 공중전을 벌이고, 적진 깊숙이 날아가 병력을 구조하고, 적군 폭격기를 물리칠 수 있을까? 드론은 관측용으로 이미 널리 사용 중이다. 그리고 기술이 계속 발전하면서 공격 목적이든 방어 목적이든 미사일을 탑재해 발사할 수 있는 드론도 이미 존재한다. 컴퓨터로만 항공기를 띄워 전선까지 병력과 물자를 이송하는 것도 가능하다. 하지만 전투기 조종사가 역사 속으로 퇴장하기까지 가야 할 길이 아직 멀다.

△ 셀렉스 갈릴레오 팰코 이보 2012년
Selex Galileo Falco Evo 2012

제조국 이탈리아

엔진 80마력 UAV 페트롤, 플랫-6으로 추정

최고 속도 216km/h(134mph)

이 소형의 경량 무인 항공기는 파키스탄이 주문 제작했다. 원래의 형태로는 중고도 감시 정도만 할 수 있었다. 하지만 이보에는 무기도 탑재할 수 있는 듯하다.

△ 보잉 KC-767A 2003년
Boeing KC-767A 2003

제조국 미국

엔진 2×제너럴 일렉트릭
CF6-80C2B6F 터보팬

최고 속도 916km/h(569mph)

KC-767A는 1980년대의 보잉 767-200을 토대로 했고, 2002년 군대의 공중 급유기 겸 수송기로 지정되었다. 이탈리아와 일본이 각각 4대를 가져갔고, 미국은 최신 기종 KC-46을 주문해 놓은 상황이다.

△ 보잉 C-17 글로브마스터 3 2012년
Boeing C-17 Globemaster III 2012

제조국 미국

엔진 4×18,343kg(40,440lb) 스러스트 프랫앤휘트니 F117-PW-100 터보팬

최고 속도 830km/h(515mph)

보잉이 2012년 C-17 글로브마스터 3을 미국, 영국, 아랍 에미리트 연합 공군에 인도했다. 그로써 이 육중하고 견고하며, 오지의 공항에서도 운용이 가능한 장거리 수송기의 총 대수가 약 220대로 늘었다.

▽ 에어버스 A330 MRTT 2007년
Airbus A330 MRTT 2007

제조국 유럽 합동

엔진 2×32,658kg(72,000lb) 스러스트 롤스로이스 트렌트 772B / 제너럴 일렉트릭 CF6-80E1A4 / 프랫앤휘트니 PW 4168A 터보팬

최고 속도 880km/h(547mph)

MRTT는 다목적 급유기 겸 수송기(Multi-Role Tanker Transport)의 머리글자를 땄다. 이 MRTT의 경우, 상업 항공기 A330-200에 토대를 두고 있고, 공중 급유 장비, 또는 병력 380명, 또는 의료용 들것 130개를 실을 수 있다. 오스트레일리아, 영국, 아랍 에미리트 연합, 사우디 아라비아가 구매했다.

△ 청두 J-10 2003년
Chengdu J-10 2003

제조국 중국

엔진 11,675kg(25,740lb) 스러스트 륙카-새턴 AL-31FN 터보팬

최고 속도 2,626km/h(1,632mph), 마하 2.2

삼각익과 삼각익 커너드를 단 J-10은 고속에서도 탁월한 조종성을 뽐낸다. 러시아제 엔진을 달았고, 2007년까지 비밀에 부쳐졌다. 파키스탄으로 수출도 되었다.

◁ 노스럽 그러먼 RQ-4 글로벌 호크 2000년
Northrop Grumman RQ-4 Global Hawk 2000

제조국 미국

엔진 3,198kg(7,050lb) 스러스트 앨리슨 롤스로이스 AE3007H 터보팬

최고 속도 650km/h(404mph)

첨단 레이다와 카메라 장비가 실려 있는 글로벌 호크는 모래 폭풍이나 구름을 뚫고 관측을 할 수 있을 만큼 성능이 뛰어나 이란과 아프가니스탄에서 폭넓게 사용되었다.

▷ BAe 시스템스 맨티스 2009년
BAe Systems Mantis 2009

제조국 영국

엔진 2×380마력 롤스로이스 M250B-17 터보샤프트

최고 속도 556km/h(345mph)

무인 자동 조종 시스템을 시현 및 검증하기 위해 제작한 맨티스는 공중 연속 체류 시간이 24시간에, 혼자 날 수 있고 알아서 경로를 지정한다. 위성을 통해 지상 기지로 관측 내용을 전달한다.

유로파이터 타이푼

이 최신 전술 전투기는 빠르고 날렵하며, 감지 장치와 무기가 잘 갖추어져 있어, 세계 최고의 전투 항공기로 자리매김했다. 조종성, 가속 능력, 상승 속도가 탁월한 타이푼은 공대공 전투에서 가공할 위력을 뽐낸다. 연습 훈련에서 이미 F-15 이글과 F-16 파이팅 팰콘을 눌렀으며, 무적이라는 F-22 랩터와도 막상막하였다.

영국, 독일, 이탈리아, 에스파냐가 개발, 생산하는 유로파이터 타이푼이 처음 하늘을 난 것이 1994년이다. 유로파이터 타이푼은 유럽의 현대식 전투기에 공통적인 삼각익 커나드 구조를 하고 있다. 동체에서 주 날개 앞에 달린 작은 날개를 커나드라고 한다. 유로파이터 타이푼은 표면적의 82퍼센트가 복합재로 만들어져서 매우 가볍고, 아주 강력한 터보팬 엔진을 장착했다. 이 두 가지 요소 덕택에 타이푼은 보기 드문 성능을 자랑한다.

타이푼은 생산 국가 외에 오스트리아와 사우디아라비아에서도 취역 중이다. 타이푼은 전투기와 폭격기 역할을 둘 다 할 수 있다. 타이푼의 첫 참전은 2011년으로, 리비아로 날아가 인핸스트 페이브웨이 2(Enhanced Paveway 2) 정밀 폭탄으로, 카다피의 군대를 공격했다. 많은 이가 공대공 전투 능력에 있어서 F-22에 버금간다고 보는 타이푼은 근접 공중전에서 대단한 장기를 보인다.

제원	
모델	유로파이터 타이푼 FGR4, 2007년
제조국	영국, 독일, 이탈리아, 에스파냐
생산	341대
구조	탄소 섬유 복합재, 경량 합금, 티타늄, 유리 강화 플라스틱
날개 스팬	10.95미터
전장	15.96미터
최대 중량	2만 3500킬로그램(5만 2000파운드)
엔진	2×9,060킬로그램(2만 파운드) 스러스트 EJ200 터보팬
항속 거리	3,790킬로미터(2,350마일)(페리 항속 거리)
최고 속도	시속 2,124킬로미터(시속 1,538마일)

수직 안정판의 주재료는 탄소 섬유다.

열 교환기용 **공기 흡입구**

동체 전판이 기류를 증대한다.

조종석 덮개는 비누 방울 모양으로, 사방으로 시야가 탁월하다.

유리 섬유 강화 플라스틱이 레이다를 싸고 있는데, 이를 **레이돔(radome)**이라고 한다.

레이다 유인체는 레이다 유도 미사일을 상대한다.

페털(petal)을 조절할 수 있는 **엔진 노즐(분사구)**

외부 연료 탱크

앞바퀴는 뒤로 접혀 들어간다.

공기가 빠져나가는 **미늘창**

사방으로 움직이는 **커나드**가 피치를 조정해 주고, 안정성도 높여준다.

앞에서 본 모습

뒤에서 본 모습

유럽 하늘의 왕
다소의 라팔(Rafale)이나 사브의 그리펜(Gripen)
처럼 커나드를 단 유럽의 다른 전투기보다 날개와
커나드가 모두 더 크다. 타이푼은 가장 크고, 가장
강력하며, 가장 빠른 유럽의 현대식 전투기다.

외장

타이푼의 가장 두드러지는 시각적 특징은 날개와 앞의 커나드 사이의 넓은 간격이다. 덕분에 긴 모멘트 암(moment arm, 선회축부터 토크 지점까지의 수직 거리—옮긴이)이 확보되어 토크가 더 잘 제어된다. 타이푼이 고속에서도 매우 민첩할 수 있는 이유 중 하나다. '웃는' 턱이 달린 흡입구에 있는 '입술'이 변하면서 높은 받음각에서도 공기가 부드럽게 엔진 속으로 유입될 수 있다. 받음각은 비행 방향에 대한 항공기의 수직 각도를 말한다. 타이푼은 다른 항공기와 비교할 때 레이다에 잘 안 걸리는데, 소재가 복합재이고, 엔진이 기체 내부 깊숙이 있기 때문이다.

1. 제29비행 중대 배지 2. 공기 데이터 감지기 3. (최고로 꺾인) 커나드 4. 유지 관리 데이터 패널(Maintenance Data Panel, MDP) 5. 제29비행 중대 로고 색 때문에 눈에 덜 띄는 영국 공군 문장 6. 주 이착륙 장치의 왼쪽 바퀴 7. 동체 연료 탱크의 개폐 마개 8. 날개 연료 탱크의 개폐 마개 9. 엔진 압축 공기의 주 열 교환기 10. 덮개 개봉 장치 11. 항행등 12. 에어컨의 열 교환기 배기구 13. 레이저 경보 수신기(Laser Warning Receiver, LWR) 14. 채프 살포기(chaff dispenser, 적의 레이다를 교란시키는 장비—옮긴이)를 포함하는 날개 끝 무기 장착대 15. 분사 조절판 16. EJ200 애프터버너 횡단면 17. 미사일 접근 경고 장치 (Missile Approach Warning System, MAWS). 일명 '소시지'.

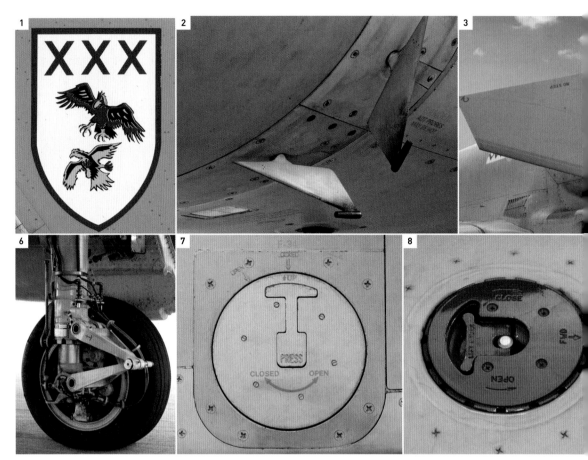

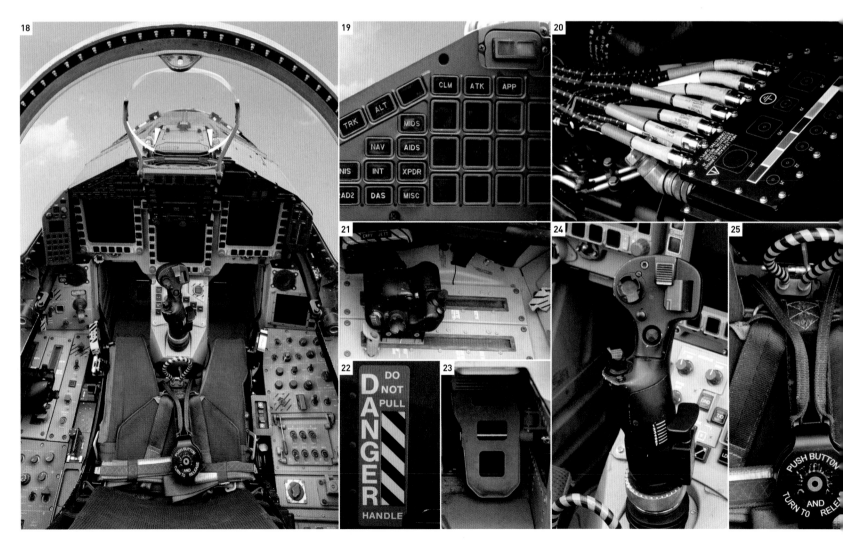

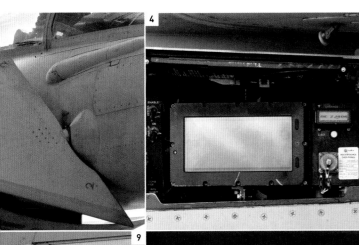

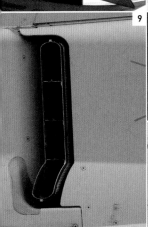

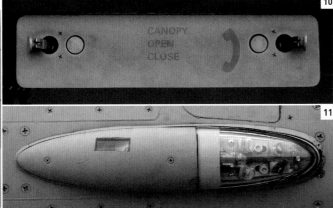

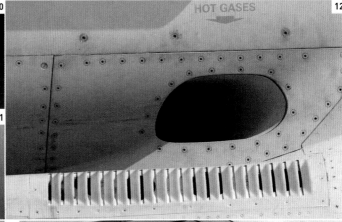

조종석

인간-기계 인터페이스는 타이푼이 최고다. 타이푼을
조종하는 게 쉬운 이유다. 타이푼은 음성 제어 장치
가 장착된 세계 최초의 전투기이며 비행 때 착용하는
헬멧 역시 최첨단으로 조종사는 헬멧 유리에 뜨는 데
이터를 활용해, 표적을 고를 수 있다. 광각 헤드업 디
스플레이(Head-Up Display, HUD)와, 대형 다기능 디
스플레이 장치(Multi-Functional Display, MFD)도 세
개 있다. 타이푼에는 사이드 스틱이 아니라 중앙 조종
간이 있는데, 이것은 서양의 현대식 전투기 다수와 다
른 특징이다.

18. 조종석 **19.** 수동 데이터 입력 장비(Manual Data-Entry
Facility, MDEF) **20.** 전자 장비 단자 터미널(조종석 뒤에 있음)
21. 스로틀 **22.** 취급 경고 표시 **23.** 오른쪽 방향타 페달
24. 조종간 손잡이 **25.** 마틴-베이커 M.16.A 사출 좌석의
긴급 탈출 상자 벨트 **26.** 오른쪽 조작반

대체 동력

21세기에는 오염과 연료 사용량이 초미의 관심사로 부상했다. 업계의 대응은 탁월하고 혁신적인 항공기였다. 연비가 좋은 휘발유 및 디젤 엔진이 소형화되었으며(환경 친화적인 바이오 연료를 집어넣는 엔진도 일부 개발되었다) 다양한 전기 항공기가 개발되었고(태양 전지판을 장착해 충전하는 것까지 있다) 수소 연료 전지가 동력을 공급하는 경량 항공기도 개발되었다. 10년 후면 태양 에너지로 마하 1 비행을 달성할 것이라고 전망하는 관계자도 있다.

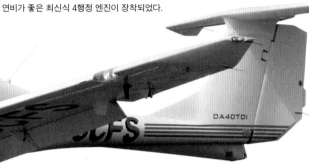

△ **스러스터 T600N 450 2002년**
Thruster T600N 450 2002

제조국 영국

엔진 85마력 자비루 2200A 공랭식 플랫-4

최고 속도 140km/h(87mph)

1990년대 중반에는 2행정 엔진을 달고서 나왔다. 450의 경우는 병렬형 2인승의 폐쇄형 조종석에, 연비가 좋은 최신식 4행정 엔진이 장착되었다.

△ **다이아몬드 DA40 TDI 스타 2002년**
Diamond DA40 TDI Star 2002

제조국 오스트리아

엔진 135마력 틸레르트 켄투리온 1.7 터보차저 수랭식 직렬 4기통 디젤

최고 속도 232km/h(144mph)

오스트리아의 경량 항공기 제조업체인 다이아몬드 사(Diamond)는 맨 처음에는 메르세데스벤츠 A-클래스 170 부서가 개발한 이 터보디젤 엔진을 사용했는데 성능이 별로라서 자체 조달로 대체했다.

△ **다이아몬드 DA42 2009년**
Diamond DA42 2009

제조국 오스트리아

엔진 2×168마력 아우스트로 AE 300 터보차저 수랭식 직렬 4기통 디젤

최고 속도 357km/h(222mph)

다이아몬드 사는 환경 인식이 철저했고, 2008년 직접 디젤 엔진 개발에 나섰다. 그 엔진이 2009년 처음 하늘을 날았다. DA42는 대서양을 횡단한 최초의 디젤 비행기이다. 2010년에는 조류(藻類)에서 추출한 바이오연료로 하늘을 날기도 했다.

△ **랑에 안타레스 20E 2003년**
Lange Antares 20E 2003

제조국 독일

엔진 57마력 랑에 EA42 전기 모터

최고 속도 자료 없음

랑에 에이비에이션 사(Lange Aviation)의 자기 추진 글라이더는 전지의 힘만으로 이륙은 물론 3048미터 고도까지 상승할 수 있다. 리튬 이온 전지가 날개에 들어가는데, 충전기도 내장되어 있다.

△ **보잉-FCD 2008년**
Boeing-FCD 2008

제조국 에스파냐

엔진 전기 모터 더하기 연료 전지

최고 속도 자료 없음

보잉의 퓨얼 셀 데몬스트레이터(Fuel Cell Demonstrator)가 2008년 2월 연료 전지를 동력 삼아 최초로 수평 비행에 성공했다. 영국, 오스트리아, 미국, 스페인 기업들이 협력해 제작했다.

△ **솔라 임펄스 2009년**
Solar Impulse 2009

제조국 스위스

엔진 4×10마력 전기 모터

최고 속도 69km/h(43mph)

베르트랑 피카르(Bertrand Piccard)가 고안한 이 태양열 충전 항공기는 날개 아래에 전기 모터가 네 개 달려 있다. 26시간 동안 공중에 뜰 수 있는데, 이 정도면 세계를 비행 일주할 수 있다.

△ 엘렉트라비아 MC15E 크리-크리 2010년
Electravia MC15E Cri-Cri 2010
제조국 프랑스
엔진 2×25마력 엘렉트라비아 E-모터 GMPE-104 전기 모터
최고 속도 283km/h(176mph)

위그 뒤발(Hugues Duval)이, 전기 모터 2개, 3킬로와트시 리튬 폴리머 전지를 사용해 이 비행기를 만들었다. 이 소형 비행기는 2010년 파리 에어쇼에서 시속 262킬로미터, 2011년 같은 쇼에서 시속 283킬로미터를 달성하며 세계 기록을 경신했다.

▷ 쉠프-히르트 아르쿠스-E 2010년
Schempp-Hirth Arcus-E 2010
제조국 독일
엔진 42킬로와트 랑에 전기 모터
최고 속도 자료 없음

전기 동력으로 작동하는 2인승의 독일제 자가 추진 활공기로, 플랩도 달려 있다. 랑에 안타레스 20E의 전기 구동 기술을 사용한다. 빈트라이히(Windreich)라고 하는 격납고에 설치한 풍력 발전용 터빈으로 충전한다.

△ 로뱅 DR400 에코플라이어 2008년
Robin DR400 Ecoflyer 2008
제조국 프랑스
엔진 155마력 틸레르트 켄투리온 2.0 터보차저 수랭식 직렬 4기통 디젤
최고 속도 256km/h(159mph)

1972년 처음 하늘을 날았던 천을 씌운 목제 항공기 로뱅이 터보디젤 에코플라이어라는 이름을 달고 나왔다. 에코플라이어는 135마력과 155마력 중 선택할 수 있었다. 아브가스(avgas, 항공용 휘발유) 엔진보다 운영 비용이 훨씬 싸다고 한다.

△ 피피스트렐 토러스 일렉트로 G2 2008년
Pipistrel Taurus Electro G2 2008
제조국 슬로베니아
엔진 40킬로와트 전기 모터
최고 속도 159km/h(99mph)

전기 모터로 구동된 최초의 2인승기이다. 자가 발진을 위해 경첩형 활대에 전기 모터를 달았다. 이 비행기는 태양 전지판을 덮은 트레일러에 담아 운반할 수 있고, 그사이 전지가 충전된다. 조종사가 '공짜로' 비행할 수 있는 셈이다.

◁ 룩셈부르크 스페시알 아에로테크닉스 MC30E 파이어플라이 2011년
Luxembourg Spécial Aerotechnics MC30E Firefly 2011
제조국 룩셈부르크
엔진 26마력 엘렉트라비아 전기 모터
최고 속도 191km/h(119mph)

엘렉트라비아처럼 통상 소형의 휘발유 엔진이 들어가는 콜롱방 기체를 쓴다. 장뤽 술리에(Jean-Luc Soullier)의 MC30E는 4.7 킬로와트시 전지 팩을 포함해 공허 중량이 113 킬로그램이다.

△ 피피스트렐 토러스 일렉트로 G4 2011년
Pipistrel Taurus Electro G4 2011
제조국 슬로베니아
엔진 145킬로와트 전기 모터
최고 속도 161km/h(100mph)

피피스트렐 사(Pipistrel)의 토러스(Taurus)는 전기로만 구동되는 4인승기로 NASA의 2011년 그린 플라이트 챌린지(Green Flight Challenge, 상금 135만 달러)에서 우승을 차지했다. G2 두 대를 연결하고, 중앙에 엔진과 전지가 들어간 나셀을 설치했다. 전지 팩은 100킬로와트시이다.

초경량 항공기 97 모델이 모하비 공항 상공을 날고 있다.

위대한 항공기 제조사
스케일드 컴포지트

스케일드 컴포지트는 비범한 인물이 세운 독특한 회사다. 재급유 없이 무기착 세계 일주 비행을 한 최초의 항공기를 만들었고, 세계 최초의 민간 유인 우주선을 제작했으니, 과연 그럴 만하다. 버트 루탄과 스케일드 컴포지트는 혁신과 천재의 스토리이다.

버트 루탄은 캘리포니아의 항공기 및 우주선 설계자로, 그가 세운 회사가 스케일드 컴포지트다. 루탄으로 인해 경량 항공 분야가 전혀 달라졌다고 해도 과언이 아닐 것이다. 그의 설계안 5개가 워싱턴 DC 소재 스미스소니언 국립 항공 우주 박물관에 전시되어 있다. 그는 1970년대 초부터 혁신적인 항공기를 설계했고, 새로운 성능 표준도 확립했다. 루탄과 스케일드 컴포지트는 소형 자가 조립식 항공기 설계안 판매부터 우주선 설계까지, 그 한계를 초월해 왔다.

1943년 태어난 엘버트(Elbert, 버트로 통하지만) 루탄은 어렸을 때부터 항공에 관심을 가졌고, 결국 항공 공학자가 되었다. 모하비에 있는 에드워즈 공군 기지의 시험소에서 잠시 프로젝트 엔지니어로 일한 루탄이 본격적으로 참여한 최초의 전문적 과제는 자가 조립식 항공기로, 짐 베드(Jim Bede)를 도와 베드 BD-5J 1인승 제트기를 설계했다.

1974년 캘리포니아로 돌아온 루탄은 모하

버트 루탄
(1943년~)

비 공항에 루탄 에어크래프트 팩토리(Rutan Aircraft Factory, RAF)를 세웠다. RAF의 첫 번째 사업은 버트의 모델 27 베리비겐(Model 27 VariViggen)의 설계안을 파는 것이었다. 그 이름은 사브 비겐(Saab Viggen) 전투기와 '대단히(vari)' 비슷하다는 이유로 (초창기 루탄 항공기의 이름들에는 이런 말장난이 자주 나온다) 붙였다. 루탄은 날개를 다듬어 성능을 개량한 베리비겐 진화 모델을 곧 내놓았다. 여기에는 바깥 날개 패널을 우레탄 폼으로 만들고 겉을 유리 섬유로 싸는 신기술이 적용됐다. 루탄의 다음 프로젝트인 베리이지(VariEze, 만들기가 아주 쉽다는 very easy 뜻이다)는 엄청나게 성공했다. 버트의 형제 딕 루탄(Dick Rutan, 1938년~)이 시제품을 타고 무게 499킬로그램 이하 항공기 폐회로 코스 거리에서 시속 2,656킬로미터라는 세계 신기록을 수립했다.

이후 10년 동안 루탄은 여러 혁신적인 항공기를 더 설계했다. 쌍발기 모델 40 디

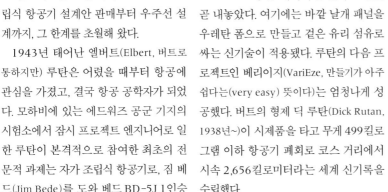

베리비겐
루탄이 베리비겐의 설계를 시작한 것은 1960년대 초 캘리포니아 폴리테크닉 주립 대학교 재학 시절이었다. 졸업하고 3년 후, 그는 자기 차고에서 프로토타입을 만들었다.

기념 엽서
스케일드 컴포지트의 우주 비행기들이 몇 인쇄되어 있다. 버트 루탄과 형 딕 루탄이 서명했다.

파이언트(Model 40 Defiant), 동력 글라이더 솔리테르(Solitaire), 단거리 이착륙기 그리즐리(Grizzly), 대칭이 깨진 부머랭(Boomerang), 고고도 실험기 프로테우스(Proteus)가 대표적이다. 루탄의 설계 능력은 자가 조립식 비행기 외 분야에서도 주목받기 시작했다. 1979년 NASA의 드라이든 비행 연구소가 루탄에게 제트 엔진이 있고, 축을 중심으로 날개를 돌릴 수 있는 연구용 소형 항공기를 설계하라고 주문해 AD-1이 탄생했다.

1983년 루탄 에어크래프트 팩토리가 스케일드 컴포지트(Scaled Composites)로 재편성되었다. 조립 비행기 사업을 그만두고, 첨단 항공기를 개발하려는 것이 루탄의 생각이었다. 초기 프로젝트 중 하나는 비치 스타십(Beech Starship)을, 최초 개념의 85퍼센트 수준으로 구현하는 것이다.

비치 스타십은 프로펠러 추진기 두 개를 단 비즈니스 클래스 항공기다. 이 즈음 비치(Beech)가 스케일드 컴포지트를 샀지만 루탄은 여전히 중요한 책임을 맡고 있었다. 스케일드 컴포지트가 보이저(Voyager)도 설계했다. 이 비행기가 재급유 없이 무기착으로 세계를 돌았다. 딕 루탄과 제나 예거(Jeana Yeager)는 보이저를 조종해 1987년 12월 14일 캘리포니아 주 에드워즈 공군 기지를 출발해, 12월 23일 다시 돌아오는 기록을 세웠다.

2004년 3월 스케일드 컴포지트가 리처드 브랜슨과 탐험가 스티브 포셋(Steve Fossett)이 주문한 새 항공기를 제작했다.

베리이지

보이저

프로테우스

스페이스십원

"시험을 하면 실패한다. 실패하면 이해된다."

버트 루탄

하늘을 접수하다
스케일드 컴포지트를 대표하는 항공기인
디파이언트(위)와 부머랭이 캘리포니아 주
모하비 사막 상공을 날고 있다.

글로벌플라이어(GlobalFlyer, 모델 311)는 재급유 없이 단독 세계 일주 비행을 두 번 해냈다. 조종사 포셋이 보이저의 4만 212 킬로미터 기록도 깼다.

스케일드 컴포지트는 고정익 항공기 개발에 머물지 않았다. 1993년 벨 헬리콥터와 함께 이글 아이(Eagle Eye)라는 이름의 틸트로터(tilt-rotor) 무인기를 개발했다. 그즈음 스케일드 컴포지트는 '개인 제트기(personal jet)'라는 생각을 발전시켜 밴티지(Vantage) 항공기의 모태가 되는 모델 247을 제작했다.

2003년 4월 루탄의 조직이 항공기 두 대를 붙인 복합 비행기를 제작했다. 세계 최초의 민간 유인 우주 비행에 1000만 달러의 상금이 걸려 있는 안사리 엑스(Ansari X) 상을 타려고 한 것이다. 스케일드 컴포지트는 우주선과 수송기를 둘 다 설계, 제작했다. 2003년 12월 17일 스페이스십원(SpaceShipOne)이 첫 번째 동력 비행을 시도해, 시속 1,500킬로미터 속도로 고도 2만 미터에 도달했다. 민간 유인 항공기가 초음속 비행에 성공한 최초의 우주선이 된 것이다. 스페이스십원은 이듬해에 고고도 비행을 두 번 더 성공시켰고, 14일 이내라는 기한 규정을 만족해 상을 탔다. 2005년 7월 리처드 브랜슨이 스케일드 컴포지트와 힘을 합쳐 준궤도용 상업 우주선과 발사체를 생산하기로 했다. 그렇게 탄생한 스페이스십 컴퍼니(Spaceship Company)가 2012년 판보로 에어 쇼에 스페이스십투(SpaceShipTwo) 실물 모형을 공개했다.

버트 루탄이 비치의 모회사인 레이시온(Raytheon)으로부터 1988년 스케일드 컴포지트를 재구입했기 때문에, 이 기업은 소유 관계가 복잡하다. 소유권자 중의 하나인 노스럽 그러먼이 40퍼센트 지분을 보유했고, 2007년 8월 전체 소유권을 장악했다. 그럼에도 이 회사는 독립적으로 운영 중이며, 미래 항공기, 가령 X-47에 깊이 관여했다. X-47은 무인 전투 항공기의 실지 모델로, 국방 고등 연구 기획청(DARPA)이 주문했다. 이 놀라운 항공기는 대부분이 복합재로 제작되고, 구조는 수직면이 없는 전익기 형태다. 재래식 엘리베이터와 에일러론(보조익)을 합친 엘레본(elevon)과 날개 위아래로 달린 플랩이 X-47을 제어한다.

버트 루탄은 2011년 은퇴했다. 하지만 그의 유산은 그가 설계한 혁신적인 항공기에 고스란히 남아 있다. 스케일드 컴포지트는 계속 성장 중이며, 미래 또한 밝다. 우주선을 민간이 설계, 제작할 수 있다면, 더 이상 하늘이 문제가 아니다.

미래의 항공기

화석 연료 가격이 계속 치솟으면서 항공기 시장이 망하지는 않았고, 대신 항공기 제조업의 양극화 현상이 두드러졌다. 한쪽에서는 항공기 제조 강국들이 최첨단의 차세대 전투기와 가볍고 효율적인 여객기 개발에 자원을 쏟아붓고, 다른 쪽에서는 소규모 제조 업체들이 태양열과 풍력으로 충전한 전기를 동력으로 삼는 초경량 항공기를 제작 중이다.

△ 화이트나이트원 & 스페이스십원 2003년
WhiteKnightOne & SpaceShipOne 2003

제조국 미국
엔진 화이트나이트: 2×1,089~1,633kg (2,400~3,600lb) 스러스트 제너럴 일렉트릭 J85-GE-5 애프터버너 터보제트
최고 속도 716km/h(445mph)

버트 루탄의 스페이스십원이 사상 최초의 유인 민간 우주 비행을 성취했다. 우주 비행사는 마이크 멜빌(Mike Melville)이었다. 스페이스십원은 모선 화이트나이트(WhiteKnight)에서 공중 발사되었고, 시속 3,689킬로미터(시속 2,292마일)의 속도로 날았다. N20/HTPB 스페이스데브 하이브리드 로켓이 동력을 공급했다.

스페이스십원이 항공기에 부착되어 있다.

▷ 록히드 마틴 F-35A 라이트닝 2 2006년
Lockheed Martin F-35A Lightning II 2006

제조국 미국
엔진 12,700~19,500kg(28,000~43,000lb) 스러스트 프랫앤휘트니 F135 애프터버너 터보팬
최고 속도 1,930km/h(1,200mph)

첨단 스텔스 기술을 채택한 F-35는 세 기종이 있다. F-35A는 재래식으로 이착륙한다. F-35B는 단거리 이륙, 수직 착륙을 한다. F-35C는 항공 모함에서 출격한다. 서방 세계 대다수가 곧 이 비행기를 갖출 것이다.

▷ 에어버스 A400M 아틀라스 2009년
Airbus A400M Atlas 2009

제조국 유럽 컨소시움
엔진 4×11,060마력 유로프롭 TP400-D6 터보프롭
최고 속도 780km/h(485mph)

완전히 새로워진 A400M 아틀라스는 장거리 수송기 C-130 허큘리스보다 항속 거리가 두 배이고, 최첨단 기술을 자랑한다. 지연과 예산 낭비로 논쟁에 휩싸이기도 했다.

◁ 에어버스 A350-800 2014년
Airbus A350-800 2014

제조국 유럽 컨소시엄
엔진 2×38,102kg(84,000lb) 롤스로이스 트렌트 XWB-83 터보팬
최고 속도 945km/h(587mph)

고객사의 압력으로 에어버스는 새로 개발한 광폭 동체 제트기들을 점검했다. 그렇게 탄소 섬유 보강 중합체가 동체와 날개에 사용되었다. 이는 효율적 운항을 주요 목표로 한 조치였다.

첨단 헬리콥터

헬리콥터는 값이 비싸고, 연료 소모량이 비교적 많아서, 주류 항공기로 자리잡지 못했다. 그럼에도 불구하고, 헬리콥터의 인기가 여전한 것은 독보적인 수직 이착륙 능력 때문이다. 복합재로 제작하면서 무게가 크게 줄어들었고, 최고 속도를 높이기 위한 보조 추진 엔진 및 프로펠러 실험도 계속되고 있다. 컴퓨터로 제어되는 무인 헬리콥터도 개발되었다.

◁ 유로콥터 X3 2010년
Eurocopter X3 2010

제조국 프랑스
엔진 2×2,270축마력 터보메카 RTM332 터보샤프트
최고 속도 430km/h(267mph)

고속 운항되는 헬리콥터에서 발생되는 문제들을 틸트로터보다 덜 복잡하게 해결하기 위해, 날개 속도를 덜 효율적인 천음속 범위 이하로 떨어뜨릴 수 있게 만들었다.

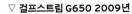

▽ 걸프스트림 G650 2009년
Gulfstream G650 2009

제조국 미국

엔진 2×7,303kg(16,100lb) 스러스트 롤스로이스 도이칠란트 BR725 터보팬

최고 속도 982km/h(610mph)

걸프스트림은 호화롭고 세련된 항공기 트렌드를 주도했다. 이 비즈니스 제트기의 계란형 동체에는 각종 주방 시설, 바, 오락 기구 등이 다 들어갔다. 엄청 크고 빠른데도 작은 공항에 착륙할 수 있다.

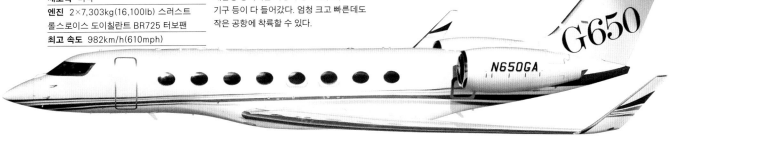

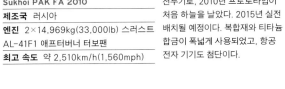

△ 수호이 PAK FA 2010년
Sukhoi PAK FA 2010

제조국 러시아

엔진 2×14,969kg(33,000lb) 스러스트 AL-41F1 애프터버너 터보팬

최고 속도 약 2,510km/h(1,560mph)

러시아의 쌍발 다목적 스텔스 전투기로, 2010년 프로토타입이 처음 하늘을 날았다. 2015년 실전 배치될 예정이다. 복합재와 티타늄 합금이 폭넓게 사용되었고, 항공 전자 기기도 첨단이다.

△ PC-아에로 엘렉트라 원 2011년
PC-Aero Elektra One 2011

제조국 독일

엔진 16킬로와트 전기 모터

최고 속도 160km/h(99mph)

서너 시간을 족히 날 수 있는 이 초경량 비행기는 1, 2, 4인승 전기 항공기 시리즈의 첫 작품이다. 태양 전지판이 설치된 격납고에서 충전을 한다. 일부 모델은 날개에도 태양 전지판이 달려 있다.

▷ 청두 J-20 2011년
Chengdu J-20 2011

제조국 중국

엔진 2×13,608~18,144kg(30,000~40,000lb) 스러스트 WS-15 애프터버너 터보팬

최고 속도 약 2,300km/h(1,430mph)

중국의 J-20은 삼각익 외에도 커나드를 달고 있고, 동체가 길고 넓다. 그로 인해 미국 및 러시아 스텔스 전투기보다 더 크고, 더 무겁다. 매우 빠른 속도로 개발된 것을 보면, 중국이 기술을 따라잡는 데 열심이었음을 알 수 있다.

▽ 벨 리렌트리스 525 2013년
Bell Relentless 525 2013

제조국 미국

엔진 2×1,800축마력 제너럴 일렉트릭 CT7-2F1 터보샤프트

최고 속도 259km/h(161mph)

525는 지금까지 개발된 것 중 기술적으로 가장 선진적인 헬리콥터로, 복합 소재, 전기 신호식 비행 조종 제어 시스템, 최첨단 조종석, 광범위 컴퓨터 기술이 특징적이다.

△ 시코르스키 S97 레이더 2014년
Sikorsky S97 Raider 2014

제조국 미국

엔진 약 3,000마력 제너럴 일렉트릭 T700 터보샤프트

최고 속도 370km/h(230mph)

군용 헬리콥터로 구상, 제안되었다. 동체를 복합재로 만들었고, 고속으로 운항하며 정찰 및 공격을 수행한다. 주 회전 날개 외에 프로펠러 추진기가 달렸다. 착륙 장치가 인입식이고, 조종사 없이 혼자서 날 수도 있다.

효율과 친환경

항공사들의 대형 정기 여객기가 효율을 중시하며 경량화됐고, 이 새 세대 항공기들에 동력을 공급하는 터보팬 엔진들도 꾸준히 개량되고 있다. 항공사들이 쌍발 엔진 제트기를 활용해, 거점 운항 방식에서 목적지 직접 운항 방식으로 옮아감에 따라 연료 절약이 추가로 이루어지고도 있다. 단거리 항공기의 경우 이제는 다른 대안적 동력 장치가 개발되는 중이다.

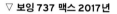

▽ **에어버스 A320neo 2016년**
Airbus A320neo 2016

제조국 미국

엔진 2×12,300kg(27,120lb) 스러스트 CFM 인터내셔널 LEAP-1A 또는 프랜앤휘트니 PW1100G 터보팬

최고 속도 833km/h(518mph)

광폭 동체의 A320neo(신형 엔진 (new engine option)의 머릿글자)는 A319neo, A320neo, A321neo 세 기종이 있다. 기존의 협폭 동체 A320이 개량된 '네오' 시리즈는 연료 효율도 15~20퍼센트 개선되었다.

▽ **사이러스 비전 SF50 2016년**
Cirrus Vision SF50 2016

제조국 미국

엔진 817kg(1,800lb) 스러스트 윌리엄스 FJ33-5A 터보팬

최고 속도 560km/h(350mph)

단발 엔진 제트기로는 세계 최초로 사용 승인을 받은 민간 항공기이다. 제작사 사이러스는 복합 구조의 혁신적인 피스톤 엔진 SR20과 SR22로, 미국을 선도하는 경량 항공기 제조업체들을 이미 추월한 상태다.

▽ **보잉 737 맥스 2017년**
Boeing 737 MAX 2017

제조국 미국

엔진 2×13,298kg(29,317lb) 스러스트 CFM 인터내셔널 LEAP-1B 터보팬

최고 속도 839km/h(521mph)

보잉은 A320neo와 경쟁할 필요를 느꼈고, 오랜 세월 써먹은 737 설계에 특대형의 LEAP 터보팬을 달았다. 이런 변화로 맥스의 불안정성이 커지자, 보잉은 자동 균형 시스템(automatic trim system)으로 문제를 해결하고자 했으나 불행히도 두 차례의 추락 사고로 많은 사람이 죽었다.

조종사는
이제 필요 없어!

배터리(건전지)와 전기 모터, 또 컴퓨터 제어와 위성 위치 확인 시스템이 급속히 발달하면서, 소형의 자동 운항 자율 항공기인 드론이 현실화했다. eVTOL(electric vertical take-off and landing, 전기 동력의 수직 이착륙 시스템)을 바탕으로 한 대규모 배송 체계와, 아예 조종사가 없는 항공 택시 승인을 받으려는 경쟁이 이제는 벌어지고 있다.

◁ **폴로콥터 VC200 2016년**
Volocopter VC200 2016

제조국 독일

엔진 18×3상 PM 싱크로너스 브러시리스 직류 전기 모터

최고 속도 100km/h(62mph)

'조종사 탑승이 선택 사양으로 제공되는' VC2X가 양산 중이다. 폴로콥터의 기본 개념은 회전 날개를 여럿 배열해 절대로 작동 불능 상태에 빠지지 않는다는 것이다. 유럽이 시행 중인 초경량 헬리콥터 법령도 준수한다. 무인 항공 택시인 폴로시티 (VoloCity)가 파생 상품으로 개발되고 있다.

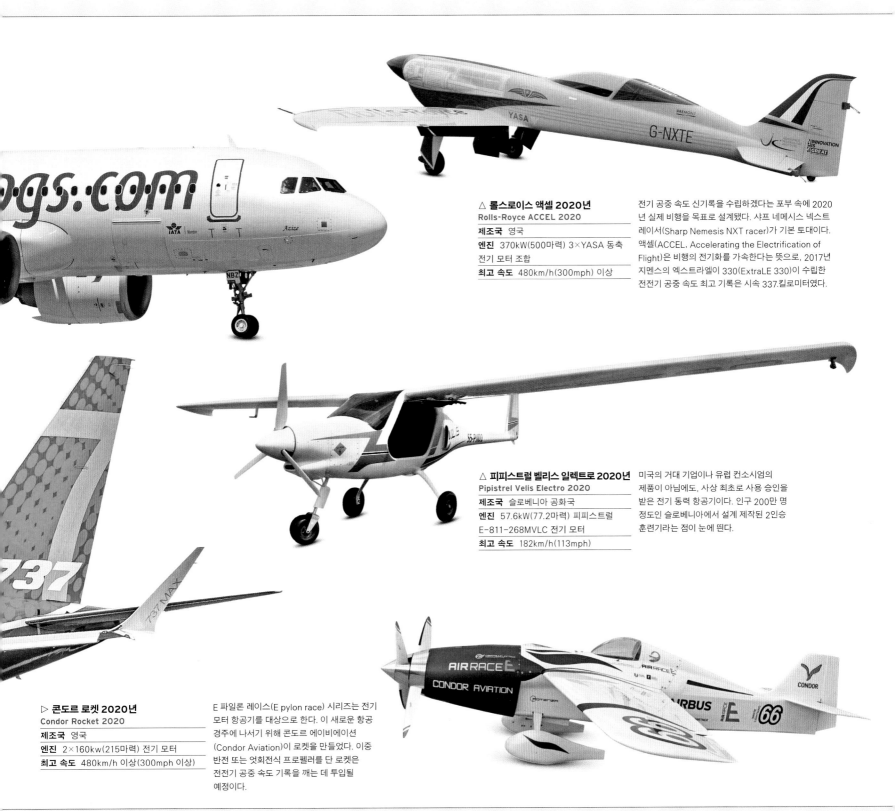

△ 롤스로이스 액셀 2020년
Rolls-Royce ACCEL 2020

제조국 영국

엔진 370kW(500마력) 3×YASA 동축 전기 모터 조합

최고 속도 480km/h(300mph) 이상

전기 공중 속도 신기록을 수립하겠다는 포부 속에 2020년 실제 비행을 목표로 설계됐다. 샤프 네메시스 넥스트 레이서(Sharp Nemesis NXT racer)가 기본 토대이다. 액셀(ACCEL, Accelerating the Electrification of Flight)은 비행의 전기화를 가속한다는 뜻으로, 2017년 지멘스의 엑스트라엘이 330(ExtraLE 330)이 수립한 전전기 공중 속도 최고 기록은 시속 337.킬로미터였다.

△ 피피스트럴 벨리스 일렉트로 2020년
Pipistrel Velis Electro 2020

제조국 슬로베니아 공화국

엔진 57.6kW(77.2마력) 피피스트럴 E-811-268MVLC 전기 모터

최고 속도 182km/h(113mph)

미국의 거대 기업이나 유럽 컨소시엄의 제품이 아님에도, 사상 최초로 사용 승인을 받은 전기 동력 항공기이다. 인구 200만 명 정도인 슬로베니아에서 설계 제작된 2인승 훈련기라는 점이 눈에 띈다.

▷ 콘도르 로켓 2020년
Condor Rocket 2020

제조국 영국

엔진 2×160kw(215마력) 전기 모터

최고 속도 480km/h 이상(300mph 이상)

E 파일론 레이스(E pylon race) 시리즈는 전기 모터 항공기를 대상으로 한다. 이 새로운 항공 경주에 나서기 위해 콘도르 에이비에이션(Condor Aviation)이 로켓을 만들었다. 이중 반전 또는 엇회전식 프로펠러를 단 로켓은 전전기 공중 속도 기록을 깨는 데 투입될 예정이다.

▷ 시티에어버스 2019년
CityAirbus 2019

제조국 유럽 컨소시엄

엔진 8×100kW(134마력) 전기 모터

최고 속도 120km/h(75mph)

이 드론은 항공 취미 열광자용 겸 상업용이다. 소형으로, 회전 날개가 넷인데, 모터와 회전 날개를 짝지어 놔서, 안전을 담보했다. 조종사가 없는 무인 시티에어버스(CityAirbus)의 경우, 도시 상공에서 탑승을 공유하기 위함이고, 정해진 항로에서 최대 네거티브 명까지 실어나를 요량이다.

△ 아마존 프라임 에어 프로토타입 2016년
297 Amazon Prime Air prototype 2016

제조국 미국

엔진 4×전기 모터

최고 속도 최대 161km/h 이하(100mph 이하)

인터넷 상거래 업체 아마존이 2013년 계획을 발표하고부터, 프라임 에어 드론 배송 체계(Prime Air drone delivery system)를 개발 중이다. 이 최초의 민간 배송 실험은 2016년 12월 7일 이름이 없는 사진 속 항공기로 이루어졌다. 여러 설계안과 시제품이 현재 시험을 거치고 있다.

활공 로켓

스페이스십투는 화이트나이트투를 타고 1만 5240미터까지 올라가므로 우주에 도달하기 위해 지상에서 엄청난 추진력을 내야 하는 상황을

화이트나이트투와 스페이스십투

획기적인 디자이너 버트 루탄이 세운 회사가 수송기 화이트나이트투를 제작했다. 준궤도까지 우주선을 싣고 가서, 우주로 쏘려는 용도다. 이 쌍동 항공기는 우주 항공선 스페이스십투나 론처원(LauncherOne)도 싣고 하늘로 올라갈 수 있다. 인공위성을 수송하는 1회용 로켓인 화이트나이트투는 전폭이 무려 43미터로, 지금까지 탄소 복합재로 제작된 것 중 가장 큰 항공기이다.

우회할 수 있다. 일단 발사되고 나면, 지구 대기를 탈출하기 위해 로켓 모터를 오랫동안 가동할 필요도 없다. 대기권 재진입 사안도 아주 우아하게 해결한다. 이 우주 비행기는 날개를 위쪽으로 65도 올려서 추가 항력을 낸다. 무게가 가벼워서 천천히 떨어지므로 마찰 문제에 대비한 열 방호물 내지 타일이 필요없다. 2만 1336미터 고도에서 날개가 원래 위치로 돌아가면, 우주선이 글라이더가 되어 활주로까지 운행된다.

수송기 화이트나이트투가 우주선 스페이스십투 시험 비행을 위해
싣고 가는 중이다. 하늘을 배경으로 보이는 실루엣이 이채롭다.

비행의 원리

공기보다 무거운 항공기가 처음 비행을 시작한 이래로 바뀌지 않은 것 하나가 바로 날개가 작동하는 방식이다. 날개를 단 항공기가 하늘 높이 떠 있을 수 있는 것은, 그 날개 위아래로 몇 킬로그램의 공기압 차이가 생기기 때문이다. 조지 케일리 경(Sir George Cayley)의 마부가 1853년 브롬턴 데일을 가로질러 활공할 수 있었던 것이나, 오늘날 초음속 항공기가 하늘에 떠 있을 수 있는 것이나, 모두 이 공기압 차이 덕분이다. '조종간과 방향타'가 들어간 비행 제어 시스템을 처음 고안한 사람은 루이 블레리오(Louis Blériot)로, 그의 단엽기가 1909년 영국 해협을 횡단했다. 초경량 항공기에서 우주 비행기에 이르는 오늘날의 항공기에서도 이 '조종간과 방향타'를 볼 수 있다. 공기 역학적 항력을 줄이고, 초음속 기류가 미치는 효과에 대응하는 여러 기술적 진보가 이루어졌다. 하지만 날개 비행의 근본 원리는 여전히 똑같다. 양력과 균형력(중력, 추력, 항력)이 합쳐져 비행을 할 수 있게 된다. 수평 비행에서는 양력과 항공기의 무게(중력)이, 그리고 엔진 추력과 항력이 균형을 이룬다.

양력과 균형력

날개가 공기를 가로지르면, 위로 흐르는 공기가 아래로 흐르는 공기보다 더 빠르게 운동하므로, 날개 아래쪽 기압이 더 높아진다. 그 결과 양력(lift)이 발생한다. 공기는 날개와 다양한 각도로 만날 수 있는데, 이를 받음각이라고 한다. 받음각에 따라 양력과 항력이 달라진다. 임계각을 초과하면 양력이 사라지는데, 이를 실속(stall, 失速)이라고 한다.

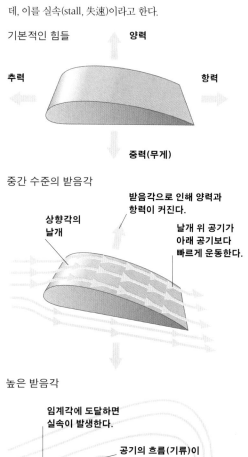

기본적인 힘들

양력 / 추력 / 항력 / 중력(무게)

중간 수준의 받음각

받음각으로 인해 양력과 항력이 커진다.

상향각의 날개

날개 위 공기가 아래 공기보다 빠르게 운동한다.

높은 받음각

임계각에 도달하면 실속이 발생한다.

공기의 흐름(기류)이 분리되면서, 날개 위에서 압력이 증대한다.

공기압 차이가 줄어들면서 양력이 감소한다.

날개 모양의 발달

비행의 선구자들은 최대한 가벼운 날개를 만드는 데 주력했다. 당시에는 날개를 아주 얇게 만든 다음 줄로 떠받쳤다. 제1차 세계 대전에 투입된 복엽기의 날개는 더 두껍지만 항력을 덜 발생되는 구조였다. 하지만 구조가 개선돼 스피트파이어의 시대가 열릴 때까지는, 고속 비행을 위해 보강재 없는 외팔보 날개를 두껍게 만들어야만 했다. 최종적으로 '층류(laminar flow, 후퇴익)'이 천음속 비행에 우수한 것으로 드러났다. 소재가 개선되면서 더 빠른 속도를 얻기 위해 날개를 더 얇게 만들었다.

블레리오 11
이런 얇고 크게 휘어진 익형은 당대에 전형적이었다. 얄팍한 날개는 버팀줄이 지탱해주는 한에서 뒤틀면(휘면) 롤(roll)을 제어할 수 있었다.

줄이 잡아 주는 홑날개

왕립 항공기 공장 S.E.5A
1916년쯤 비행기 속도는 보통 시속 161킬로미터를 넘었고, 곡예 비행을 했다. 에어로포일은 더 편평해 항력이 적었고, 겹날개를 줄로 지탱해, 구조가 튼튼했기 때문에 상대적으로 얇게 만들 수 있었다.

겹날개

스피트파이어
슈나이더 트로피 수상자인 R. J. 미첼의 수상 비행기는 버팀줄이 있는 얇은 날개를 가졌다. 얄팍하면서도 튼튼한 뼈대에 하중을 담당하는 외피를 씌워 얇고 튼튼한 외팔보 날개(cantilever wing)가 만들어진다.

타원형 날개

F-86 세이버
피스톤 엔진을 단 노스 아메리칸(North American)의 P-51은 '층류(laminar flow, 얇은 판)' 날개를 채택해 속도가 스피트파이어보다 빨랐다. 층류 날개란 항력을 유발하는 난류를 최소화하는 방향으로 날개 윤곽을 잡는 것을 말한다. 이 층류 후퇴익이 천음속 비행에도 적합함이 드러났다.

얇은 후퇴익

록히드 F-117 나이트호크
끝이 예리하며, 지나칠 만큼 후퇴익이다. 나이트호크는 레이다에 거의 안 잡힌다. 컴퓨터로 제어되는 전기 신호식 비행이 비행 불안정성과 공기 역학적 결함을 보완한다.

뾰족한 날개

비행기를 조종해 보자

자동차나 배는 좌우로 조종할 수 있다. 하지만 비행기 조종은 3차원에서 이루어진다. 그렇다면 이제, 3축 제어에 대해 알아보자. 조종사는 수평으로 비행할 수 있고, 또 상승하거나 하강할 수 있다. 꼬리 날개에 부착된 승강타(elevator)를 위아래로 움직이면 된다. 조종간(조종 막대)를 앞뒤로 밀거나 당기면 승강타가 제어된다. 항공기는 보조익을 통해 수평 비행을 하면서도 좌우로 선회할 수 있다. 보조익은 조종간을 좌우로 움직여 조작한다. 요(yaw), 즉 빗놀이는 수직 꼬리 날개에 부착된 방향타로 제어한다. 방향타는 조종석 바닥의 페달로 조작한다. 대형 항공기, 속도가 빠른 제트기라면 이런 제어부를 동력 장치로 조작할 테지만, 조종간과 방향타의 기본 작동 원리는 여전히 동일하다.

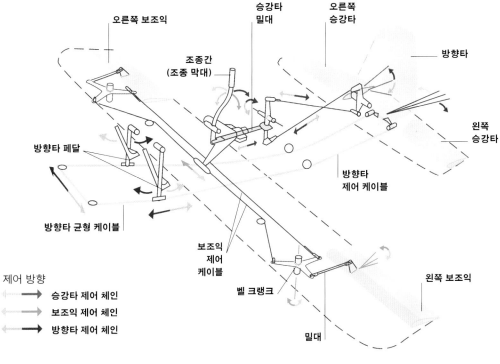

오른쪽 보조익
승강타 밀대
오른쪽 승강타
방향타
조종간 (조종 막대)
왼쪽 승강타
방향타 페달
방향타 제어 케이블
방향타 균형 케이블
보조익 제어 케이블
벨 크랭크
왼쪽 보조익
밀대

제어 방향

→ 승강타 제어 체인
→ 보조익 제어 체인
→ 방향타 제어 체인

기수가 올라감

날개가 높은 받음각(+)으로 공기를 맞이한다. 양력이 증대한다.

승강타가 올라가면, 꼬리 날개가 내려간다.

피치 업
조종간을 뒤로 잡아당기면, 승강타가 올라간다. 기수가 올라가면서 항공기가 상향한다. 날개의 받음각이 더 커져서 더 큰 양력이 발생하고, 항공기가 상승한다. 조종간이 중립이기 전까지 항공기는 계속 피치 업 상태다.

승강타와 수평 꼬리 날개와 수평면을 유지한다.

수평 비행
수평 비행에서는 수평 꼬리 날개가 다트 날개처럼 일정 받음각을 유지시키는 안정판 역할을 한다. 승강타는 중립 위치로, 조종사가 난류 효과를 보정할 때에만 위아래로 움직인다.

승강타가 내려가면 꼬리 날개의 양력이 증가한다.

피치 다운
조종간을 앞으로 밀면, 승강타가 내려간다. 기수가 내려가고, 항공기가 하향한다. 받음각과 양력이 줄어들면서, 항공기는 하강한다. 비행기 무게, 즉 중력이 추력과 동일한 방향으로 작용하기 때문에, 하강 속도는 더욱 빨라진다.

날개가 낮음 받음각(-)에서 공기를 만나 양력과 항력 모두 감소한다.

오른쪽 보조익이 내려가면, 날개의 양력이 커진다.

왼쪽 보조익이 올라가면, 날개의 양력이 감소한다.

좌우 요동
조종간을 좌우 한쪽으로 움직이면, 그쪽 보조익이 올라가면서 양력이 감소하고, 동시에 반대쪽 보조익이 내려가면서 양력이 커진다. 항공기가 롤(roll, 좌우 상하 요동)운동을 하는 것이다. 날개 양력 전체가 조종간을 움직인 쪽으로 작용하면서 항공기는 선회한다. 방향타는, 상하향 보조익 때문에 차등적으로 생기는 항력의 균형을 잡아 줄 때만 사용된다.

피스톤 엔진

19세기 후반에 가솔린 엔진이 출현했고, 마침내 동력 비행이 가능해졌다. 선구자들은 증기 기관을 가지고 실험을 했지만, 그 중 아무리 가벼운 것이라도 너무 무거웠다. 자동차에 들어간 초기 엔진도 동력은 충분했지만, 너무 무거웠으므로 항공기 피스톤 엔진은 자동차 엔진과 똑같은 원리로 작동하면서도, 최대한 가볍고, 또 확실히 믿고 쓸 수 있어야 했다. 이런 요구 조건 때문에 특수 경합금과 이중 마그네토 점화 장치(dual magneto ignition)가 선호됐다. 엔진이 가볍고 단순해야 했기 때문에, 경량 항공기와 상업 수송기는 공랭식을 선택했다. 반 세기가 넘는 세월 동안, 더 작은 항력과 더 큰 출력을 위해 고속 항공기의 경우에는 수랭식 엔진을 채택해야 하는지를 두고 논쟁이 벌어졌다. 제트 엔진이 출현하면서 그 논쟁은 종결됐지만, 초경량 항공기와 경량 스포츠 항공기가 최근 수랭식 엔진을 선택하고 있다.

4행정 사이클

피스톤 엔진은 연소 가스가 회전하는 크랭크축에 붙어서 작동하는 피스톤 크라운(piston crown, 피스톤 상단을 의미함 — 옮긴이)에 가하는 압력을 이용해 동력을 산출한다. 전형적인 오토 4행정 주기(four-stroke Otto cycle, 발명가 '오토'의 이름을 땄다. 아래 도해 참조)에서는 점화 플러그의 점화와 함께 크랭크축의 회전 운동이 개시된다. 거의 모든 항공기 피스톤 엔진이 4행정으로, 자동차 엔진과 동일하게 작동하나 기통의 용량이 더 크다. 이는 분당 약 3,000회의 회전 속도로 프로펠러를 돌리기 위해서다. 군용 및 상업 항공기 엔진에는 1930년대부터 공기가 희박한 고고도에서는 동력 출력을 유지하기 위해 더 많은 장치를 압축한 슈퍼차저가 장착되었다.

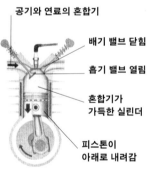

공기와 연료의 혼합기

배기 밸브 닫힘
흡기 밸브 열림
혼합기가 가득한 실린더
피스톤이 아래로 내려감

1 흡입 흡기 밸브가 열리고, 피스톤이 아래로 내려간다. 공기-연료 혼합기가 엔진의 흡입구 및 연료 계통을 통해 실린더로 주입된다.

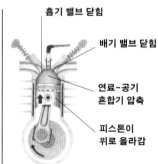

흡기 밸브 닫힘

배기 밸브 닫힘
연료-공기 혼합기 압축
피스톤이 위로 올라감

2 압축 피스톤이 다시 실린더 위쪽으로 올라간다. 실린더 내부의 압력이 상승하고, 연료-공기 혼합기가 데워진다.

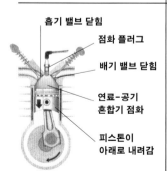

흡기 밸브 닫힘

점화 플러그
배기 밸브 닫힘
연료-공기 혼합기 점화
피스톤이 아래로 내려감

3 폭발(팽창) 피스톤이 꼭대기에 이르렀을 때 점화 플러그가 작동한다. 연소된 혼합기가 팽창해 피스톤이 아래로 내려간다.

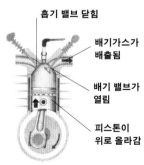

흡기 밸브 닫힘

배기가스가 배출됨
배기 밸브가 열림
피스톤이 위로 올라감

4 배기 피스톤이 실린더 바닥에 도달하면, 배기 밸브가 열린다. 피스톤이 다시 올라가고, 배기가스가 배출된다.

롤스로이스 멀린

아무리 복잡하게 생겼어도, 롤스로이스 멀린(Merlin)은 자동차 엔진과 꼭 같은 피스톤과 밸브가 더 많이 들어 있다. 엔진이 생성하는 동력의 양은 엔진이 얼마나 빨리 구동하는지, 또 엔진에 얼마나 많은 공기가 주입되는지에 달렸다. 멀린은 프로펠러 기어를 저속으로 낮춰 구동 속도를 높였다. 슈퍼차저가 공기를 추가로 급송하기 때문에 고고도에서도 동력 발생을 증가시킨다.

점화 플러그 꽂는 곳

흡기 다기관이 12개의 실린더 모두에 혼합기를 보낸다.

슈퍼차저가 혼합기를 엔진에 강제로 더 많이 주입한다. 고고도에서도 동력 출력을 유지할 수 있는 이유다.

기화기가 흡입 공기를 연료와 섞는다.

물 펌프가 엔진과 방열기 주위로 냉각수를 순환시킨다.

엔진 냉각 방식

공랭식
주변으로 공기를 흐르게 해 엔진을
식히려면 기류를 적절히 분배 분산해야
하므로, 방사형 배열이 선호된다. 이
구조라면 실린더가 모두 바람에 노출되기
때문이다. 오늘날 대다수의 경량
항공기에는 공랭식 엔진이 장착된다.

수랭식
엔진에서 가장 뜨겁고 중요한 부위
주변으로 냉각수를 흘려보내, 엔진을
식히면, 공랭식보다 편하다. 동력 출력과
효율을 높일 수 있는 것이다. 하지만,
방열기로 인해서 공기 역학적 항력이
발생할 뿐만 아니라, 고장도 잘 난다.

브리스틀 주피터 엔진

브리스틀 불독 전투기

이스파노-수이사 V8 엔진

RAF S.E.5A

엔진의 구조 배열

지금까지 시도된 엔진의 구조 배열은 무척
많고, 다양하다. 안차니(Anzani)는 1908
년 접는 부채 모양으로 실린더 3개를 배열
했었고, 1940년대 네이피어 세이버(Napier
Sabre)는 실린더 24개를 H 모양으로 설치
했다. 세 가지 기본 유형을 소개한다.

V자형

직렬 엔진은 앞면 면적이 최소지만, 실린더
를 추가할수록 길어져서, 중간에서 휘어질
수 있다. 직렬 엔진 2개를 크랭크축 하나로
결합하면 알차고 튼튼한 V자형 엔진이 탄
생한다.

성형(레이디얼)

크랭크축을 중심으로 실린더를 360도 배열
하면, 공랭식에 적합한 소형 엔진이 탄생한
다. 방사형(radial)이기 때문에, 줄여서 R로
표기한다. 지름을 유지한 채 실린더를 앞뒤
로 추가하면, 더 많은 동력을 얻을 수 있지만
냉각 문제가 생길 수 있다.

대향형(opposed)

미국 제조사 컨티넨털이 만든 O형 엔진이
경량 항공기에거 인기를 끌었다. 라이코밍
등 다른 제조사들이 곧 따라했다. 이런 엔진
은 작고 공랭식이며, 기수 너머 시야도 좋다.

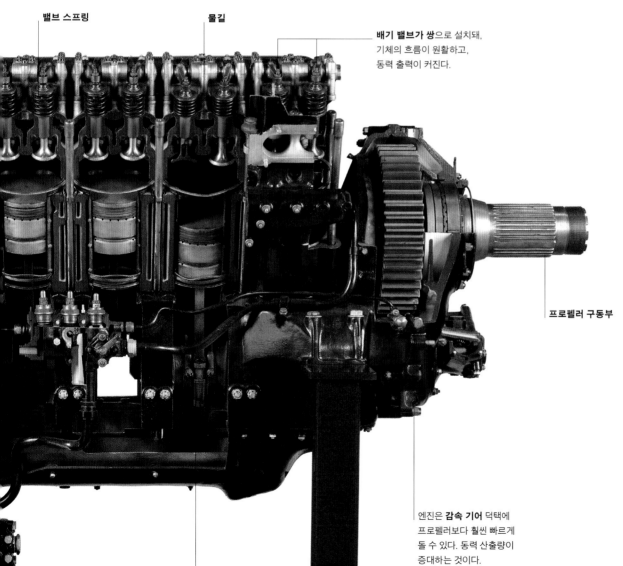

밸브 스프링   **물길**

배기 밸브가 쌍으로 설치돼,
기체의 흐름이 원활하고,
동력 출력이 커진다.

프로펠러 구동부

엔진은 **감속 기어** 덕택에
프로펠러보다 훨씬 빠르게
돌 수 있다. 동력 산출량이
증대하는 것이다.

커넥팅로드가 피스톤에
작용하는 압력을
크랭크축으로 전달한다.

제트 엔진

제트 엔진은 오랜 구상 끝에 어렵게 태어났다. 지금이야 공기를 압축하고, 연소실에 연료를 분사한 다음, 혼합기를 태워, 엔진을 구동해 추력을 얻는 원리를 당연한 것으로 여긴다. 하지만 실제 개발 과정은 순탄치 않았다. 프랭크 휘틀(Frank Whittle) 같은 선구자들은 1920년대와 1930년대에 커다란 난관에 봉착했다. 적절한 압력비를 만들어 줄 압축기, 공기가 고속으로 통과하는 중에도 불꽃을 유지해 줄 연소실, 고온에도 절대 녹지 않을 터빈을 개발하는 것은 만만찮은 과제였다. 무엇보다도, 휘틀의 터보제트 엔진은 당대 슈퍼차저 (supercharger)의 압력비보다 두 배 더 높은 압력비를 달성해 줄 압축기를 필요로 했다. 당시에는 이 발상이 성공할 것으로 본 사람이 거의 없었다. 정부 지원은, 1930년대 후반에 피스톤 엔진이 한계에 다다랐음이 분명해지고, 고온에도 견디는 새로운 합금으로 터빈을 만들 가능성이 언뜻 보이고서야 이루어졌다.

제트 엔진의 종류

항공기의 가장 단순한 가스 터빈 엔진은 터보제트다. 고속으로 엔진을 떠나는 기류가 추력을 제공하는 것이다. 하지만 터보제트 엔진이 만들어 내는 작은 지름의 고속 배기가스는 딱히 효율적인 추진 수단이 아니다. 특히 대기 속도가 느릴 때 그렇다. 이런 이유로 터보제트는 처음에 군용 항공기와 고속 순항하는 정기 여객기에 사용됐다. 현대의 민항기 대부분은 터보프롭과 터보팬을 쓴다. 이 두 엔진은 보다 큰 지름의 기류를 활용한다. 터보프롭은 터빈으로 프로펠러를 구동하고, 터보팬은 특대형 압축기 같은 장치를 사용해, 외부 공기가 추가로 엔진 주변을 우회토록 한다.

터보제트(Turbojet)

터보제트는 인입된 공기를 배기구의 터빈이 구동하는 압축기에 통과시킨다. 압축된 공기는 연소실 내부와 주변을 흐른다. (점화기를 써서 엔진을 일단 기동하면, 연소는 계속된다) 고온의 배기가스가 최고 속도를 내게 설계된 분사구를 통해 엔진 후부로 빠져나간다.

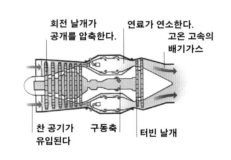

회전 날개가 공개를 압축한다. | 연료가 연소한다. 고온 고속의 배기가스
찬 공기가 유입된다. | 구동축 | 터빈 날개

터보팬(Turbofan)

터보팬은 대다수 상업 항공기에 쓰이며, 터보제트가 엔진 앞쪽의 대형 팬을 구동한다. 여객기의 경우, 이 팬이 생성하는 '바이패스 (bypass)'가 엔진 중심을 통과하는 기류보다 최대 10배에 이른다. 속도가 느릴 때, 바이패스 흐름과 배기가스가 함께 작용해 추력을 제공한다. 정기 운항 여객기는 적은 소음으로 통상 시속 965 킬로미터 이상으로 순항한다.

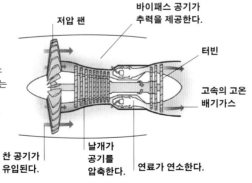

저압 팬 | 바이패스 공기가 추력을 제공한다. | 터빈 | 고속의 고온 배기가스
찬 공기가 유입된다. | 날개가 공기를 압축한다. | 연료가 연소한다.

터보프롭(Turboprop)

터보프롭은 배기가스로 작동하는 터빈을 추가해 그 동력으로 프로펠러를 구동한다. 배기가스가 약간의 추력을 더 제공하긴 하지만, 주된 추력은 프로펠러가 담당한다. 터보프롭과 터보제트는 시속 724킬로미터 에서 최고 효율적이라는 점에서 닮았다.

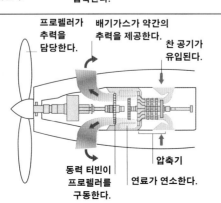

프로펠러가 추력을 담당한다. | 배기가스가 약간의 추력을 제공한다. | 찬 공기가 유입된다.
동력 터빈이 프로펠러를 구동한다. | 연료가 연소한다. | 압축기

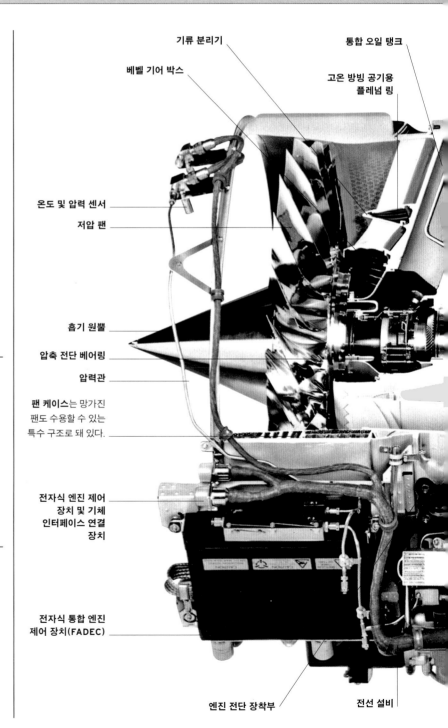

기류 분리기 | 통합 오일 탱크
베벨 기어 박스 | 고온 방빙 공기용 플레넘 링
온도 및 압력 센서 | 저압 팬
흡기 원뿔
압축 전단 베어링
압력관
팬 케이스는 망가진 팬도 수용할 수 있는 특수 구조로 돼 있다.
전자식 엔진 제어 장치 및 기체 인터페이스 연결 장치
전자식 통합 엔진 제어 장치(FADEC)
엔진 전단 장착부 | 전선 설비

제트 추진

휘틀 엔진은 당대 피스톤 엔진의 슈퍼차저에서 볼 수 있는, 믿을 수 없을 만큼 단순해 보이는 원심 압축기를 썼다. 축류 압축기 엔진을 비슷한 성능과 신뢰성 수준으로 개발하는 데는 수십 년이 걸렸다. 축류 압축기 엔진에서는 유입된 공기가 블레이드가 달린 압축기휠(wheel)을 통과하면서 조금씩 증식 압축되고 로터들 사이에 있는 회전차 스테이터(stator)가 기류를 정렬해 준다. 오늘날 대형 제트 엔진은 모두 축류 터보팬이다. 민간 제트 여객기는 고바이패스비를 적용해 효율성과 저소음을 달성하고, 군용 터보팬은 추력을 최대화하기 위해 애프터버너를 채택한다.

흡입구 **압축기 저압부** **압축기 고압부** **연소실** **고압 및 저압 터빈 덮개**

롤스로이스/스네크마 올림푸스 593

감속 기어 박스 **배기가스 배출부**

프로펠러 구동부

프랫앤휘트니 PT6 **공기 흡입구 스크린**

◁ **터보프롭의 신뢰성**

터보프롭이 300마력 이상의 프로펠러 항공기 대다수에서 피스톤 엔진을 몰아냈다. 더구나 터보프롭은 믿음직했다. 프랫 앤 휘트니 캐나다 PT6은 걸출한 터보프롭이다. 다양한 변형이 가능하며, 600~2000마력까지 동력을 산출한다.

△ **콩코드 엔진**

롤스로이스/스네크마 올림푸스 593은 민항기 제트 엔진으로는 유일하게 애프터버너가 달렸다. 이름이 같은 쌍축(회전차/터빈 쌍이 2개다.) 브리스틀 터보제트를 바탕으로 개발되었고, 초음속에서도 성능이 탁월했다.

압축기는 축류형 3단계와 원심형 1단계로 구성된다.

연료 분사구 **연료 다기관** **연소실** **고압 터빈** **저압 터빈** **열 차폐막**

날개 끝 밀봉 덮개

배기 원뿔

중심 기류 파이프

청소유 관

팬 도관 **연료 차단 밸브 케이블** **내부 모듈 결합부**

연료 및 윤활유 열 교환기 **윤활유 필터** **압축기 공기 빼냄 연결부**

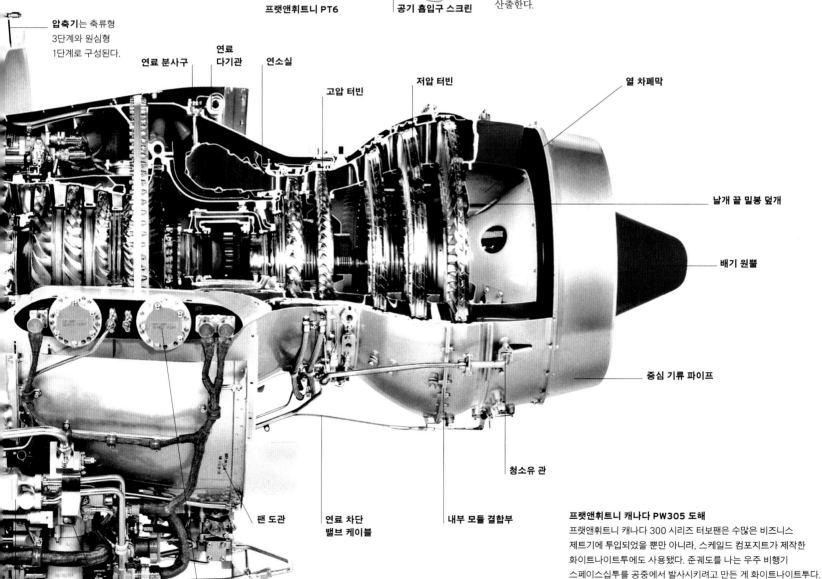

프랫앤휘트니 캐나다 PW305 도해

프랫앤휘트니 캐나다 300 시리즈 터보팬은 수많은 비즈니스 제트기에 투입되었을 뿐만 아니라, 스케일드 컴포지트가 제작한 화이트나이트투에도 사용됐다. 준궤도를 나는 우주 비행기 스페이스십투를 공중에서 발사시키려고 만든 게 화이트나이트투다. 305는 1990년에 인가를 받고 리어제트 60에 장착되었다. 305의 팬은 3단 터빈으로 구동된다. 압축기는 축류형이 4단이고, 원심형이 1단으로, 2단 터빈으로 구동된다.

획기적인 엔진들

제1차 세계 대전이 발발했을 당시 생산 중이던 항공 엔진은 기본적으로 두 가지였다. 먼저 수랭식 엔진의 경우, 알루미늄 합금으로 만든 크랭크케이스 위에 개별 실린더를 직렬로 올리는 게 일반적이었다. 직렬 공랭식 엔진이 몇 있기는 했다. 그런데 효과적인 실린더 헤드 디자인을 잘 몰랐던 것이 엔진부 전체를 회전시켜 냉각하자는 기상천외한 아이디어로 이어졌다. 이 '회전식' 엔진은 연료 소비율이 높고, 정비를 자주 해 줘야 함에도 가볍고 성능이 탁월했다. 제1차 세계 대전 후로는 다양한 배열의 더 단순한 공랭식 엔진들인 '6기통', '4기통', '2기통'이 1920년대에 등장한 새로운 부류의 경량 항공기에 사용됐다.

수랭식 직렬 엔진은 날렵한 모양지만, 구조가 복잡하고 무거웠다. 민항 시장이 수랭식 엔진을 외면한 이유다. 하지만 공기 저항이 적어서 속도가 빠르다고 간주돼, 주로 경주용 항공기와 군용 비행기에 사용되었다.

1940년대 말에는 터보제트 엔진이 대형 피스톤 엔진을 대체했다. 최종적으로는 터보프롭과 현대식 터보팬이 정기 여객기들에 사용되었다. 터빈 엔진이 300마력 이상의 기종을 장악했고, 결국 피스톤 엔진에게는 경량 항공기 시장만 남게 됐다.

최근 연료비가 비싸지자, 훈련 항공기와 관광 비행기의 경우 더 무겁지만 경제적인 디젤 엔진이 인기를 얻었다. 오늘날은 훨씬 더 '녹색' 이라 할 대안적인 동력 출력 기관으로 전기 모터와 연료 전지를 사용하는 엔진이다.

아우스트로-다임러 6	
생산 연한	1910~1916년
배기량	13.9리터
최대 동력 출력	1,400rpm에서 154마력

페르디난트 포르셰 박사가 설계한 아우스트로-다임러 6은 유럽에서 개발된 직렬 수랭식 항공 엔진으로는 처음 크게 성공을 거둔다. 제1차 세계 대전 발발 당시 항공 엔진으로는 가장 연료 효율이 좋았고 믿음직했다. 많은 나라가 이 엔진의 오버헤드 캠샤프트 구조를 베꼈다. 스코틀랜드 소재의 윌리엄 비어드모어 앤 컴퍼니 엘티디 등 많은 기업이 면허를 받아 이 엔진을 생산했다. 영국에서 제작된 사진 속의 엔진은 영국 육군 항공대가 운용한 프로펠러 추진식 복엽기인 FE 시리즈에 장착됐다.

컨티넨털 A-40	
생산 연한	1931~1938년
배기량	1.9리터
최대 동력 출력	2,550rpm에서 40마력

컨티넨털 A-40은 결함이 많은 엔진이었음에도 불구하고, 이후로 제작되는 경량 항공기 엔진의 기준을 확립했다고 할 수 있다. 초창기의 A-40은, 열 흐름을 차단하는 개스킷이 실린더와 실린더 헤드를 절연하는 바람에 과열되었고, 측방의 배기 밸브가 부적절하게 냉각되었다. 크랭크축도 자주 부서졌는데, 이는 추력 베어링(thrust bearing)을 블록 뒤쪽에 잘못 설치했기 때문이다. 후속 모델 A-50과 A-65에서는 이런 문제점들이 해결되었다.

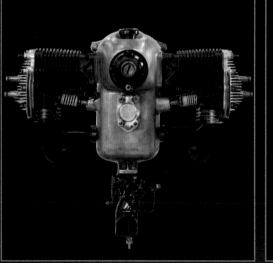

롤스로이스 멀린 3	
생산 연한	1936~1950년(전 모델)
배기량	27리터
최대 동력 출력	5,500피트 3,000rpm에서 1,440마력

롤스로이스 멀린은 "설계보다는 개발이 승리를 거둔" 물건이란 모진 평가를 들은 엔진 시리즈이다. 멀린의 기본 구조가 미국의 앨리슨 V12만큼 튼튼하지 못했고, 세부 설계 역시 독일의 라이벌 엔진 DB601만큼 인상적이지 않다는 것은 틀림없는 사실이다. 하지만 롤스로이스의 엔지니어들은 끈기 있고, 나아가 슈퍼차저 개발진이 매우 뛰어났다. 멀린의 동력 출력이 탁월한 신뢰성을 유지하면서 두 배로 증강된 것은 바로 이 때문이다.

브리스틀 켄타우루스	
생산 연한	1943년~
배기량	53.6리터
최대 동력 출력	4,000피트에서 2,550마력(마크 18)

수석 엔지니어 로이 페든(Roy Fedden)은 초기 설계에서 재래식의 포핏 밸브(poppet valve)를 썼고, 이후의 강력한 방사형 브리스틀 엔진들에는 슬리브 밸브(sleeve valve)를 채택했다. 켄타우루스는 그 결정판인데, 배태 과정이 매우 오래 걸렸다. '미래 항공기 프로젝트'의 엔진으로 구상된 게 1937년, 2,000마력급 테스트가 이루어진 게 1939 년이었는데, 1943년에야 양산되기 시작했다. 전후 모델들은 3,000마력 이상을 냈다.

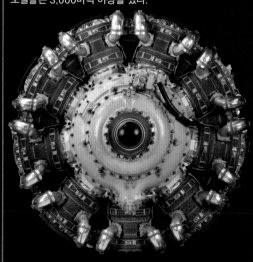

이스파노-수이사 모델 8BE 220KP V8

생산 연한	1916년~
배기량	11.8리터
최대 동력 출력	1,600rpm에서 220마력

스위스 엔지니어 마르크 비르긱트(Mark Birgikt)가 개발한 이스파노-수이사 V8은 "세상 사람들에게 수랭식 엔진을 앞으로 어떻게 만들어야 할지 보여 준" 것으로 평가된다. 알루미늄 주철 블록을 파내 만든 실린더 속에서 피스톤을 운동시키고, 밸브 기어도 밀폐해 먼지를 차단했다. 단단하고, 가벼우며, 탁월한 내구성을 자랑한 '이소(Hisso)' 는 이후의 모든 V자형 대형 엔진에 영향을 미쳤다. 적어도 이스파노-수이사가 제작하던 시절에는, 엔진의 구조가 당대의 정밀성 수준을 초월했다.

클레르제 9B

생산 연한	1917~1918년
배기량	16.3리터
최대 동력 출력	1,250rpm에서 130마력

클레르제는 회전식 엔진이다. 연료의 품질이 낮고, 실린더가 작동하면서 고온을 내뿜던 시절이었기 때문에, 냉각을 위해 프로펠러와 함께 돌았던 것이다. 클레르제 9B는 소프위드 캐멀(Sopwith Camel)의 표준 엔진으로, 종래의 밀대와 로커 밸브가 특징이었고, 회전식 엔진의 최고봉으로 평가되는 W. O. 벤틀리의 BR1과 BR2 개발에 영감을 주었다. 제1차 세계 대전이 끝났고, 회전식 엔진은 더 믿음직스럽고 경제적인 성형 엔진으로 대체되었다.

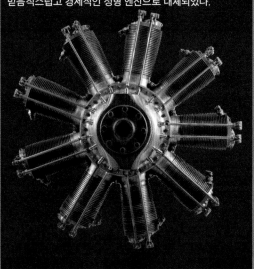

브리스틀 주피터

생산 연한	1920~1935년
배기량	28.7리터
최대 동력 출력	2,200rpm에서 580마력

주피터는 코스모스 엔지니어링(Cosmos Engineering)의 제품으로 탄생했다. 정부가 하위 경쟁사를 지원해 준 덕택인데, 아쉽게도 제1차 세계 대전 막판에 등장하는 바람에, 취역하지 못했다. 주피터는 브리스틀 소유로 넘어갔고, 로이 페든의 개발을 거쳐, 1920년대와 1930 년대에 가장 정교하고, 가장 많이 생산된 성형 엔진으로 부상했다. 헤드에 밸브가 넷 달려, 흡배기가 좋았고, 세부 설계가 뛰어나 믿음직한 고출력 엔진이었다.

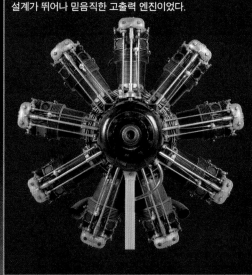

롤스로이스 RB211

생산 연한	1972년~
엔진 무게	4,386킬로그램
최대 추력	270킬로뉴턴

RB211은 애초 록히드 L-1011 트라이스타용으로 개발되었지만, 다음 두 가지 사태로 유명하다. 롤스로이스가 이 엔진 덕택에 상업용 고바이패스 터보팬 제작의 선두 주자로 나설 수 있었지만 파산해 버렸다. 결국 영국 정부가 개입해 롤스로이스를 살려냈다. RB211은 최초의 삼축 터보팬 엔진이다. 터빈이 세 조 있고, 그 각각이 동심축을 통해 각각의 압축기를 구동한다. 이 복잡한 구조로 연료 효율이 향상됐다.

보잉 GE90-115B

생산 연한	1995년~
엔진 무게	8,283킬로그램
최대 추력	513킬로뉴턴

GE90은 지금까지 제작된 것 중 가장 크고, 가장 강력하며, 가장 믿을 수 있는 터보팬 중 하나다. 이게 장착된 보잉 777 은 엔진 두 개만으로도 과거 4발 제트기가 했던 장거리 여객 수송 업무를 거뜬히 수행한다. GE90은 NASA가 1970 년대에 개발한 에너지 효율 엔진을 바탕으로 개발되었다. 팬 지름이 3.25미터, 압축기의 압축비가 23:1(초기의 제트 엔진은 4:1정도다)인 569킬로뉴턴이라는 세계 기록을 보유하고 있다.

센투리온 2.0

생산 연한	2006년~
배기량	2.0리터
최대 동력 출력	4,200rpm에서 155마력

독일에서 자동차 경주에 관여하던 프랑크 틸레르트(Frank Thielert)가 메르세데스 벤츠가 생산하던 자동차용 첨단 디젤 엔진을 경량 항공기에 집어넣어 사용할 수 있겠다는 가능성을 보았고, 그렇게 센투리온 디젤이 탄생했다. 초기 버전은 1.7리터급으로 135마력을 냈다. 이것은 연료 효율이 좋은 것으로 명성이 자자했지만, 기존의 항공유 엔진과 비교해 출력이 부족했다. 센투리온은 현재 동일한 치수의 엔진을 생산하지만, 동력 출력은 향상됐다.

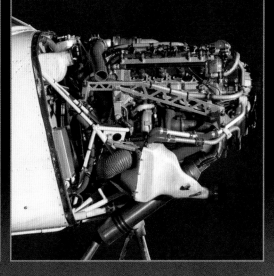

용어 해설

가

가로 세로 비(aspect ratio, 날개의 가로 세로 비) 날개는 면적뿐만 아니라 가로 세로 비가 중요하다. 가로 세로 비는 동체에서 날개끝(wing tip)까지의 거리와 앞에서 뒤까지의 폭을 측정하고, 비율을 내면 된다. 길고 폭이 좁은 날개의 글라이더는 가로 세로 비가 크다.

가변익(swing wing) 기술에 주안을 둔 단어인 가변 후퇴익(variable geometry or variable sweep wing)을 더 대중적으로 부르는 말이다. 항공기 날개의 수평각을 조정할 수 있으면, 두 가지 혜택을 누릴 수 있다. 고속에서 항력을 줄일 수 있고, 저속에서는 양력을 높일 수 있는 것이다. 하지만 기계 장치가 첨가되기 때문에 항공기가 무거워진다.

가스 터빈(gas turbine) 엔진은 터빈 바퀴(turbine wheel)로 고온의 연소 가스에서 에너지를 뽑아내, 회전 운동으로 전환해 준다. 램제트를 제외한 모든 제트 엔진에는 가스 터빈이 들어가 있다.

갈매기형 날개(gull wing, 걸 윙(식)) 길이 방향을 따라 굴곡이 심한 항공기의 날개로, 갈매기 날개처럼 생겼다.

감속 기어(reduction gear) 고속 회전 운동을 느리지만 더 강력한 운동으로 전환해 주는 기어다. 감속 기어는 터보프롭 엔진에서 필수다. 여기서는 프로펠러가 엔진의 터빈 바퀴보다 더 느린 속도로 돌아야 하기 때문이다. 터보프롭도 참조하라.

계기 비행 기상 조건(instrument meteorological conditions, IMC) 항공에서 조종사가 직접 관측 활동이 아니라 조종석의 계기 장비를 주로 참조해서 비행해야만 하는, 악천후 상황을 가리키는 공식 명칭이다.

계기 비행 증명(instrument rating) 조종사가 취득해야 하는 자격 요건으로, 이 증명을 소지해야 직접 관측해서 비행하는 시계비행 외에 조종석의 계기에 의존해야 하는 상황에서 계기 비행을 할 수 있도록 허락하고 있다.

고도(altitude) 항공기 관련 서술에서 일반적으로 해수면 높이(해발 고도)를 가리킨다.

곡예비행(aerobatics) 오락과 여흥 목적으로 수행하는, 화려하고 특이한 묘기 비행이다. 아크로바틱스(acrobatics)에서 유래했다.

곡예비행가(barnstormer) 곡예비행가는 미국 전역을 떠돌며 무모한 곡예비행을 하던 조종사를 가리킨다. 제1차 세계 대전 종전 이후 실업자 신세였던 많은 조종사들이 헛간 같은 건물 사이를 가끔 비행하기는 했지만, 반스토밍(barnstorming) 용어 자체는 이전부터 순회공연을 하는 유랑 극단 배우들을 가리키는 말로 쓰였다. 곡예비행도 참조하라.

공격기(attack aircraft) 지상 표적을 저공으로 날면서 정확하게 공격하는 용도의 항공기이다. 대개의 경우 지상 아군의 공격을 지원할 때 출격한다. 이런 특성 때문에 재래식 폭격기의 덜 정확한 작전과 구분된다. 다수의 군용기는 다목적기로 지상 공격 임무와 기타 수행 능력을 모두 담당한다. 지상 공격기라고도 한다.

공대공 미사일(air-to-air missile, AAM) 적이든 아군이든 항공기에서 항공기로 발사되는 미사일로, 레이다로 유도되거나 열을 추적해 목표물을 타격한다.

공랭(식)(air cooling) 기류를 활용해 엔진을 냉각하는 방식이다. 수랭식도 참조하라.

공중전(dogfight) 대적 항공기들이 벌이는 근접전. 항공기가 비교적 느리던 과거 전쟁의 유물이다. 용어 도그파이트에서, 대형을 갖추고 공격을 했다기보다는 일련의 개별 전투가 벌어졌음을 짐작할 수 있다.

관성 항법 장치(inertial navigation system, INS) 위치 정보와 항행 정보를 알려 주는 조종석 장비다. 외부 참조 데이터 없이 정보를 알려 준다는 점이 특징이다.

구경(bore) 피스톤 엔진의 실린더(기통) 직경을 뜻한다. 구경이 클수록 연소실이 커지고, 엔진의 동력 출력이 더 세질 가능성이 생긴다. 실린더와 피스톤 엔진도 참조하라.

극초음속(hypersonic) 마하 5를 능가하는 비행 속도. 마하 5는 음속의 5배다.

글래스 콕핏(glass cockpit) 디스플레이 장비로, 전통의 기계식 다이얼이 아닌 디지털 전자 스크린과 헬멧 디스플레이를 채택한 조종석이다.

기체(airframe) 엔진과 기타 장착물을 제외하고 항공기를 결합 유지해 주는 모든 구조 요소를 가리킨다.

기화기(carburettor) 유입된 공기를 빨아들여 엔진의 연소실로 연료와 함께 급송하는 장치이다. 현대의 엔진에서는 연료 분사 장치(fuel injection system)가 기화기를 대체했다. 연료 분사 장치도 참조하라.

꼬리 날개(empennage, 꼬리모두개) 비행기의 미익 구조 전반을 가리키는 말이다. (대다수 항공기에서) 수평 꼬리 날개, 수직 꼬리 날개, 방향타, 승강타가 꼬리모두개를 구성한다. 프랑스 어에서 온 말인데, '화살에 붙은 깃'을 의미한다.

꼬리모두개(tail assembly) 꼬리 날개 부분을 뜻한다.

나

나셀(nacelle, 엔진실) 엔진이나 기타 구조물을 싸서 지탱해 주는 유선형 덮개이다.

날개(wing) 항공기에서 중요한 공기 역학적 양력 구조물이다. 항공기의 날개 형상은 매우 다양하다. 낮은 날개(low wing)와 어깨 날개(shoulder wing)의 두 가지만 예를 들면 동체 바닥 근처에 날개를 장착한 것이 낮은 날개이고, 동체 상부 근방에 날개를 달면 어깨 날개다. '윙'은 공군의 항공단이나 비행단을 지칭하기도 한다. 삼각익, 파라솔 날개, 후퇴익, 가변익도 참조하라.

날개 뒷전(trailing edge) 날개 뒤 가장자리로, 항공기 후부에 면한다.

다

단속 안전 기어(interrupter gear) 제1차 세계 대전 때 개발된 시스템으로, 항공기에 탑재된 고정식 기관총을 프로펠러 사이로 발사할 수 있었다. 프로펠러의 날개가 총렬과 일직선이 되면 사격을 중지하는 시스템이다.

단엽기(monoplane) 날개가 1쌍만 달린 비행기이다. 복엽기도 참조하라.

대류권(troposphere) 지구 대기의 가장 낮고, 밀도가 높은 층으로, 여기서 난기류가 가장 심하고, 대다수의 기후 현상이 일어난다. 성층권도 참조하라.

동력 장치(powerplant, 엔진부) 항공기 추진을 담당하는 상설 구조로, 프로펠러와 엔진이 대표적이다.

동체(fuselage, 기체) 비행기의 몸체로, 날개와 꼬리 부분은 제외한다. 스핀들(spindle), 곧 방적 분야의 회전 심봉(방추)을 뜻하는 프랑스 어에서 유래한다. 초창기의 동체 다수가 대략 방추 모양이었기 때문이다.

라

램제트(ramjet) 뻥 뚫린 파이프나 다름없는 제트 엔진이다. 가스 터빈이 필요 없고, 그저 유입 공기 자체의 세찬 움직임에 기초해 압축 시켜 태운다. 따라서 저속에서는 전혀 작동하지 않으며, 마하 3에서 마하 6 사이로 날 때나 최고의 성능을 뽐낸다. 램제트의 주된 용도는 보조 엔진으로, 초음속의 군용기나 실험기에만 일부 사용될 뿐이다.

램프 도어(ramp door) 제트기 엔진의 흡기 경사로 내부에 설치된 문(들)로, 이것을 조작해서 엔진 흡입 기류를 조절한다.

레이돔(radome) 전파가 들고 날 수 있는 반구형 레이다 보호 덮개다.

로터(rotor, 회전 날개) 회전 장치를 뜻한다. 헬리콥터를 들어 올리는 날개깃 집합체를 기술할 때 쓰는 말이며, 터빈의 회전 바퀴도 가리킨다. 고정자도 참조하라.

로터리 엔진(rotary engine, 회전식 엔진) 항공기에 들어가는 피스톤 엔진의 한 종류다. 방사형으로 배열된 실린더들이 프로펠러와 같이 회전한다. 이 과정에서 스스로를 냉각하는 것이다.

롤(roll, 좌우 상하 요동) 한쪽 날개가 들리고, 다른 쪽 날개는 가라앉는 식으로 일어나는 항공기 동체의 회전 운동이다. 날개의 보조익으로 이것을 제어한다. 보조익도 참조하라.

마

마그네토(magneto, 자석식 점화 장치, 고압 자석 발전기, 마그네토 발전기) 영구 자석을 회전해서, 엔진을 점화하는 데 필요한 고압 전기를 만들어 내는 장치로, 별도의 배터리나 전기 공급이 필요 없다. 자동차 부문에서는 채택되지 않았지만, 항공기 엔진에서는 널리 사용되는데, 믿고 의지할 수 있는 신뢰성 덕분이다.

마력(horsepower) 엔진의 동력 출력을 세는 전통의 단위로, 대략 746와트다.

마룻대공(king post, 킹 포스트) 동체 상단에 수직으로 세워 고정한 막대로, 일부 옛날 항공기에서 볼 수 있다. 여기에 줄을 매달아 날개를 지탱한다. 일부 행글라이더에도 마룻대공이 쓰인다.

마하수(Mach number, 마하 속도) 음속에 대한 항공기의 속도비다. 마하 2는 음속의 2배다.

모노코크(monocoque, 일체형) 항공기의 기체, 구체적으로는 동체를 제작하는 방법을 가리키는 용어이다. 내부 들보와 받침대가 아니라 항공기의 겉껍질, 곧 외피가 내구력과 견고성을 주로 행사하는 제작법이다.

무게 중심(centre of gravity) 질량 중심(centre of mass)이라고도 한다. 항공기 같은 경식 물체라면 무엇에든 있다. 이 단일 지점에 중력이 작용한다고 생각할 수 있다. 피치와 롤과 요가 모두 항공기의 무게 중심을 중심으로 일어난다. 지상에 머무는 비행기는 무게 중심이 이착륙 장치 바퀴와, 앞바퀴 내지 뒷바퀴 사이(설계 방식에 따라 다르다)에 있어야 넘어지지 않는다. 피치, 롤, 요도 참조하라.

무인 비행 물체(unmanned aerial vehicle, UAV, 무인 항공기) 조종사가 없는 동력 항공기를 뜻한다. 원격으로 제어하거나, 덜 흔하게는 항공기 자체에 내장된 시스템으로 제어할 수도 있다. 이 용어에서 재미나 여흥으로 애호되는 모형 비행기(model aeroplane)는 통상적으로 제외한다. 무인 비행 물체를 지칭하는 더 비공식적인 말은 '드론'이고, 원격 조종 항공기(remotely piloted vehicle, RPV)라고도 한다. 무인 비행 물체를 사용하면, 조종사의 목숨을 위험에 빠뜨리지 않아서, 군사 정찰 및 지상 목표 공격에 사용된다. 민간에서의 용도도 점점 확대되고 있다.

무인 항공기(drone, 드론) 무인 비행 물체를 지칭하는 비공식적 용어이다. 무인 비행 물체도 참조하라.

민간 항공국(Civil Aviation Authority, CAA) 영국의 민간 항공 규제 기관이다. 1972년 설립 후 다양한 업무를 취급해 왔다. 승무원과 공항 인허가, 항공기 등록 업무, 항공기 안전 비행 규정 지도 감독 등이 이 기관의 책무이다.

밀대(pushrod, 압봉) 일부 피스톤 엔진에서 운동을 캠축에서 밸브로 이송해 주는 막대다. 오버헤드 밸브도 참조하라.

바

받음각(angle of attack) 항공기의 날개(또한 헬리콥터나 프로펠러의 날개 깃)가 상대풍과 만나는 각도를 말한다. 항공기는 일반으로 날개의 앞쪽이 뒤쪽보다 높아야 뜬다. 맞이하는 공기가 날개를 위로 밀어 올리기 때문이다.

방향타(rudder) 통상 비행기의 수직 꼬리 날개에 위치하는 조종 익면이다. 요를 제어하고, 항공기의 방향을 돌리는 것이 주요 기능이다.

방화벽(firewall) 화염 확산을 막아 주는 내부 방벽이다.

배기 다기관(exhaust manifold) 피스톤 엔진에 달린 구조물인데, 여러 실린더에서 나오는 배기가스를 모아서, 하나의 배기관으로 보내는 역할을 한다.

배기구(exhaust port) 피스톤 엔진의 실린더에서 배기가스를 빼내는 파이프이다.

뱅크(bank) 항공기가 선회할 때 날개 한쪽을 다른 쪽보다 더 높게 유지한 채로 이동하는 것을 말한다. 비행기에서 조종사는 롤(좌우상하 요동)과 요(빗놀이)를 결합해야, 이러한 기동(균형 선회)이 가능하다. 롤과 요도 참조하라.

번지(bungee) 번지 코드(bungee cord) 또는 번지 로프(bungee rope)라고 하며 신축성이 있는 고무 끈 같다. 고무 물질이 들어가거나, 용수철처럼 작동하는 장치면 무엇이든 가리킬 수 있다. 이런 번지는 충격 흡수 장치로 사용되기도 하고, 이착륙 장치의 작동을 지원한다.

보조익(aileron, 에일러론, 보조 날개) 항공기 날개 뒤쪽 가장자리 외부에 달린 조종 익면으로 움직임이 가능하다. 보조익은 통상 쌍으로 작동하는데, 각 날개가 생성하는 상대적 양력을 수정하기 위해서다. 한쪽 보조익을 하방으로 내리면 반대쪽 날개는 보조익의 각도를 상방으로 올리는 식으로 보조익이 동체의 좌우 요동을 통제한다. 보조익은 선회 운동에도 도움을 준다. 양쪽 보조익을 똑같은 것처럼 움직이지 않아야, 제어가 되는 상황도 존재한다. 이것이 가능하려면 차동 보조익 체계를 채택해야 한다. 조종 익면, 플랩, 양력, 좌우 요동도 참조하라.

복엽기(biplane) 날개가 위아래 2조로 설치된 초창기의 비행기다. 두 날개는 통상 철사와 버팀대로 결합되며, 이렇게 만들어진 교차 보강 구조로 덕분에, 무게가 가벼우면서도 아주 견고하다. 하지만 철사와 버팀대로 탓에 외팔보 단엽기보다 항력이 더 많이 발생한다. 단엽기도 참조하라.

부시플레인(bushplane) 야생의 격오지에 접근하는 용도로 쓰는 모든 비행기이다. 부시플레인이라면 활주로가 짧거나 지면이 울퉁불퉁해도, 능히 이착륙이 가능해야 한다. 이런 항공기라면 동체 위쪽으로 날개를 달고, 테일드래거 방식의 착륙 기어가 장착되는 등의 특장이 요구된다. 테일드래거도 참조하라.

붕산염 폭격기(Borate bomber) 연소 지연 화학 물질을 살포 투하하는 특수 항공기로, 야생의 화재를 진압하는 용도로 쓰인다. 연소 지연제로 붕산염이 널리 쓰이던 시대가 있었고, 거기서 명칭이 유래했다. 붕산염이 토양에 악영향을 끼치기 때문에 다른 물질로 대체되었다.

VSTOL(수직 및 단거리 이착륙) 수직 및 단거리 이착륙(vertical and/or short takeoff and landing)의 줄임말이다. 해리어 '점프 제트' 같은 항공기가 회전식 엔진 노즐을 사용해 수직으로 이륙할 수 있지만, 동시에 더 경제적으로 이륙할 수도 있기 때문에 중요하다. 짧은 활주로라도 사용 가능한 경우에, 적재량을 늘릴 수도 있다.

VTOL(수직 이착륙) 수직 이착륙(vertical takeoff and landing)의 줄임말이다. 헬리콥터라면 모두 이 능력을 발휘하는데, 통상 고정익 항공기에만 쓴다. 영국의 해리어 '점프 제트'가 대표적이다.

비즈니스 제트기(business jet) 민간 회사용으로 개발된 다양한 소형 제트 항공기를 모두 뜻한다. 20인 미만을 태운다.

비행 고도(flight level) 비행기의 고도는 측정도 하지만, 공기압의 편차 등을 고려해서 표준화, 규격화해야 한다. 이렇게 보정된 비행 고도는 고도계 측정값과 다를 수 있다. 비행 고도가 중요한 것은 항공기들의 상대적 높이를 정확히 알아야 하기 때문이다. 그래야 충돌을 피할 수 있다.

비행 부대(squadron, 비행 중대, 비행 대대) 공군의 단위 부대. 비행 부대와 비행하지 않는 부대 모두를 가리킨다. 비행 편대도 참조하라.

비행 편대(flight, 비행대) 가산 명사를 염두에 두면 이 단어는 공군 내 비행 부대, 곧 비행 편대를 가리킨다. 비행 중대나 비행 대대를 의미하는 squadron보다 규모가 작다.

비행선(dirigible, 조종할 수 있는) 비행선(airship)과 같은 의미지만 조금 더 기술적인 용어다. 전통의 기구(balloon)에 비해 방향을 바꾸고 제어도 가능한 기계라는 의미다.

사

4행정 엔진(four-stroke engine) 피스톤 엔진의 한 유형으로, 실린더에 연료가 주입되어 연소하고 배기가스를 제거하는 과정이 한 차례 완료되려면 4번의 피스톤 스트로크가 필요하다. 피스톤 엔진과 2행정 엔진도 참조하라.

사이클릭 조종간(cyclic control) 헬리콥터의 조종기로, 회전 날개깃의 각도를 바꿔 준다. 이 조종기를 조작해, 헬리콥터의 속도와 방향을 바꿀 수 있다. 컬렉티브 조종간도 참조하라.

사출 좌석(ejection seat) 군용 항공기의 특수 좌석으로, 비상시에 로켓 모터를 사용해 조종사를 항공기 밖으로 쏴 버린다. 탈출한 조종사는 낙하산으로 안전을 도모한다.

삼각익(delta wing) 양쪽 날개의 앞쪽 가장자리가 뒤쪽으로 대각 직선 형태이고, 뒤쪽 가장자리는 동체와 직각으로 결합된 날개 구조다. 날개의 전반적 실루엣이 삼각형 같다. 그리스 문자 델타를 떠올려 보라.

상반각(dihedral) 수평을 기준으로 할 때, 주날개가 날개 끝으로 갈수록 윗방향으로 올라가도록 상향 각도로 배열한 항공기의 날개 구조다. 동체 접합 지점보다 익단이 더 높다. 하반각도 참조하라.

서보탭(servo tab) 일부 항공기의 조종 익면에 달린 레버처럼 생긴 구조물로 조종이 가능하다. 서보탭은 조종 익면과 반대 방향으로 움직이고, 조종 익면을 움직이는 데 필요한 힘의 양을 줄여 준다. 앤티서보탭, 조종 익면도 참조하라.

섬프(sump) 엔진 하부의 윤활유 저장기를 뜻한다.

성층권(stratosphere) 대류권 위 지구 대기층이다. 대류권과 달리 성층권에서는 위로 올라갈수록 공기가 점점 더 따뜻해지는 것이 특징이다. 성층권에서는 난류가 없고, 낮을수록 공기 밀도와 저항이 작아서 정기 여객기가 선호하는 순항 고도로 자리를 잡게 되었다. 대류권도 참조하라.

3바퀴 기어(tricycle gear) 바퀴를 쓰는 이착륙 장치의 한 구조다. 앞코에 바퀴 하나, 그리고 한 쌍의 주 바퀴 또는 복합 바퀴가 비행기의 질량 중심 뒤에 배치된다. 테일드래거도 참조하라.

세스퀴 비행기(sesquiplane, 일엽반기(一葉半機)) 1조의 날개가 다른 조의 날개보다 훨씬 작은 복엽기이다. 복엽기도 참조하라.

세일플레인(sailplane) 글라이더를 가리키는 다른 이름이다. 더 구체적으로 날개가 단단하고, 여흥 목적으로 사용되며, 상승 기류를 받아 치솟을 수 있는 종류이다. 과거 군대에서 사용한 더 묵직한 활공기와 명확하게 대비된다.

소형 연식 비행선(blimp, 블림프) (처음에 영국에서는) 소형의 연식 비행선을 가리켰다. 시간이 흘러 제2차 세계 대전 때는 방공 목적에서 밧줄로 묶어 띄워 올린, 대형 탄막 풍선을 '블림프'라고 했다.

수랭식(liquid cooling, 액체 냉각) 물을 순환시켜 엔진을 냉각하는 방법이다. 공기만 써서 냉각하는 것으로는 충분하지 않을 때 사용된다.

수륙 양용 항공기(amphibian) 물과 육지 모두에서 운용 가능한 항공기이다.

수직 꼬리 날개(tailfin, 테일핀, 꼬리 안정판) 항공기 꼬리 날개의 수직 부분으로, 방향타가 부착된다.

수평 꼬리 날개(tailplane) 항공기 꼬리 날개의 수평 부분으로, 작은 날개 모양이다. 피치를 제어해 안정성을 더해 주고, 승강타가 들어간다. 피치도 참조하라.

순찰기(scout, 정찰기, 스카우트) 원래 정찰 비행기(reconnaissance plane)를 가리키는 데 쓰였던 용어로 경무장 전투 비행기도 가리키게 됐다.

슈나이더 트로피(Schneider Trophy) 부유한 프랑스 인 자크 슈나이더(Jacques Schneider)가 제정, 후원한 수상 비행기 경주 시리즈다. 매년 개최됐고 우승자에게는 상금과 함께 트로피가 수여되었다. 대회는 1913~1931년에 열렸다. 항공기 설계의 수준을 높이는 데 많은 기여를 했다.

슈투카(Stuka) 제2차 세계 대전 때 독일이 사용한 급강하 폭격기다. 독일어로 급강하 폭격기를 뜻하는 슈투르츠캄프플루크조이크(Sturzk ampfflugzeug)이다. 슈투카는 개별 항공기의 이름이 아니지만, 대개는 융커스 Ju 87(Junkers Ju 87)을 가리킨다. 전쟁 초반에 이 항공기가 혁혁한 전과를 올렸기 때문이다.

슈퍼차저(supercharger) 피스톤 엔진에 들어가는 공기 압축기(과급기)의 한 종류로, 기통으로 급송되는 공기의 양을 늘려서 동력을 증대한다. 압축기도 참조하라.

스로틀(throttle, 조절기) 항공기 엔진이 생성하는 추력의 양을 조절 제어하는 조종석의 레버이다. 추력도 참조하라.

스마트 무기(smart weapon, 첨단 무기) 레이저 유도 장치나, 더 최근에는 위성 연결 GPS 유도기를 써서, 표적을 타격하는 정밀 유도 무기를 뜻한다.

스테이터(stator) 터빈에서 움직이지 않는 부분이다. 통상 원반 형태로 기체가 잘 통과할 수 있도록 만들어진 개구 통로와 함께 있다. 스테이터의 역할은 압축기 또는 터빈 로터의 깃들에 기체를 효과적으로 보내는 것이다. 터빈도 참조하라.

스텔스 폭격기(Stealth Bomber) 스텔스 기술을 쓰는 폭격 비행기를 뜻한다. 스텔스 폭격기란 명칭이 가장 많이 쓰이는 항공기는 1997년부터 취역하고 있는 노스럽 B-2 스피릿이다. 스텔스 기술의 목표는 레이더와 기타 방식의 탐지기로부터 항공기를 은닉하는 것으로, 각진 표면으로 레이더를 편향시키거나, 레이더 흡수 물질을 바르는 등의 방법이 사용된다. 물론 이 기술이 적용된 다른 항공기도 있다.

STOL(short takeoff and landing) 단거리 이착륙의 머리글자를 따서 만든 단어이다. 밀림처럼 개활지가 좁은 곳에서 이륙하는 등 고정익 항공기라면 사람들이 원하고 바라는 특성을 뜻한다. VSTOL도 참조하라.

스트레이크(strake) 공기 역학적 수행 능력을 향상하기 위해 일부 항공기의 동체에 추가로 단 고정 익면이다.

스트로크(stroke, 행정) 실린더의 상단에서 하단으로 피스톤이 1차례 운동하는 것, 또는 그 역을 뜻한다. 피스톤 엔진도 참조하라.

스포일러(spoiler) 비행기의 조종 익면으로, 가동하면 날개의 윗면에서 위로 튀어나온다. 항력이 증대하고, 양력이 감소한다. 스포일러는 크기가 제각각으로, 가장 큰 것은 터치다운(touch down), 즉 지면 접촉 직후에 전개된다. 항공기의 속도가 줄면서, 활주로를 향한 접지력이 점차 커지는 것이다.

승강계(vertical speed indicator, VSI) 항공기의 고도가 높아지는지 낮아지는지를 알려 주는 계기 장비다.

승강타(elevator) 항공기의 피치(항공기가 상승, 하강하고 수평으로 나는 것)에 영향을 행사하는 날개의 조종 익면이다. 승강타는 통상 비행기의 수평 꼬리 날개에 달린다. 조종 익면, 피치, 수평 꼬리 날개도 참조하라.

실린더 블록(cylinder block) 흔히 주물로 뜨는 금속 블록인데, 그 안에다 기통, 즉 연소실을 깎아 넣는다. 피스톤 엔진의 본체가 실린더 블록이다. 실린더와 피스톤 엔진도 참조하라.

실린더 헤드(cylinder head) 피스톤 엔진의 상부로, 실린더 블록 위에 붙는다. 여기에 연소실과 점화 플러그, 기체의 입출을 제어하는 밸브가 들어간다.

실린더(cylinder, 기통) 피스톤 엔진의 연소실. 실린더 블록과 피스톤 엔진도 참조하라.

실속(stall, 失速) 항공기가 실속, 곧 속도를 잃으면 날개 위쪽 기류가 사분오열돼 난류가 발생하고, 결국 양력이 사라진다. 항공기의 속도와 날개의 받음각이 실속 여부에 영향을 미치는 요소다. 받음각도 참조하라.

실용 상승 한도(service ceiling) 항공기의 상승 속도가 초당 0.5미터(분당 100피트) 이하로 떨어지는 최대 고도이다.

아

아르피엠(rpm) 분당 회전수를 말한다. 프로펠러, 축(샤프트), 엔진의 회전 속도 측정값으로 쓴다.

안정판(stabilizer) 항공기의 비행을 안정화해 주는 날개면. 대부분의 비행기는 수직 꼬리 날개가 수직 안정판이며 수평 꼬리 날개가 수평 안정판이다.

압력 중심(centre of pressure) 항공기에 있는 가상의 지점으로, 주위를 운동하는 공기가 만들어 내는 모든 힘이 여기서 균형을 이룬다고 볼 수 있다. 압력 중심의 개념은 항공기를 설계할 때 매우 중요시된다. 자잘한 제어 조작을 한 후에, 항공기가 개념에 바탕을 두고 스스로의 힘으로 안정적인 위치와 자세로 돌아가서 비행을 지속하는 것이다.

압축기(compressor) 제트 엔진에서 날개깃들이 바퀴 모양으로 회전하는 구조체이다. 연소실로 들어가기 전의 유입 공기를 압축하는 기능을 한다. 압축기는 엔진의 터빈이 구동한다. 축류 압축기(axial compressor)는 공기를 직 후방으로 보내고, 원심 압축기(centrifugal compressor)는 공기를 방사상 외부로 내보낸다.

앞바퀴(nose wheel) 비행기 동체 앞쪽 하단에 부착된 착륙 바퀴이다. 3바퀴 기어도 참조하라.

앞전 슬랫(slat, leading-edge) 항공기 날개 앞쪽 가장자리에 달린 가동 제어 부분이다. 이들 조각판(슬랫)은, 가령 착륙 시에 속도가 낮을 때 양력을 높여 주는 기능을 한다. 항공기가 실속 없이 높은 받음각으로 날게 해 주는 방식이 동원된다. 받음각과 실속도 참조하라.

앞전(leading edge, 날개의 앞쪽 가장자리) 공기를 맨 먼저 가르는 날개의 앞쪽 가장자리를 뜻한다.

애프터버너(afterburner, 제트 엔진 재연소 장치) 엔진의 후미 노즐에서 연료를 추가로 연소시키는 장치로 군용 제트 항공기 일부에 달려 있다. 이미 터빈을 통과한 공기를 사용한다. 추가 가속을 얻을 수 있지만, 연료가 많이 소모되므로 이륙이나 전투 상황에서만 사용되는 것이 보통이다.

앤티-서보 탭(anti-servo tab) 일부 조종 익면에 달린 레버 장치로, 해당 조종 익면을 움직이는 데 필요한 힘을 늘린다. 조종 익면을 극단적으로 조작해 위험해질 수 있는 상황에서, 조종사에게 해당 제어가 묵직해 보이도록 하는 안전 조치 기능을 수행한다. 조종 익면, 서보탭도 참조하라.

앨클래드(Alclad) 널리 사용된 항공기의 금속 외피를 만들던 시스템의 상표명이다. 내식성을 지닌 순정 알루미늄을, 아래쪽의 더 튼튼한 알루미늄 합금에 붙였다.

양력 중심(centre of lift) 항공기(의 일부, 예를 들어 날개)에 있는 지점으로, 여기에서 양력이 균형을 이룬다. 날개의 양력 중심은 설계 과정에서 정확히 계산해야 한다. 그래야 힘들이 비행 중에 균형을 잃지 않을 것이다.

양력(lift) 날개를 부양하는 힘으로, 움직이는 익형 구조에 작용한다.

엘러본(elevon) 항공기의 조종 익면으로, 보조익과 승강타 역할을 모두 한다. 보조익과 승강타도 참조하라.

연료 분사 장치(fuel injection) 연료를 작은 방울로 쪼개서 엔진 연소실에 주입, 분사하는 시스템이다. 기화기가 이것으로 대체되었다. 기화기도 참조하라.

연방 항공국(Federal Aviation Administration, FAA, 미국 연방 항공국) 미국 항공 관련 업무를 규제하는 감독 기구이다.

연소실(combustion chamber) 엔진에서 연료가 점화돼 타는 모든 방을 뜻한다.

옆바람(crosswind, 횡풍) 사용 중인 활주로 옆에서 부는 바람이다. 횡풍이 불면, 이륙과 착륙이 어렵고, 완전히 불가할 때도 있다.

오니숍터(ornithopter) 새가 나는 것을 흉내 내서 만든 비행 기계로, 퍼덕일 수 있는 날개를 달았다. 20세기 이전의 많은 발명가가 공기보다 무거운 비행 기계를 구상하면서 오니숍터를 염두에 두었지만, 실제로 성공하지는 못했다.

오버헤드 밸브(overhead valve, OHV) 피스톤 엔진의 실린더 머리(헤드)에 달린 각종 밸브로, 실린더 헤드 아래 위치한 캠축이 구동하는 밀대로 작동한다.

오버헤드 캠축(overhead camshaft, OHC) 피스톤 엔진의 실린더 블록 상부에 있는 캠축으로 각종 밸브와 연결되어 있다. 밀대(pushrod)라고 하는 추가 장치 없이도 오버헤드 캠축이 각종 밸브를 직접 제어할 수 있는 이유이다. 캠축, 밀대도 참조하라.

오토자이로(autogyro) 1920년대에 발명된 회전 날개 항공기의 초기 형태이다. 당대의 전통 항공기가 흔히 겪던 실속 문제를 피하기 위해 창안되었다. 회전 날개가 돌면서 양력을 생성했지만, 후대의 헬리콥터처럼 동력이 공급되지는 않았다. 오토자이로를 추진한 장치는 재래식 프로펠러였다.

올레오 버팀대(oleo strut) 앞바퀴와 동체를 연결하는 수직 지주로, 흔히 유압유와 압축 공기가 들어 있다. 착륙 시에 충격 흡수 장치로 기능한다.

외팔보(cantilever) 한쪽 끝만 고정해 자신을 지탱하는 구조물이다. 외팔보(식) 날개는 자체적으로 지지되는 날개로, 외부 버팀대나 보강 철사가 필요 없다.

요(yaw, 빗놀이) 비행기가 비행 중에 수평 방향 좌우로 흔들리는 경향을 가리키는 용어이다. 방향타와 기타의 조종 익면을 조정해서 제어한다.

원심력(centrifugal force) 회전으로 생기는 힘이다. 이 힘은 물체를 회전 중심에서 바깥으로 나아가게 한다.

유압 장치(hydraulics, 유압 계통) 항공 분야에서 이 용어는 유압 장치와 유압 계통을 가리킨다. 액체가 압력 속에서 각종의 관을 통해 작용하며, 가령 날개의 조종 익면이나 착륙 장치를 가동하는 시스템이라고 할 수 있다.

음속 폭음(sonic boom, 소닉 붐) 항공기가 음속을 돌파할 때 발생해서 들을 수 있는 천둥 같은 소리다. 항공기가 공기 분자를 경로 바깥으로 밀어내고, 그 과정에서 기압이 급격하게 바뀌는 것이 발생 원인이다.

응력 외피(stressed skin) 일부 항공기 동체에 사용되는 제작 방법으로, 늘여 뺀 유연 외피가 인장력을 견딘다. 여기에 경식 뼈대를 결합하면, 전체 구조가 튼튼해진다.

의무 후송(Medevac, 메드백) 의무 후송(medical evacuation)의 줄임말이다. 베트남 전쟁 때 쓰이기 시작했으며, 전투 구역에서 사상자를 후송하는 것과 그 활동에 투입된 헬리콥터 모두를 가리켰다.

2행정 엔진(two-stroke engine) 피스톤 엔진의 한 종류로, 여기서는 연료를 실린더에 집어넣고 연소 후 배기가스를 제거하는 작용 주기에서 피스톤 스트로크가 2번만 있으면 된다. 4행정 엔진도 참조하라.

이착륙 장치(undercarriage) 항공기의 이착륙 장치이다. 더 구체적으로 말해서 지상 항공기용 착륙 바퀴를 뜻한다. 바퀴가 사용되는 이착륙 장치는 대부분 동체나 날개 안으로 접어 넣는다. 당연히 비행 중에 발생하는 항력을 줄이기 위한 것이다. 착륙 장치도 참조하라.

인공 수평기(artificial horizon) 자세 지시기를 참조하라.

일반 항공(general aviation, GA, 범용 항공) 군사 항공과 정기 상업 운항을 제외한 모든 항공을 가리키는 말이다. 가령 여흥 목적의 항공을 일반 항공으로 간주한다. 정기 운항편이 이용하는 공항보다 범용 항공을 지원하는 비행장이 더 많다.

임계 고도(critical altitude) 슈퍼차저를 단 피스톤 엔진이 최대 출력을 내고 유지할 수 있는 최고 높이다. 이 고도보다 높으면 공기 밀도가 감소하고, 결국 이용할 수 있는 산소량이 줄어 엔진의 동력 출력도 하락한다.

임펠러(impeller) 일부 제트 엔진의 날개바퀴로, 통과하는 공기를 원심력 방향으로 나아가게 해서 압축한다. 압축기도 참조하라.

자

자격 지정(designation, 명칭) 항공 분야, 구체적으로 미국 공군에서 항공기를 분류 지정하는 방법이다. 이 시스템에 따라 개별 항공기를 구분한다.

자동 조종 장치(automatic pilot) 공중 수송 전기 전자 시스템으로, 항공기를 3축 공간에서 자동으로 안정되게 유지하고, 난류의 방해 속에서도 애초의 비행 경로를 역시 자동으로 찾아가며, 미리 설정하면 해당 항공기가 특정한 비행 경로를 따라 운항하게도 할 수 있다.

자세계(attitude indicator, AI) 항공기 조종석에 장착된 장비인데, 지면에 대한 항공기의 방향을 나타낸다. 자세계를 통해 피치(pitch)와 롤(roll)을 파악할 수 있다는 의미로 시계(visibility)가 나쁜 상황에서 아주 중요하다. 인공 수평의(artificial horizon)라고도 한다. 피치와 롤도 참조하라.

전기 신호식 비행 조종 제어(fly-by-wire) 기계식 제어 장치 대신으로 사용되는 전자 비행 제어 시스템이다.

전자 비행계기 장치(electronic flight instrument system, EFIS) 현대적 항공기 조종석의 대종을 이루는 시스템으로, 여기서는 계기 장비가 평면 스크린 등으로 전부 전자식이다. 기계식 바늘을 특징으로 하는 아날로그 방식을 밀어냈다.

점화 플러그(spark plug) 연소실 내부로 툭 튀어나온 장비인데, 전기 불꽃을 일으켜서 연료를 점화한다.

정압 구멍(static port) 항공기의 곁면에 뚫린 작은 구멍인데, 아무 데나 뚫는 것은 아니다. 외부의 공기 흐름을 가장 적게 방해하는 지점에 뚫는 정압 구멍은, 압력 측정 시스템의 일부가 돼, 항공기의 대기 속도를 파악하는 데 사용된다.

제트 보조이륙(jet-assisted takeoff) 부착된 로켓을 사용해서 항공기의 이륙을 지원한다. 제2차 세계 대전 때와 제트 비행기 초창기에 중량 항공기와 군용 활공기를 대상으로 이 방법을 썼으나, 요즘은 뜸하다.

제트 엔진(jet engine) 터보제트를 참조하라.

제트 이플럭스(jet efflux) 제트기의 배기가스 분출 때문에 구체적으로 위험할 수도 있는 상황에서 쓰는 말이다.

조이스틱(joystick) 비행기 조종석에서 볼 수 있는 손으로 조작하는 레버(조종간)로, 보조익과 승강타를 제어한다. (방향타는 발로 밟는 페달을 써서 따로 제어) 보조익과 승강타도 참조하라.

조종 익면(control surface) 비행기의 날개와 꼬리모두개에는 조종사가 항공기를 제어하기 위해 조절 가능한 다양한 형태의 가동 익면이 있다. 보조익, 방향타, 승강타, 플랩, 슬랫, 스포일러 등이다. 보조익도 참조하라.

조종석(cockpit) 조종사가 착석하는 항공기의 구획이다. 대형 항공기의 조종석은 조종실(flight deck)이라고도 한다.

주요 비행 계기 표시창(primary flight display, PFD) 현대 항공기 조종석의 주요 표시창으로, 항공기의 가장 중요한 계기 데이터를 이 스크린 하나에서 확인할 수 있다.

중력가속도(g-force, 지포스) 급가속 및 급감속을 할 때 항공기 승무원이 경험하는 힘이다. 1G는 지구의 중력이 통상 행사하는 힘의 양과 같다.

지면 효과(ground effect) 비행기가 지면에 근접해서 날 때 경험하는, 좀 다른 공기 역학이다. 양력이 커지고, 항력은 감소한다.

차

착륙 장치(landing gear) 바퀴, 활대, 플로트 구조물로, 항공기의 아래쪽 착륙부를 가리킨다. 바퀴 장착 항공기의 경우, 테일드래거와 3바퀴 기어로 나눌 수 있다. 테일드래거와 3바퀴 기어도 참조하라.

초과 금지 속도(velocity never exceeded, VNE) 안전상의 이유로 항공기가 절대 초과해서는 안 되는 속도가 있다. 구체적인 속도의 수치는 항공기마다 다르다.

초음속(supersonic) 음속보다 더 빠르다는 의미이다.

추격기(pursuit aircraft) 제2차 세계 대전 이전에 주로 미국에서 사용되던 전투 항공기를 지칭한 용어이다.

추력(thrust, 추진력) 동력 항공기를 공기 중에서 밀고 나아가는 힘을 뜻한다.

카

카울(cowl) 항공기 엔진을 둘러싼 덮개이다. 보통 떼어 낼 수 있고, 일부 제거도 가능하다. 카울 미늘창도 참조하라.

카울 미늘창(cowl gill, 카울 길) 항공기 엔진의 일부 카울에 난 환기구이다. 닫거나 열 수 있다. 열면 공기가 들어가 엔진을 식혀 준다. 카울도 참조하라.

캠축(camshaft) 피스톤 엔진에 들어 있는 회전축인데 각종 흡배기 밸브를 일련의 순서에 따라 개폐하면서, 공기의 유입과 배기가스 제거를 담당한다. 오버헤드 캠축, 오버헤드 밸브, 피스톤 엔진도 참조하라.

커나드(canard) 1쌍의 소형 날개로, 지느러미처럼도 보이는데, 동체에서 주 날개보다 앞에 붙어 있는 구조물이다. 프랑스어 '오리'를 가리키는 말에서 왔다. 커나드를 단 항공기의 윤곽이 날고 있는 오리와 비슷하게 생긴 데서 유래했다. 커나드는 꼬리모두개(tail assembly)에 첨가되는 경우도 있는데, 일반으로는 꼬리모두개를 대체한다. 이 구조 배열이 안전 비행을 하려면 정교한 제어 시스템이 필요하다. 하지만 조종 제어 과정에서 실속이 거의 생기지 않는다.

컬렉티브 조종간(collective control) 헬리콥터의 조종기로, 회전 날개 깃 일체의 각도를 한꺼번에 바꿔 준다. 그렇게 해서 전체 양력의 발생 값이 바뀌고, 헬리콥터가 뜨거나 내려간다. 사이클릭 조종간도 참조하라.

크랭크케이스(crankcase, 크랭크실) 크랭크축을 싼, 피스톤 엔진의 부위이다. 크랭크축도 참조하라.

크랭크축(crankshaft) 피스톤의 (상하 또는 전후) 왕복 운동을 회전 운동으로 전환하는 피스톤 엔진 상의 축(샤프트)이다. 프로펠러를 회전하려면 이 기계 장치가 필요하다.

타

터보(turbo) 터보차저(turbocharger, 터보 과급기)의 줄임말이다.

터보제트(turbojet) 제트 엔진의 원형이다. 엔진을 통과하는 기류 속에서 연료를 태우면, 고온의 기체 혼합물이 압축된다. 이 기체가 엔진 후부에서 팽창, 가속된다. 그렇게 추진력이 생겨 항공기가 앞으로 나아가는 것이다. 엔진에는 유입 공기를 압축해 주는 압축기가 필요하다. 터보제트가 가스 터빈이기도 한 이유다. 터빈의 동력을 사용해 압축기 날개를 회전시킨다.

터보차저(turbocharger, 터보 과급기) 슈퍼차저와 비슷하지만, 터빈이 동력을 공급해 준다. 항공기의 배기가스 에너지를 사용한다. 슈퍼차저도 참조하라.

터보팬(turbofan) 터보제트를 개량한 엔진으로, 오늘날 대부분의 여객기가 사용한다. 터보팬에서는 터빈이 압축기에 동력을 공급할 뿐만 아니라, 앞쪽에 있는 커다란 팬도 구동한다. 이 앞쪽 팬을 통과한 유입 공기 일부가 연소실과 터빈을 우회(bypass)한다. 그렇게 연소되지 않은 차가운 공기가 엔진 후부에서 배기가스와 섞인다. 그 결과 발생한 소음이 크게 줄어든다.

터보프롭(turboprop) 엔진의 한 형태로 터빈이 고온의 기체에서 거의 모든 에너지를 빼내 프로펠러 구동에 사용한다는 점을 빼면, 구조가 터보제트와 비슷하다. 그러므로 터보프롭은 실상 자신을 추진하는 데에, '제트 동력'을 거의 사용하지 않는 셈이다.

터빈(turbine) 기체나 액체를 통과시키면서 에너지를 뽑아내는 회전 장치를 일반적으로 터빈이라고 한다. 가스 터빈도 참조하라.

터틀 덱(turtle deck, 거북등 갑판) 열린 조종석을 싸는 곡선 외피로, 베니어합판이나 알루미늄으로 제작한다.

테일드래거(taildragger) 바퀴로 된 착륙 기어가 항공기의 무게 중심 앞에 위치하고, 더 작은 바퀴 하나(활대가 채택되기도 한다)가 미익 아래 달린 항공기를 테일드래거라고 한다. 이런 항공기는 지상에 멈춰서 있을 때 기수 부분이 위를 지향하고 미익 쪽은 지상에 붙어 있는 옆모습을 보여 이런 이름이 붙은 것이다. 테일드래거는 거친 지형에서 운용할 때 장점이 많다. 프로펠러가 지면에서 많이 이격되므로, 이륙 시에 망가질 위험이 적은 것이다. 한때는 많은 대형 여객기가 테일드래거였지만, 이제는 전부 3바퀴 기어를 채택하고 있다. 3바퀴 기어도 참조하라.

토크(torque, 회전력, 비틀림력) 회전부가 발생시키는 비틀림력을 뜻한다. 엔진으로 구동되는 프로펠러를 생각해 보라.

트림(trim, 미세 균형 잠기) 항공기가 정상 비행 상태에서 잡는 균형을 일반으로 트림이라고 한다. 항공기의 비행 조종 익면에 들어 있는 탭들을 사용해서 트림을 할 수 있다.

파

파라솔 날개(parasol wing) 단 하나의 연속 날개가 항공기 동체 상부 위로 가설되고, 이것을 지주 또는 버팀대(strut)로 연결한 구조 배열이다. 이 버팀대 때문에 항력이 증가한다는 것이 불리한 점이다.

페리 탱크(ferry tank) 항공기가 항속 거리를 늘리기 위해 추가로 다는 연료 탱크이다.

페어링(fairing) 항공기의 부분 구획에 보태진 모든 유선형 덮개를 뜻한다.

페이로드(payload, 유료하중) 항공기가 실어 나를 수 있는 탑재량을 뜻한다. 당연히 승객과 화물이 모두 포함되며, 수익을 좌우하는 매우 중요한 요소이다.

편류계(drift indicator) 항공기의 편류각(angle of drift)을 알려 주는 장비다. 항공기가 지향하는 비행경로와, 바람의 영향을 받아 실제로 형성하는 비행 지향 사이의 차이를 편류각이라고 한다.

프로펠러(propeller) 항공기에서 회전하는 장비로 성형한 날(깃)들로 구성된다. 이 회전 프로펠러로 공기를 뒤쪽으로 빠르게 보내면 항공기가 앞으로 밀려 나아간다. 날의 각도가 변경 가능해야, 공기 속도에 따라 항공기를 최적으로 운항할 수 있다. 날의 각도를 피치라고 하는데, 주택 지붕의 물매 또는 경사 역할을 한다. 많은 프로펠러에 다양한 피치 제어기를 붙이는 이유이다. 정속 프로펠러(constant speed propeller)는 피치를 다양하게 조정할 수 있는 프로펠러로, 날의 피치를 자동으로 바꿔서 회전 속도를 선택해 유지한다. 정속 프로펠러는 필요에 따라 동력 산출량을 달리 생성할 수 있는 셈이다. 이렇게 프로펠러가 돌면 토크가 발생해서 항공기와 엔진에 작용하는 문제에 직면하는데 반전 프로펠러로 해결한다. 이 프로펠러는 2종류가 있다. 콘트라-로테이팅 프로펠러(contra-rotating propellers)는 프로펠러 2개를 같은 엔진상의 앞뒤로 설치해 서로 반대 방향으로 돌리고, 카운터-로테이팅 프로펠러(counter-rotating propellers)는 이쪽저쪽 날개의 프로펠러 2개를 거꾸로 회전시킨다.

플랩(flap) 날개 뒷전의 조종 익면이다. 아래로 기울이거나 뒤쪽으로 쫙 펴서, 날개의 양력을 높이는 장치다. 플랩의 주요 용도는 이륙과 착륙이다. 다양한 종류의 플랩이 있고, 일부는 오늘날 더 이상 사용되지 않는다. 예를 들면 블론(blown), 드래그(drag), 파울러(Fowler), 리프트(lift), 플레인(plain), 슬로티드(slotted), 스플리트(split) 플랩 등이다. 슬로티드 플랩은 작은 구멍, 곧 '슬롯'이 날개의 뒤쪽 가장자리와 플랩 사이에 나 있다. 날개 아래쪽 고압의 공기가 이 구멍을 통해 위쪽 면으로 올라갈 수 있다. 그렇게 해서 추가로 양력을 발생시킨다. 보조익도 참조하라.

플러터(flutter, 떨림, 진동) 항공기의 날개나 기타 부위의 내키지 않는 진동이다.

피스톤 엔진(piston engine) 실린더(기통) 연소실에서 연료가 점화되는 왕복 엔진으로, 실린더마다 내부로 꼭 끼워 맞춘 피스톤 가동부가 장착된다. 점화 후에 고온의 팽창 기체가 팔 굽혀 펴기를 하듯 피스톤을 밀어 올리는데, 피스톤의 상하 운동은 피스톤 막대(piston rod)와 크랭크축을 이용해서 회전 운동으로 전환된다. 그리고 이 회전 운동이 프로펠러를 돌린다. 항공기 피스톤 엔진의 경우는 항상 기통이 여러 개다. 이 실린더들이 차례로 발화하면서, 회전력을 지속적으로 생산한다.

피치(pitch) 항공기 꼬리 부분에 대비된 항공기 앞부분의 수직 운동을 뜻한다. 피치는 승강타로 제어된다.

피토 관(pitot tube) 끝이 열려 있는 작은 관으로, 통상 날개의 앞 가장자리에 장착된다. 항공기의 속도를 측정하는 데 쓰며, 조종석의 압력 측정 장비와 연결된다.

하

하반각(anhedral) 수평을 기준 삼아, 항공기 날개 끝으로 갈수록 아랫방향으로 처지도록 하향 각도로 배열한 것을 말한다. 동체와 접합된 지점보다 날개끝이 더 낮다. 상반각도 참조하라.

항공 기관사(flight engineer) 비행기의 엔진과 장비가 20세기 내내 점점 더 복잡해졌고, 항공 기관사란 명칭의 특화 전문인이 다수의 대형 항공기에서 필수 인력으로 자리를 잡았다. 비행 중 각종 장비의 기술 요소를 담당해서 제어, 관리하는 것이다. 하지만 컴퓨터 제어 장치가 점점 더 세련되어졌고, 대다수 비행기에서 더 이상은 항공 기관사가 필요 없어졌다.

항공 역학(aerodynamics, 공기 역학) 운동하는 공기와 기타 기체의 거동 특성, 공기와 공기 속을 운동하는 물체의 상호 작용을 분석하는 과학이다. 특정한 물체의 공기 역학적 특성도 가리킨다.

항공학(aeronautics, 항공술) 비행 제어의 과학 및 기예, 항공기 설계 및 제작의 과학을 뜻한다.

항력 계수(drag coefficient, 공기 저항 계수) 공기가 물체를 지나 흐를 때에 그 대상 물체가 항력을 발생시키는 경향을 측정한 값이다. 항력 계수가 클수록, 항력도 커진다. 표면적이 동일하더라도 모양이 다르면 항력 계수가 다를 수 있다. 항력도 참조하라.

항력(drag, 저항력) 항공기의 기동을 저해하는 힘(공기 저항력)이다. 항력에는 여러 종류가 있는데, 항공기 표면에서 발생하는 공기 마찰 항력, 항공기 주변으로 형성되는 난류 때문에 유발되는 압력항력 등이 대표적이다.

행글라이더(hang-glider) 사람이 날개 아래 설치된 간단한 구조물 안에 들어가 매달려서 나는 글라이더다. 제어 및 방향 전환은 몸의 위치 및 자세를 바꾸어서 한다. 초기에 제작된 글라이더 중 일부, 가령 오토 릴리엔탈이 19세기에 만든 것들은 행글라이더로 분류할 수 있지만 이 용어 자체는 20세기까지 사용되지 않았다.

헤드-업 디스플레이(head-up display, HUD) 조종사의 시선으로 투명한 스크린을 걸고, 거기에 전투태세 및 항공기 실행 자료 등의 정보를 띄우는 디스플레이 장비로, 고개를 숙여 따로 조종석을 볼 필요가 없다.

형식 증명(type rating) 구체적 유형의 항공기를 띄우기 위해 필요한 자격 요건 내지 면허를 뜻한다. 이때 전반적 비행 자격 요건은 기본이다. 이런 식의 추가 자격 요건은 나라마다 매우 다양하다.

확산기(diffuser, 디퓨저) 제트 엔진의 일부로서, 하류 방향으로 폭을 넓힌 공기 파이프나 도관이다. 이렇게 폭을 넓히면 통과하는 기체의 속도는 느려지고 압력은 높아진다.

회전익 항공기(rotor craft) 회전하는 익형(aerofoil) 깃들을 구조로 삼아서 부양력을 얻는 모든 항공기를 뜻한다. 회전 날개 항공기의 대다수가 헬리콥터지만, 오토자이로와 기타 일부 항공기도 여기 포함된다. 오토자이로도 참조하라.

후퇴익(swept-wing) 항력을 줄이기 위해 비행기 후방 쪽으로 각을 뒤로 젖힌 날개를 뜻한다. 후퇴익은 양력도 줄이기 때문에 이착륙 속도를 높여야 한다.

찾아보기

도판 저작권

Dorling Kindersley would like to thank Philip Whiteman for his support throughout the making of this book.

General Consultant Philip Whiteman is an award-winning aviation journalist and consulting engineer, specializing in fuel and engine technology. He has contributed to numerous aviation publications and is the Editor of *Pilot*, the UK's longest established and best-selling general aviation magazine. He has flown many of the aircraft featured in *The Aircraft Book* and operates a 1944 Piper L-4H Cub from a farm strip in Buckinghamshire.

Philip Whiteman would like to thank the many aviation writers, historians, and photographers – both named and anonymous – who played a part in preparing *The Aircraft Book*, as well as Dorling Kindersley's fantastically hard-working, patient, and above all good-humoured editorial and design team.

The publisher would like to thank the following people for their help with making the book: Peter Cook for the use of his images; Mel Fisher, Steve Crozier at Butterfly Creative Solutions, and Tom Morse for colour retouching; Carol Davis, Gadi Farfour, Rebecca Guyatt, Francesca Harris, Richard Horsford, Amy Orsborne, and Johnny Pau for design help; Sonia Charbonnier for technical support; Sachin Singh at DK Delhi for DTP help; Senior Jacket Designer Suhita Dharamjit, DTP Designer Rakesh Kumar, Jackets Editorial Coordinator Priyanka Sharma, Managing Jackets Editor Saloni Singh, Joanna Chisholm for proofreading; Sue Butterworth for the index.

The publisher would also like to thank the following museums, companies and individuals for their generosity in allowing Dorling Kindersley access to their aircraft and engines for photography:

Bob Morcom for helping arrange photography for several aircraft and locations

Nigel Pickard for allowing us to photograph his Spartan Executive for the jacket image

Aero Antiques
Durley Airstrip
Hill Farm, Durley
Nr Southampton,
Hants SO32 2BP
email: aeroantiques@unibox.com
With special thanks to Ron Souch,
Mike Souch and Roy Palmer

Aero Expo
www.expo.aero/

The Aeroplane Collection Ltd
The Hangers,
South Road,
Ellesmere Port,
Cheshire, CH65 1BQ, UK
www.theaeroplanecollection.org

With special thanks to Michael Davey for allowing us to photograph his Pratt and Whitney Twin Wasp Engine

Air Britain, Classic Fly-in

www.air-britain.com

B17 Preservation
PO Box 92,
Bury St Edmunds
Suffolk, IP28 8RR, UK
www.sallyb.org.uk

B-17 Flying Fortress G-BEDF *Sally B* is the last remaining airworthy B-17 in Europe. *Sally B* has been operated by Elly Sallingboe of B-17 Preservation with the help of a dedicated team of volunteers. *Sally B* is permanently based at the Imperial War Museum Duxford where she is on static display when not flying. However, the aircraft is not part of the Museum's own collection and relies solely on charitable donations.

Brooklands Museum
Brooklands Road,
Weybridge,
Surrey, KT13 0QN, UK
www.brooklandsmuseum.com

City of Norwich Aviation Museum
Old Norwich Road,
Horsham St Faith,
Norwich,
Norfolk, NR10 3JF, UK
www.cnam.co.uk

Early Birds Foundation
Emoeweg 20,
Lelystad, The Netherlands
www.earlybirdsmuseum.nl

Farnborough International Airshow
www.farnborough.com

Fleet Air Arms Museum
RNAS Yeovilton,
Ilchester
Somerset, BA22 8HT, UK
www.fleetairarm.com

Flugausstellung
Habersberg 1
Hunsrückhöhenstr. (B327)
54411 Hermeskeil II
Germany
www.flugausstellung.de

The Aircraft Restoration Company
Building 425, Duxford Airfield
Duxford
Cambridge
CB22 4QR
www.aircraftrestorationcompany.com

de Havilland Aircraft Heritage Centre
Sailsbury Hall,
London Colney,
Hertfordshire, AL2 1BU, UK
www.dehavillandmuseum.co.uk

The Helicopter Museum
Locking Moor Road
Weston-super-Mare
Somerset, BS24 8PP, UK
www.helicoptermuseum.co.uk

Herefordshire Aero Club
Shobdon Airfield,
Leominster,
Herefordshire, HR6 9NR, UK
www.herefordshireaeroclub.com

Herefordshire Gliding Club
Shobdon Airfield,
Leominster,
Herefordshire, HR6 9NR, UK
www.shobdongliding.co.uk

IPMS Scale ModelWorld
www.smwshow.com
with special thanks to John Tapsell

Lasham Gliding Club
The Avenue,
Lasham Airfield,
Alton,
Hants, GU34 5SS, UK
www.lashamgliding.com

Midland Air Museum
Coventry Airport,
Baginton,
Warwickshire, CV3 4FR, UK
www.midlandairmuseum.co.uk

Musée Air + Space
Aeroport de Paris,
Le Bourget, BP 173, France
www.museeairespace.fr

The Museum of Army Flying
Middle Wallop, Stockbridge,
Hampshire, SO20 8DY, UK
www.armyflying.com

The Nationaal Luchtvaart-Themapark Aviodrome
Aviodrome Lelystad Airport
Pelikaanweg 50
8218 PG Luchthaven Lelystad
The Netherlands
www.aviodrome.nl

Norfolk & Suffolk Aviation Museum
The Street,
Flixton,
Suffolk, NR35 1NZ, UK
www.nasm.flixton@tesco.net

The Real Aeroplane Company
The Aerodrome,
Breighton, Selby,
North Yorkshire, YO8 6DS, UK
www.realaero.com

The Rolls-Royce Heritage Trust
Rolls-Royce plc,
PO Box 31,
Derby, DE24 8BJ, UK
www.rolls-royce.com/about/heritage/heritage_trust

RAF Battle of Britain Memorial Flight
Coningsby,
Lincolnshire, LN4 4SY, UK
www.raf.mod.uk/bbmf

RAF Coningsby
Coningsby,
Lincolnshire, LN4 4SY, UK
www.raf.mod.uk/rafconingsby

RAF Cranwell
RAF Cranwell,
Sleaford,
Lincolnshire, NG34 8HB, UK
www.raf.mod.uk/our-organisation/stations/raf-college-cranwell

RAF Museum Cosford
Shifnal,
Shropshire, TF11 8UP, UK
www.rafmuseum.org.uk/cosford

RAF Museum London
Grahame Park Way,
London, NW9 5LL, UK
www.rafmuseum.org.uk/london

Royal International Air Tattoo
www.airtattoo.com
with special thanks to Richard Arquati

Sarl Salis Aviation
Aerodrome de La Ferte Alais,
91590 Cerny, France
salis.aviation@free.fr

The Shuttleworth Collection
Shuttleworth (Old Warden) Aerodrome,
Nr Biggleswade,
Bedfordshire, SG18 9EP, UK
www.shuttleworth.org

Tiger Helicopters Ltd
Shobdon Aerodrome
Leominster
Herefordshire, NR6 9NR, UK
www.tigerhelicopters.co.uk

Ukraine State Aviation Museum
1 Medova street,
Kiev, 03048
Ukraine

West London Aero Club
White Waltham Airfield,
Maidenhead,
Berkshire, SL6 3NJ, UK
www.wlac.co.uk

Yorkshire Air Museum
Elvington,
York, YO41 4AU, UK
www.yorkshireairmuseum.org

(ca). **172-73 FAAM. 174 Philip Whiteman:** (br). **CNAM:** (cr). **175 D. Edwards/G. Harris/K. Martin/J. France/J. Bastin:** (cra). **Hertfordshire Gliding Club: Richard Whitwell:** (cb). **176 The Advertising Archives:** (bl). **Getty Images:** Gamma-Keystone (tl, cl). **176-177 Cody Images:** (bc). **177 Courtesy GE Aviation:** (cra). **NASA:** (br). **GAO:** (ftl). **178 CNAM:** (cla). **BM:** (cr, bl). **F:** (br). **179 aviation-images.com:** (ca). **F:** (tr, cl, br). **USAM:** (bl). **178-79 F:** (t). **180-81 FAAM:** (all). **182 aviation-images.com:** (tr, c). **F:** (cla). **PRM Aviation Collection:** (cl, bc, crb). **183 MAS:** (ca). **aviation-images.com:** (cl, cr, br). **MAS:** (cb). **DHAHC:** (t). **184 YAM:** (c, cra). **MAM:** (bl). **185 TRAC:** (cla). **Alamy Images:** Matthew Harrison (bl). **Corbis:** Bettmann (tr). **Global Aviation Resource:** (tl). **FAAM:** (crb). **186 Corbis:** George Hall (tl). **MAM:** (all other images). **187-89 MAM:** (all). **190 aviationpictures.com:** (ca). **PRM Aviation Collection:** (t, bl, br). **191 PRM Aviation Collection:** (cra). **aviation-images.com:** (tl, bl). **190-91 RAFMC:** (c). **192 Andrew Dent:** (tr). **TMAF:** (br). **NSAM:** (bl). **193 FAAM:** (br). **USAM:** (t, cla, crb). **192-93 FAAM:** (b). **194-195 akg-images:** IAM (c). **196 Corbis:** Bettmann (cr). **Getty Images:** (bl); Popperfoto (tl); Time & Life Pictures (cl). **197 PRM Aviation Collection:** (ftl). Alfredo Ragno: (bc). **198-99 TNLTA. 200 TRAC:** (tl). **Philip Powell:** (b). **201 PRM Aviation Collection:** (cra, cl, br). **Paul Stanley:** (tr). **202 PRM Aviation Collection:** (tr, cra, ca, cr, clb, bl, br). **203 Cody Images:** (crb). **PRM Aviation Collection:** (tr, tl, ca, bc). **204-205 Corbis:** Yann Arthus-Bertrand. **206-207 Michel Gilliand:** (tc). **206 Alamy Images:** ClassicStock (bl). **aviation-images.com:** (tc). **aviationpictures.com:** (cb, ca). **Gerard Helmer:** (c). **PRM Aviation Collection:** (bc). **207 BM:** (cra). **Alamy Images: Steven May** (ca). **image courtesy of Bombardier Aerospace, Belfast:** (c). **Andre Giam:** (br). **PRM Aviation Collection:** (cb). **208 Corbis:** Jeff Christensen / Reuters (tl). **BM:** (all other images). **209-11 BM:** (all). **212 Airbus UK:** (cl). **Corbis:** Liu Haifeng / Xinhua Press (cr). **Wikipedia:** borsi112 (tl). **213 Airbus UK:** (bc). **aviation-images.com:** (ftl). **Cody Images: (tl/ A340). Getty Images:** (cr). **214 YAM:** (tl). **PRM Aviation Collection:** (cl, clb). **F:** (bl). **215 BM:** (tl). **Alamy Images:** Kevin Maskell (tr). **PRM Aviation Collection: (br, c). 214-15 USAM:** (c). **216 aviation-images.com:** (tr). **CNAM:** (cl). **F: (tl, cr). TNLTA:** (br). **USAM:** (cb). **217 CNAM:** (cr). **USAM:** (b). **218-19 THM:** (all). **220 F:** (tr). **THM:** (bl). **USAM:** (cl, cra). **221 FAAM:** (cra). **Alamy Images:** Antony Nettle (bl). **PRM Aviation Collection:** (clb). **222 Alamy Images:** Charles Polidano / Touch The Skies (tl). **THM:** (all other images). **223-25 THM:** (all). **226-27 THM. 228 The Advertising Archives:** (bl). **Cody Images:** (tl). **San Diego Air & Space Museum:** (cl). **228-229 Wikipedia:** U.S. Air Force (cb). **229 aviation-images.com:** (ftr). **Dorling Kindersley:** Mike Dunning, Courtesy of the Science Museum, London (ftl). **NASA:** (br, cra). **F:** (tr). **230 FAAM:** (tr). **NSAM:** (cra).

USAM: (cr). **F:** (cla). **231 USAM:** (tr). **aviation-images.com:** (ca). **PRM Aviation Collection:** (cb, br). **232 Corbis:** Leszek Szymanski (tl). **USAM:** (all other images). **233-35 USAM:** (all). **236-237 Global Aviation Resource:** Karl Dragel / Kevin Jackson (c). **238 FAAM:** (tl). **Cody Images:** (br). **239 Dorling Kindersley:** Andy Crawford, Courtesy of Oxford Airport (br). **Cody Images:** (c, tl). **240 Alamy Images: David Wall** (br). **Getty Images:** (cl). **Robinson Helicopter Company:** (tl). **sloanehelicopters.com:** (cla). **241 Alamy Images:** Kevin Maskell (tl). **Robinson Helicopter Company:** (cla, crb). **242 aviation-images.com:** (bl). **PRM Aviation Collection:** (cla). **TRAC:** (c). **243 Dorling Kindersley:** James Stevenson Courtesy of Aviation Scotland Ltd (cl). **TRAC:** (cr, bl). **244-45 Skydrive Ltd:** (all). **246 aviation-images.com:** (cla). **PRM Aviation Collection:** (cl). **247 aviationpictures.com:** (cb). **PRM Aviation Collection:** (bc, cra, cla). **248 aviation-images.com:** (tl, clb). **Cody Images:** (ca). **249 aviation-images.com:** (bl, crb, tl). **Cody Images:** (ca, c, cr). **PRM Aviation Collection:** (tr). **250-51 FAAM. 252 aviation-images.com:** (bl, br). **PRM Aviation Collection:** (cb, c). **253 aviation-images.com:** (br, clb). **aviationpictures.com:** (bl). **Hamlinjet:** (tr). **TRAC:** (b). **256 aviationpictures.com:** (clb). **PRM Aviation Collection:** (crb). **P.L. Poole:** (cla). **256-57 Phil & Diana King:** (c). **257 TRAC:** (t). **Lasham Gliding Club:** (ct). **Graham Schimmin:** (br). **258 aviation-images.com:** (tl). **Lasham Gliding Club:** (all other images). **260-61: Lasham Gliding Club:** (all). **262 aviation-images.com:** (bl). **Cody Images:** (cla, tc, cra, crb). **PRM Aviation Collection:** (clb). **263 Alamy Images:** Antony Nettle (cla). **262-63 TNLTA:** (c). **264 aviation-images.com:** (bl). **265 The Rolls-Royce Heritage Trust:** (all). **266 PRM Aviation Collection:** (bl). **MAS:** (clb). **267 aviation-images.com:** (tl, tr). **Keith Warrington:** (cr). **TNLTA:** (cl). **268-269 Getty Images:** Purestock (c). **270 YAM:** (tl). **270-71 RAFMC:** (ca). **YAM:** (cb). **272 akg-images:** (cr). **Alamy Images:** Paris Pierce (bl). **Getty Images:** (tl); Time & Life Pictures (cl). **273 Cody Images:** (cb). **SNASM:** (ftl). **276 Nigel Tonks & Adrian Lloyd:** (c). **Frank Cavaciuti:** (cb). **Freddie Rogers:** (b). **277 Lambert Aircraft Engineering:** (crb). **276-77 TRAC:** (c). **278-79 Skydrive Ltd:** (all). **280 Alamy Images:** Susan & Allan Parker (tr). **aviation-images.com:** (cla). **Hamlinjet:** (cr). **281 aviation-images.com:** (tl). **Capital Holdings 164 LLC:** (ca). **Philip Whiteman:** (br). **282 aviation-images.com:** (tr, crb). **283 Alamy Images:** Stephen Shephard (crb). **aviation-images.com:** (clb). **Philip Whiteman:** (tl). **284 aviationimages. com:** (cb). **Cody Images:** (tr). **PRM Aviation Collection:** (cl). **285 aviation-images.com:** (cr). **284-85 RAFMC:** (ca). **286**

Getty Images: AFP## (tl). **RAFC:** (all other images). **287-289 RAFC:** (all). **290 Alamy Images:** Susan & Allan Parker (ca). **aviation-images.com:** (bl). **PRM Aviation Collection:** (clb). **Alamy Images:** aviation aircraft airplanes (crb). **290-291 aviation-images.com:** (cb). **291 aviation-images.com:** (tl). **aviationpictures.com:** SJ Aircraft (cl). **Fly About Aviation:** Courtesy Pipistrel d.o.o. Ajdovščina (br, crb). **Bernd Weber:** (cra). **WSM:** Colman## (bl). **292 Daniel Fall:** (bl). **Getty Images:** AFP (cl). **Scaled Composites LLC:** (tl, cr). **293 aviation-images. com:** (tl/ Voyager). **aviationpictures. com:** (tr/ Proteus). **Corbis:** Gene Blevins (ftr); Jim Sugar (crb). **PRM Aviation Collection:** (ftl). **294 aviation-images.com:** (clb, bc). **Corbis:** Gene Blevins (tr). **295 aviation-images.com:** (crb). **aviationpictures.com:** Helicopter Life / GHJ (bl); PC-Aero (cr). **PRM Aviation Collection:** (tc, cla). **Sikorsky Aircraft Corporation:** (br). **296 Alamy Stock Photo:** Christian Lademann / LademannMedia-ALP (bc); WireStock (cb). **Connor Ochs:** (cla). **296-97 Dreamstime.com:** Boarding1now (t). **297 Alamy Stock Photo:** Sylvia Buchholz / REUTERS (cra); dpa / dpa picture alliance (br); AMAZON / UPI (bl). **Getty Images:** Marina Lystseva (crb). **© Rolls-Royce plc 2020:** (tr). **298-299 Scaled Composites LLC:** (c). **##300 (top to bottom – TSC, TSC, RAFBBMF, GAO, Dorling Kindersley). 302-03 The Rolls-Royce Heritage Trust:** (bc). **303 RAFML:** (tc, tr, ca, fcar). **TSC:** (cr). **FAAM:** (fcr). **Skydrive Ltd:** (br). **305 Pratt & Whitney Canada:** (cla). **Wayne Suitor:** (tr). **306 Museums Victoria:** Museums Victoria Collections (cra). **TACL:** (tl). **RAFML:** (br). **FAAM:** (br). **307 RAFML:** (tl, tr). **FAAM:** (tc). **The Rolls-Royce Heritage Trust:** (bl). **aviation-images. com:** (bc). **West London Aero Club:** (br).

All other images © Dorling Kindersley
For further information see:
www.dkimages.com

Images on title, contents, and introduction
page 1 DH60 Gipsy Moth
pages 2–3 Mikoyan Mig-29
page 4 Bleriot XI
page 5 Gipsy Moth (bl), Douglas DC-2 (br)
page 6 Boeing B-17 (bl), Concorde (br)
page 7 Bell 206 JetRanger (bl), Eurofighter Typhoon (br)
page 8 Royal Aircraft Factory S.E.5.a (bl), Supermarine Spifire (br)
page 9 Boeing B-17 (bl), Concorde (br)

Images on chapter opener pages
pages 10-11 Before 1920 Bristol M.1C
pages 46-47 1920's Sopwith 7F1 Snipe
pages 70-71 1930's Bristol Bulldog Fighter
pages 102-103 1940's Boeing B-17
pages 140-141 1950's Brequet 1150 Atlantique
pages 172-173 1960's Westland Wessex 5 "Jungly"
pages 198-199 1970's Boeing 747
pages 226-227 1980's Mil Mi-24D "Hind"
pages 250-251 1990's BAe Harrier II GR9A
pages 274-275 2000's Boeing C-17 Globemaster III

Jacket image: Dorling Kindersley: Spartan Executive
photographed by Gary Ombler.
For further information
see: **www.dkimages.com**

추천의 말

하늘을 향한 끝없는 탐험의 시대

비행기 개념은 언제부터 생겼을까? 비행기에는 하늘을 나는 기술을 구현하는 첨단 과학뿐만 아니라 하늘과 우주를 향한 인류의 동경과 철학이 담겨 있다. 21세기에 하나의 학문으로서 성장을 거듭하는 생체모방공학의 경우, 새와 곤충에 착안해 위아래로 퍼덕이는 날개로 하늘을 날려고 했던 레오나르도 다 빈치의 생각을 반복하고 있는 셈이다.

비행기 개발의 역사는 퍼덕여야 날 수 있다는 통념을 깨고 고정식 날개를 장착한 1804년 조지 케일리의 글라이더 모델로부터 시작된다. 비행 개척자들의 노력에도 불구하고 당시 공기보다 무거운 항공기를 만들려는 시도는 몽상가들의 것으로 여겨졌다. 그리고 100년 만에 인류 최초의 동력 비행에 성공한 라이트 형제는 날개 뒤틀기-승강타-방향타 3축 제어 시스템을 개발했고, 이는 지금까지도 거의 모든 항공기에서 사용된다.

현대적 항공의 시발점이었던 1908년 윌버 라이트의 시범 비행 이래로 곡예용, 스포츠용에 머무르던 비행기는 두 차례의 세계대전을 거치면서 급속도로 발달했다. 전쟁 후 미국과 소련은 동서 진영 무기 개발 경쟁을 주도했고, 한국전쟁에서 F-86과 MIG-15, MIG-17 같은 제트 전투기들이 실전에 처음 투입됐다. 제트 추진 민간 여객기 코멧이 영국에서 등장하는 한편 1958년 미국에서는 B707로 제트 여객기 노선을 처음 개설했다. 1976년 취항한 초음속 제트 여객기 콩코드는 음속 두 배의 속도로 유럽과 미국을 오갔다. 항공 여행이 보편화되자 시장이 과열되기 시작했고 20세기 말에는 세계 최대의 항공기 제작사인 보잉과 에어버스가 경쟁적으로 여객기를 발전시켰으며, 최근에는 최첨단 초대형 여객기 A380과 B747-8이 나왔다. 민간 사업가들이 참여해 개발 중인 우주여행을 위한 모선 비행기도 빼놓을 수 없다.

『비행기』는 이러한 비행기의 역사를 시대 순으로 보여 주는 책이다. 독자들은 이 책에 담긴 800대의 비행기와 그에 얽힌 이야기를 통해 하늘을 나는 첨단 과학에 한층 더 쉽게 다가갈 수 있을 것이다.

국가의 기술 수준과 산업 역량을 종합적으로 구현하는 항공 우주 산업이야말로 미래의 꿈을 펼칠 수 있는 성장 동력이다. "꿈이 그만한 가치가 있다고 믿는다면, 꿈만 좇는 바보처럼 보여도 좋을 것이다."라고 말한 라이트 형제는 결국 비행기를 탄생시켰다. 비행에 관심 있는 누구라도 이 책을 통해 그 꿈을 키워 나갈 수 있으리라 확신한다.

2017년 1월

장조원(한국항공대학교 교수)